新航空概论
（第2版）

张聚恩　王旭东　主编

航空工业出版社

北　京

内 容 提 要

本书是一本结构完整、知识出新的航空概论，涵盖航空发展概述、航空基础理论、航空器、航空动力装置、机载系统与武器、航空工程、航空工业及航空发展展望等内容；可作为航空从业者教育、培训以及航空类院校学生的基础教材，也可作为各界人士学习和了解航空的参考书。

图书在版编目（ＣＩＰ）数据

新航空概论 / 张聚恩，王旭东主编. －－2 版. －－ 北京：航空工业出版社，2022.4

ISBN 978-7-5165-2930-0

Ⅰ. ①新⋯ Ⅱ. ①张⋯②王⋯ Ⅲ. ①航空学 – 概论 – 职工培训 – 教材 Ⅳ. ①V2

中国版本图书馆 CIP 数据核字（2022）第 052283 号

新航空概论（第 2 版）

Xin Hangkong Gailun（Di-er Ban）

航空工业出版社出版发行

（北京市朝阳区京顺路 5 号曙光大厦 C 座四层　100028）

发行部电话：010-85672666　010-85672683

三河市华骏印务包装有限公司印刷　　　全国各地新华书店经售

2022 年 4 月第 2 版　　　　　　　　　2022 年 4 月第 1 次印刷

开本：787×1092　1/16　　　　　　　字数：601 千字

印张：25　插页：1　　　　　　　　　定价：98.00 元

前　言

从 2010 年 4 月问世，《新航空概论》已经走过 12 年历程。其间，先后 10 次印刷，读者数万，至今仍有需求，这是对编者的莫大鼓舞。

《新航空概论》的编写，起缘于中国航空工业集团公司员工培训之需。不少员工，特别是非航空院校毕业的新员工，迫切需要较为系统地学习和补充航空知识，而遍寻各种版本的《航空概论》，多侧重介绍基础科学知识，不甚满足需求。因此，从 2007 年底策划、2008 年 4 月启动了《新航空概论》的编写。经过艰辛工作，几易其稿，终于成书。

《新航空概论》出版后受到读者的欢迎与肯定，成为航空系统员工培训的基础教材，并被一些院校选用，也成为社会人士学习和了解航空的参考书目。在广泛需求的推动下，从 2016 年开始《新航空概论》的修订工作，经数年努力，《新航空概论》（第 2 版）付梓。

作为以工业部门科技人员为主编写的首部航空概论，其宗旨是在满足员工培训需求的同时，也能为其他读者提供一本快速了解航空概貌的手册类全书。因此，首先是内容出新，着力构建一个较为完整的知识架构，既介绍航空科学基础，又介绍航空工程技术；既介绍航空器总体，又介绍动力、机载设备等系统组成；既介绍航空科技知识，又介绍航空工业与产业的形成与发展。同时，力求知识出新，在介绍经典基本知识的基础上，尽力有重点地补充新知识，以体现航空科技进步。

全书共分为 8 章。第 1 章航空发展概述，回顾早期探索，介绍航空发展历程与航空科技重大成就。第 2 章航空器，介绍航空器概念与分类，以及各自的构造和应用。第 3 章航空基础理论，对空气动力学、飞行力学、结构力学和强度等学科作概要介绍，并简明阐释航空器飞行原理。第 4 章航空动力装置，介绍航空发动机的原理、分类、构造及应用，并展望未来发展。第 5 章机载系统与武器，分别对航空电子、飞行控制、航空机电和机载武器系统的概念、组成、演进进行介绍。第 6 章航空工程，介绍航空工程的概念与航空器研制过程，对设计、制造、材料、试验、维修与技术基础等基本知识进行简要介绍。第 7 章航空工业，介绍航空工业的概念、作用、形成、特点及基本格局。第 8 章航空发展展望，分别就军事航空、民用航空和航空科技的发展前景进行探讨。

本书在保持《新航空概论》8章架构的基础上，进行了知识更新、释义完善和章节平衡，调换或重制了部分图表，补正了一些文字，并进一步规整了写作风格。

《新航空概论》编写组全体成员以高昂的工作热情，使命至上，分工合作，精益求精，完成书稿撰写；时任人力资源部综合处处长赵陇为《新航空概论》编写做了细致到位的组织工作。部分成员持之以恒、接续承担了《新航空概论》（第2版）的编写。本书主编张聚恩、王旭东负责全书架构设计、部分章节撰写、各章审定和全书统稿。

本书的编写得到中国航空工业集团有限公司领导和有关部门的关心与支持，也得到行业内外众多专家、学者的鼓励和指教。他们是：刘井宏、于以贵、彭卫东、尹卓、王湘穗、周家骐、付明耀、武哲、汪耆年、王道荫、周自全、殷云浩、霍曼等，在此一并致谢。

诚望读者在使用本书时提出宝贵意见，我们会认真听取，以适当方式修正或在需要时再次修订。谢谢大家。

编者

2022 年 3 月 27 日

《新航空概论》（第2版）
编 写 组

主　编：张聚恩　王旭东

主　撰：张钟林　任源博　方昌德　陈　光　许伟武

　　　　赵群力　徐德康　王钟强　刘　宁

参　撰：刘志敏　金烈元　靳书元　张　力　杨廷善

　　　　胡晓煜　黄铁山　鲁进军　吴　蔚　赵滨生

　　　　丁立铭　曾天翔　陈亚莉　张宝珍　于晓伟

　　　　杨　敏

目　　录

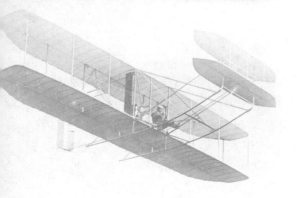

第1章
航空发展概述

　　飞机是 20 世纪最伟大的发明之一，以飞机诞生为标志，人类社会步入航空时代。在 100 多年的时间里，航空深刻地改变了社会活动风貌，创造出新的文明形态，有力地推动了科学技术发展，极大地提高了社会运转效率。人类已经走过的航空之路，是一条不断创新超越的发展之路，波澜壮阔，气象万千。本章解析航空的基本概念，介绍航空活动赖以存在的环境，回顾航空发展历程。

1.1　航空基本概念

　　本书名为《新航空概论》，是关于航空知识的概略之论，首先需要对基础性航空概念进行解析，即概念之论。概念由内涵和外延两个子集组成。内涵指概念的含义和内容，也就是常说的定义，即用以反映客观事物本质属性的语词；外延则是其所反映的客观事物之集合。内涵与外延之间具有"映射"关系。

1.1.1　什么是航空

　　"航空"是本书的核心概念，厘清其内涵与外延，是我们学习和应用航空知识的出发点。"航空"与"航天"本源相同，随着科学技术的进步和事业发展的需要，逐步形成含义相近但有所不同的两个概念，对两者进行比较研究，有助于更全面地理解和认知航空。

1.1.1.1　关于航空的定义

　　现今人类的飞行活动有"航空"与"航天"之分。

　　航空（aviation）的定义为：人类利用载人或不载人的器械在地球大气层中从事的飞行及有关活动。其中，"器械"和"大气层"是两个关键词。人类必须依靠专门器械才能飞行，这种器械便是航空器。航空活动须在大气层内完成，大气为航空飞行提供了必要条件。实际上，大气层的高程超过 1200km，远远超出了当今航空活动的范围。

　　航天（space flight），又称太空飞行，其定义为：人类利用载人或不载人的器械在地球大气层之外从事的飞行及有关活动。当今，许多典型的航天活动并没有超出地球大气层的范围。

　　研究航空的学科为航空学（aeronautics），研究航天的学科为航天学（astronautics）。

1.1.1.2　航空与航天的空间界定

　　《国际航空法》和《国际外层空间法》将地表之上的空间分为空气空间（air space）和外层空间（outer space），并定义：在空气空间内的飞行活动为航空，在外层空间的飞行活动为航天。

　　空气空间涉及一个国家的领空和主权；而目前，外层空间属"公共空间"。在两者界面划分上，迄今尚无权威的法律定义。世界上有以下几种划分主张：

　　①以飞行器能环绕地球飞行的最低轨道高度，即临界轨道高度来划分，约为 110km。

②以卡门线来划分；20世纪50年代，根据理论计算和冯·卡门的建议，国际航空联合会（FAI）将距离地面100km的高度定义为航空航天的分界线，并称为卡门线，卡门线以下为空气空间，卡门线以上为外层空间。

③以有无空气分子存在的高度来划分，这个高度距地面超过1200km。

④以地球同步卫星（对地静止卫星）轨道高度划分空气空间与外层空间，约为36000km。

⑤20世纪80年代，美国国家航空航天局（NASA）认定飞行高度达到或超过80km的人为太空人，也就意味着将80km认定为航空与航天的空间界线。

⑥以当代航空器的最高升限来划分，之下为空气空间，之上为外层空间。

这些不同的划分主张，关乎不同的技术认知，更关乎国家的领空范围，国际上就此展开的争论也带有利益博弈的色彩。目前，使用相对普遍、接受程度较高的划分方法，是以卡门线来标志航空航天界线，即距地表约100km。

关于航空的高度范围，亦应给予科学定义。后面就要介绍的大气层，其对流层（0～20km）和平流层（20～59km）是空气相对密集的高度空间；在平流层顶端的50km，仍有一定密度的空气存在。现有的空气动力学理论与相应的工程技术，可支撑或部分支撑在这一高度范围的航空器发展。20世纪60年代，以液体燃料火箭发动机推进的X-15A型高超声速飞机曾数次突破50km高度；1962年8月22日乔·沃尔克驾驶飞机达到107960m的高度，创造了有人驾驶飞机飞行高度的世界纪录。综合这些认知，航空的高度范围应认定为从地表向上50km，即对流层和平流层的全部。

现今被广泛关注的近太空或临近太空（near space）的高度范围，则应定义为从平流层顶端（50km）到卡门线高度（100km），即大致为中间层的全部，而非20～100km。据此，航空、近太空、太空（航天）的高度范围在科学意义和技术实践上均将相互衔接。

1.1.1.3　航空与航天的技术差异

航空与航天之间的技术差异主要体现在以下几个方面：

①飞行环境不同，航空环境离不开大气，航天环境为真空或近似真空状态。

②飞行原理不同，航空器升力主要源于空气动力或空气静力，航天器则遵循天体力学原理。

③飞行速度不同，目前最快的航空器速度为马赫数（Ma）6.72（Ma是速度V与当地声速c之比），大约2.3km/s；航天器若要脱离地球引力，至少需达到7.9km/s的第一宇宙速度。

④动力装置不同，航空器主要采用吸气式发动机，通过吸收空气中的氧气作氧化剂，航天器需要自带燃烧剂和氧化剂，多采用火箭发动机。

⑤飞行方式不同，航天器均沿着特定的轨道飞行，而航空器则无须遵循轨道飞行规律。

航空与航天有着密切关联。航空技术是航天技术的基础，没有航空便没有航天；航空飞行往往是航天活动中的一个环节，航天器不可能一下子飞到太空中去。随着技术的进步，呈现出"空天一体"的趋势，即在空间上绵延一体，在技术上相互融合。

1.1.2 航空飞行环境

航空飞行离不开特定的环境，首先是以大气层为主的自然环境，然后是支撑其存在、且日益完善的技术环境，又称人为环境，包括人造环境和有组织、有程序利用非人造资源形成的环境，如机场、跑道、空域、航线和航路等。

1.1.2.1 大气层

大气层又称大气圈，指包裹在地球周围的一层大气，是最重要的航空自然环境。其主要成分是氮气（78.1%）、氧气（20.9%）及二氧化碳、水蒸气等，厚度超过1200km，自下而上分为对流层、平流层、中间层、热层和散逸层（见图1-1）。

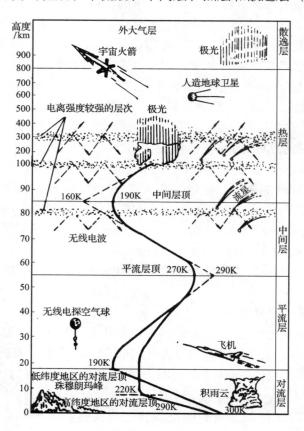

图1-1　地球大气层示意图

（1）对流层

对流层是主要的航空活动空间。在对流层内，空气的相对流动强烈。它位于大气层的最低层，紧靠地球表面，其厚度在低纬度地区平均为 17～18km，中纬度地区为10～12km，高纬度地区为 8～9km。对流层集中了整个大气 3/4 的质量和几乎全部的水蒸气。对流层内的气温随高度升高而降低，每上升 100m 气温平均下降 0.65℃。对流层内温度、湿度的水平分布也不均匀，在高纬度内陆地区，寒冷而干燥；在热带海洋上空，则温暖而潮湿。

（2）平流层

平流层位于对流层顶之上，其顶界延伸到约 50km 高度，因空气流动相对平稳而得名。在平流层的下半部，气温基本保持在 −55℃ 左右；但到 25km 以上，气温随高度增加急剧升高。在平流层的中间，距地面 20 ～ 30km 的高度，氧分子在紫外线作用下变成臭氧，形成臭氧层。在平流层中，空气密度比对流层小得多，水汽和尘粒含量也极少，气流平稳，天气晴好，这有利于飞行活动，但由于空气密度小，使吸气式动力装置的效率和航空器的操纵效率降低。

（3）中间层

平流层以上是中间层，其顶端高度距地表约 85km。中间层又分为逆温层和混合层，逆温层由平流层顶延伸至 60km 高度，气温随高度增加而显著上升，层顶可达 270 ～ 290K（K 为开 [尔文]，热力学温度，0K 约等于摄氏温度 −273.16℃，称为热力学温度 0K）；逆温层的上方是混合层，在混合层里，气温又开始急剧下降，空气有强烈的垂直运动。目前，中间层几乎还是飞行活动的空白区域，开发利用该层空间具有重要意义。

（4）热层

热层位于中间层顶至 800km 的高度，热层空气质量仅占大气总质量的 0.5%，空气密度小到连声音都难以传播。热层气温随高度增加而迅速上升，上部可达 750 ～ 1000K。在热层中有两个电离程度相对较强的"电离层"，一个是位于 90 ～ 130km 高度的 E 层，另一个是位于 200 ～ 400km 高度的 F 层，电离层对无线电通信有重要影响。

（5）散逸层

热层顶以上的大气层称为散逸层。由于空气已经极其稀薄，且受地球引力作用小，因而大气质点不断向星际空间逃逸。

1.1.2.2 大气现象

大气现象对航空活动有重要影响，早期航空受气象影响尤甚；现今虽然在一定程度上摆脱了气象条件的制约，但许多剧烈的天气变化，仍严重影响着飞行活动。

（1）云

云是空气中水汽的可见凝聚态，按形状不同分为积云和层云两种。按高度不同又分为低云（距地面 2000m）、中云（2000 ～ 7000m）和高云（7000m 以上），以及高度范围极宽的垂直延伸云（从 300m 到平流层底部）。积云内部和周围的强气流运动与水分，以及强烈的光、电、声现象，全面而经常性地影响着飞行活动。

（2）风

空气的流动称为风。风是由于地球自转以及大气层中气温和气压不同，使空气在不同方向产生对流而形成的。风对飞行活动的影响有很多方面，如飞机起飞和着陆，要尽量迎风进行，以缩短起飞着陆距离；侧风会使飞机航迹偏离，侧风过大时航空器不能起降；顺风会使飞机地速增大，从而增大航程或缩短飞行时间，逆风则相反。

风矢量（风向、风速）在水平或垂直距离上的变化被称为风切变。风切变有水平风切变、垂直风切变、下冲气流等。剧烈的风切变严重影响飞行安全，对大型飞机尤甚，且难以预报和防范。

（3）降水

降水现象包括雨、雪、冰雹等形式。降水使能见度降低，以细雨和雪的影响最大；降水会改变跑道性能，以积雪和冻雨最为严重；当航空器通过降水云或降水区时，过冷水或冰晶会凝结在航空器表面造成积冰，进而影响航空器气动性能和操纵性能。

（4）视程障碍

导致大气能见度降低的天气现象被称为视程障碍。视程障碍直接影响航空器的起降。其成因主要有雾、烟幕、霾、风沙、浮尘、低云和降水等，其中，浓雾、强沙尘暴、强降雪等影响最为严重，甚至会使能见度降至几米或几十米。

（5）雷暴

雷暴是一种中小尺度的天气现象，是积雨云强烈发展的结果（图1-2为砧状雷暴云）。雷暴严重威胁飞行活动，主要体现在：①危及飞行操纵，雷暴影响区的强气流和风切变，雷暴单体中的水平风切变、下冲气流、上升气流和湍流，都会严重影响飞行操纵，甚至导致飞机失事。②损坏系统，雷击、闪电和强烈的雷暴电磁场会造成航电系统的功能破坏。③导致动力损失，雷暴引起的强降雨会造成严重的空气动力损失，其影响程度与风切变同量级。

图1-2　砧状雷暴云

（6）热带气旋

热带气旋是发生在热带海洋上的强烈天气现象，是一个一边高速旋转、一边向周围运动的巨大旋涡；在北半球呈逆时针方向旋转，南半球则相反。当热带气旋的风速达到某一量级时，被称为台风或飓风（西太平洋沿岸国家称台风，大西洋沿岸国家称飓风）。热带气旋对飞行活动造成严重威胁，须采取规避措施远离。

1.1.2.3　机场与跑道

在航空技术环境中，首当其冲的是机场和跑道，不管如何简易，机场与跑道都不可或缺。

（1）机场

又称飞机场，是供航空器起降、停泊、存放的专门场所，分为军用机场和民用机场两大类。机场除主跑道外，通常还设有塔台、停机坪、机库、客运站、维修厂等设施，并提供机场管制、空中交通管理等服务。

军用机场是供军用航空器起降、停放和组织、保障飞行活动的场所，是航空兵遂行作战、训练任务的基地。按设施和保障条件分为永备机场和野战机场；按所能保障的飞机类型分为特级、一级、二级、三级机场；按所处位置分为一线、二线和纵深机场。

在民用机场中，除了企业或私人机场外，国际上将用于商业性运输的机场统称为航空港（airport）。在我国，习惯上把大型机场称为空港，设有一个或多个航站楼（图1-3为北京大兴国际机场），小型机场称为航站。空港按规模大小分为重要空港、一般空港、通用空港等，另设有备用空港。

图1-3　北京大兴国际机场

一般将年客流量50万人次以上的列为重要空港。备用空港平时处于保管状态，只在特殊情况下提供短时间服务。

（2）跑道

跑道是机场飞行区的主体设施，其几何尺寸、道面状况、跑道方向、跑道附属区域等决定了机场的承载能力和运输能力。

在民用机场中，一般用机场飞行区等级表征跑道的能力，飞行区等级由数字与英文字母编码两部分组成，数字表示跑道长度和障碍物限制，字母表示对飞机的尺寸要求及跑道和滑行道的宽度。民用机场飞行区等级见表1-1。

表 1-1　民用机场飞行区等级

第一位		第二位		
数字	跑道长度 /m	字母	飞机翼展 /m	飞机主轮距 /m
1	≤ 800	A	≤ 5	≤ 4.5
2	800 ~ 1200	B	5 ~ 24	4.5 ~ 6
3	1200 ~ 1800	C	24 ~ 36	6 ~ 9
4	>1800	D	36 ~ 52	9 ~ 14
		E	52 ~ 60	9 ~ 14

跑道一般根据其磁方位角命名，以 10° 为单位（四舍五入）、用两位数表示的磁方位角来命名跑道，如方位角 173° 的跑道，称作 17 号跑道。跑道上有各式标识，通常包括：跑道名称、跑道中心线、跑道入口、着陆点、接地区、跑道边界线等，跑道标识必须是白色的。重要空港跑道还配有跑道灯光系统。

1.1.2.4　空域与航线 / 航路

空域与航线是航空技术环境的基本要素，是特殊的资源，对于航空，特别是成为社会活动之后的航空，须臾不可缺少。

（1）空域

空域是飞行活动所占用的空间。国家的领空就是该国的空域资源。为了维护国家安全，兼顾民用、军用航空的需要，国家要对空域资源进行管理，以合理、充分、有效地利用空域。

空域的划分与管理因国家不同而存在较大差异。在国际民航组织标准中，把空域分为 A、B、C、D、E、F、G 共七类，每类都有不同的飞行要求（见表 1-2）。美国联邦航空局（FAA）将空域划分为绝对管制区、终端管制区、机场雷达服务区、管制地带、过渡区、非管制空域等不同类型。

表 1-2　国际民航组织的空域划分方法

空域类型	飞行种类	间隔配备	提供的服务	速度限制	通信要求	ATC[①]许可
A	IFR[②]	所有航空器	空中交通管制服务	不适用	持续双向	需要
B	IFR	所有航空器	空中交通管制服务	不适用	持续双向	需要
	VFR[③]	所有航空器	空中交通管制服务	不适用	持续双向	需要
C	IFR	IFR 与 IFR，IFR 与 VFR	空中交通管制服务	不适用	持续双向	需要
	VFR	VFR 与 IFR	（1）为 VFR 与 IFR 之间提供间隔服务；（2）VFR 与 VFR 之间提供交通情报服务（和根据要求，提供交通避让建议）	AMSL[④] 3048m（10000ft）以下，指示空速（IAS）250kn	持续双向	需要

表 1-2（续）

空域类型	飞行种类	间隔配备	提供的服务	速度限制	通信要求	ATC[①]许可
D	IFR	IFR 与 IFR	空中交通管制服务；关于 VFR 飞行的交通情报（和根据要求，提供交通避让建议）	AMSL3048m（10000ft）以下，IAS 250kn	持续双向	需要
D	VFR	不配备	IFR 与 VFR 和 VFR 与 VFR 之间提供交通情报（和根据要求，提供交通避让建议）	AMSL3048m（10000ft）以下，IAS 250kn	持续双向	需要
E	IFR	IFR 与 IFR	空中交通管制服务，尽可能提供关于 VFR 飞行的交通情报	AMSL3048m（10000ft）以下，IAS 250kn	持续双向	需要
E	VFR	不配备	尽可能提供交通情报	AMSL3048m（10000ft）以下，IAS 250kn	不需要	不需要
F	IFR	IFR 与 IFR（尽可能）	空中交通咨询服务，飞行情报服务	AMSL3048m（10000ft）以下，IAS 250kn	持续双向	不需要
F	VFR	不配备	飞行情报服务	AMSL3048m（10000ft）以下，IAS 250kn	不需要	不需要
G	IFR	不配备	飞行情报服务	AMSL3048m（10000ft）以下，IAS 250kn	持续双向	不需要
G	VFR	不配备	飞行情报服务	AMSL3048m（10000ft）以下，IAS 250kn	不需要	不需要

当过渡高度低于 AMSL3048m（10000ft）时，应使用 FL[⑤]100 代替。

①ATC 为空中交通管制；
②IFR 为仪表飞行规则；
③VFR 为目视飞行规则；
④ AMSL 为海拔（在平均海平面之上）；
⑤ FL 为飞行高度层（按百英尺计，FL100=10000ft）。

　　在我国，空域通常被划分为机场飞行空域、航路、航线、空中禁区、空中限制区和空中危险区等不同类型。我国将管制空域分为 A、B、C、D 四类，A 类为高空管制空域，B 类为中低空管制空域，C 类为进近管制空域，D 类为塔台管制空域。

　　（2）航线与航路

　　航空器飞行的路线称为航线，航线确定了飞行的具体方向、起讫和经停地点。航线按照起讫地点的归属不同，分为国际航线和国内航线，国内航线又分为干线、支线和地方航线三类。

航路是一个沿航线的立体空域，该空域以连接各导航设施的直线为中心线，规定有上限、下限高度和宽度。航路具有明确的名称、代号。民航部门为航路内的飞机提供通信、导航等服务，航路内的飞机必须接受空中交通管理。

1.1.3　航空的社会性

在莱特兄弟实现载人、有动力、可控飞行之后，航空迅速步入社会化发展道路，航空的社会性概念与实践应运而生。社会性是指个体依托整体而存在、领域依托社会而发展的一种属性，而社会性的弘扬又对个体与领域产生有利的影响。航空的社会性尤其强烈，已成为导引和助推航空事业发展的基本要素。以下简要介绍航空活动、航空产业、空中力量等几个重要的航空社会性概念，以及国内外主要航空社会组织。

1.1.3.1　航空活动

航空早已成为一种社会活动。所谓社会活动，是由共同目的联合起来并完成一定社会职能行为的总和。航空活动是指以航空为目的，或以航空为手段，或兼而有之的一系列社会活动的总和。

航空活动有狭义和广义之分，狭义的航空活动指在大气中的飞行活动；广义的航空活动指包括航空飞行在内的一切相关活动的总称。我们通常所说的航空活动，多指广义航空活动。广义航空活动的类型很多，主要有：军事航空、民用航空、航空科研、航空制造、航空教育和航空文化等。

1.1.3.2　航空产业

产业是一个经济学名词，指具有某种同类属性的经济活动的集合或系统。产业的构成需要具备三个特性：规模性、职业化、社会功能性。航空活动拥有上述三大特性，且大部分航空活动具有社会经济价值或能够实现社会经济价值，因此形成了航空产业。航空产业体量规模大，产业链长，技术含量高，带动效应明显，是世界上技术、人才、资本集聚化程度最高的产业之一。

传统的航空产业是指以航空器研发、制造、维修、运营等直接的物质活动为主、具有不同分工的、由各个关联行业所组成的业态总称，其中，制造企业和航运公司是构成航空产业的基本单元。蓬勃发展的现代航空产业，在上述业态的基础上，还包括科研教育、公共管理、社会服务等经济活动内容，以及间接带动的相关产业内容。现代航空产业的概念已扩展为：一切实现航空价值的物质产品和精神产品生产以及服务活动的集合体。

1.1.3.3　空中力量

空中力量（air force）指一个国家或政治集团的武装力量中，使用航空装备达成军事目标的组织与能力。一般来说，是以空军为核心，与海军航空兵、陆军航空兵以及其他军事或准军事航空组织（如民兵、预备役、国民警卫队等）结合构成。

空中力量以航空兵为主体、以各类军用航空器为主要作战装备。按担负任务性质和装备不同，分为歼击航空兵、轰炸航空兵、强击航空兵、侦察航空兵、运输航空兵等。在过去相当长的时期里，空中力量主要支援地面和海上作战，随着装备技术水平和战争形态、作战样式的演变，现代空中力量不仅能与其他武装力量实施联合作战，还能独立遂行战略、战役任务，对战争的进程和结局产生重大影响，成为国防体系中一支重要的战略力量。

1.1.3.4 航空社会组织

在社会学中，社会组织是为了实现特定的目标而有意识地组合起来的社会群体。航空社会组织就是为了实现航空发展目标而组合成的社会群体，主要包括：政府及军队的航空管理部门、国家空中力量、航空企业、航空院校、航空科研机构、国际航空组织、航空学会/协会等。

航空管理部门在航空事业发展中起指导、规范作用；空中力量使用航空装备达成军事目标；航空企业（主要指航空制造商、运营公司等）从事航空器的研发与运营；航空院校培养各类航空专门人才；航空科研机构从事航空基础研究或应用研究；航空社团组织倡导航空价值、规范行业自律。上述社会组织构成完整的航空组织体系，它们分工协作推动着航空事业发展。

由于民用航空具有高度国际化的特征，因此，国际航空组织在推动航空业发展中，有着重要作用。表 1-3 为当今世界上最具影响力的三大国际民用航空组织。

表 1-3　三大国际民用航空组织

名称	成立时间	宗旨
国际航空联合会（FAI）	1905 年 10 月	促进航空和宇航运动在全世界的发展，使其成为一种不分信仰和种族而使人们团结起来的强有力的工具；确认、核实国际纪录；制定航空和宇航比赛规则；汇集、分析和传播有助于改进飞机设备、飞行安全的情报
国际民用航空组织（ICAO）	1947 年 4 月	发展国际航行原则和技术；保证国际民航安全和有秩序发展；鼓励和平利用航空器设计和操作技术；鼓励发展民航航路、机场和航行设施；满足人们安全、正常、有效和经济的航空运输需要；防止不合理竞争而造成经济浪费；保证每一缔约国经营国际空运的公平机会；避免缔约国之间的差别待遇；促进国际航行的飞行安全；促进国际民航在各方面的发展
国际航空运输协会（IATA）	1919 年，国际航空交通协会；1945 年 10 月更改为现名	促进安全、正常和经济的航空运输，扶植航空交通，并研究与之有关的问题；为空运企业提供合作途径，与国际民航组织及其他国际组织协力合作

航空学术团体在航空事业发展中发挥着独特作用。世界上第一个航空学术团体，是 1868 成立的英国皇家航空学会。目前世界上规模和影响最大的航空学术团体，是美国航空航天学会（AIAA）。国际性的航空学术组织有 1957 年成立的国际航空科学理事会（ICAS）。中国最有影响的航空学术组织是成立于 1964 年的中国航空学会（CSAA）。

1.2 航空探索与奠基

人类在摆脱蒙昧的过程中，渴望像鸟儿一样在蓝天上自由地飞翔。在远古和农耕时代，产生了早期的航空技艺和初始发明。到了工业时代，凭借日新月异的科学技术，人类的飞行梦想终于变成现实。本节回望人类航空探索的历程。

1.2.1 古代发明与早期探索

1.2.1.1 飞行神话与传说

古代中国是飞行神话传说最丰富的地区之一。"天命玄鸟，降而生商"，商朝人自认为是玄鸟的后代，并把玄鸟当作族群的图腾。牛郎织女、嫦娥奔月的美丽故事，寄托着人们的美好情感。《封神演义》里的雷震子，肋下生翅，能自由飞翔。《山海经》中的奇肱国人，能造飞车，乘风远行。这些神话与传说都体现人们渴望飞行的心愿。

在古希腊和古罗马的神话中，众神或生双翅、或驾飞车、或驭苍鹰，呼啸于天地之间。《圣经》里详尽描述了耶和华乘坐航空器的情景。长翅膀的小天使，更成为在基督教文化圈中随处可见的文化符号。巴比伦飞毯的传说，寄托了古阿拉伯人对飞行的神往。

1.2.1.2 中国古代航空发明

在农耕时代，尽管生产力水平低下，但依然孕育出许多重要的航空发明与发现。据史料记载，春秋战国时期的公输般、墨子和东汉时期的张衡都曾制作过木鸟，当为最早的航空模型。依时间序，古代中国先后诞生了四项著名的航空发明——风筝、竹蜻蜓、孔明灯和火药火箭，恰好对应最重要的四类现代航空器——飞机、直升机、浮空器和火箭，其蕴含的科学元素和内在的学理逻辑令人称奇，堪与古代中国四大发明（指南针、造纸术、火药、活字印刷）相映生辉。

图1-4 中国古代航空四大发明

（1）风筝

据考证，中国在西汉之前就发明了风筝。唐代之前，风筝被称为纸鸢，唐朝人把竹笛系在风筝上，在空中发出古筝一样的响声，风筝之名由此而来。风筝大约在 14 世纪传到欧洲，许多航空先驱从风筝开始研究飞行原理，诞生了多体风筝、载人风筝等新的发明。风筝体现了航空器的诸多空气动力学要素，包括升力、牵引力、迎角、相对气流等概念，被普遍认为是现代飞机的始祖。

（2）竹蜻蜓

公元前 500 年，中国人发明了竹蜻蜓，这个简单而神奇的玩具流传至今。其外形呈 T 字形，通体用竹子制作，横的一片像螺旋桨，中间开孔，插入一根竹棍，用两手搓转竹棍，竹蜻蜓就会旋飞上天。18 世纪，竹蜻蜓传到欧洲，被称为"中国飞陀螺"，许多航空先驱从中启迪出螺旋桨和直升机的发明灵感。被誉为"现代航空之父"的乔治·凯利对竹蜻蜓终生着迷，他的第一项航空研究就是仿制改进竹蜻蜓，解析螺旋桨的工作原理。

（3）孔明灯

在五代时期，有一个叫莘七娘的妇人随夫出征，用竹和纸做成方形灯笼，底盘用松脂油点燃后，灯笼可扶摇直上，用作联络信号，称为七娘灯，亦称松脂灯。由于七娘灯的外形酷似诸葛亮的帽子，所以后人也将其称为孔明灯。孔明灯的升空原理与热气球完全一样，是现代浮空器的鼻祖。

（4）火药火箭

大约在晋代后期，中国人发明了黑色火药（中国古代四大发明之一）。到了隋代，人们将火药装到竹筒里制成爆竹，用来驱鬼辟邪。大约在唐代，中国人又在爆竹基础上制成了能在空中飞行的爆竹——"起花"。"起花"形如小纸炮，缀有长二三尺的苇秆，燃其芯即急起。"起花"是一种最原始的火药火箭，看似简单，但其工作原理与现代固体火箭别无二致。

除上述发明以外，中国古代还制作了"走马灯"、陀螺平衡环等航空器具。"走马灯"揭示了燃气涡轮的基本原理，陀螺平衡环可看作航空陀螺仪的雏形。

令人扼腕叹息的是，宋代之后，中国人活跃的创新思维与活动戛然而止，上述精巧绝伦的发明也被定格在技艺层次，而未能提升到理性和科技的高度，以至世界现代航空发展史上鲜有中国人的发现和发明记录。这一现象值得我们深思，应该在 21 世纪人类新的航空奋进中有所改变。

1.2.1.3 欧洲航空科学探索

古希腊哲学家、数学家、物理学家阿基米德，在诸多领域为人类文明做出伟大贡献，他的《论浮体》是世界上第一部流体静力学专著，阿基米德原理揭示了流体的浮力规律。

意大利文艺复兴巨匠达·芬奇，通过观察和分析鸟类翅膀的运动，写下科学文献《论鸟的飞行》，他还绘制了大量的航空器草图。遗憾的是，达·芬奇的研究成果直到 19 世纪后期才被发现，未能更早地影响和推动航空发展。

1738 年，瑞士物理学家、数学家丹尼尔·伯努利出版《流体动力学》，揭示伯努利原理，提出伯努利方程，奠定了流体动力学的基础。

1809 年，英国乔治·凯利发表论文《关于空中的航行》，成为现代航空学诞生的标志。他勾勒出了现代飞机的轮廓，对其操纵性、安全性和稳定性做出分析，指出航空器必须有垂直舵面和水平舵面，他还阐述了速度与升力之间的关系。他的"现代飞机不应模仿鸟类振翼、而应采取固定翼加推进器模式"的论断，让当时许多沉湎于扑翼机研制的人们茅塞顿开。

图 1-5　航空科学巨匠（自左至右：阿基米德、达·芬奇、丹尼尔·伯努利、乔治·凯利）

1.2.2　气球和飞艇的发明

18 世纪，人类社会进入工业时代，近代航空由此发轫。人类最先探索成功的载人航空器是热气球、氢气球、飞艇等浮空器，它们都属于轻于空气的航空器，比飞机等重于空气的航空器早了 200 多年问世。

1.2.2.1　气球的发明

1783 年，法国 J.M. 蒙哥尔费和 J.E. 蒙哥尔费兄弟，在展会上第一次看到孔明灯（因从日本传到法国，被称为日本灯），受到启发，他们用麻布和纸制成一个直径 10m 的热空气气球，以燃烧稻草和碎羊毛产生的热空气充满其间，并于同年 9 月 19 日在巴黎凡尔赛宫成功表演，气球下系一吊笼，放入羊、鸡、鸭各一只，气球在空中飘行 8min。同年 11 月 21 日，法国人 F.P. 罗齐埃和 M. 达尔朗德搭乘蒙哥尔费兄弟的热气球，在 1000m 高度、飞行 8.9km，用时 25min。这是人类的首次载人飞行。

蒙哥尔费热气球引起法国科学院的关注，物理学家 J.A. 查里意识到，就升力而言，氢气比热空气更有效。于是，他用涂满橡胶的绸布制成了一个氢气球，谓之查理气球。1783 年 8 月 27 日，查理气球在巴黎首飞，上升到 915m，飘行 25km 后安全降落。1785 年 1 月 7 日，法国布朗夏尔和助手乘自制氢气球，成功飞越

图 1-6　蒙哥尔费兄弟的热气球

英吉利海峡。

此后，热气球和氢气球被用于军事、科学研究和体育运动。法国建立了最早的气球部队。

1.2.2.2　飞艇的发明

为了解决气球只能随风飘荡而不能操纵的问题，1852 年法国人 H. 吉法尔在一具氢气球上安装了一台功率 2.2kW 的蒸汽机，用它带动一个三叶螺旋桨，实现了气球的可操纵飞行。这种可操纵气球便是飞艇的雏形。

19 世纪末至 20 世纪初，是飞艇发展的全盛时期，德国人 F. 齐伯林功高至伟，被尊为"飞艇之父"。1900 年，他制造出世界上第一艘硬式飞艇，这种飞艇装载量大，速度也较快，很快被广泛应用。1909 年他创立以飞艇为工具的德国航空运输有限公司，开辟了空中定期航线。在随后的近三十年间，飞艇横跨欧洲大陆，飞越大西洋，载客运货，直到 1937 年"兴登堡"号空难后才逐渐衰落。

近年来，随着航空技术的发展和"绿色航空"理念的推行，飞艇因其可垂直起降、留空时间长、噪声小、污染小、经济性好等优点，又重新受到重视。

图 1-7　齐伯林飞艇

1.2.3　飞机的诞生

飞机的发明是一项伟大的科学成就，是人类历史上的一个里程碑事件。飞机的发明，开启了航空新纪元。飞机是美国莱特兄弟在综合前人探索经验的基础上，运用自己的智慧与技能实现的一项伟大创新。

1.2.3.1　飞机诞生的前奏

1796 年，英国人乔治·凯利制作出一架模型直升机。1799 年，他又设计出具备现代飞机特征的航空器草图，但由于没有合适的发动机，其设计方案一直无法得到验证。

1882 年，俄国海军军官莫扎伊斯基设计制造出一种单翼机，有机身、尾翼、轮式起落架，安装了两台蒸汽发动机和三副螺旋桨。但他的飞机，仅在地面上滑行和跳跃，未能实现真正的飞行。

1890 年，法国工程师阿代尔制造了一架取名"风神"的扑翼机，该机装有两台蒸汽发动机，曾经飞离地面 20cm，飞跃了 50m 的距离。

德国工程师奥托·李林达尔最早研究扑翼飞行，后转向滑翔机研究。1891 年，他和弟弟制成首架滑翔机并成功飞行，后又制造了多种滑翔机，先后完成了两千余次飞行。1896 年，李林达尔在一次飞行试验中不幸遇难，但他的研究成果和丰富的试飞数据，为后来飞机的发明提供了重要的指导与支持作用。

美国天文学家塞缪尔·皮尔伯恩特·兰利也是一位航空先驱。1896 年，他成功地进行了一系列以蒸汽机为动力的飞机模型试飞，其中一架试验机的飞行距离达到 1280m。1898 年，他得到美国政府资助，研制有动力载人飞机"空中旅行者"号。该机于 1903 年 10 月 7 日和 12 月 8 日，以弹射起飞方式进行了三次飞行试验，均告失败。

图 1-8　为航空献身的奥托·李林达尔

图 1-9　兰利进行飞行试验的场景

1.2.3.2　光荣时刻

就在兰利最后一次试飞失败的 9 天后，1903 年 12 月 17 日，两个美国年轻人——威尔伯·莱特和奥维尔·莱特，在美国北卡罗来纳州基蒂霍克岛，用他们自己制作的"飞行者"1 号飞机，进行飞行试验，飞出了留空时间 59s、飞行距离 260m、高度 3.8m 的成绩，成就了人类历史上第一次可操纵、有动力、载人飞行，揭开了人类航空事业的新篇章。这是飞机诞生的光荣时刻，这是莱特兄弟的光荣时刻，也是全人类迎来航空新纪元的光荣时刻。

　　莱特飞机的成功，在欧美掀起一股航空热，各国制造出各种构型的飞机，涌现出许多大牌飞行家，飞行纪录不断被刷新。

　　1909 年 9 月 21 日，旅美华侨冯如（1884—1912）在美国奥克兰的兰尼学院操场，驾驶他自行设计制造的"冯如 1 号"飞机成功飞上蓝天。1911 年 2 月，冯如带着助手及两架飞机回到祖国，投身辛亥革命，被广东革命军政府委任为飞行队长。1912 年 8 月 25 日，冯如在广东燕塘的一场飞行表演中不幸牺牲，年仅 28 岁。冯如被尊为"中国始创飞行大家"和"中国航空之父"。中国航空界将 1909 年定为中国现代航空元年。

图 1-10　莱特兄弟和他们的"飞行者"1 号

图 1-11　冯如和他制作的飞机

1.2.4　直升机的问世

直升机的发明与飞机相比，经历了更多的坎坷与磨难。第一架概念直升机的诞生比飞机晚4年，又过了20多年才出现了实用化的直升机。

1.2.4.1　直升机的问世

1907年，法国飞机大师路易·布雷盖和他的兄弟以及里歇教授一起研制完成名为"陀螺飞机1号"的直升机，该机装有一台50hp[1]的发动机，有四副旋翼，每副旋翼由8片双层桨叶组成。8月27日，布雷盖驾驶该机试飞，但上升至1.5m就掉了下来。

同年，法国人保罗·科尔尼也研制出一款载人直升机，并于11月13日亲自驾机试飞，在离地30cm高度上悬停了20s。科尔尼的直升机基本上不能操纵，离实用化还有不小的距离。

1.2.4.2　直升机的实用化

直升机实用化之艰难，集中于三大关键：大功率/重量[2]比的发动机，平衡旋翼旋转时产生的反扭矩，以及进行飞行操纵与控制。

在直升机技术完善过程中，西班牙人胡安·切尔瓦功不可没，他发明了旋翼桨毂的挥舞铰，推动了直升机技术的成熟。

1933年，德国人福克·沃尔夫设计了一种采用飞机机身、横列双旋翼布局的直升机Fw-61，这是世界上第一种技术成熟的直升机。1937年，汉卿·罗蒂西小姐驾驶Fw-61在柏林进行飞行表演，第一次向世人展示直升机的特有魅力。直升机的实用化进程由此开始。

1939年，俄裔美国人伊戈尔·伊万诺维奇·西科斯基研制成功单旋翼带尾桨直升机VS-300，其技术成熟度高于Fw-61，遂成为美国陆军的第一种直升机装备，入役编号R-4。R-4在第二次世界大战（简称二战）期间共生产了130多架，参加了一系列作战行动。

图1-12　西科斯基的VS-300直升机

---

① 1hp=745.7W。

② 本书"重量"按规范称为"质量"（mass），其法定单位为kg、t等。

1.3　军事航空的发展

孙子曰："善攻者，动于九天之上。"但直到 1903 年飞机的问世，才使人类战争史真正揭开了"动于九天"的一页。军事航空从无到有，空中力量由弱到强，空中作战给战争带来了革命性变化，战争舞台由平面走向立体，战争的胜负越来越倚重于空中力量。本节将从多个侧面回顾军事航空的发展历程。

1.3.1　早期的军事航空

军事航空的发端可以追溯到 18 世纪末气球和飞艇用于战争，但飞机的出现才使空中力量真正成为一种战争要素。从 1911 年飞机第一次走向战场，到 1939 年第二次世界大战爆发，军事航空完成了从探索到嬗变的过程。

1.3.1.1　气球和飞艇的军事使用

法国是气球的发源地，早在 1794 年，法国就建立了世界上第一支军事气球部队。在 1871 年普法战争中，法国共放出 66 只气球，将 9t 重的邮件和 150 多人运出巴黎。随后，英国也组建了气球队，并频繁地在殖民战争中使用。到 1903 年之前，几乎所有工业国家都建立了气球队；中国清政府也在湖北组建了第八镇气球队。

德国的飞艇技术领先于世界，所以他们以飞艇为主要军事装备，让飞艇承担空中侦察和远程火力打击任务。第一次世界大战（简称一战）初期，德国人多次使用齐伯林飞艇轰炸法国和英国。

气球和飞艇体积庞大、灵活性差，又有安全性问题（所充氢气极易爆炸），在飞机出现之后便很快淡出了战争舞台。

1.3.1.2　飞机初上战场

1908 年，美国政府购置了几架莱特飞机，组建陆军航空队。从 1909 年到 1911 年，法国、意大利、英国、德国、俄国和日本等列强先后组建了以飞机为主要装备的航空部队。

飞机第一次走上战场，是在意大利—土耳其战争中。1911 年 10 月 23 日，意大利航空队队长皮亚扎驾驶"布莱里奥"飞机进行空中侦察，揭开了飞机参战的序幕。10 月 25 日，副队长莫伊佐在飞行过程中遭到土耳其士兵射击，这是首次防空作战。11 月 1 日，加沃蒂驾驶"鸽"式飞机，向土军目标投掷了 4 枚榴弹，开创了空中轰炸的先例。1912 年 2 月 23 日，皮亚扎进行空中照相侦察的尝试。1912 年 6 月 11 日凌晨，马连戈向土军目标投下数枚榴弹，开夜间轰炸之先河。

在中国，民主革命先驱孙中山大力倡导"航空救国"，辛亥革命以后，武昌、上海、广州、南京都督府相继成立了航空队。

1.3.1.3　一战中的军事航空

在第一次世界大战中，飞机被大规模用于战争，对战局产生了一定影响。

1914 年 9 月 3 日，法国一架侦察机发现德军进攻集群的右翼薄弱，协约国部队抓住这一机会，发动马恩河战役，阻止了德军进攻，成为整个战争的转折点。

1914 年 10 月 5 日，法国飞行员击落了一架德国侦察机，这是战争史上的第一次空战。由此开始，空战成为夺取制空权的重要手段。在战争头一年，协约国凭借飞机数量优势，掌握着空战主动权。但从 1915 年 10 月开始，德军大量装备"福克"战斗机，该机装有机枪射击协调器，能让子弹从螺旋桨叶片之间射出，作战效能大大提高，一举击落了 1000 多架协约国飞机，史称"福克灾难"。到了 1917 年夏，协约国通过装备 DH.2 和"纽波特"战斗机（歼击机），并采用更加有效的战术，重新夺回空战主动权。

1916 年 6 月，索姆河战役中，协约国在 70km 的战线上集中了全军 70% 的航空兵力，对地面目标实施火力压制和直接突击，大量杀伤了德军有生力量。受此战法影响，德国在次年的艾勒斯战役中组建专门遂行攻击任务的"作战飞行小队"，后来又研制出世界上最早的攻击机（强击机）——"容克斯"飞机。

交战双方都十分重视战略轰炸的作用，德国的策略是轰炸敌方重要城市，英法则主要攻击敌方军事工业和交通设施。第一次战略轰炸是英国于 1914 年 9 月发动的，效果平平。但到了 1918 年，随着轰炸机性能提高，战略轰炸显现出其他战法难以企及的效果。

1918 年 4 月，英国成立了与陆军和海军地位平等的皇家空军，这是世界上第一支独立空军。

图 1-13　第一次世界大战中的空战场景

1.3.1.4　早期的空中作战理论

第一次世界大战前后是空军理论的形成时期，空军理论对空中力量建设、空中作战行动具有引领和指导作用，同时也有力推动了航空工业的发展。当时的空军理论研究主要集中在制空权、对地火力支援、战略轰炸和空战原则四个方面。在这个领域里，意大利军官朱里奥·杜黑、美国将军威廉·米切尔、英国将军休·特伦查德影响最大，其中杜黑的《制空权》堪称煌煌巨制。

1.3.2　二战时期的军事航空

1939 年 9 月 1 日，第二次世界大战爆发。1945 年 8 月 15 日，日本法西斯宣布投降。二战由空袭开始，以战略轰炸结束，在几乎所有的决定性战役中，空中力量都发挥了关键作用，军事航空的地位空前提高。

1.3.2.1　空中力量建设

二战爆发前，除美国、苏联、日本外，世界主要工业国家都建立了独立空军。在力量建设方面，德、意、日等轴心国战前就高度重视、潜心发展，而同盟国一方，开战前对空中力量重视不够，战争中才急起直追。

德国是一战战败国，根据《凡尔赛条约》，航空部队被解散，德国转而以各种名义进行航空活动，尤其重视新技术研究和航空人才培养。希特勒上台后，1935 年成立了空军，并急剧扩充军备，到二战爆发前，德国作战飞机有 4200 多架，且性能先进。意大利的飞机总数达 4932 架。日本在珍珠港事件之前，陆军飞机 1512 架，海军拥有10 艘航母、3000 架飞机。

一战时期的头号航空大国法国，战后压缩空军和航空工业，致使二战开战前飞机不足千架。英国航空技术发达，但一度忽视了空中力量建设，开战时飞机数量不及德国的 1/2。美国奉行"海权"战略，藐视空中力量，甚至将鼓吹"空权论"的米切尔送上军事法庭，战争爆发后，德国、日本航空兵的表现震动朝野，美国依靠强大的科技与经济实力后来居上。

在战争过程中，受多种因素的影响，德、意、日和美、英、苏的空中力量此消彼长，同盟国一方终于在战争后期占据了优势。

1.3.2.2　重要的空中作战

1939 年 9 月 1 日，德国出动近 2000 架飞机，配合地面部队对波兰发动"闪击战"，9 月 27 日，华沙陷落。1940 年 4 月 9 日和 11 日，德军先后占领丹麦和挪威。5 月 10 日凌晨，德国对法国发起突然空袭，绝大多数法国飞机被摧毁于地面，战场制空权迅速被德军夺得，6 月 14 日，德军占领了巴黎。

德国占领欧洲大陆后，开始实施"海狮计划"，企图通过空中力量击败英国。德国与英国之间发生了长达近一年的空中对抗，史称不列颠之战。不列颠之战以英国空军的胜利而告结束。

1941 年 6 月 22 日凌晨，德国开始"闪击"苏联，第一天就出动 1945 架飞机，摧毁苏联飞机 1811 架。到 7 月 11 日，苏联共有 6293 架飞机被德军摧毁，苏联空军几近覆没。苏联依靠强大的军事工业迅速补充，到 1943 年，飞机数量超过德国，夺回了战略制空权。

从 1940 年 5 月起，英国和美国对德国发动了持续 5 年的战略轰炸（开始阶段与不列颠之战重合），后期还组织了若干次"千机大轰炸"，从根本上瓦解了德国的战争潜力，阻滞了德国战争机器的运行。

在亚洲及太平洋战场，最先开始的是中日之间的空战。尽管中国空军飞机数量少、性能差，但作战勇敢，涌现出高志航（见图 1-14）等一大批空中英雄。到 1937 年淞沪战役结束时，中国飞机几乎消耗殆尽。1938年，苏联派出空军志愿队来华支援中国作战。1941年8月，美国派遣以陈纳德为首的志愿航空队（飞虎队）援华抗日。

从1942年开始，美国与中国开辟了从印度到中国的"驼峰航线"，实施战略空运。驼峰空运持续近3年，共运送了65万吨战争急需物资。驼峰空运是人类航空史上最为悲壮的一次大空运，美国援华空军共坠毁和失踪飞机563架，中国损失飞机46架，共有1500多名飞行员牺牲，平均每飞行1000h就发生两起事故，每起飞200次就损失一架飞机，每运送1000t物资就牺牲3名飞行员。

1940年12月7日拂晓，日本海军出动350多架舰载机，对美国太平洋舰队锚地——珍珠港发动突然袭击。最终日军以轻微的代价，击沉、击伤美舰

图1-14 抗日航空英雄高志航

船40多艘，炸毁或击落美机300架，毙伤美军4500人，美国太平洋舰队遭到毁灭性打击。

美、日之间爆发了多次大规模海战，在中途岛海战中，美国舰载航空兵击沉了"赤诚"号等4艘日本航空母舰，这是战争史上第一次以空中作战决定胜负的海战。

1945年8月6日和8日，美国第20航空队的B-29轰炸机，分别向日本广岛、长崎投下原子弹，造成近20万日本人死亡。美军的战略轰炸，加快了日本投降的进程。

1.3.3 冷战时期的军事航空

二战结束后，世界进入长达40多年的冷战时期。以美、苏为首的两大集团军事对峙，科学技术飞速发展，局部战争烽烟不断，军事航空进入了一个新的发展阶段。

1.3.3.1 空中力量的重大变化

二战结束后，空军作为独立军种的观念被普遍认可。1946年2月，苏联成立独立空军。1947年7月，美国国会通过《国家安全法》，确立了空军作为独立军种的地位。1949年11月11日，中国人民解放军空军成立。

20世纪50年代，各国都将空中力量放在国防建设的优先位置，规模不断扩展，投入持续增加。60—70年代，受"导弹万能论"的影响，大国发展空中力量的热情一度有所降低。进入80年代后，各国更加注重空中力量的质量建设。

冷战时期，空中力量发生了一系列重大变化：喷气式飞机取代了螺旋桨飞机；导弹等制导武器逐步成为主战机载武器；主战飞机具备了超视距攻击和防区外打击能力；直升机被大量装备，直升机部队成为重要兵种；空中预警机性能提高，开始扮演重要角色；空中加油技术得到广泛应用；无人机和电子战飞机快速发展，使空中作战样式更加丰富。

1.3.3.2　冷战时期的空中作战

冷战时期发生了几场局部战争，朝鲜战争、越南战争、第三次中东战争、"巴比伦行动"、贝卡谷地的群机大战、英阿马岛之战、"黄金海岸行动"、美军突袭巴拿马、海湾战争等，空中力量的作用逐次提升，空中作战样式愈加多样，作战进程和作战结果往往令人瞠目结舌。先打空军、主打空军、全打空军，被越来越多的军事家所认可。

朝鲜战争中，交战双方首次大规模使用喷气式战斗机。中国人民志愿军空军在战争中，抗击美军对交通线的空袭，保卫重点目标，建立起著名的"米格走廊"（见图 1-15），支援地面部队作战，取得了光辉战绩，共击落敌机 330 架，击伤 95 架，涌现出王海、李汉、赵宝桐、刘玉堤等一大批战斗英雄。

图 1-15　中国人民志愿军空军的米格 -15 机群

在越南战争中，空中作战给人以三点启示：美军大量使用直升机，直升机在地面作战中的优势尽显无遗，越南战争也被西方军事史家称为"直升机的战争"；精确制导武器首次用于战场，表现出极高的作战效能；美军对"胡志明小道"的封锁，进一步显示出空中遮断作战的价值。

1967 年 6 月 5 日，以色列空军约 200 架飞机倾巢出动，采用超低空突防，几乎同时飞临埃及十几个机场上空，迅即对停放在机场的埃及飞机展开空中突击，在 3h 之内，摧毁了埃及 19 个机场和停放的约 300 架飞机，埃及空军几尽毁灭。

1991 年的海湾战争，是一场具有转型意义的现代局部战争。以美国为首的多国部队于 1 月 17 日发起了历时 38 天的"沙漠风暴"行动，最后以历时 100h 的"沙漠军刀"行动结束。多国部队共投入飞机 2780 架、直升机 1960 架，对伊拉克实施了高强度的空中打击，基本瘫痪了伊军指挥系统，使伊空军完全丧失作战能力，将伊陆军作战能力削减 50%。

1.4 民用航空的发展

航空活动的根本目的在于造福人类，达成这个目的的主要途径便是发展民用航空。民用航空包括航空运输和通用航空两类，提供公共客货运输的航空运输是现代综合交通体系中的重要组成部分，作为航空运输以外其他各种民用航空总称的通用航空给社会带来勃勃生机。本节回顾民用航空的发展历程。

1.4.1 早期的民用航空

民用航空随着航空器的诞生而诞生，飞机出现后，得到更大发展。20 世纪上半叶，人类社会经历了两次世界大战，大战期间，几乎所有航空活动都为战争服务，二战结束后，民用航空得到快速、持续的发展。1945 年前，可看作民用航空早期发展时期。

1.4.1.1 民航业的起源

19 世纪是气球、飞艇主宰航空的时代，人们用这类航空器进行人员、邮件的运输，这是最早的民用航空活动。

1909 年 11 月，齐伯林创办德国"德拉克"航空有限责任公司，这是世界上第一家商业航空运输公司，到一战爆发前，该公司共运载旅客 34000 多人次。

在飞机发明后的最初一段时间里，飞行表演和航空竞技是民用航空活动的主要内容。美国、法国、英国的一些飞行家频繁在北美、欧洲进行飞行表演，在法国兰斯、英国伦敦定期举办飞行大会。1909 年法国人布莱里奥成功飞越英吉利海峡，1912 年，英国人怀特开展了一场以"觉醒吧，英格兰"为口号的巡回飞行活动，引起巨大轰动。

飞机用于定期商业航班运输始于 1914 年，那年在美国佛罗里达州开辟了一条飞越海湾、连通圣彼得斯堡和坦帕的旅游航线，每天两个航班，飞行时间 23min。

1.4.1.2 两次世界大战之间的民用航空

一战结束后，民用航空迎来一个发展高潮。1919 年巴黎和会上，通过了世界上第一部航空法——《巴黎公约》。同年，欧洲 6 家航空公司成立"国际航空交通协会"。1918 年 5 月，华盛顿—费城—纽约邮政航班开通。1919 年 2 月，柏林—魏玛定期客运航班开通。1919 年 3 月，巴黎—布鲁塞尔航线开通，这是世界上第一条国际航线。1920 年，北洋政府开通北京—天津航线，这是中国第一条国内航线。

这个时期，探险飞行异常活跃，每次成功都让人们激动不已。1919 年 6 月，两位英国人完成了跨大西洋的不着陆飞行。1924 年，8 名美国飞行员驾驶 4 架水上飞机，历时 175 天、行程 44340km，完成环球飞行。1926 年 5 月，两位美国人完成北极极地飞行。1927 年 5 月，美国人林白（曾译林德伯格）从纽约起飞，不停顿飞行 33.5h，飞越大西洋抵达巴黎（见图 1—16）；这次飞行引起巨大轰动，飞机成为新的远程交通工具，研制飞机成为投资热点。

图 1-16　林白跨大西洋飞行成功

20 世纪 20 年代，美国和欧洲出现了大量私人飞机，公务航空、个人飞行成为时尚，飞行学校大量涌现，众多飞行表演者穿行在城市与乡村，被戏称为"飞行马戏团"。美国进行了飞机喷洒试验。在澳大利亚、阿拉斯加等地，出现了航空救援服务。

1931 年，美国波音公司研制出新型民航飞机——波音 247D，它外形新颖，技术先进，载客 10 人，被认定为第一种现代民航飞机。1936 年，美国道格拉斯公司研制成功带卧铺的 DC-3 客机，它安全、可靠，不需要政府补贴仅靠客运就能盈利，给空运业带来了一场革命。

1939 年，第二次世界大战爆发，民航业陷入停滞。

1.4.2　民航运输业的发展

19 世纪就有了民航运输的零星个案，1945 年之后，民航运输成为一个独立、庞大的国际性产业。民航运输业大致经历了以下两个发展时期。

1.4.2.1　民航运输业恢复与大发展

从 1945 年二战结束，到 1958 年波音 707 投入航线运营，是世界民航运输业恢复与大发展时期。表现为：①国际航空迅速兴起，《芝加哥公约》的签署、国际航空运输协会和国际民航组织的成立，保障了国际航空的健康发展；②新型民航飞机"子爵"号、"彗星"号、图 -104 等先后投入航线运营，为民航运输业提供了新的、快捷的大型运载工具；③大量机场等基础设施的兴建，逐步形成全球范围的航线网，航空运输覆盖区域急速扩展。

1.4.2.2　民航运输业全球化与大众化

1958 年是世界民航运输业进入全球化、大众化的开端之年。是年，美国波音 707 飞机作为第一款商业成功的喷气式客机（见图 1-17）投入航线运营，加之稍后投入航线的 DC-8、"快帆"等，使得远程、大众化航空运输成为可能。在巨大需求和利润驱使下，发达国家大量组建航空公司，发展中国家也将民航建设当作国家尊严的象征。为适应新型喷气式飞机的需要，世界上兴起了一股建设新机场、改造旧机场的热潮。

图 1-17　具有划时代意义的波音 707 客机

　　1969 年底，英、法联合研制的大型超声速客机"协和"号投入使用（见图 1-18），1970 年，波音 747 宽体客机投入使用。"协和"号是人类在 20 世纪实现超声速客运的杰作，最终因声污染和经济性差等原因而于 21 世纪初退出运营。以波音 747 为代表的亚声速客机获得巨大成功，成为民航运输大型化的标志。

图 1-18　"协和"号超声速客机

　　从 1978 年开始，美国进行民航业"放松管制"改革，随后西欧、日本等纷纷仿效，让更多的中、小航空公司参与市场竞争，降低了民航运营成本，提高了民航服务质量，大大加快了民航全球化的步伐，也使民航业真正进入了大众化时期。

　　据统计，1945 年世界民航客运量只有 900 万人次，1987 年突破 10 亿人次，2015 年已达 36 亿人次。

1.4.2.3　新中国民航运输业的发展

　　1949 年 11 月 9 日，爆发了著名的"两航起义"（原中国航空股份有限公司与中央航空运输股份有限公司，简称"中航"和"央航"）；"两航起义"奠定了新中国民航事业的基础。1949 年 11 月 2 日中央军委民用航空局成立，统管全国民航事务。1950

年 8 月 1 日，新中国民用航空第一条国内航线开航（见图 1-19）。1954 年军委民航局划归国务院领导，更名为中国民用航空总局。2008 年 3 月由国务院直属机构改制为部委管理的国家局，同时更名为中国民用航空局。

图 1-19　执行"八一开航"任务的 139 号机组人员

改革开放前，新中国民航大量购置新飞机，扩建和新建大批机场，开辟了包括北京—拉萨航线在内的一批新航线，建立了以北京为中心的单线式航空网络。这个时期，民用航空是军事航空的从属部门，其首要任务是保障要员交通、国际交往和紧急事态处理，客货运输则放在第二位。1980 年，中国民航运输周转量仅排世界第 35 位。

改革开放后，中国民航运输业得到飞速发展，30 多年来，平均年增长率保持在 10% 左右，增速高出世界平均水平两倍多，成为世界上民航运输业发展最快的国家。现今，中国民航的运输机队规模、航线运营总里程、运输总周转量均居世界第二。

1.4.3　通用航空的发展

通用航空（简称通航）是航空事业发展的基础，是孕育军事航空和运输航空的母体。通航的内容丰富，规模庞大，是与普通人关系最紧密的航空活动。目前，中国通航正孕育着大发展，前景广阔。

1.4.3.1　通用航空释义

不同国家或组织对通用航空的定义、业务覆盖和管理方式略有不同。

国际民航组织给通用航空的定义是："除定期航班和用于取酬的或租用合同下进行的不定期航空运输以外的任何民用航空活动。"

《中华人民共和国通用航空飞行管理条例》规定为："所谓通用航空，是指除军事、警务、海关缉私飞行和公共航空运输飞行以外的航空活动。"

美国通用航空制造协会给出的定义是："除运输航空和军事航空以外，所有的航空活动都属于通用航空。"

我国将警务、海关缉私等准军事航空活动不列入通航范畴，这点与美国等国家有较大区别。通用航空的内容依照我国定义，大致可分为：工业航空、农林航空、航空科研与探险、飞行训练、航空体育、公务航空、私人飞行、公共服务航空、航空文化活动等。

1.4.3.2　二战后通航的发展

从本质上讲，最早的航空活动皆属通航，运输航空也是从通航中分离出来的，是先有通用航空，后有运输航空。但就提出公认的称谓而言，通航的历史应以 1950 年通用航空名词诞生为开端。

世界通航自 20 世纪 50 年代至 70 年代末进入繁荣时期。农业航空发展迅猛，广泛用于航空喷洒（撒）、航空监护等作业；直升机进入通航领域，大大拓展了通航服务范围；世界上出现了上千家通航公司，建成数以万计的通航服务站；公务航空大行其道；私人飞行在发达国家成为时尚。

80 年代，由于全球性经济衰退、飞机价格及使用成本高企、航路拥挤和环保限制等影响，发达国家的通航业一度出现停滞甚至下滑。进入 90 年代，特别是 1994 年美国通过《通用航空振兴法》之后，通航率先在美国复苏，世界通航业进入相对平稳的发展时期。

目前，全世界共有通用航空器约 34 万架，年飞行总量 3500 万小时。在发达国家，通航渗透到社会生活各层面，特别是在应急救援、社会公共服务等领域，具有任何其他手段都无法企及的优势。

1.4.3.3　我国的通用航空

在我国，1986 年前通航被称作"专业飞行"，1986 年开始使用"通用航空"这个名词。由于特殊的历史背景，我国航空事业沿着先军后民、先民航运输再通用航空的路子发展，有别于航空诸强的发展道路。尽管几十年来，通航建设取得不少成就，为我国社会经济发展做出了一定贡献，但受体制机制、技术能力等因素的影响，我国的通航无论是规模、水平，还是服务能力，都存在很大差距，与国家社会经济发展水平不相适应，与强烈的社会需求不相适应，与广大人民的热切期盼不相适应。目前，我国通用航空器总量仅占世界总数的 0.15%，飞行总量仅占世界总量的 0.25% 左右。

在我国，大力促进通用航空发展意义重大，是发展经济和推动产业升级的需要，是满足国民日益增长的物质文化需求、促进文明进步的需要，也是增强国防基础的需要。通航产业正越来越受到政府的重视和民众的支持，大力发展通航的条件已经具备，我国通航的发展高潮即将到来。

1.5　航空科技成就与航空文明

作为 100 多年航空发展的回顾，我们对重大航空科技成就进行梳理，并对伴生的航空文化与航空文明进行阐释，以使读者从物质文明与精神文明两个方面增进对航空事业的了解与热爱。

1.5.1　重大航空科技成就

在 100 多年的航空发展史上，重大航空科学技术成就像颗颗珍珠，熠熠生辉，魅力无尽。本节按里程碑事件、重要技术发明和重要概念与实践三类精心选择，作简要介绍。

1.5.1.1　里程碑事件

热气球、飞艇、飞机、直升机的发明，无疑是航空科技发展的里程碑，由于它们具有奠基性意义，已将它们在本章 1.2 节中做了先行介绍。下面依时间顺序，介绍进入"喷气时代"及其后对航空发展具有全局性、历史性影响的事件。

（1）进入喷气时代

20 世纪 20 年代，美国、苏联、德国、英国都有人提出各种燃气涡轮发动机方案。1937 年 4 月英国人惠特尔研制出离心式涡轮喷气（涡喷）发动机。1938 年 10 月，德国人奥海因研制成功采用轴流－离心组合式压气机的 HeS3 涡轮喷气发动机，1939 年 8 月 27 日，配装 HeS3 发动机的 He－178 飞机完成首次喷气飞行试验，标志人类航空进入"喷气时代"。

（2）突破声障

当飞行速度接近声速时，由于激波的出现，再想提高速度变得十分困难，这种速度障碍被称为"声障"。曾有人认为，声速是人类航空的速度极限。1944 年美国军方和国家航空咨询委员会（NACA）制订了以火箭发动机为动力的超声速试验机计划（X－1 计划）。1947 年 10 月 14 日，贝尔公司研制的 X－1 火箭动力研究机由 B－29 飞机带到空中投放，查尔斯·耶格尔上尉驾驶 X－1 在 12800m 高空首次突破声障，速度达到 1078km/h，即 $Ma1.015$（见图 1－20）。从此，航空进入超声速时代。

图 1－20　耶格尔与 X－1 研究机

（3）突破热障

热障是指飞行器高速飞行时，因气动加热所带来的机体温度急剧上升而危及结构的现象，一般认为飞机出现热障的速度段在 $Ma2.5$（即 2.5 倍声速）以上。1956 年 9 月 27

日，美国 X-2 火箭飞机在试飞中速度达到 $Ma3.2$，首次突破热障。目前，突破热障的代表机型有苏联的米格-25 战斗机、俄罗斯的米格-31 和美国的 SR-71 战略侦察机。

（4）波音 707 投入运营

1958 年 10 月，波音 707 飞机投入航线运营。由于采用了多项新技术，波音 707 性能获得显著提高，单座运营成本甚至低于活塞式螺旋桨飞机。波音 707 有多种民用、军用及特种机改型，是军民融合发展的范例，其成功标志着民航运输业进入全球化、大众化时期。

（5）X-15 飞机创造飞行高度与速度纪录

1962 年 8 月 22 日试飞员乔·沃尔克（Joe Walker）驾驶美国北美航空公司制造的液体燃料火箭发动机推进的 X-15A 型高超声速飞机（见图 1-21），爬升到 107960m 的高度，创造有人驾驶飞机飞行高度的世界纪录。1967 年 10 月 3 日，空军少校飞行员威廉·奈特（William J. Knight）驾驶该型飞机，创造了 $Ma6.72$ 的有人驾驶飞机飞行速度世界纪录。

图 1-21　X-15A 型飞机

（6）航天飞机升空

1981 年 4 月 12 日，世界上第一架航天飞机"哥伦比亚"号（见图 1-22），从美国佛罗里达州卡纳维拉尔角起飞，历时 54.5h，绕地球 36 圈后安全返回。航天飞机是现代航空、航天技术结合的产物，它像火箭一样垂直起飞，像飞船一样沿轨道运行，又像飞机一样水平着陆。航天飞机的成功，标志着人类飞行方式的重大演进。

（7）F-22 战斗机首飞

1990 年 9 月，由美国洛克希德-马丁、波音和通用动力公司联合研制的重型隐身战斗机 F-22 首飞成功，被称为世界第一款第五代战斗机，具备超声速巡航（不开加力）、超视距作战、高机动性、雷达与红外隐身性等战术性能与技术特征，

图 1-22　"哥伦比亚"号航天飞机

集中反映了航空科技的新成果和作战理念的变革。

（8）X-37B 首次飞行

美国研制的 X-37B（见图 1-23）是能在近地轨道长期运行的飞行器，既有航天器的特征，也有航空器的特征。从 2010 年 4 月 23 日首飞，当年 12 月 3 日返回。先后进行了五次飞行。第五次于 2017 年 4 月 7 日升空，持续飞行 780 天后于 2019 年 10 月 26 日返回。第六次飞行于 2020 年 5 月 17 日开始，尚在进行；将在轨道上放飞卫星，并进行微波传送太阳能试验等。X-37B 的飞行试验在一定意义上表明"空天一体"时代的到来。

图 1-23　X-37B

1.5.1.2　重要技术发明

人类航空史是一部不断创新的历史，涌现出不计其数的技术发明，或简单而巧妙，或复杂而深奥，下面按出现的时序，介绍部分影响重大的技术发明，多数直接对应物化的产品或系统，少数项目表征为技术形态。

（1）风洞

1871 年，英国人 F.H. 韦纳姆建成世界第一座风洞。该风洞为开路式木箱结构，尺寸为 0.457m×0.45m×3.05m。风洞广泛用于研究和验证空气动力学的基本规律，通过风洞试验来确定飞行器气动布局和评估其气动性能，使气动设计与计算有了科学的试验工具。

（2）水上飞机

1910 年 3 月，法国人 H. 法布尔设计的浮筒式水上飞机（见图 1-24）首次试飞，为航空器增添了一种新品种。同年 7 月，中国人谭根研制出一种船身式水上飞机，并在芝加哥万国飞机比赛中获奖。研制水上飞机，除需陆上飞机通用技术外，还需水动力学等技术支持。

（3）金属飞机

世界上第一种全金属飞机是德国设计师容克斯设计的 J-1 "锡驴"，该机于 1915 年 12 月 12 日首飞。1919 年 6 月，容克斯又研制出世界上第一架全金属旅客机 J.F13。

从最早的以木料为结构材料，到全金属飞机的出现，为飞机性能的提高开辟了新的道路。

图 1-24　法布尔的水上飞机

（4）可收放式起落架

1920 年，美国人在"戴顿－莱特"竞赛飞机上首次安装了可收放式起落架，收到很好的效果，并使竞赛成绩大大提高。后为世界各国所仿效，到二战爆发之前，可收放式起落架已被战斗机广泛采用。迄今，除少数小型飞机外，可收放式起落架是多数航空器的必选。

（5）空中加油

1923 年 6 月 27 日，在加利福尼亚州圣地亚哥湾上空，美国陆军航空队在两架 DH-4B 双翼机上完成世界首次空中加油（见图 1-25）。1933 年苏联进行了第一次空中加油试验；1934 年英国进行了轰炸机的空中加油；1938 年英国研制出最早的空中加油机 A.W.23，该机为帝国航空公司提供空中加油服务。

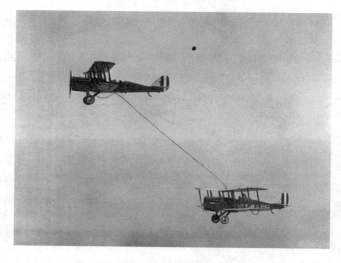

图 1-25　早期的空中加油

（6）电动陀螺仪

1914 年，美国人斯佩里制成第一种电动陀螺仪，1927 年陀螺仪被首次装在飞机上。陀螺仪具有空间定向能力，是飞机导航仪表和自动驾驶仪的基础器件。电动陀螺仪的装机，为实现飞机的自动飞行创造了条件。

（7）后掠翼

1935 年，德国科学家阿道夫·比斯曼提出后掠翼概念和理论；后掠翼指机翼各剖面沿展向后移，这种构型可推迟激波出现，提高临界马赫数，有利于飞机跨声速飞行。1942 年首次采用后掠翼机翼的德国 Me-262 喷气战斗机试飞成功。二战后，苏、美也相继研制出后掠翼飞机。

（8）机载雷达

1937 年，英国人爱德华·鲍恩研制出一种小型雷达，安装在"安森"号飞机上；这是世界上第一种安装雷达的飞机。较之地面雷达，机载雷达的作用范围更加宽广。它已成为大中型飞机全天时全天候安全飞行的基本配置，也是军用飞机最重要的目标探测装备。

（9）复合材料

20 世纪 40 年代玻璃纤维增强型复合材料问世，此后陆续出现高强度、高模量纤维与非金属基体或金属基体复合而构成的各类复合材料。复合材料热稳定性好，比强度、比刚度高，具有抗疲劳的特点，成为现代航空器研制应用最为广泛的新结构材料。

（10）涡轮风扇（涡扇）发动机

1948 年英国罗罗公司研制出世界上第一种涡扇发动机（"康维尔"），该机 1959 年定型，1960 年起陆续用于多款运输机和客机。涡扇专利为英国人 F. 惠特尔于 1936 年获得。从 20 世纪 60 年代开始，涡扇发动机逐步成为干线客机和军用飞机的主要动力。

（11）惯性导航系统

1950 年，美国斯佩里公司研制的第一部惯性导航系统诞生，并在道格拉斯 DC-3 客机上试飞。惯性导航系统是一种以牛顿力学为理论基础的自主式导航系统，能够提供导航坐标系中的速度、偏航角和位置信息，可广泛用于飞机、舰船、车辆和潜艇等。

（12）面积律

1952—1953 年，美国人 R.T. 惠特科姆和 O. 琼斯先后提出跨声速面积律和超声速面积律，阐明两种状态下零升波阻力与飞机横截面积沿纵轴分布关系的规律。根据面积律设计飞机，可降低波阻，提高飞行性能。后掠翼和面积律直接催生了超声速战斗机的问世。

（13）垂直起降飞机

1957 年，英国开始研制世界上首款垂直起降飞机——"鹞"式飞机，1960 年实现首次悬停飞行。该机装有一台可转喷口涡扇发动机，两喷口置于飞机两侧。垂直起降时，喷口转向下方，喷流"托举"飞机；正常飞行时，喷口转向后方，提供前进动力。

（14）电传操纵系统

1974 年 2 月，世界上第一种采用主动控制技术和电传操纵系统的飞机（F-16 战斗机）试飞成功，标志着这项技术从 C−1 型自动驾驶仪（1943 年装于 B−17E 轰炸机）开始，经 30 年发展，成长为一个可靠的功能系统。1988 年空客 A320 成为最先采用电传操纵系统的旅客机。

（15）低可探测性技术

1977 年 12 月，美国低可探测性战斗机验证机首飞，标志着该项技术的重大突破。1981 年，F−117 隐身战斗机实现首飞（见图 1−26）。之后，美国又研制出 B−2、F−22、F−35 等隐身飞机。低可探测性已成为新型战斗机和遂行突防、高生存力作战飞机的典型技术特征。

图 1−26　F−117 隐身战斗机

（16）有源相控阵雷达

2004 年 10 月，美国 APG−63（V）2 有源相控阵雷达配装 F−15C 战斗机，这是世界首例实用化有源相控阵雷达。有源相控阵雷达作用距离更远、可靠性更高，在同一时间内可完成两种以上的雷达任务，代表了机载雷达的发展方向。

1.5.1.3　重要概念与实践

在航空史上，除了里程碑事件和重要技术发明，还有一些新理论、新概念以及由其引发的重要实践，同样在航空科技发展中占有重要地位，而且它们常呈现跨领域、跨专业的特点，或者具有技术和管理的双重属性；它们对航空文明的影响深刻而长远。

（1）适航

适航概念及适航管理是 20 世纪 30 年代从国际海商法中引入航空领域的。适航性是指航空器整体性能和操纵特性，在预期使用条件下保持其安全性和物理完整性的品质。适航标准是为保证航空器的适航性而制定的最低安全标准。适航管理是以保障航空器的安全性为目标的技术管理。适航管理分为初始适航管理与持续适航管理两种类型，以保证航空器在全寿命周期内均符合适航标准要求。

（2）可靠性

可靠性通常被定义为：产品在规定条件和规定时间内，完成规定功能的能力。1939 年，英国航空委员会首次提出可靠性的概念。二战中，德国有 80 多枚 V2 导弹在发射台上就发生了爆炸，美国因机载设备失效损失的飞机，居然是被击落飞机数量的 1.5 倍。飞机可靠性问题越来越受到重视，到 20 世纪 50 年代，可靠性逐步发展成一门学科；而在工程上，确保可靠性的最重要环节是可靠性设计。

（3）气动弹性

气动弹性是指航空器结构在气动力的作用下会发生弹性变形，而弹性变形又使气动力发生改变，进一步导致弹性变形，即弹性变形与气动力变化交互作用的过程，表现为飞机颤振、抖振、翼面嗡鸣等。飞机发展之初，设计师对气动弹性问题一无所知。20 世纪 30 年代，英国"猫蛾"飞机连续因颤振而导致失事，促使航空界对气动弹性问题给予关注和深入研究，后发展成为一门边缘学科。

（4）金属疲劳

英国"彗星"号飞机在 1954 年前后连续发生三次空中解体事故。对失事飞机残骸研究发现，是旅客舱窗口的窗角裂纹扩展导致了事故。由于窗口呈方形（见图 1-27），窗角处应力集中，并因该机为加压座舱，微小裂纹会在载荷重复加卸的作用下持续扩展。"彗星"号事件震动了航空界，人们将这种因交变应力而使材料抗裂纹扩展能力降低的现象称为"疲劳"。金属疲劳学由此诞生。

图 1-27　采用方形舷窗的"彗星"号客机

（5）系统工程

系统工程是关于社会活动规划、组织、协调和控制的科学理论及方法。航空是孕育系统工程理论的主要领域之一，例如，二战时期英国关于"本土链"雷达网防空作战研究、1945 年美国奈基 1 型防空导弹项目等，都推动了系统工程理论的发展与成熟。系统工程在航空领域作用斐然，已成为大型复杂航空工程项目所依赖的重要管理方法与手段。该部分内容详见本书 6.1.1 节。

（6）绿色航空

1992 年，联合国世界环境与发展大会通过了《21 世纪宣言》和《里约环境与发展宣言》。至此，"绿色"观念形成，西方航空业者也开始使用绿色航空的词汇。到 21 世纪初，绿色航空被航空界广为接受，欧美航空发达国家围绕此概念，制订了一系列研究计划，各知名公司和企业纷纷开展绿色航空实践。在我国，2008 年之前一般用"低碳航空"来表述，2008 年之后，"绿色航空"成为中国航空界的通用词汇，绿色航空实践也愈加深入。

1.5.2　航空文化与航空文明

与重大航空科技成就的出现交相辉映的是，航空文化与航空文明的兴盛。波澜壮阔、丰富多彩的航空活动，全方位地改变着社会生产、生活方式和人们的思想观念，催生出特点鲜明的航空文化，促进了人类文明的嬗变，航空文明已经成为现代社会文明的标志之一。

1.5.2.1　航空文化

航空文化是指在航空实践中形成的具有航空特色的思想、观念等意识形态和行为模式，以及与之相适应的组织体系和制度。作为一种文化现象和文化形态，航空文化是社会文化的有机组成部分。

航空文化本身又自成体系，由军事航空文化、民用航空文化、航空科技文化、航空企业文化、社会航空文化等子文化组成，每个子文化又有不同内容与特点。航空文化与生俱来地拥有物质文化、制度文化、行为文化和价值观文化的层次架构。

航空物质文化是以航空器为核心的物化劳动与创造过程中形成的文化形态，是航空文化的基础。由于航空是"制度中的事业"和"规范中的事业"，航空文化必须是对一切航空活动起导引与规范作用的制度文化。航空具有复杂性、风险性、高技术关联性等特征，使之结成一个特殊行业，也造就了特殊的航空行为文化。航空活动中洋溢的正面、积极、富有时代感和人文精神的价值观，决定了航空文化的境界，价值观文化是航空文化的灵魂。

航空文化的鲜明特征体现为：航空文化充盈飞行元素，飞行探索与创造是航空文化的核心内涵。航空文化具有复合性，物质、制度、行为、价值观等要素缺一不可。航空文化必应体现科学性，没有科学技术便没有航空，要虔诚地尊重和遵循科学原理和技术规律。航空文化充满自由精神，正如恩格斯所说，"文化上的每一个进步，都是迈向自由的一步"，航空文化既是人类不断追求自由的结果，又成为激励人们继续追求更大自由的精神力量。

航空文化的社会作用表现为：促进文明进步，丰富人民生活，普及航空知识，强化航空意识，营造航空发展氛围，宣传航空发展成就；尤应通过对航空从业者的激励、培养和规范行为，凝聚力量与人心，保障行业的健康发展和社会使命任务的完成。

航空文化的丰富内涵深刻地影响着社会大众，激励着一代又一代航空人。当前中国社会的航空文化整体发育不足，航空对于许多民众仍是神秘所在，航空文化仍是阳春白雪式的小众文化，必须改变这种局面，中国的航空事业才能获得更大更快的发展。

1.5.2.2　航空文明

古今中外，"文明"都是一个圣洁的词汇。什么是文明？文明是对人类在一定社会发展阶段的一切创造性成果与成就的综合认定。航空文明因其独特且博大，而成为人类文明的一种新形态。

　　文明与文化既有区别，又有联系。文化和文明拥有同样的对象范畴，文明是文化正向发展的结果，文化是孕育文明的过程。人类的文明进化史，是用文化改变世界的"人化"进程，又是以文化培养人、提高人、完善人的"化人"进程。

　　"形而上者谓之道，形而下者谓之器。"认识航空，不能只停留在器物与技术层面，要上升到文化和文明层面，才能更深刻地感受航空事业的伟大与魅力。航空，将人们的活动范围从陆地、海洋扩展到了天空；航空，不受高山、大川、沙漠、海洋的阻隔，日行万里，四海相连；航空，以速度与效率加快了社会运行节奏。航空孕育出新时空文明。

　　航空器是科技创新能力与工业化生产相结合的产物，是众多现代科学技术集成的物化形态。巨大的社会需求使航空技术走过了一个迅速而不间断的发展过程，每一步跨越都体现了当代科学技术的最新成果。而航空领域的不断创新也为诸多学科的发展提供了新的动力。航空催发出新科技文明。

　　飞机走向战场，从根本上改变了战争的形态。空中力量从最初战争的协同力量演变成了战争的主力，甚至成为决定性力量。航空创造出新军事文明。

　　航空让人们实现了飞翔梦，带给我们一种认识自然、借力升腾的理念和智慧，勇于探索、无惧牺牲的精神和力量，一整套理论与实践相结合、大胆探究与小心求证相融互动的思维与行动方式。航空丰富了人类的精神文明。

第 2 章
航空器

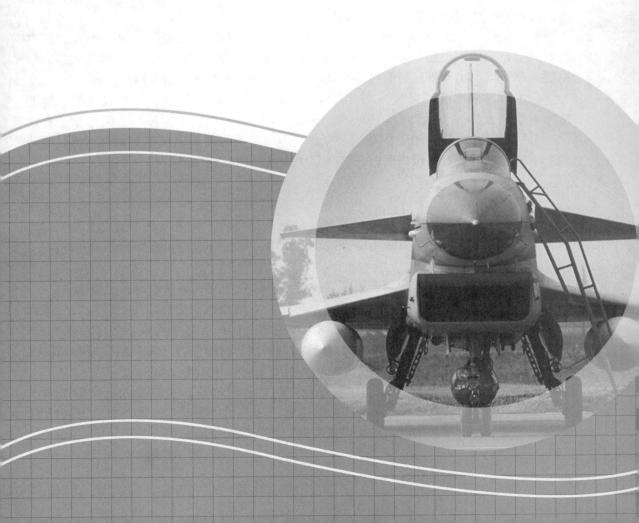

1783 年 11 月，法国人乘坐热气球初次体验到离开大地的感受；1903 年 12 月，美国莱特兄弟在基蒂霍克岛寒冷的海风里，开启了动力可控航空新纪元；1961 年 4 月，苏联加加林驾乘"东方 1 号"飞船，打开了人类航天的大门。所有的飞行活动都离不开航空器械，航空器械是人类一切飞行活动的物质基础。

本章在介绍航空器的基本概念后，将依次介绍浮空器、飞机、直升机、无人机、非常规航空器等主要航空器的构造、类别、发展及应用。

2.1 航空器的基本概念

2.1.1 航空器的定义

本书 1.1.1 节介绍了航空与航天的概念，航空与航天覆盖了迄今为止人类的全部飞行活动。我们的先辈用一个"航"字来描述飞行活动，科学而形象，人们在天空中飞行，犹如在大海里驾着舟船追波逐浪。

在空气空间内飞行的器械，称为航空器。在外层空间内飞行的器械，称为航天器。飞行器是航空器与航天器的统称。

航空器与航天器最大的差别在于飞行环境，一个在空气空间，另一个在外层空间，航空器主要利用空气动力或空气静力升空飞行，航天器的运行主要遵循天体力学原理。在空气空间与外层空间边缘活动的航空器兼具航空器与航天器的特征。

人们常常习惯性地将气球、飞艇以外的航空器泛称为"飞机"，所指代的并非严格学术意义上的"飞机"。本书将区分不同类型的航空器，正确使用不同称谓，在泛指所有类别时，尽量使用航空器这个概念，但由于飞机的典型性和重要性，将是阐释和介绍的重点，凡不特别指明时，"飞机"是论述内容的默认对象。

2.1.2 航空器的分类

现代航空器已形成一个庞大的体系，外观形形色色，构造彼此不同，原理和用途各有千秋。航空器的分类方法主要有按飞行原理、按社会用途和按驾驶方式三种。

2.1.2.1 按飞行原理分类

航空器按飞行原理可分为轻于空气的航空器和重于空气的航空器，见表 2-1。

轻于空气的航空器依靠空气的静力（浮力）克服地球引力升空飞行，现有气球和飞艇两种。轻于空气的航空器也被统称为浮空器。国际民用航空组织（ICAO）将轻于空气的航空器分成非动力驱动和动力驱动两类，前者指气球（有自由气球和系留气球两种），后者指飞艇，包括刚性飞艇、半刚性飞艇和非刚性飞艇。

重于空气的航空器靠与空气相对运动产生的空气动力，或靠发动机喷射工质产生的反作用力升空飞行。ICAO 将这类航空器分为非动力驱动航空器（包含滑翔机）、动力驱动航空器（包含飞机和旋翼类航空器）和扑翼航空器三类。

表 2—1 航空器的分类

轻于空气的航空器	重于空气的航空器									
	定翼航空器				动翼航空器				其他	
气球	飞艇	滑翔机	伞翼机	飞机	地效飞行器	直升机	多旋翼航空器	自转旋翼机	扑翼机	导弹	火箭

本书将重于空气的航空器分为定翼（含飞机、滑翔机、伞翼机和地效飞行器）、动翼（含直升机、多旋翼航空器、自转旋翼机和扑翼机）和其他（含火箭与导弹）三大类。地效飞行器是在地面效应区飞行的特殊飞行器，本书将其列入定翼航空器。火箭与导弹的一部分工作在空气空间，也应视为航空器的组成部分。

其中，直升机与多旋翼航空器能垂直起降与悬停，有一副或多副旋翼，且由动力装置（包括传动装置）驱动，为其主要升力来源。而自转旋翼机（有时简称旋翼机）的旋翼系自由旋转而非发动机驱动，不能垂直起降与悬停。此外，还有一种倾转旋翼机，正常飞行时与螺旋桨飞机相同，故不单列，不作为一种动翼航空器。

2.1.2.2 按社会用途分类

航空器按社会用途，分为军用航空器、民用航空器、科研用航空器三类。

军用航空器主要用于军事活动，属于军队的武器装备。在有些国家，将军用航空器、警用航空器以及海关、缉私用途的航空器归为一类，称为国家航空器。

民用航空器用于民事活动，主要包括航空运输和通用航空领域的航空器。

科研用航空器是为探索航空科学技术而专门研制的航空器，常见有研究机、试验机等。

2.1.2.3 按驾驶方式分类

航空器按驾驶方式，可分为有人驾驶航空器和无人驾驶航空器两类。

有人驾驶航空器是指由机上人员操控的航空器。

无人驾驶航空器是指机内无飞行员、用遥控设备或自备程序控制装置操控，或完全自主控制的航空器。

2.2 浮空器

浮空器是最早的可载人航空器，借助浮空器，人们体验到了飞行的乐趣，获得了最初的商业应用。从 18 世纪末到 20 世纪初，浮空器主宰航空领域长达 100 多年。传统浮空器构造相对简单，用途也很有限，飞机出现后便退出航空舞台。进入 20 世纪末，浮空器又呈现回归迹象。

2.2.1　气球

气球诞生于 1783 年。它由气囊和吊在其下的吊篮或吊舱组成，其吊篮（舱）用来乘人或放置设备及物品，其气囊内充填密度小于空气的气体，使之能够产生浮力，浮力大小遵循阿基米德原理，当浮力大于重力时，气球便可升空飞行。

按气囊内充填气体的不同，分为热空气气球（简称热气球）、氢气气球和氦气气球三种。热气球在吊篮中安装有燃料罐和喷灯，点燃喷灯，将空气加热后从气囊底部开口处充入气囊，气球便升空，升空后，控制喷灯的喷射量操纵气球上升或下降。氢气和氦气都轻于空气，是主要的填充气体；由于氢气易燃易爆，氢气气球逐步被氦气气球取代。

按气囊形状的不同，分为球形气球和异形气球两种。

按照气球与地面关系的不同，分为自由气球（脱离地面）和系留气球（用绳缆系于地面）两种。

气球结构简单，价格低廉，易于制造，从问世起就被广泛应用。现今，气球在吊运货物、气象、通信、空中监视、旅游等方面表现出的优势，仍为人们重视和喜爱，气球运动更是一项长盛不衰的运动项目。

2.2.2　飞艇

飞艇是指有动力装置、可控制的轻于空气的航空器。飞艇由艇体、位于艇体下面的吊舱、起稳定控制作用的尾面和推进装置等组成。吊舱内乘人、装载设备及货物。早期飞艇充灌氢气，为提高安全性，近代飞艇改充氦气。

2.2.2.1　飞艇的类别与构造

（1）飞艇的类别

按照艇体结构，可将飞艇分为压力飞艇和硬式飞艇两类。压力飞艇艇体轮廓由内部浮升气体的压力来保持，故又称"软式飞艇"或"非刚性飞艇"。有些压力飞艇在艇体气囊内加入了结构龙骨，以分担艇体载荷，这种飞艇称为"半硬式飞艇"或"半刚性飞艇"。如果艇体有一个保持外形轮廓的"硬壳"，则称为"硬式飞艇"或"刚性飞艇"。

传统飞艇的艇体巨大，多呈对称的流线型。现代飞艇的艇体不仅有流线型，还有透镜型、三角形、环形、箭形、多艇一体等多种形状，不同艇体形状有着不同的空气动力学特性。现代飞艇还可以按照增升力（指除空气静力外，由其他方式提供的升力）的使用量，分为无增升飞艇、部分增升飞艇和全增升飞艇。

（2）飞艇的构造

软式飞艇和硬式飞艇的构造分别见图 2-1 和图 2-2。现代飞艇一般由艇体、驾驶 / 任务舱、推进装置、艇载系统等组成。

艇体又称气囊或囊体，艇体内充满浮升气体。硬式飞艇艇体外壳为带织物蒙皮的轻量化架式结构。软式飞艇艇体内设置一个或多个副气囊，副气囊体积随外界压力、密度的变化而变化。飞艇艇体的尾部安装水平 / 垂直安定面和升降 / 方向舵。艇体前部装有用于锚泊的系留装置。

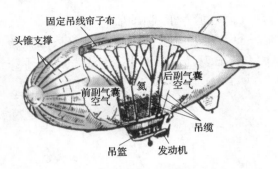

图 2-1　软式飞艇结构示意

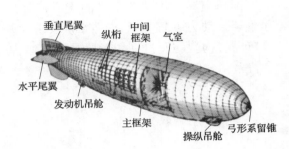

图 2-2　硬式飞艇结构示意

驾驶 / 任务舱位于艇体下方，供驾驶员与乘员乘坐，以及搭载设备和系统，一般动力装置也安装在驾驶 / 任务舱的结构框架上。

大部分飞艇以内燃机为主动力装置，螺旋桨作为推进器产生推进力使飞艇运动。现代飞艇往往配备多个推进器，有的推进器可改变推力矢量方向。

艇载系统指的是实现设计功能的物理装置。主要有压力控制系统、飞行控制系统、燃油系统、压舱物、电力系统、辅助推力系统、生活补给系统等，高空飞艇还需设置专门的生命保障系统。

2.2.2.2　飞艇的发展与应用

飞艇是人类发明的第一种具有大装载能力、有动力、可操控的航空器。19 世纪晚期到 20 世纪早期的几十年间，飞艇是最具商业和军事价值并被大量使用的航空器。最早的轰炸作战、最早的航空运输、最早的越洋飞行都是飞艇完成的。德国作为飞艇的发源地，曾是飞艇技术开发与应用最深入的国家。

1937 年 5 月 6 日，德国齐伯林航空公司的"兴登堡"号飞艇，在飞越大西洋、准备在美国莱克赫斯特着陆时，因静电引燃泄漏的氢气，起火燃烧。这一惨烈事故之后，飞艇一蹶不振。进入 20 世纪 90 年代后，随着材料、动力、电子技术等的突破，加之旺盛的新军事需求和对"绿色航空"的追求，出现平流层飞艇、大型载重飞艇、太阳能飞艇、核动力飞艇等诱人的概念与方案，飞艇有望在部分应用领域复兴。

2.3　飞机

飞机是指由动力装置产生使之前进的拉力或推力、由机翼产生升力而能够在大气层中实现可操纵飞行的一类航空器。此类航空器以固定的机翼为主要特点，又称固定翼航空器。在航空器家族中，无论是种类还是数量，飞机均占有绝对多数，以至于人们经常用"飞机"来指代所有航空器。

2.3.1　飞机的构造与分类

2.3.1.1　飞机的一般构造

不同布局、构型和用途的飞机，外观差别很大，但一般都由机身、机翼、尾翼、起落架、动力装置和机载设备等组成（见图 2-3）。随着技术的发展与进步，颠覆传统布局与构型的飞机（如无尾、翼身融合等）不断出现，但仍属于飞机，只不过不完全符合"一般构造"。

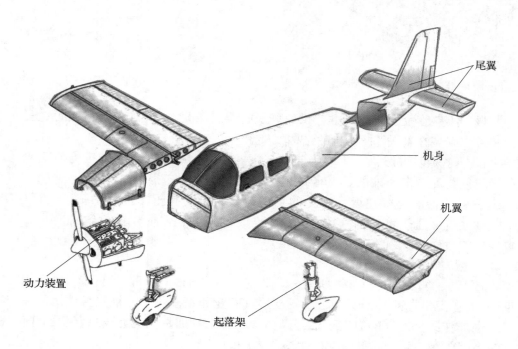

图 2-3　飞机的一般构造

（1）机身

机身主要用来装载人员、货物、武器和设备，它将机翼、尾翼、起落架以及各种功能系统连接成一个整体。机身外形通常为纺锤形流线体。机身结构一般由蒙皮、纵向和横向骨架等构成。纵向骨架包含桁条、桁梁和纵向局部加强件。横向骨架分为普通隔框和加强隔框，普通隔框用于维持机身外形，并与蒙皮、纵向骨架相互支撑，加强隔框承受较大的集中外载荷。

按结构元件的受力特点，机身可分为梁式、半硬壳式和硬壳式等几种形式。图 2-4 所示为硬壳式和半硬壳式机身结构。

（2）机翼

机翼是飞机上产生升力的主要部件，一般分左右两个翼面，对称地布置在机身两侧。按照俯视平面形状的不同，机翼可分为平直翼、后掠 / 前掠翼和三角翼等（见图 2-5）；按照机翼的数目，分为单翼、双翼和三翼式，其中，单翼式飞机又可按机翼在机身上下的相对位置，分为上单翼、中单翼和下单翼三种基本形式（见图 2-6）。

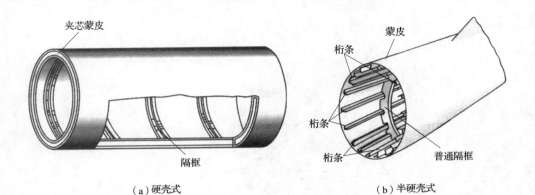

（a）硬壳式 　　　　　　　　　（b）半硬壳式

图 2-4　硬壳式、半硬壳式机身结构

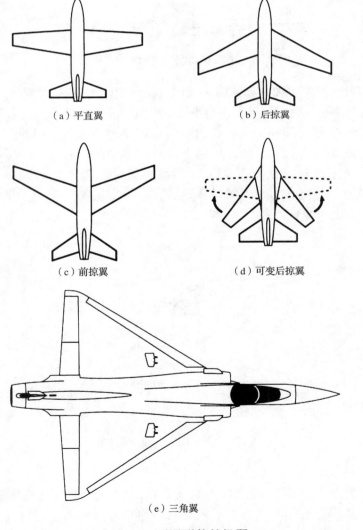

（e）三角翼

图 2-5　不同形状的机翼

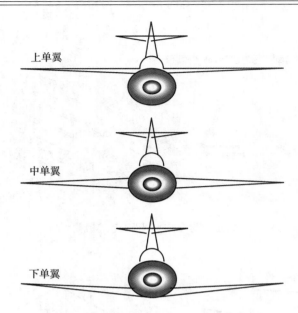

图 2-6　单翼机机翼位置的三种基本形式

机翼结构由表面蒙皮和内部的纵、横向骨架组成，如纵向的翼梁、纵墙和桁条，横向的普通翼肋和加强翼肋。其基本作用是构成机翼的流线型外形，并将外载荷传给机身。

机翼上有一些可动部件，飞行员通过活动这些部件来改变机翼形状，从而达到改变飞机气动力或飞行姿态的目的。机翼上常见的活动部件有：前后缘襟翼、缝翼、副翼、扰流板、减速板等（见图 2-7）。前后缘襟翼可以向下转动，打开时增加了翼型弯度，从而增加了飞机升力。副翼对称地装在左、右机翼后缘处，是控制飞机绕机体纵轴滚转的操纵面（见图 2-8）。

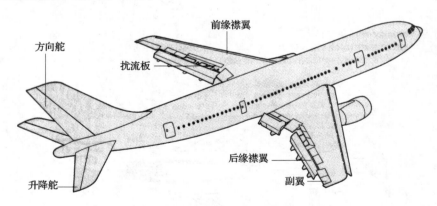

图 2-7　机翼上的活动面

（3）尾翼

尾翼安装在飞机尾部，起俯仰和航向稳定、配平并操纵飞机保持或改变飞行姿态的作用。大多数飞机的尾翼由水平尾翼（简称平尾）和垂直尾翼（简称垂尾）组成（见图 2-9）。

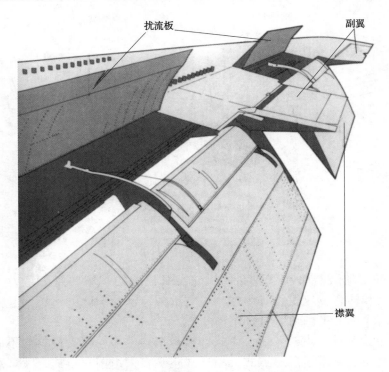

图 2-8　副翼、襟翼、扰流板细部

水平尾翼是起俯仰稳定、配平和操纵作用的翼面。通常前半部分是固定的，称为水平安定面；后半部分是活动的，能上下偏转，称为升降舵。超声速飞机往往采用全动平尾，大型飞机常采用可调平尾，有的战斗机为提高滚转操纵效率采用差动平尾。

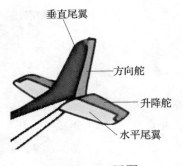

图 2-9　尾翼

垂直尾翼是起航向稳定、配平和操纵作用的翼面，装在机身尾部上方。它的前半部分是固定的，称垂直安定面；后半部分是活动的，可左右偏转，称为方向舵。垂尾有单垂尾、双垂尾、三垂尾、四垂尾等布置形式，隐身飞机常采用 V 形垂尾。

有的飞机将平尾安装在垂尾的垂直安定面上（如米格 -15），有的飞机将平尾安装在垂尾的顶端，与垂尾合称为"T 形尾翼"（如伊尔 -76）。

平尾上的升降舵、垂尾上的方向舵和机翼上的副翼，是飞机上的三个主要操纵面。通过操纵这三个操纵面来完成飞机的俯仰、偏航和滚转等动作（见图 2-10）。关于飞机的基本操纵将在本书 3.5.3.2 节中介绍。

（4）起落架

起落架是飞机在地面停放、滑行、起降滑跑时用于支撑飞机重量、吸收撞击能量的部件。早期飞机的起落架由固定的支柱和机轮组成，飞行阻力大；现代飞机大都采用可收放式起落架，飞行时起落架收入到机身或机翼内。

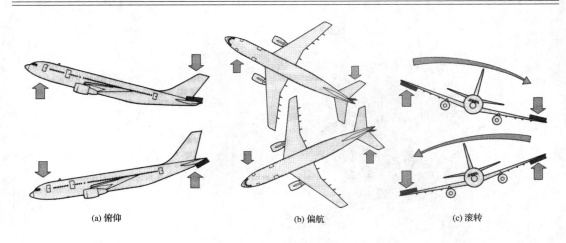

(a) 俯仰　　　　　　　　　　(b) 偏航　　　　　　　　　　(c) 滚转

图 2-10　操纵示意图

　　起落架由最下端装有带充气轮胎的机轮、机轮上的刹车装置、承力支柱、缓冲器、前轮减摆器和转弯操纵机构等组成。在雪地或冰面上起降的飞机，起落架机轮用滑橇代替；浮筒式水上飞机则用浮筒代替机轮。

　　起落架的布置有前三点式、后三点式、自行车式、多轮多支柱式等不同形式，其中，早期螺旋桨飞机多采用后三点式，喷气式飞机多采用前三点式，大型军用运输机多采用多轮多支柱式起落架（见图 2-11）。

图 2-11　运 20 飞机的多轮多支柱式起落架

（5）动力装置

　　为航空器提供动力、推动航空器前进的装置，称为航空动力装置。航空动力装置包括发动机、推进器（螺旋桨或旋翼），以及保证发动机正常工作所必需的支持系统和附件。航空发动机主要有活塞式、燃气涡轮式两大类，燃气涡轮式发动机又分为涡喷、涡扇、涡轮螺旋桨（涡桨）、涡轮轴（涡轴）等不同种类。有关知识见本书第 4 章。

根据需要，飞机可选配数目不等的航空发动机，有单发、双发、三发、四发等方案。有多种布局方案，有机翼内部安装、机翼上方安装、机翼下方安装、翼下吊舱内安装、机身内安装、机身尾部吊舱内安装（见图 2–12）等。

图 2–12　图 –154 飞机的尾部安装三发布局

（6）机载设备

机载设备是飞机为完成飞行任务而配备的各类设备之总称。随着技术进步，机载设备常以系统级的形态和功能出现，又称机载系统。一般飞机上有三大机载系统：飞行控制系统、航空电子系统、航空机电系统；作战飞机上还需配备机载武器系统。关于机载设备和系统的知识，请阅本书第 5 章。

2.3.1.2　飞机的分类

飞机的分类方法有多种，最基本的是按构造、性能和用途三种分类，见表 2–2。分类是相对的，且在不断变化。

表 2–2　飞机基本分类

按构造分类																														
机翼										机身		尾翼						起降装置与方式							发动机位置					
机翼数				机翼翼型						单机身	双机身	平尾			垂尾			水上飞机		陆上飞机				水陆两栖	翼内	翼上	翼下	翼下吊舱	机身内	机身尾吊
单机翼			双机翼	平直	前掠	后掠	斜掠	三角	可变后掠			鸭式平尾	正常	无尾	V形尾翼	双垂尾	单垂尾	浮筒式	船身式	轮式			滑橇							
下单翼	中单翼	上单翼																		后三点式	前三点式	自行车式								

按性能分类																
发动机配置									飞行速度 Ma				飞行距离 /km			起降		
发动机数量			发动机样式						低速	亚声速	超声速	高超声速	近距	中距	远距	常规	短距	垂直
单发	双发	多发	活塞	涡桨	涡喷	涡扇	冲压	火箭	<0.4	$0.4 \leqslant Ma <1$	$1 \sim 5$	>5	1000 左右	3000 左右	大于 3000			

表 2-2（续）

按用途分类																					
军用飞机										民用飞机										科研用飞机	
作战飞机				作战支援飞机							航线运输机		通用航空飞机								
战斗机	战术攻击飞机	轰炸机	电子战飞机	军用运输机	预警指挥机	电子干扰机	空中加油机	观察机	联络机	侦察机	教练机	干线运输机	支线运输机	公务机	私人飞机	农业机	航测飞机	灭火飞机	救护飞机	运动飞机	表演飞机	游览飞机	工业作业飞机	试验机	研究机

2.3.2 军用飞机

军用飞机是指用于各种军事活动的飞机，通常分为作战飞机和作战支援飞机两大类。军用飞机是现代空中力量的基石，在现代战争中扮演着举足轻重的角色。随着时代的变迁和战争形态的演进，军用飞机的类别及称谓也在发生变化。

2.3.2.1 作战飞机

作战飞机是指直接遂行作战任务的军用飞机，主要有战斗机、战术攻击机和轰炸机等，也包括一些能够发射反辐射武器的电子战飞机。

（1）战斗机

旧称驱逐机，又称歼击机，是指以消灭空中和地面敌机、夺取制空权为主要任务的飞机。现代战斗机按用途可分为制空战斗机和多用途战斗机。制空战斗机又称空中优势战斗机，主要任务是空战；多用途战斗机既可遂行空战任务，又可遂行对地攻击任务。战斗机中还包括专门用于国土或区域防空的截击机，由于截击机的任务可由制空战斗机完成，各国已不再单独发展。

战斗机按重量分为轻型战斗机和重型战斗机。通常，起飞重量在 15t 以下的称为轻型战斗机，如美国的 F-16、俄罗斯的米格 -29、我国的歼 10；接近或超过 20t 的称为重型战斗机，如美国的 F-15、F-22（见图 2-13）、俄罗斯的苏 -27 和我国的歼 11、歼 20 等。

（2）战术攻击飞机

是指携带各种空对地（海）攻击武器、对敌方战场和战区目标实施攻击的飞机，主要包括战斗轰炸机、攻击机、反潜机三种。

战斗轰炸机主要遂行纵深遮断任务，即运用空中火力切断敌后方与前线的联系（又称"孤立战场"），如美国 F-111 和我国的歼轰 7 等。由于战斗轰炸机的任务已可由多用途战斗机来完成，目前各国大多不再专门研制。

攻击机又称强击机或近距空中支援飞机，如美国的 A-10、俄罗斯的苏 -25（见图 2-14）、我国的强 5 等，攻击机主要遂行近距空中火力支援任务，具有良好的低空性能，配有空对地攻击武器，能在简易机场起降。多用途战斗机出现后，攻击机的发展速度有所放缓，但因其价格低廉、低空性能优越，仍有一定发展空间。

图 2-13　美国 F-22 战斗机

图 2-14　俄罗斯苏 -25 攻击机

反潜机是用来专门对付潜艇的战术攻击飞机，载有搜索和攻击潜艇用的装备和武器，具有低空、低速性能好和续航时间长等特点，能在短时间内对宽阔水域实施反潜作战。

（3）轰炸机

是指用炸弹、鱼雷或空地导弹杀伤、破坏地面和海上目标的飞机。按起飞重量、载弹量和航程不同，分为轻型、中型（中程）和重型（远程）轰炸机三类。

轻型轰炸机又称战术轰炸机，起飞重量 20 ～ 30t，航程 3000km，主要用于战术攻击，现已淘汰。中型轰炸机，起飞重量 40 ～ 90t，航程 3000 ～ 6000km，如美国 FB-111 和俄罗斯图 -22 等，目前各国已不再专门研制。

重型轰炸机一般起飞重量 100t 以上，航程大于 7000km，载弹量超过 10t，典型的有美国的 B-52、B-1B、B-2A（见图 2-15）和俄罗斯的图 -95、图 -160 等。重型轰炸机能深入敌后对军事基地、交通枢纽、经济和政治中心进行战略空袭，故称为战略轰炸机。战略轰炸机是战略空军的标志之一，历来受到高度重视，但在 20 世纪六七十年代，受洲际弹道导弹影响以及自身生存力问题，地位有所下降。进入 21 世纪，美、俄等相继推出多种新型战略轰炸机方案，新型战略轰炸机将在未来战争中扮演重要角色。

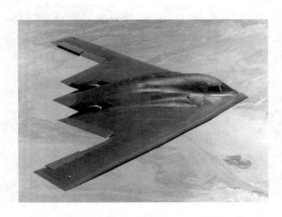

图 2-15　美国 B-2A 轰炸机

（4）电子战飞机

电子战飞机是一种专门对敌方雷达、制导／导航系统和无线电通信设备进行电子侦察、干扰和攻击的飞机（见图 2-16）。过去一般将电子战飞机归类到作战支援飞机，随着此类飞机"软压制"和"硬打击"能力的显著提升，已成为直接遂行空中作战任务的新装备。未来，电子战飞机在信息化战场上的独特作用将愈益显现。

图 2-16　美国 F-18G "咆哮者"电子战飞机

2.3.2.2　作战支援飞机

作战支援飞机指非直接遂行作战任务的军用飞机。主要包括：军用运输机、预警指挥机（预警机）、电子干扰机、空中加油机、侦察机、联络机、观察机和教练机等。

（1）军用运输机

是指用于空运兵员、武器装备并能空投伞兵和军事装备的飞机，分为战略运输机和战术运输机两种。战略运输机运输量大、航程远、速度快，担负部队快速、远程机动使命，是军事强国必须拥有的战略装备，典型机型有：美国的 C-17（见图 2-17）、C-5，俄罗斯的伊尔 -76，欧洲的 A400M，中国的运 20 等。战术运输机主要在前线地区遂行任务，载重量较小，能在前线野战机场起降。

图 2-17　美国 C-17 战略运输机

（2）电子干扰机

是指机上装载电子干扰设备，对敌方雷达和通信设备等实施干扰的军用飞机。其任务是使敌方的防空体系失效，掩护己方的攻击飞机顺利完成任务。电子干扰机在信息化战争中占有重要的地位。电子干扰机大多利用轰炸机、运输机、重型攻击机等平台改装而成，典型机型如美国 EC-130 等。

（3）预警机

是指装有远程搜索雷达用于搜索和监视空中、地面或海上目标的军用飞机。其作用相当于把雷达站放在高空，大大扩展了雷达搜索范围。如果再装上情报处理、指挥控制等功能系统，就成为空中预警指挥机。

大型空中预警指挥机是信息化条件下联合作战的核心装备，被誉为军事力量的倍增器，具有不可替代的重要作用，典型机型有：美国的 E-3A、俄罗斯的 A50、中国的空警 500（见图 2-18）、以色列的"费尔康"等，此类飞机均以运输机为平台研制。

图 2-18　中国空警 500 预警机

（4）空中加油机

是指能在空中对飞行中的它机补充燃油的飞机，其作用是大幅提高受油作战飞机

（称受油机）的远程作战能力和作战效率。专门的空中加油机大多由运输机或轰炸机改装而成，有的战斗机经过改装后也能为同型飞机实施"伙伴加油"。无人机也正成为空中加油机的新平台，如美国的"黄貂鱼"无人加油机。空中加油机的加油方式主要有伸缩杆式（硬管式）和插头锥管式（软管式）两种。典型机型有：美国的 KC-135、KC-10，俄罗斯的伊尔-78，中国的轰油 6 等。

（5）侦察机

指专门用于搜集敌方军事情报的飞机。按侦察任务性质分为战略侦察机和战术侦察机。战略侦察机为战略决策搜集情报，典型的有美国 SR-71（见图 2-19）和俄罗斯的米格-25R 等。战术侦察机对战场或战区目标实施侦察，大多利用战斗机改装而成。

图 2-19　美国 SR-71 战略侦察机

（6）联络机

用于执行部队间通信、联络任务的飞机，一般为小型飞机。为便于完成联络任务，要求这种飞机具有较好的低空及在简易跑道起降的性能。

（7）观察机

指在任务区上空执行目视观察任务的飞机。一般为轻小型飞机或战斗机的改型，要求飞机具有较好的低空性能和较强的生存能力，具有全天候飞行能力。

（8）教练机

主要指用于训练飞行员的飞机，通常分为初级、中级和高级教练机，以及过渡教练机。初级教练机用于筛选飞行学员、进行飞行体验和开展初级飞行技能训练；中级教练机用于基本飞行技能训练；高级教练机主要用于战术科目训练。过渡教练机用于飞行员的改装训练，一般采用与目标机相同的机型，又称同型教练机。用于飞行员之外其他空勤人员训练的飞机称为专业教练机，例如，训练空中领航员、射击员、机械师的教练机。

2.3.2.3　两种特殊的军用飞机

舰载飞机和垂直/短距起降飞机是两种特殊的军用飞机，特点鲜明，作用独特。

（1）舰载飞机

是以航空母舰为基地的军用飞机。其主要任务是：夺取海上和沿岸地区制空权，对海上舰船和沿岸地区陆上目标实施攻击，支援海上作战和登陆作战等。舰载飞机和航空母舰组成的武器系统是现代海军远洋作战的核心装备，战时，它是控制海域、夺取制海权的有力工具；和平时期，它是显示国家海上实力的威慑手段。图 2-20 为我国歼 15 舰载机，已形成战斗力。

舰载飞机在类别划分上与陆基军用飞机基本相同，但因使用环境不同，舰载飞机有其技术特点：①采用高升力设计，尽量降低离舰和着舰速度；②采用可折叠机翼，以减少舰上停放空间；③增强飞机结构强度，以满足弹射起飞和拦阻着舰要求；④尾部加装着舰挂钩，以适应拦阻着舰；⑤采用推力更大、加速性能良好的发动机；⑥飞机结构和设备必须具备防盐雾、防潮湿和防霉菌的"三防"能力；⑦具有更好的维护开敞性和简易性。

图 2-20　中国歼 15 舰载战斗机

（2）垂直 / 短距起降飞机

是指不需在机场跑道上滑跑，而能在原地垂直起飞和降落的飞机，由于也可以利用短跑道滑跑起飞和降落，故称垂直 / 短距起降飞机。英国是最先研制和装备垂直 / 短距起降飞机的国家，研制的"鹞"式飞机为此类飞机的世界首款。

该类飞机在起飞和着陆时，主要不靠机翼升力，而是直接由动力装置或由动力装置带动的旋翼、螺旋桨、风扇产生向上的拉力，以实现垂直起降。

该类飞机垂直推力状态与水平推力状态的相互转换，通常有 4 种方案：①飞机机构转向，②动力装置转向，③推力转向，④复合推力作用；又有 4 种提供垂直和水平推力的装置：①旋翼，②推进螺旋桨，③涵道风扇，④涡轮风扇 / 涡轮喷气；从而可构成 4×4 种垂直起降方案，见图 2-21。

英国"鹞"式飞机采用的是推力转向方案，苏联/俄罗斯雅克-38 采用复合推力方案，美国 F-35B 采用的是涵道升力风扇。

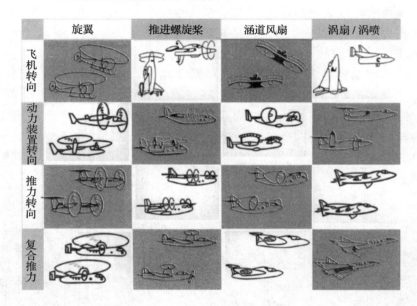

图 2-21　4×4 种垂直起降飞机方案

2.3.2.4　战斗机的划代问题

战斗机是军用飞机的核心装备，自问世以来，经历了上百个型别的发展，逐渐形成"划代说"。战斗机的划代是对性能相近、技术相近、采用雷同战法的一个或几个飞机族系的归类。当新型号的性能与技术有全面和重大提升时，会被冠以"新一代"的称谓。

关于战斗机划代，有"传统四代划分""苏联五代划分""美国五代划分"等几种方法。

"传统四代划分"将 20 世纪 50 年代早期服役的一倍声速战斗机列为第一代，将稍后服役的 $Ma2.0$ 一级战斗机列为第二代，将 20 世纪 70 年代中期开始服役、以高机动性为主要特点的战斗机列为第三代，将 21 世纪开始服役的具备高信息化、高敏捷性、低可探测性、超声速巡航和短距起降能力战斗机列为第四代。

"苏联五代划分"把"传统四代划分"的第二代中的变后掠翼飞机（米格-23、F-111）单列为一代，称为第三代；其他的与"传统四代划分"基本相同。

"美国五代划分"最早由洛克希德-马丁公司在 2006 年提出，后经美国军事史专家、史密森学会航空航天博物馆前馆长沃尔特·博伊恩系统阐述。这种划代法把最早出现的喷气式战斗机列为第一代，把高亚声速后掠翼战斗机列为第二代，把低超声速战斗机和 $Ma2.0$ 一级的战斗机都列入第三代，其他的与"传统四代划分"相同。

对战斗机划代的作用在于，有助于表征航空装备的技术与战术特点，有助于比对和借鉴装备发展的规律。但是"代"的划分只是综合意义上的归类，并不能精确地表征其作战能力，更不是一种技术标准。我们应该始终坚持以"战斗力"标准衡量武器装备的水准，因为武器装备研发是最讲求独特性、创新性和适用性的一个领域。

我国在融合美、俄的两种划代法的基础上，采用"新五代划分"法，即以喷气式战斗机为主线，根据典型技术特征划分，并将我国主要战斗机纳入。各代特征和典型机型可概述如下（见表 2-3）。

表 2-3 战斗机的划代

典型特征	传统四代划分		苏联五代划分		美国五代划分		新五代划分	
隐身等性能全面提升	第四代	F-22，F-35	第五代	研制中的新一代	第五代	F-22，F-35	第五代	F-22，F-35，苏-57，歼20，FC-31
高机动性等性能显著提升	第三代	F-14，F-15，F-16，F/A-18，米格-29，苏-27，苏-35，"幻影"2000，"台风""阵风"，JAS.39	第四代	米格-29，苏-27，苏-35	第四代	F-14，F-15，F-16，F/A-18，米格-29，苏-27，苏-35，"幻影"2000，"台风""阵风"，JAS.39	第四代	F-14，F-15，F-16，F/A-18，米格-29，苏-27，苏-35，"幻影"2000，歼10，歼11
Ma2.0一级	第二代	F-104，F-4，米格-21，米格-23，"幻影"Ⅲ，萨伯37	第三代	米格-23变后掠翼战斗机	第三代	米格-19，米格-21，F-100，F-101，F-102，F-105，F-4，"幻影"Ⅲ，萨伯37	第三代	米格-19，米格-21，F-100，F-101，F-102，F-105，F-4，"幻影"Ⅲ，歼7，歼8
			第二代	米格-21				
Ma1.0一级（低超声速）	第一代	F-100，米格-19	第一代	米格-19	第二代	米格-19，米格-21，F-100，F-101，F-102，F-105，F-4，"幻影"Ⅲ，萨伯37	第二代	F-100，米格-19，歼6
高亚声速，后掠翼					第二代	F-86，米格-15	第一代	He-178，Me-262，"流星"，F-80，F-86，米格-15，歼5
早期喷气式			第一代	He-178，Me-262，"流星"，F-80	第一代	He-178，Me-262，"流星"，F-80		

第一代战斗机，20 世纪 30—40 年代发展的亚声速和高亚声速战斗机（Ma0.6 ~ 0.98），代表机型有米格-15，F-86 和我国歼 5。

第二代战斗机（即第一代超声速战斗机）——20 世纪 50 年代初开始服役的 Ma1.0 一级、低超声速战斗机（Ma1.3 ~ 1.5），代表机型有米格-19，F-100 和我国歼 6。

第三代战斗机（即第二代超声速战斗机）——20 世纪 60 年代末开始服役的 $Ma2.0$ 一级的战斗机，代表机型有米格 -21，F-4，F-104 和我国歼 7，歼 8。

第四代战斗机（即第三代超声速战斗机）——20 世纪 70 年代中期开始服役的、以高机动性为主要特点的战斗机，代表机型有米格 -29，苏 -27，F-14，F-15，F-16 和我国歼 10，歼 11。

第五代战斗机（第四代超声速战斗机）——21 世纪开始服役的新一代战斗机。代表机型有 F-22，F-35，苏 -57 和我国歼 20，FC-31。

2.3.3 民用飞机

民用飞机是指用于民事活动的飞机，包括航线运输机和通用航空飞机两大类。航线运输机是现代综合交通运输体系中的重要交通工具，通用航空飞机在诸多社会领域里发挥着不可替代的作用。现代民用飞机已经形成了一个庞大的体系，现代民用飞机分类见表 2-4。

表 2-4　现代民用飞机分类

民用飞机	航线运输机	干线运输机	客机
			货机
			客货两用机
		支线运输机	小型支线运输机
			中型支线运输机
			大型支线运输机
	通用航空飞机		公务机
			航测飞机
			农业机
			灭火飞机
			救护飞机
			运动飞机
			游览飞机
			表演飞机

市场需求是牵引民用飞机发展的根本动因。对于民用飞机，特别是旅客机，其安全性、经济性、环保性和舒适性是基本要求。

军民用飞机可以互相转化用途，实施互动发展。早期的民用飞机多由军用飞机改型而成，许多现代作战支援飞机（预警机、加油机等）采用了民用飞机平台。

2.3.3.1 航线运输机

航线运输机指大体按航线与时刻、由商业航空公司运作、为公众提供客货运服务的飞机,按航程分为远程、中程和短程运输机三类;按其服务的航线性质,分为干线运输机(干线机)和支线运输机(支线机)两类。

(1) 干线机

指服务于大型城市间或国际航线上的飞机,通常分为客机、货机和客货两用机等三类。国际航线上的干线机,以远程、大型(250 座以上)飞机为主,国内航线上的干线机,以中程、中型(180 ~ 250 座)飞机为主。

从 20 世纪 50 年代末开始,每隔 10 年左右就出现一批具有不同特点的干线机。50 年代末投入运营的有:美国波音 707、DC-8,苏联图 -104 等。60 年代投入使用的有:美国波音 727、波音 737、DC-9,英国“三叉戟”,苏联图 -154 等。70 年代投入使用的有:美国波音 747、DC-10、L-1011,欧洲 A300B,苏联伊尔 -62 等。

80 年代初,美国波音 767、波音 757,欧洲 A310 相继投入使用。80 年代中期,空客公司推出 A320,它是世界上最先采用电传操纵系统和玻璃化座舱的民航飞机。80 年代后期,波音公司推出双人机组的波音 747-400。

90 年代,美国波音 777、欧洲 A330/340 以及俄罗斯图 -96 相继投入运营,这批飞机广泛采用复合材料、电传操纵系统、玻璃化座舱以及推重比 7 ~ 9 一级的涡扇发动机,在安全性、经济性、舒适性、环保性等方面都有明显改善。

2007 年,世界上载客量最大的 A380 交付运营。2011 年,波音 787 投入航线运营(见图 2-22)。2012 年,波音 747-8 进入航线。这批新型干线机秉承“绿色航空”理念,体现航空科技最新成果,突出人文关怀,经济性指标大幅提升。同时也进一步强化了在干线机领域波音、空客平分天下的格局。中国·C919 干线机于 2008 年开始研制,2017 年 5 月完成首飞,将成为干线机市场的新机型。

图 2-22 波音 787 “梦想客机”

(2) 支线机

指航行于小城市间或中心城市与小城市间的中小型运输机,通常按载客量分为三类:10 ~ 30 座小型支线机;40 ~ 60 座中型支线机;70 ~ 100 座大型支线机。

20 世纪 80 年代之前的支线机，主要采用涡轮螺旋桨发动机，现多采用涡轮风扇发动机。

从 20 世纪 60 年代至今，共发展了三代支线机。70 年代以前的为第一代，以美国康维尔 440、荷兰 F.28、英国肖特 330、加拿大 DHC-1 和 DHC-7、苏联安 -24 和雅克 -40 等为代表。80 年代投入使用的为第二代，以美国"湾流" G-1C、英国肖特 360 和 ATP、加拿大 DHC-8、荷兰 F.50、瑞典萨伯 340、巴西 EMB-120 等为代表。

90 年代以后，加拿大庞巴迪宇航集团推出的 50 座 CRJ "喷气区域客机"和巴西航空工业公司推出的 ERJ 支线机，改变了设计理念，成为世界支线机市场的主导机型。近年来，俄罗斯喷气支线机（RRJ）和日本三菱重工 MRJ 支线机等也加入了支线机领域的竞争。中国的 ARJ21（advanced regional jet for 21st century）支线机，于 2015 年交付商业运营，表现良好（见图 2-23）。

图 2-23　中国 ARJ 21 支线客机

（3）超声速运输机

20 世纪 60 年代初，英、法、美和苏联相继实施超声速运输机研制计划。1962 年，英、法两国政府资助联合研制，并命名为"协和"号（见图 2-24）。1969 年首飞，1976 年 1 月投入使用。由于超声速声爆的噪声问题，"协和"号只被允许在跨越大西洋的航线上飞行，造成除英、法两国外无其他订货，仅生产了 16 架就于 1979 年停产。由于 2000 年一起非飞机原因的空难，终致"协和"号在 2003 年停飞。

苏联于 1962 年开始研制图 -144 超声速运输机，其外观及性能与"协和"号相仿，1968 年首飞，1975 年试运营；后仅用于货运，因技术问题和运营效果不佳，1984 年退出航线飞行。而美国因市场判断和技术原因，在 60 年代中就已停止被称为 2707 计划（第二代 707）的超声速运输机研制。

"协和"号和图 -144 的问世是人类航空科技的重大突破，超声速运输机的研制和并不成功的商业运营，为后世持续攻克技术难关提供了宝贵的经验和教训。目前世界航空界正在研究低噪声超声速运输机的技术与方案，新一代超声速运输机正向我们走来。

图 2-24 "协和"号超声速客机

2.3.3.2 通用航空飞机

用于通用航空业务的飞机称为通用航空飞机（通航飞机），这类飞机种类繁多，构型各异，大多为轻型和超轻型飞机。通航飞机的分类并无统一标准；而多用途飞机是重要的发展方向。就用途分类，通航飞机主要有以下几种。

（1）公务机

公务机又称商务机或行政机，指在商务活动或行政活动中作为交通工具的飞机，一般为政府部门和企业所拥有。多数公务机总重在 9t 以下，载客 4 ~ 10 人，装两台发动机，所用发动机有活塞式、涡轮螺旋桨式和涡轮风扇式。豪华公务机有完备的办公和生活设施。著名机型有美国赛斯纳公司"奖状"系列（见图 2-25）、加拿大庞巴迪集团"利尔喷气"和"挑战者"、美国湾流公司 G 系列、法国达索公司"隼"系列等，其中"奖状"系列是目前使用数量最多的公务机。

图 2-25 "奖状"公务机

（2）航测飞机

航测飞机（航测机）是指装有遥测系统、对目标地域进行测量的飞机。对航测机的要求是续航时间长、飞行性能稳定，导航设备、自动驾驶仪和机上航测设备完善。

（3）农业机

农业机泛指用于农业、林业、牧业的飞机，其任务包括：播种、施肥、喷药、除草、森林资源调查等。农业机的使用季节性强，兼作他用可以提高经济效益，所以一般为多用途飞机。大多数农业机只装一台发动机，机载设备也较简单，多采用下单翼，以利于喷洒（撒）作业。美国 AT-502B "空中拖拉机"是较先进的农业机，全球销量超过 3000 架。

（4）灭火飞机

灭火飞机（灭火机）是指用于执行扑灭森林或草原火灾任务的飞机（城市灭火任务一般使用直升机）。机上需配备专门的灭火设备，应能携带大量灭火剂或水（见图 2-26）。灭火机多由水上飞机或水陆两栖飞机改装而成，可在掠水飞行时将水加满，然后飞向火场。

图 2-26　灭火飞机正在实施灭火作业

（5）救护飞机

救护飞机（救护机）是指执行将伤员或病人从现场或病区运往医院，或在飞机上进行医疗救护任务的飞机。救护机一般由客机或货机改装而成，机内有较大空间用于安放医疗救护设备和担架；要求有良好的续航性能，并具备短距起降能力。

（6）运动飞机

运动飞机（运动机）是指专门用于航空运动，包括竞速飞行、特技飞行、动力滑翔等的飞机，多为轻型或超轻型飞机。竞速飞行的飞机多使用限制气缸容量的活塞式发动机；用于特技飞行的飞机要求机动性能优越；动力滑翔的飞机多在无动力滑翔机上加装辅助动力装置，以方便起飞，要求结构简单、造价低廉。

（7）游览飞机

游览飞机（游览机）指用于旅游、观光的飞机；通常非专门设计，多由小型多用途飞机承担。游览机要求有良好的低空、低速性能和较高的安全性。游览机一般还可作不定期的包机飞行。

2.3.4　科研用飞机

科研用飞机是专门用于科学技术研究和工程技术试验的飞机。科研用飞机不仅针对航空航天领域的研究课题，还可为其他领域的科学研究提供平台或手段。科研用飞机主要分为研究机和试验机两种。

研究机指用于航空航天科学技术研究的飞机，其任务是探索新概念、验证新技术、评价新结构等。美国的 X 系列为典型的研究机。如美国 X-15、X-36 等，探索航空航天相融合的技术；X-19、X-50 等具有某些非传统飞机特征，旨在探索和验证新技术。试验机是指用于试验和验证航空新系统、新装备以及评估整机工程方案风险的飞机。专门研制的科研用飞机固然很多，但也有不少科研用飞机为降低费用、缩短周期，而利用现有飞机改装。

关于研究机和试验机的内容，可参见本书 6.5.3.5 节。

2.4　直升机

直升机是航空器中的第二大家族。直升机可以垂直起降，能在空中悬停和向任意方向飞行（前飞、后飞、左右侧飞），这些能力是绝大多数固定翼飞机所不具备的；直升机几乎可以在地球表面任何地方起降，具有极其广泛的社会用途。

2.4.1　直升机的概念、分类与构造

2.4.1.1　直升机的概念

直升机装有一副或几副旋翼，是依靠发动机驱动旋翼产生升力和纵向、横向拉力及操纵力矩、能够垂直起飞和降落的航空器。在 20 世纪 80 年代之前，我国曾将直升机称作"直升飞机"，这是不规范的，还是称"直升机"为宜。直升机是可以垂直起降的一类飞机（如"鹞"式飞机）。

2.4.1.2　直升机的分类

可以从不同角度对直升机进行分类。目前，一般按直升机的结构形式、起飞重量、用途和所采用的动力装置等对直升机进行分类。

按照直升机结构形式，可以从平衡旋翼反扭矩的方式、驱动旋翼的方式和提供升力与推进力的方式来加以区分。直升机按平衡旋翼反扭矩的方式，可分为单旋翼带尾桨式、单旋翼无尾桨式、双旋翼共轴式、双旋翼纵列式、双旋翼横列式、双旋翼交叉式、多旋翼式（见图 2-27）；按照驱动旋翼的方式，分为机械驱动式和桨尖喷气驱动式；按照提供升力与推进力的方式，分为正常式、带翼式、倾转旋翼式、复合式以及其他构型。

按照起飞重量，直升机分为小型、轻型、中型、大型和重型，见表 2-5。

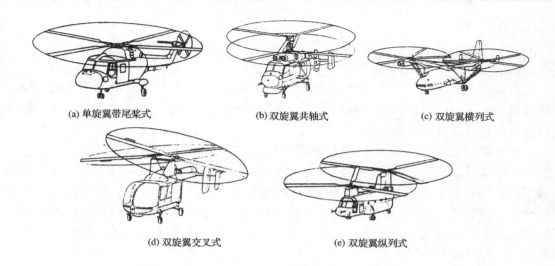

(a) 单旋翼带尾桨式　　(b) 双旋翼共轴式　　(c) 双旋翼横列式

(d) 双旋翼交叉式　　(e) 双旋翼纵列式

图 2-27　采用不同反扭矩平衡方式的直升机

表 2-5　直升机的重量型别

直升机重量型别					
型别	小型	轻型	中型	大型	重型
起飞重量	2t 以下	2 ～ 4t	4 ～ 10t	10 ～ 20t	20t 以上
乘员数或用途	2 ～ 4 人	8 ～ 10 人	10 ～ 20 人	30 ～ 40 人	运送多人和 / 或大型装备

　　按照用途，分为军用直升机和民用直升机两大类，军用直升机又分为运输直升机、武装直升机和战斗勤务直升机三类，民用直升机可细分为通用运输、旅客运输、公共服务、特种作业和起重直升机等类型。

2.4.1.3　直升机的一般构造

　　当今使用最广泛的是单旋翼带尾桨式直升机。这种直升机主要由旋翼、尾桨、操纵系统、传动系统、起降装置、机身和发动机等部件组成（见图 2-28）。其机身、发

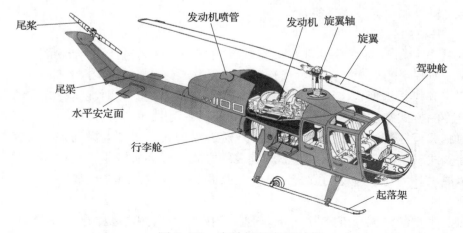

图 2-28　直升机的主要结构

动机和起降装置与飞机类似，操纵系统与飞机不同，而旋翼、尾桨和传动系统则是特有的。发动机、旋翼、传动系统是直升机的关键系统，被称为"三大动部件"。

（1）机体

机体用来支持和固定直升机的部件和系统，把它们连接成一个整体，并用来装载人员、物资和设备，使直升机满足既定的技术和使用要求。直升机的机体一般从前至后分为驾驶舱、货物／人员／设备舱、过渡段、尾梁、尾斜梁等，一般在机体中段上方安装旋翼，在尾梁后部或尾斜梁上安装尾桨和水平安定面。

（2）旋翼

顾名思义就是"旋转的机翼"。它具有类似飞机机翼的功能，产生升力以克服直升机重力；同时具有类似飞机推进装置的功能，产生向前的推进力；还具有类似飞机操纵面功能，使直升机保持平衡或进行机动飞行；当发动机空中停车时，可操纵旋翼，使其像风车一样自转，以保证直升机安全着陆。

直升机旋翼系统主要由旋翼轴、桨叶、桨毂和自动倾斜器等组成。旋翼桨叶一般有 2 ~ 8 片，按其材料构成分为混合桨叶、金属桨叶和复合材料桨叶三种。目前投入使用的旋翼桨毂有全铰接式（见图 2-29）、跷跷板式、万向接头式、无铰式、星形柔性式和无轴承式等形式。

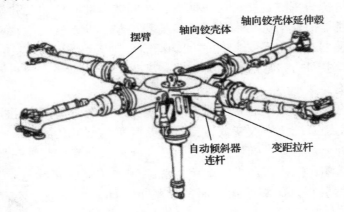

图 2-29　全铰接式旋翼桨毂

（3）尾桨

尾桨是"尾部螺旋桨"的简称，由尾桨叶、尾桨毂及变距操纵机构组成。其作用是：平衡旋翼反作用扭矩，以防止直升机绕旋翼轴旋转；改变尾桨的推力（或拉力），实现航向操纵；旋转的尾桨还相当于一个垂直安定面，对航向起稳定作用。

有的直升机采用涵道式尾桨（见图 2-30），即在垂尾中制成筒形涵道，在涵道内装尾桨叶和尾桨毂。采用涵道式尾桨可防止尾桨与地面物体剐蹭，但气动效率有所降低。有的直升机尾桨向上倾斜一个角度，能提供部分升力。

（4）发动机

直升机的发动机大体分为两类，即活塞式发动机和涡轮轴发动机。直升机发展初期，均采用技术上比较成熟的活塞式发动机，但其振动大，功率重量比小，功率

图 2-30 涵道式尾桨

体积比小，控制复杂。随着技术进步，利用涡轮喷气技术研制的涡轴发动机，逐渐成为直升机发动机的主要形式。

（5）传动系统

直升机传动系统由主减速器、尾减速器、中间减速器、传动轴和旋翼刹车装置等组成，其主要功能是把发动机功率传递给旋翼和尾桨。发动机与主减速器之间，主减速器与中、尾减速器之间以及和附件之间均需有传动轴和联轴节相连，以传递功率。传动轴分为主轴、中间轴和尾轴等。

（6）操纵系统

直升机的操纵系统由油门总距变距系统、脚操纵系统、周期变距操纵系统三部分组成。油门总距变距系统负责改变或保持旋翼桨叶平均桨叶角的大小，上提或下压总距杆，可使直升机垂直升降；脚操纵系统负责改变或保持尾桨桨叶角的大小，左右蹬舵（脚蹬），可使直升机转弯；周期变距操纵系统使旋翼的桨叶角发生周期性变化，向某个方向操纵驾驶杆，旋翼桨盘平面即朝某个方向倾斜，进而使直升机朝该方向运动。

（7）起降装置

起降装置是直升机在地面停放、滑行时用于支撑直升机重量，着陆时吸收撞击能量的部件。起降装置还有助于直升机使用过程中不发生"地面共振"。陆基直升机起降装置有轮式和滑橇式两种，水上直升机起降装置需安装浮筒。

2.4.2 军用直升机

军用直升机是指装备于武装力量、用于遂行作战任务和作战保障任务的直升机。军用直升机是当代陆军航空兵的主战装备，其他军兵种也都需要不同类型的直升机。

军用直升机类型多样，其中最主要和普遍使用的有运输直升机、武装直升机和战斗勤务直升机。

2.4.2.1　运输直升机

运输直升机用来运输兵员、武器装备、军用器材，以及遂行空投、机降等任务。运输直升机多为中型或大型直升机，装备数量大，任务范围广，不同军兵种均可装备，又称战术通用直升机，著名的有美国的 UH−60 "黑鹰" 系列（见图 2−31）、苏联 / 俄罗斯的米 −8/ 米 −17/ 米 −171 等。军用运输直升机也可由轻型或重型直升机承担，轻型直升机主要保障小分队行动，重型直升机可吊运车辆、火炮等大型装备。

图 2−31　美国 UH−60 "黑鹰" 战术通用直升机

2.4.2.2　武装直升机

武装直升机上配装机载武器系统，用于攻击地面、水面或水下及空中目标，是一种攻击型武器装备，又称攻击直升机或战斗直升机。现代武装直升机通常配备多种武器，遂行多种攻击任务，实现一机多用。

由于受起飞重量、飞行性能、机载武器、使用条件等限制，有的武装直升机专门或主要遂行某种任务。这样，现代武装直升机除了 "多任务" 武装直升机之外，还有强击型、空战型和反潜型等特定类型。著名的武装直升机有美国的 AH−1、AH−64，俄罗斯的米 −28、卡 −50/ 卡 −52，法国 / 德国的 "虎"，中国的直 10 "霹雳火"、直 19 "黑旋风"（见图 2−32）等。

2.4.2.3　战斗勤务直升机

战斗勤务直升机（战勤直升机）是对执行各种作战勤务任务的直升机的统称。按不同任务要求，直升机上配备特定的设备和器材，遂成为某种专用战勤直升机；通常包括侦察、通信、预警、指挥、电子对抗、校射、救护、营救、布雷、扫雷、巡逻、中继制导等类型。

2.4.3　民用直升机

自 1946 年美国贝尔 47 获得第一张商用直升机适航证以来，直升机已经广泛用于国民经济和社会生活的各个方面．拥有和使用直升机数量的多少，甚至成为衡量一

图 2-32   中国武装直升机的"风火组合"

个国家社会与经济发展水平的标志之一。民用直升机越来越多地承担通用航空任务。民用直升机机型众多，按照用途大致分成以下几类。

2.4.3.1   通用运输直升机

这类直升机的用途十分广泛，既可以内装或外吊物资，也可以用于人员运输；既可以用作交通工具，也可以当作空中作业平台。这类直升机可根据任务需要，配装或选装相应的设备和器材。通用运输直升机多为大中型直升机。

2.4.3.2   旅客运输直升机

专门用于旅客运输的直升机，可承担航班服务。该类直升机对安全性、可靠性要求很高；为将机舱布置成适宜的生活环境，需要采取一定的隔声、减振措施。

2.4.3.3   公共服务直升机

一般指由政府出资购买、服务于各项社会公共事业的直升机。主要承担公安执法、警务巡逻、消防灭火、医疗救护、应急救援、环保取样、灾情观测等任务。这类直升机与通用运输直升机相比，机上安装固定的任务设备，以适应执行特定任务之需。

2.4.3.4   特种作业直升机

一般指装有特种设备，专门执行空中特种作业任务的直升机。空中作业类型包括：地球物理勘探、国土测绘、高压输电线网巡查、石油天然气管路巡检、农业喷洒（撒）、鱼情侦探等。

2.4.3.5   起重直升机

专门用于起吊、运送大型重物的直升机。这类直升机具有很强的外部吊运能力，可吊起数吨或 10 余吨重的物件，用于建筑、大型设备安装、救灾现场排险等工作，如俄罗斯的米-26（见图 2-33）。

图 2—33　米 −26 在汶川抗震救灾中起吊挖掘机

2.5　无人机

无人机自诞生至今已有一个世纪，在经历前半个多世纪的默默无闻之后，伴随技术进步的脚步，款款走到航空舞台的中央，成为引人注目的航空器品种。当今世界，无人机的发展方兴未艾，无人机以其独有的性能与作用成为 21 世纪航空发展的一个热点。

2.5.1　无人机的概念与分类

2.5.1.1　无人机的概念

无人机是指机内无飞行员，用遥控设备或自备程序控制装置操纵以及完全自主控制的航空器。无人机的英文表述有三种：一是 unmanned aerial vehicle（UAV），意为无人航空载具；二是 remotely piloted aircraft（RPA），意为遥控驾驶飞机；还有一个更通用的词汇 drone。无人机不仅包括无人飞机，也可以是直升机或其他航空器。无人机需要在地面站、数据链等的支持下工作，因此无人机更多地被看作无人系统。随着控制技术的进步，特别是自主控制技术的实用化，无人机将获得实时感知和自主决策的能力，那时的无人机将成为独立遂行使命任务的智能化航空器。

2.5.1.2　无人机的分类

由于无人机的多样性，目前国际航空界对无人机分类尚无统一标准。一般可以按用途、尺寸、构型、控制方式、动力装置等，对无人机进行分类。

按用途，可分为军用、民用、科研用无人机。

按尺寸，可分为大型、中型、小型、微型、超微型无人机。

按构型，可分为固定翼式、旋翼式、扑翼式、蜂动式、变翼式、飞艇式和组合式无人机。

按控制方式，可分为无线电遥控、自动程序（或称非遥控）、综合控制和自主控制无人机等。

按动力装置，可分为活塞螺旋桨式、涡轮螺旋桨式、涡轮喷气式、涡轮风扇式、电动式，以及新能源无人机等。

有时也按航程（航时）和起飞／回收方式，对无人机进行分类。无人机的航程（航时）跨度极大，从几分钟到几百天，以此为依据进行分类十分困难，很难具有普适性，只能是一种相对的约定，例如，军用领域的近程、短程、中程和长航时四类，分别指代几百米、几十千米、几百千米和持续数十小时及以上的无人机。

而按照起飞／回收方式，无人机可以划分为由母机携带放飞、助力起飞、自主起飞和自主水平着陆、拦阻回收等类型。

2.5.1.3　无人机系统

无人机的使用需要一整套专用的装置和设备，这些装置和设备与无人机一起，被合称为无人机系统；一般包括一架或若干架无人机、任务规划与控制站、发射与回收设备、数据链路、地面支援设备等，简称为无人机系统三要素——机、站、链。

（1）无人机

无人机是无人机系统的空中部分，是执行任务的终端平台。与有人航空器相比，其飞行数据收发单元、飞行控制系统与各种任务载荷都有不同的要求与特点。其中，任务载荷是完成任务所需要的专门设备或器材的总称，是机上的核心功能系统。

（2）任务规划与控制站

任务规划与控制站又称"地面站"，是无人机系统的指挥、控制中心，负责对无人机的任务规划和实时控制。地面站通常是一个方舱，可以建在地面，也可以设在车、船或其他平台上。

（3）数据链路

数据链路对于无人机系统是一个看不见但不可或缺的子系统，其功能是通过持续提供双向通信，维系无人机与地面站之间的联系。地面数据终端通常是一个微波电子系统及天线，一般与地面站方舱部署在一起，有时也通过卫星提供服务。空中数据链终端是数据链路的机载部分，包括接收机、发射机以及天线等。

（4）发射与回收设备

许多无人机不能完成常规的起飞与降落，需借助专门设备完成起降，这种专门设备即为发射与回收设备。无人机发射主要有气动弹射、液压弹射、机械弹射、橡皮弹射、火箭发射等形式。无人机回收主要有拦阻回收、伞降回收、伞翼回收等形式。

（5）地面支援设备

地面支援设备为无人机系统正常工作提供各项勤务保障。随着无人机系统愈益复杂，地面支援设备正变得越来越重要。地面支援设备包括运输车辆、测试设备、维护设备等。

2.5.2　无人机的发展和应用

2.5.2.1　无人机的历史

1917 年，一个英国团队研制出一架无人遥控飞机，在实现可控飞行后因发动机故障坠毁。10 年后，该团队终于研制出能可靠飞行的无人遥控飞机。一战末期，德国、美国也研制了几种无人遥控飞机，均不太成功。一战之后，无人机朝着巡航导弹和靶机两个方向发展。二战中德国 V1 导弹就是从早期无人机中衍生出来的，后来巡航导弹发展成一个兴盛的武器家族。靶机在二战中快速发展，有十几个国家、几十家公司从事靶机研制和生产。

1962 年，美国为应对古巴导弹危机，首次将"火蜂"靶机改装成无人侦察机，随后在越南战争中大规模使用，战斗飞行达 3435 架次，取得一定效果。1982 年，以色列在贝卡谷地行动中，派大量无人机遂行侦察、干扰和诱饵任务，取得出其不意的战果，引起世界关注。

1991 年，海湾战争中多国部队大量使用无人机，遂行侦察、监视、目标捕获、诱饵、指挥控制和战况评估等任务，其战场地位得到确立（见图 2-34）。2001 年阿富汗战争中，美军"捕食者"无人机成功猎杀塔利班重要人物阿提夫，无人攻击机的概念被人们接受。在 2003 年伊拉克战争中，无人机正式成为空中攻击力量之一，参与攻击重要地面目标。

海湾战争之后，无人机的战场价值进一步彰显。与此同时，无人机在民用领域的作用也越来越被认可。至此，军民用无人机进入一个快速发展时期。

图 2-34 美国 RQ-4A "全球鹰"无人机

2.5.2.2 无人机的优势与弱点

无人机具备许多有人机难以企及的优势。由于机上没有飞行员，可省去驾驶舱及生命保障系统，从而降低航空器重量和成本；由于不会危及飞行员生命，更适于执行危险性高的任务；由于不考虑人的生理限制，可以进行更加剧烈的机动飞行，可以在更加恶劣的环境中使用，可以长时间地滞留在空中；设计时不需考虑人的因素，可以采用更加前锐的布局。无人机的这些技术优势，可以进一步转化为综合任务优势与经济优势。

但无人机的弱点也十分明显。由于对系统的高度依赖，系统指令与数据链路易受干扰，其使用安全性和综合生存力较脆弱。在执行复杂或敏感任务时，因其无法实时做出自主决策，更遑论道德判断，成为拓展应用的障碍。

2.5.2.3　无人机的未来发展

目前，军用无人机主要遂行侦察监视、电子对抗、诱饵欺骗、战况评估、通信中继、对地支援和对地攻击七种作战任务，空中格斗、机群协同作战等复杂任务尚不能完成，无人机的火力强度还难以与有人机相匹敌。展望未来，军用无人机的任务级别将由现在的战术级提高到战役级；飞行平台将继续朝着智能化、隐身化、低能耗、长航时方向发展；其尺寸和重量将会因使命任务的多样性，同时朝大、小两个极端方向发展；其机载任务系统将向全天候、高精准、远距离、实时化方向发展。

无人机在民用领域里的应用愈加普遍，范围不断扩展，正逐步成为一种新的作业平台和生产工具。民用无人机被称作"空中机器人"，特别适合于承担所谓"3D"（冗繁、危险、肮脏）任务。民用无人机在大地测量、气象观测、城市环境监测、地球勘探、灾难监测、人工降水等领域将得到更广泛的应用。此外，以中国深圳"大疆"为代表的消费级无人机风靡全球，功能正不断拓展（见图2-35）。

近年来，无人机独特的科研价值越来越受到重视，无论是作为空中试验平台，还是作为新型试验手段，都有着广阔的应用前景，将成为探索航空航天"新任务、新领域、新边界"的有力工具。

图2-35　"大疆"无人机

2.6　非常规航空器

非常规航空器就是不同于常规飞机和直升机等的航空器；包括正在成长中的跨域航空器——空天飞行器，也包括试验探索中的林林总总的另类航空器，特别是探讨高升力、基于仿生和特殊构型的航空器。非常规航空器往往蕴含更多、更可贵的科技创新，从而昭示着航空事业的多彩未来。

2.6.1 空天飞行器

这里的"空天飞行器"是指既非传统航空器、也非典型航天器的新飞行器械，是一个指代性称谓，是航空技术与航天技术高度结合的产物，但它将成为 21 世纪的"全能超级明星"，并将使人们对航空、航天的观念发生革命性改变，成为人类飞行探索道路上新的里程碑。

2.6.1.1 空天飞行器的概念

空天飞行器主要指既能在空气空间飞行，又能在外层空间飞行，兼具航空器与航天器特点的一类飞行器。如本书第 1 章所述，卡门线（距地面 100km）是划分空气空间和外层空间的界线，典型的空天飞行器应能跨越卡门线。同时，还应关注亚轨道（suborbital）和近太空（near space）两个高度的空间利用，此时我们更多地使用亚轨道航空器和近太空航空器的概念。

亚轨道指距离地表 35 ～ 300km 的飞行轨道，又称弹道（导弹）轨道。亚轨道航空器并未达到第一宇宙速度，也不能环绕地球飞行，甚至有时飞行高度还低于卡门线，属于"非典型"空天飞行。而近太空则是距地面 50 ～ 100km 高度范围的"空天过渡区"。某些亚轨道航空器和近太空航空器的形态可能有异于飞机，但兼具航空与航天的复合性特点。

2.6.1.2 空天飞行器的种类

根据目前的技术水平和研究成果，空天飞行器包括以下类型。

（1）航天飞机

航天飞机（space shuttle）是为寻求往返于地球和外层空间之间而研制的可重复使用的一种有翼火箭动力飞机。它借助运载火箭或助推器垂直发射，在近地轨道上完成任务后返回，并像飞机那样水平着陆（见图 2-36）。

图 2-36　航天飞机着陆时的情景

美国先后建造了 5 架航天飞机，首架"哥伦比亚"号于 1981 年 4 月 12 日首次升空，2011 年 7 月 21 日，"亚特兰蒂斯"号完成"谢幕之旅"，宣告美国航天飞机时代结束。苏联的"暴风雪"号航天飞机，于 1988 年 11 月进行了不载人飞行试验。

航天飞机是人类航空航天史上的一项划时代成就，但由于投资巨大、技术复杂，加之发生过两起震惊世界的惨剧（"挑战者"号和"哥伦比亚"号），在未完全达到预期效果的情况下退出了历史舞台。

（2）空天飞机

空天飞机（aerospace plane）是航空航天飞机的简称，又称跨大气层航空器，是对能在大气层内外飞行、能重复使用的固定翼航空器的总称。

空天飞机不同于航天飞机的垂直起飞，它应能像普通飞机一样水平起飞，在 30 ~ 100km 的高度达到 $Ma12 ~ 25$ 的速度，可直接加速进入近地球轨道，成为航天器，返回大气层后，又能像飞机一样在机场着陆。空天飞机的动力一般采用超声速燃烧冲压发动机 + 火箭发动机或涡轮喷气 + 冲压喷气 + 火箭发动机等组合动力方式。

目前，各航空航天强国已初步完成空天飞机概念研究和可行性论证，进入技术验证和工程试验阶段。美国、俄罗斯、欧盟和日本自 20 世纪 80 年代开始，不断推出空天飞机研究计划，如美国的 X–24、X–30、X–33（见图 2–37）、X–34、X–37、X–43 计划，欧洲的"云霄塔"计划，俄罗斯的"针""彩虹"计划等。其中，美国研制的 X–37B 自 2010 年至 2019 年已完成 5 次飞行，2020 年开始第六次飞行。因其仍用火箭搭载，垂直起飞，还不是真正意义上的空天飞机。

（3）亚轨道航空器

目前已投入使用的亚轨道航空器主要是各种一次性使用的弹道导弹。这里讨论的是可重复使用的载人或不载人亚轨道航空器，有时又称"跃层航空器"；其原理如图 2–38 所示的钱学森弹道与"太空水漂"。这类航空器的最大速度并未达到第一宇宙速度，没有完全脱离地球引力范围，代表性计划为美国"猎鹰"HTV–2 和"宇宙飞船 1 号"。

图 2–37　美国 NASA 的 X–33 研究机

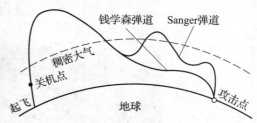

图 2–38　钱学森弹道与"太空水漂"

HTV–2 的设想是：先用火箭将其从地面发射到 40km 的亚轨道高度，关闭发动机，飞机依靠惯性，继续跃升至 60km 高度后开始回落。随着飞机回落，升力逐渐加大，到达 35km（稠密大气层的边缘）时短暂起动发动机，推动飞机再次爬升。飞机周而复始地每两分多钟进行一次"跳跃",每次跳跃行进 450km。

"宇宙飞船 1 号"是目前能够飞上亚轨道空间的唯一一款私人航空器。由名为"白色骑士"的母机挂载,爬升到 15km 后与母机脱离,同时起动火箭发动机,向上冲刺至 100km 高度,沿亚轨道做抛物线飞行 4min 后,开始以滑翔机方式下降,最终落回地面。

亚轨道航空器将轨道飞行与机动飞行结合起来,既有航天器的飞行高度和速度,又有航空器的灵活性,且造价和技术难度远小于典型的空天飞机。

(4)近太空航空器

近太空航空器致力于将传统航空空间和航天空间连成一体,是极具发展前景的一类新型航空器。目前,关于近太空航空器的方案、设想很多,也开展了不少前期的研发工作。其具有的主要特征如下:速度可达到高超声速的下限($Ma5.0$),多采用"乘波"外形设计,采用复合动力或组合动力,能够像飞机一样自主水平着陆,并可重复使用。

2.6.1.3 空天飞行器的关键技术

发展空天飞行器,有许多工程技术问题需要解决,所涉及的主要关键技术如下。

(1)推进技术

空天飞行器的飞行包线范围远超常规飞机;要求推进系统在飞行包线内的每一个区域都必须能够提供动力。目前各国重点研究的推进系统有超燃冲压发动机、脉冲爆震发动机,以及二者与其他动力系统构成的组合系统(如火箭基组合、涡轮基组合等)。

(2)热结构与热防护技术

空天飞行器在极快速度下飞行,气动加热问题十分突出。航空器大部分表面温度将接近 1000℃,驻点温度甚至超过 2000℃。与返回式卫星等航天器不同,空天飞行器多属于多次重复使用的装备,烧蚀防热等航天技术对它并不适用,需要开发新的热防护结构和技术。

(3)材料技术

空天飞行器及其推进装置的工作环境非常严酷,对材料提出很高的要求。用作高超声速飞机的材料必须具有耐高温、抗腐蚀、高强度、高刚度、抗氧化、抗炭化、抗蠕变、长寿命、低密度等特点。

(4)一体化设计技术

空天飞行器的设计必须综合考虑气动效率、热防护、结构减重、飞行控制,以及内部布置等诸多因素。这些因素之间又高度耦合,必须采用一体化设计技术。主要包括:机体 / 推进系统一体化、气动 / 结构设计一体化、飞行控制 / 发动机控制一体化等。

(5)空气动力学技术

空天飞行器的空气动力学问题甚为复杂,一是飞行速度变化大,二是飞行高度变化大,三是再入大气层时的飞行时间长。解决其空气动力学问题需要高马赫数和宽速度范围的风洞试验,以及巨量的科学试验和工程试验,并开发新的高精度计算流体力学(CFD)模型和算法。

2.6.1.4 空天飞行器的潜在价值

空天飞行器将对未来战争产生深刻而重大的影响。作为火力打击平台，它比弹道导弹更难防范，比轰炸机的突防能力更强，甚至可挂载核弹长时间巡航，将核威慑提高到新水平；作为战略侦察平台，它比卫星更加灵活，且可随时发射；作为运输平台，可在第一时间将兵力投送到战场节点；作为新型反卫、反导平台，可捕获敌国卫星，拦截敌方战略导弹。

空天飞行器具有推进效率高、能耗低、载客（货）量大、飞行时间短等优点，是实现低成本太空运送和全球快速运输的有效工具。研究表明，未来空天飞机的运输费用可降到航天飞机的10%，甚至更低，用空天飞机发射、回收卫星，不需要规模庞大、设备复杂的发射场和长达月余的发射前准备，也不受发射窗口的限制。

空天飞行器位于当代科学技术的前沿，是世界强国竞相博弈的焦点装备。空天飞行器的研制，将使航空技术从超声速时代跃入高超声速时代，大大推动航空科学技术的发展，并促进航空与航天技术融合发展，取得新成就。

2.6.2 其他非常规航空器

在人类航空史上，出现过许多原理新颖、构型奇特的航空器，它们或出于气动力的考虑，或因由飞行生物的启迪，或基于对某项功能的追求，或为了满足特殊用途的需要，它们或成功、或失败、或者在等待适配技术的出现，但无不体现出人类创造力之伟大、想象力之丰富。这里重点介绍特殊升力航空器和特殊外形航空器。

2.6.2.1 特殊升力航空器

一切种类的航空器都以追求低能耗、高升力为原则。在持续发展飞机、直升机等主流航空器的同时，人类也在不断探索混合构型、高升力体构型等特殊升力航空器。几种已经问世或正在发展的此类航空器如下。

（1）组合式直升机

组合式直升机包括旋翼停转式和旋翼收藏式直升机。

旋翼停转式直升机在起飞、着陆、悬停与垂直飞行时，旋翼旋转产生升力，而在前飞时，旋翼停止旋转，锁定在固定位置，形成固定机翼，并产生升力（见图2-39）。

旋翼收藏式直升机的旋翼只在起飞、着陆、悬停与垂直飞行时使用，前飞时则收藏起来，过渡到固定翼飞机方式飞行。

V-22等倾转旋翼机归入垂直/短距起降飞机范畴。它在垂直起飞和着陆时，旋翼轴垂直于地面，相当于一架横列式双旋翼直升机；而在前飞时，旋翼轴向前倾转90°，相当于一架拉力螺旋桨飞机。本书将其归入飞机。

（2）"升浮一体"式飞艇

这是一种将经典飞艇与飞机特点结合在一起的"混合"航空器，通常有两种形式：一是在硬式飞艇两侧加装一对机翼，飞行时机翼可产生一定的升力，与艇体产生的空气浮力一起构成航空器的升力源；二是将飞艇艇体做成飞翼形状，飞行时，飞翼状艇体除了产生空气浮力，还产生一定的空气动力（升力）。

图 2—39　中国西北工业大学研发的旋翼停转式组合直升机试验机

（3）地面效应飞行器

地面效应飞行器简称地效飞行器，又称翼地效应机，是一种充分利用地面效应飞行的航空器。其飞行时的升力一是由固定翼产生，二是由地面效应产生，为附加升力。地效飞行器主要在地效区飞行，也就是贴近地面、水面飞行。知名度最高的地效飞行器当属苏联研制的"里海怪物"，我国也研制了多型地效飞行器（见图 2—40）。

图 2—40　我国研制的第一代实用型地效飞行器

（4）滚翼机

滚翼机又称摆线桨航空器，是一种靠摆线桨作为升力来源的航空器。摆线桨由两片以上桨叶组成，桨叶旋转轴与桨叶平面平行，桨叶运动呈圆周状或摆线状，桨叶运动时可以同时产生向上的升力和向前的驱动力。

（5）扇翼机

扇翼机是一种大载荷低速航空器（见图 2—41），它在固定机翼前缘处加装"鼠笼式"风扇吹气装置，可同时产生升力和向前的驱动力，而使飞机升空并前行。扇翼机的升力产生利用了马格努斯效应、动力增升等原理，可以以极小的滑跑速度实现离地升空。

图 2-41　扇翼机原理试验机

（6）科恩达效应航空器

科恩达效应（Coanda effect）又称边界层吸附效应或附壁作用，是指流体（水流或气流）有离开本来的流动方向，改为随着凸出的物体表面流动的倾向。科恩达效应航空器（见图 2-42）是利用空气流过物体曲面时产生流速、压强变化的特性，而获得升力、操纵力矩，进而实现升空飞行的航空器。应用科恩达效应的碟形航空器已经问世，已有多款科恩达效应无人机出现。

图 2-42　科恩达效应航空器试验机

（7）乘波体

乘波体（waverider）的概念出现在 1959 年，是指一种外形为流线型、其所有前缘都具有附体激波的超声速或高超声速航空器。乘波体飞行时其前缘平面与激波的上表面重合，就像骑在激波的波面上，依靠激波的压力产生升力。乘波体有楔形流、锥形流、相切锥、椭圆锥绕流、楔/锥流等不同种类。乘波体具有阻力小、升阻比高等特点，已经成为高速远程巡航导弹和空天飞行器的主要候选外形，如美国的 X-43 研究机（见图 2-43）。

2.6.2.2 特殊外形航空器

特殊外形航空器的出现，一是因特定性能需要；二是大量科学试验需要各种奇异构型的试验机、研究机；三是各种仿生航空器的研制。

（1）仿生航空器

仿生航空器的代表作是扑翼机。这种航空器仿照自然界鸟儿和昆虫的外形，借助像鸟儿和昆虫翅膀那样的机翼上下扑动，来获得升力和前行力（见图 2-44）。一种蜂动式小型无人机，其机翼的扑动频率高达 300 次 /s，与蜜蜂翅膀的振动频率为相同量级。仿生航空器的飞行原理和控制律与常规航空器迥异，由于其科学基础尚未建立，以及材料、工艺和机上能源等的制约，扑翼机及各种仿生航空器目前大多停留在微型机和试验机阶段。

图 2-43　采用乘波体外形的 X-43 研究机

图 2-44　"蜂鸟"微型无人机

（2）变体航空器

变体航空器又称变形航空器，指在飞行过程中可以改变物理形状的航空器，英文一般用 morphing wing，但事实上并不局限于机翼变形。常见的变体形式有：变翼长，变后掠角，变面积等。美国国防预先研究计划局（DARPA）对变体飞机的定义为：应能实现飞机结构柔性 / 结构自适应，其可控的几何形状至少达到 200% 的展弦比变化，50% 的机翼面积变化，5° 的机翼扭转角变化和 20° 的后掠角变化。

变体航空器具有兼顾高低速飞行性能、机动性与续航性能，提高任务适应能力等优点。变体航空器的设计和制作难度甚大，过去多利用机构实现形变，随着材料技术（如纳米、智能材料等）和微机电技术等的发展，有了更多实现变体的可能。

（3）碟形航空器

碟形航空器的机身是一个像铁饼似的圆盘，两侧或周边有特殊控制面；所有的乘客、货物以及发动机和机载设备，都装在上凸的盘舱内。1940 年德国开始研究这种航空器，命名为"别隆采圆盘"，并于 1945 年 2 月 19 日进行了唯一一次试飞（见图 2-45）。航空界认为碟形航空器在技术上是可行的，并已通过缩比模型进行过原理试验，展示了垂直起飞、快速平飞的技术特点和一定的应用前景。

（4）特殊机翼布局航空器

机翼是固定翼航空器的主要升力面，围绕机翼，人们提出和研制了许多不同布局的航空器。除了串列翼布局、飞翼布局（翼身融合）、翼梢小翼等以外，连翼布局和环形机翼布局航空器最值得关注（见图2-46），它们的共同优点是刚度大，诱导阻力小，最大配平升力系数高，稳定性和操纵性好。

图 2-45　德国在二战时研制的"别隆采圆盘"

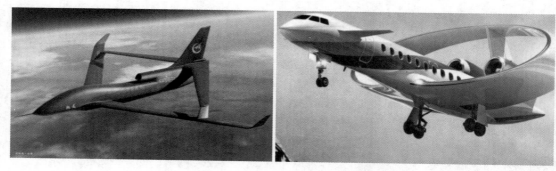

图 2-46　连翼布局飞机和环形机翼飞机

提出于20世纪70年代的连翼（joined-wing）布局是将不在同一平面的前后翼直接连接成框架结构，无论俯视或仰视，翼面均呈菱形外形。也有少数连翼布局的前后翼同处一平面，如波音公司的"流体翼"（fluid wing）布局。与之相近的盒式机翼（box wing）布局通过后掠端板（搭接翼）连接前后翼，以减轻直接相连时的不利干扰。该布局的多款无人机已经问世，并将用于未来概念航空器计划之中。环形机翼（ring wing）布局是将垂尾、连接机翼和搭接翼融合在一起，构成几何形状完整的环形机翼。

2.6.2.3　特殊用途航空器

（1）服务于特定功能的航空器

为了执行特殊任务，满足特殊需要，适应特殊环境，一些航空器产生了特殊的外形需求。比如飞行汽车，为了能在公路上平稳行驶必须加装4个轮子，机翼做成可折叠或可拆装的。美国洛克希德－马丁公司为潜艇发射的"鸬鹚"号无人机设计了独特外形，以适应从核潜艇导弹发射管发射，升空后自动展开机翼，完成任务后机头朝下坠入海中等待回收的特殊要求。空客A300-600ST"大白鲨"超级运输机，为了将产自欧洲各地的空客飞机大部件，运送到法国图卢兹或德国汉堡的总装厂，专门设计了一个巨大的货机，远观犹如一条大白鲨（见图2-47）。

（2）娱乐类航空器

这类航空器是基于航空文化活动的需要而产生的，娱乐性第一，科学性第二。此类航空器很多，如异形热气球（见图 2-48）、特型无人机／轻型飞机、个人航空器等，一般都充满了娱乐元素和流行元素，商业气息浓厚，外观奇特，色彩斑斓。

图 2-47 "大白鲨"超级运输机

图 2-48 形形色色的异形热气球

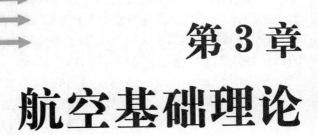

第 3 章
航空基础理论

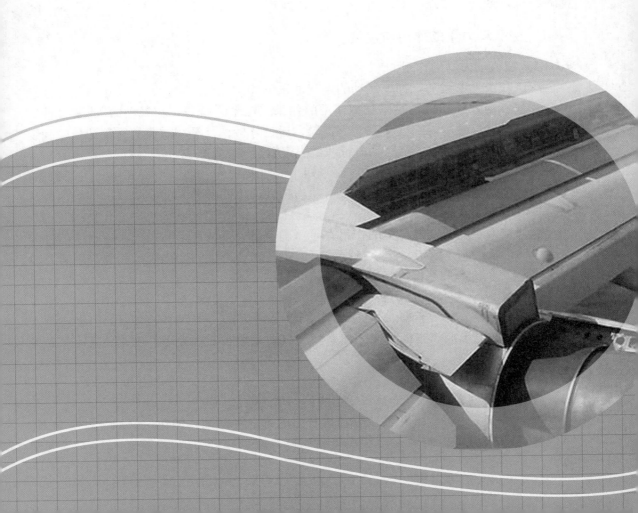

经过长期的研究与积累，尤其是自 20 世纪以来的发展，航空科学技术已经形成了一个相对完整的体系。支撑这个体系的基础是航空科学。航空科学旨在用理论阐明航空的规律性认识，没有航空科学的指引，就没有现代航空事业的蓬勃发展。

一切机械装置都遵从描述和揭示物体平衡与运动规律的力学；作为一种能够飞行的机械装置，力学也是其根本性的科学基础。在探索飞行奥秘的进程中，空气静力和空气动力研究支撑了航空器的发展与完善；作为力学重要分支的空气动力学，与随后出现的飞行力学、结构力学和强度理论等一起，构建起了宏大的航空科学基础。

本章首先简要描述航空科学基础框架，而后对于现有的几类航空器进行飞行原理阐释。

3.1 空气动力学基础

空气动力学是研究气体的运动规律以及它们与物体相对运动时相互作用的科学，特别是研究各类航空器在大气中飞行原理的科学。它是现代航空首要的基础科学。空气动力学作为一门独立的科学，诞生于 19 世纪末，经百余年发展，已形成独立而严密的学科体系。本节介绍空气动力学的基础知识。

3.1.1 空气动力学的作用与发展

3.1.1.1 空气动力学的作用

物体在空气中运动，抑或运动的空气冲击物体，都会产生力，其大小与相对运动速度有关，是大气和运动物体互相作用的结果，这个力就是"空气动力"。要设计一架好的航空器，必须以空气动力学为指导，通过分析、计算和试验的反复迭代，确定航空器的空气动力特性。空气动力特性是决定航空器性能的最主要依据。

影响空气动力特性的因素很多，例如，航空器几何外形、飞行姿态、飞行速度、大气密度、空气黏性和压缩性等。空气动力特性随不同参数的变化规律，一般用空气动力系数来表征。

空气动力学在航空领域里的作用在于：确定航空器的外形和布局；为航空器性能计算和结构、控制系统设计提供依据；研究空气动力特性的变化规律和影响因素，以实现航空器的最佳性能。

3.1.1.2 空气动力学的发展历程

空气动力学作为一门独立学科，诞生于 19 世纪末，经百余年发展，历经三个主要发展时期，已形成丰富而严密的体系。空气动力学的发展经历了低速、高速和新发展三个时期。

（1）低速发展时期

20 世纪 40 年代之前，为空气动力学的"低速发展时期"。

1726 年，牛顿提出了计算空气动力升力的第一个理论，但他过低地估计了升力。1876 年，B. 瑞利提出的理论同样不符合实际。直到 20 世纪初，英国人 F.W. 兰彻斯特、俄国人 H.E. 茹科夫斯基等人，才提出了能正确估算升力的理论。1904 年，德国人普朗特提出边界层概念，解决了当时无黏性空气动力学计算与试验结果之间的矛盾。

在试验方面，1871 年英国人 F.H. 韦纳姆建造了世界上第一座风洞，1901 年美国人莱特兄弟建造了一座截面为正方形、边长约 0.4m 的风洞（见图 3-1）。随后，G. 艾菲尔在法国、普朗特在德国分别建造了开口和闭合的低速回路风洞，在欧洲飞机发展初期发挥了重要作用。这些理论和试验成果奠定了低速空气动力学的基础。

图 3-1　莱特兄弟建造的风洞

（2）高速发展时期

20 世纪 40 年代中至 60 年代末，由于军事航空的需要和导弹技术的兴起，高速空气动力学得到了快速发展。

这一时期，建立了亚声速、跨声速、超声速、高超声速无黏流和高速边界层的系统理论；研究了各类航空器在不同速度范围的气动特性；将空气动力学的研究内容从力扩展到热、光和电磁等效应；各类风洞特别是跨声速、超声速、高超声速风洞都得到了发展；试验技术和试验设备日臻完善。这些成果对突破高速飞行遇到的声障和热障起了决定性的作用。

（3）新发展时期

20 世纪 60 年代后期，空气动力学进入了一个新的发展时期。

由于电子技术、计算机技术的飞速发展，催生出计算空气动力学，使空气动力学的面貌为之一新。人们借助高速计算机，解算过去无能为力的高阶偏微分方程，还可以进行数字模拟，代替部分风洞的作用，并与风洞试验相结合，验证理论研究和设计的正确性。

另一重大发展是涡动力学的出现。利用旋涡产生升力的设想，是 E. 马斯科尔和 D. 屈西曼在 20 世纪 50 年代中期提出的，到 60 年代后期，涡动力学成为空气动力学的一个新分支。在涡动力学理论指导下，一批利用脱体流型的飞机应运而生，"协和"号、萨伯 37、F-16、F-18、苏 -27、米格 -29 等，都是涡流型设计的杰作。

3.1.1.3 空气动力学的学科发展

空气动力学衍生出不同的分支学科，这些分支学科联系紧密，各有侧重，承担着不同功能。下面按照研究范围、研究内容和研究方法，介绍空气动力学的学科发展状况。

（1）按研究范围划分的分支学科

气流在不同的速度范围呈现不同的特点。根据不同的飞行速度，可将空气动力学分成低速空气动力学、亚声速空气动力学、跨声速空气动力学、超声速空气动力学和高超声速空气动力学。

根据黏性是否可以忽略，空气动力学可分为无黏（理想）空气动力学和黏性空气动力学。黏性空气动力学中最重要的是边界层理论。

根据气体分子平均自由行程与流动的特征长度之比的大小，气体流动又可分成连续流、滑流、过渡流和自由分子流。研究后三种流动的空气动力学称为稀薄空气动力学。

空气动力学按研究范围划分的分支学科见图 3-2。

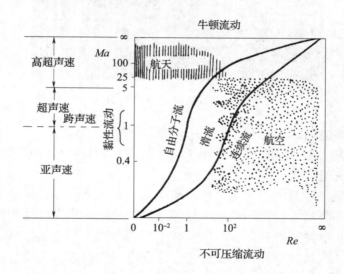

图 3-2　空气动力学按研究范围划分的分支学科

（2）按研究内容划分的分支学科

按照研究内容，空气动力学可分为：航空器空气动力学、非定常空气动力学、内流空气动力学和气动热力学等。关于"非定常"，是指流体的流动状态随时间而变的流动；若流动状态不随时间而变，则为定常流动。流体通常的流动几乎都是非定常的。

航空器空气动力学，研究航空器的气动布局和气动特性，以及各部件、各类增升装置的气动外形和特性，研究各部件之间的空气动力干扰。同时，与飞行力学结合，进一步研究航空器的性能、操纵性和稳定性。非定常空气动力学，主要研究与时间相关的流场特性。

内流空气动力学，主要研究发动机、风洞等受管道限制的气体流动规律。

气动热力学，根据航空器的运动特点，分析气动加热的规律，并寻找相应的防热方案。

（3）按研究方法划分的分支学科

按照研究方法不同，空气动力学可以分为理论空气动力学、实验空气动力学和计算空气动力学。

理论空气动力学，通过建立和不断修正流动理论模型，利用数学工具取得解析结果，使人们透过流动现象看到物理本质。空气动力学的许多定理、定律都是理论空气动力学的成果。

实验空气动力学，通过试验，揭示流动的本质，为理论研究提供物理模型，与理论方法相结合，研究航空器气动布局，给出航空器模型的空气动力数据等。试验方法，包括地面模拟试验和飞行试验两类。风洞，是实验空气动力学最重要的试验设备。

计算空气动力学，是用计算机及其辅助设备，研究流体运动规律和工程应用的专门学科。其主要内容包括：对流场的物理本质进行深入的理解和分析，建立描述流场的数学模型；为求解数学模型，寻求有效的数值计算方法；利用计算机，完成数值计算、公式推导、网格生成、计算结果分析和计算流场的图像显示等（见图 3-3）。

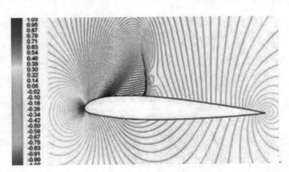

图 3-3　运用计算空气动力学模拟的流场图像

3.1.2　空气动力基本原理

只要空气与物体有相对运动，空气在物体上就会产生"空气动力"。所有重于空气的航空器都是基于"空气动力"而飞行的。空气动力和物体的相对运动速度密切相关，低速与高速有很大不同。除了物体和空气的相对运动外，空气还必须有一定的密度和质量，才能产生足够的空气动力。在距地面40km的高空，空气密度仅为海平面的5%左右，依靠空气动力飞行变得非常困难，这也是绝大多数航空器只能在40km以下飞行的原因。

空气和物体之间的相对运动，以及所产生的空气动力，都遵循以下基本规律。

3.1.2.1　相对运动原理

飞机在大气中以一定速度飞行而产生的空气动力，与同等速度的气流沿着与飞行相反的方向流过静止飞机所产生的空气动力完全相等，这就是相对运动原理。根据这个原理，在进行地面空气动力试验（风洞试验）时，让气流流过飞机，其结果与飞机在大气中飞行等效。这给空气动力学研究带来极大方便。

3.1.2.2 连续性原理

根据质量守恒定理，当一定质量的气体流经截面变化的管道时，在同一时段内，流过任何截面的气体质量都是相等的，这就是连续性原理，即

$$\rho_1 V_1 A_1 = \rho_2 V_2 A_2 = \rho_3 V_3 A_3 = \cdots = 常数$$

在空气流动速度较低时，空气密度变化很小，可以近似认为是一个常数，由此得到

$$V_1 A_1 = V_2 A_2 = V_3 A_3 = \cdots = 常数$$

式中，V 为流体速度，A 为流道截面积，ρ 为空气密度。

3.1.2.3 伯努利定理

能量守恒是自然界最基本的规律之一。气体的能量也遵守这一规律。瑞士科学家伯努利通过研究，揭示了流体运动中速度、压力（压强）、密度之间的变化规律，创建了伯努利方程

$$\frac{1}{2}V^2 + \int \frac{\mathrm{d}p}{\rho} + gz = H$$

式中，H 为伯努利常数，V 为流体速度，ρ 为流体密度，p 为流体压力，z 为流线上一点距离基准面的高度，g 为重力加速度。

简而言之，就是流体流速大的地方压强低，流速小的地方压强高；流体的静压和动压之和是一个常数。对于理想流体，伯努利方程可简化为

$$p + \frac{1}{2}\rho V^2 = 常数$$

式中，p 表示流体未受扰动时的压强，称为静压；$\frac{1}{2}\rho V^2$ 表示流体以速度 V 运动时产生的附加压强，称为动压（旧称速压）。

该公式以忽略流体的压缩性和黏性为条件，只适合于低速、定常流动，对于非定常流动（如涡流）和高速流动，则不适合。

3.1.2.4 可压缩性原理

气体的可压缩性是指当气体的压强变化时，其密度和体积同时变化的特性。低速（$\leqslant Ma0.3$）飞行时，航空器对空气的影响很小，空气可以近似认为是不可压缩的。但在高速飞行时，航空器会给空气很大压力，引起气流密度、温度和压力产生变化，气流的流动特性与低速时大不相同；在超声速的情况下，甚至产生与低速相反的流动状态。因此，当飞行速度超过 $Ma0.3$ 时，空气的压缩性就必须考虑了。

3.1.2.5 一维绝热流动的能量方程

如前所述，伯努利定理是以忽略空气压缩性和黏性为条件的，且不考虑流速变化时所引起空气内能的变化。但在高速流动中，空气压缩性和内能变化已不可忽视，于是，就有了一维绝热流动的能量方程，用以揭示高速气流参数的变化规律。

一维绝热流动的能量方程为

$$\frac{V^2}{2} + u + \frac{p}{\rho} = 常数$$

式中，$\frac{V^2}{2}$、u、$\frac{p}{\rho}$ 分别为单位质量空气具有的动能、内能和压力能。

其物理意义是，在一维绝热流动中，单位质量空气所具有的动能、内能和压力能可以相互转换，但总量保持不变。即单位质量空气的动能增加，必然引起压力能与内能之和减小；反之，动能减小，必然引起压力能与内能之和增加。

热力学指出，单位质量空气的内能 u 与压力能 $\frac{p}{\rho}$ 之和称为"焓"（常用 i 表示）。焓值的大小等于比定压热容与温度的乘积，即 $i=c_p \cdot T$。引入焓的概念后，一维绝热流动的能量方程可写作

$$\frac{V^2}{2} + c_p \cdot T = 常数$$

上式表明，空气流过同一流管时，流速加快，温度降低；流速减慢，温度升高。当高速气流流过飞机表面时，因为阻挡和摩擦的作用，其流速要减慢（驻点处降至0），因而空气温度将显著升高——这就是空气动力加热的原因。

3.1.3　基本概念与常用术语

学习空气动力学的基本知识，除知悉物理学中的速度（V）、温度（t）、压力（p）、密度（ρ）之外，还需了解以下空气动力学基本概念与常用术语。

3.1.3.1　基本概念

（1）升力

升力旧称举力，是空气动力在飞行器纵向对称平面内垂直于飞行方向的、向上的分量。机翼是飞行器产生升力的主要部件。当飞行方向与机翼翼弦有一夹角（称为迎角，本书 3.4.3.1 节将介绍）时，作用于机翼下表面的压力大于作用于机翼上表面的压力，从而产生升力。飞行器的机身和水平尾翼也能产生部分升力。机翼升力 L 为

$$L=C_L \cdot q \cdot S$$

式中，q 为动压，$q=\rho V^2/2$ 即动压等于空气密度与速度平方的乘积的 1/2。S 是飞机的特征面积，常取为机翼面积。C_L 是升力系数，是升力与动压（$\rho V^2 S/2$）的比值；其中，ρ 是飞行高度上的大气密度，V 是飞行速度。

（2）阻力

阻力是与飞行方向相反的空气动力分量。它总是指向后方，阻碍飞行，故称为阻力。要维持航空器作持续飞行，必须由航空器的动力装置产生足够的推力或拉力，用以克服阻力。

航空器的阻力主要分为摩擦阻力、黏性压差阻力和诱导阻力。摩擦阻力是由空气黏性所产生，黏性压差阻力由黏性的间接作用而形成，诱导阻力是伴随着升力而产生、由翼尖涡流引发的阻力。在超声速飞行时，还会由于存在激波而形成激波阻力（简称波阻）。

阻力也可按是否与升力同时存在而分为零升阻力和升致阻力；升力为零时对应的

阻力称为零升阻力，伴随着升力而出现的阻力称为升致阻力，它包括诱导阻力、与升力有关的部分波阻力和由于升力增加而引起形状阻力的增量等。

飞机阻力 D 可由阻力公式算得

$$D=\rho V^2 C_D S/2$$

式中，ρ、V、S 同升力公式定义；C_D 为阻力系数，是阻力与 $\rho V^2 S/2$ 的比值，与飞机外形、飞行姿态、雷诺数、马赫数、表面粗糙度等有关；与升力系数一样是无量纲（量纲一）量。

降低阻力是提高航空器性能的关键。但是，阻力也并不总是有害的，当需要飞机尽快减速时，增加阻力又是必需的。为此，战斗机常在机身尾部设置可打开的阻力板，用来增加阻力。

（3）升阻比

升阻比又称空气动力效率，是指同一迎角的升力与阻力的比值。它是表征气动效率的无量纲参数。低速和亚声速飞机的升阻比可达 17 ～ 18，跨声速飞机的升阻比为 10 ～ 12，$Ma2.0$ 的飞机升阻比为 4 ～ 8。

（4）侧力

侧力是侧滑角引起的空气动力，现用 C（旧用 Z）表示。侧滑角即飞行方向与航空器对称面之间的夹角。侧力与升力、阻力的方向相垂直，一般规定指向右翼的侧力为正值。当飞行员蹬舵或压杆，飞机方向舵或副翼偏转时，飞机的纵向对称性被破坏，也会产生侧力。

3.1.3.2　常用术语

（1）马赫数（Ma）

马赫数是空气动力学中最常用的术语之一，是指流体某点的速度 V 与当地声速 c 之比，用 Ma 表示；是为纪念奥地利科学家马赫（Ernst Mach）在超声速流动研究中的贡献而以他的名字命名的。航空器的飞行马赫数是指把航空器简化成一个质点的飞行速度与当地气流未受扰动时的声速之比。$Ma<0.3$ 为低速飞行，$0.3<Ma<1.0$ 为亚声速飞行，Ma 在 1.0 附近为跨声速飞行，$1.0<Ma<5.0$ 为超声速飞行，$Ma>5.0$ 为高超声速飞行。不同速度范围分别对应在 3.1.1.3 节中介绍的空气动力学分支（低速、亚声速、跨声速、超声速、高超声速空气动力学）。

（2）雷诺数（Re）

凡是流体都有惯性力和黏性力，惯性力是指当流体加速时保持原有运动状态的假想力，黏性力是流体内部或流体与边界间的摩擦力。研究空气动力时常需要比较二者关系，于是引入雷诺数概念，它是衡量流体惯性力和黏性力相对大小的一个无量纲相似参数，用符号 Re 表示。雷诺数是为纪念英国物理学家雷诺（Osborne Reynolds）而命名的。

雷诺数一般表征为惯性力与黏性力的比值，惯性力为单位体积流体动能的函数，黏性力为黏度和速度梯度的乘积。雷诺数大意味惯性力影响大，雷诺数小意味黏性力影响大。在航空领域，由于空气的运动黏度都很小，而物体的尺度和速度相当大，因而多为大雷诺数的情况。对于微小型航空器，由于尺度小、速度低，其雷诺数就很小，此时黏性力的影响显著。

（3）层流、湍流与边界层

流体有层流和湍流（旧称紊流）两种流动状态。层流是各流体微团彼此平行地分层流动，互不干扰与混杂。湍流是各流体微团间杂乱掺和，不仅有沿着主流方向的运动，而且还有垂直于主流方向的运动。一般情况下，当空气流动速度较小时，其流动状态表现为层流；气流速度较大时，表现为湍流。从层流到湍流之间有一个过渡区域，称为转捩区，若将过渡区域看作一点，则称为转捩点。

发生转捩时对应的雷诺数值称为临界雷诺数。一般管道雷诺数 $Re<2100$ 为层流状态，$Re>4000$ 为湍流状态，$Re=2100 \sim 4000$ 时为过渡状态。如能使航空器的边界层保持层流状态，可以减小航空器的摩擦阻力和气动加热量。控制湍流的出现及其扩散性，对航空器的气动力和传热特性有重要影响，需要在设计中综合考虑、精确建模和分析计算。

边界层旧称附面层，指雷诺数 $Re \gg 1$ 情况下，水或空气等黏性小的流体沿固体壁面流动时，壁面附近受黏性影响显著的一个薄层。通常将速度等于外流速度99%处的离壁距离定义为边界层厚度，常以 $\delta(x)$ 表示。边界层内的流动状态为层流时，称为层流边界层；流动状态为湍流时，称为湍流边界层（见图3-4）。

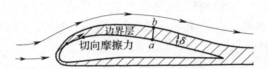

图 3-4　机翼表面的层流边界层和湍流边界层

（4）激波、声障与声爆

激波是气体超声速流动时产生的压缩现象。当航空器以超声速飞行时，会出现一个很薄的气层区域，区域前后气体状态发生急剧变化，就像阻挡飞机飞行的一堵墙（见图3-5），这个很薄的气层称为激波，厚度约为几个气体分子自由程。气流通过激波时，速度骤然下降，压力、密度和温度骤然升高。激波面与气流方向垂直的称为正激波，与气流方向不垂直的称为斜激波。

图 3-5　因激波而产生的"墙"

激波不仅会带来激波阻力，还会造成升力急剧变化、气动中心显著后移、强烈的翼面抖振等现象，曾经极大地阻碍了航空发展，被称为"声障"。

飞机在较低高度作超声速飞行时，地面的人会听到连续两声巨大而急促的声响，被称为声爆，是激波传至地面形成的。声爆的严重程度与飞行高度和速度有关，高度越低、速度越大，声爆就越强。为严控声污染，一般在城市上空低于 10000m 高度，禁止飞机作超声速飞行。

（5）气动加热与热障

航空器以超声速 / 高超声速飞行时，气流受到急剧压缩，绕机体的气流与机体表面摩擦，产生很高的热量，引起对机体的加热，结构温度可能升高到数百摄氏度，这种现象被称为气动加热。其产生机理可由一维绝热流动的能量方程分析。

在大马赫数飞行时，气动加热的后果相当严重：引起材料性能下降，使结构强度和刚度降低；热应力使结构应力和变形增大，甚至出现蠕变；气动外形受到破坏，引发颤振、抖振；环境温度升高，使乘员无法忍受，机载设备失效。这种由于气动加热带来的困窘，被称为"热障"。通常，对于飞行马赫数超过 2.5 的航空器，必须考虑防热措施。

（6）脱体涡及涡升力

脱体涡是涡旋的一种，是由于飞机机翼上下翼面的压差导致流体的横向流动，与流体相对机翼的纵向移动在脱离机翼后所合成的螺旋状流动。脱体涡与机翼迎角有密切关系，当机翼迎角增大，由于上下翼面压差增大，脱体涡强度会增加，但当迎角增大到某一程度，脱体涡会突变为非对称，甚至破裂。

由于脱体涡的存在，会使飞机增加一部分升力，这部分增加的升力即为涡升力。从 20 世纪 60 年代后期开始，利用脱体涡产生涡升力的机理，在战斗机上得到广泛应用，最典型的是近距耦合式布局，通过边条翼产生的脱体涡与主翼的附体涡形成有利干扰，能改善主翼的流场，增加主翼升力，延迟气流分离，提高飞机气动性能（见图 3-6）。

图 3-6　边条翼产生的脱体涡

3.2 飞行力学基础

飞行力学又称飞行动力学，是以空气动力学为基础，研究航空器运动特性和规律的学科。其内容主要包括：研究航空器运动轨迹——把航空器看作一个可控制的质点，研究在外力作用下，航空器的飞行速度、高度和运动轨迹的变化规律；研究航空器本体的稳定性和操纵性——把航空器看作刚体或弹性体，研究在力和力矩作用下，航空器如何保持和改变飞行状态的规律。飞行力学可分为飞机飞行力学、直升机飞行力学和导弹飞行力学等分支。

3.2.1 飞机的平衡和坐标轴系

研究飞机的飞行性能和操纵性、稳定性，需建立空间坐标系的概念，将飞机置于各种坐标系中，研究其运动规律；基于作用在飞机上的力和力矩的平衡，建立飞机的运动方程（组）。

3.2.1.1 飞机的坐标轴系

为准确描述飞机的运动，须选用合适的坐标轴系。常用的飞机坐标轴系有地面轴系、气流轴系、机体轴系、航迹轴系、半机体轴系等。除地面轴系外的轴系均为活动轴系，随飞机运动而变化，其原点都在飞机重心上。

（1）地面轴系

地面轴系，以地面为基准，原点位于地面或空间任意选定的一个固定点，通过该点画出三条相互垂直的坐标轴。地面轴系用来描述飞机的运动轨迹、地速以及姿态。

（2）机体轴系 [①]

机体轴系是以飞机机体为基准，通过飞机重心画出的相互垂直的纵轴、竖轴和横轴组成的坐标系（见图 3-7）。

机体纵轴——通过飞机重心，位于飞机对称面内，与机身轴线平行，指向机头方向为正，指向机尾方向为负。飞机绕机体纵轴的运动称为滚转，绕机体纵轴的力矩称为滚转力矩。

机体竖轴——通过飞机重心，位于飞机对称面内，与机体纵轴垂直，指向座舱上方为正，指向座舱下方为负。飞机绕机体竖轴的运动称为偏航，绕机体竖轴的力矩称为偏航力矩。

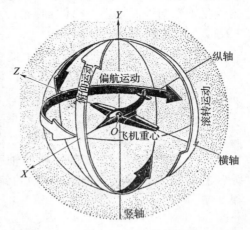

图 3-7 飞机机体坐标轴系

---

① 根据 GB/T 14410.1—1993《飞行力学 概念、量和符号 第 1 部分：坐标轴系和运动状态变量》的规定：机体坐标轴系是固定在飞机上的坐标轴系，其原点通常位于飞机的重心，三个坐标轴由纵轴（位于参考面内指向前方）、横轴（垂直于飞机参考面指向右方）和竖轴（在飞机参考面内垂直于纵轴指向下方）定义。

机体横轴——通过飞机重心，与机体纵轴、竖轴相垂直，指向右机翼方向为正，指向左机翼方向为负。飞机绕机体横轴的运动称为俯仰，绕机体横轴的力矩称为俯仰力矩。

机体轴系用来描述飞机绕重心的各种转动，描述飞机的机体俯仰角、滚转（倾斜）角（俗称坡度）等，特别是用来分析飞机的力矩平衡关系。飞机绕三个坐标轴的运动是空气动力力矩作用的结果；空气动力对飞行器重心（或其他力矩参考点）的力矩，沿机体坐标轴分解为俯仰力矩、滚转力矩和偏航力矩三个分量（见图3-8）。

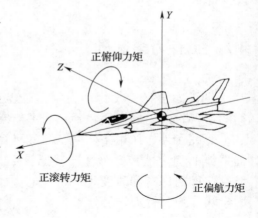

图3-8　作用在飞机上的空气动力力矩

（3）气流轴系

气流轴系是以飞行速度方向为基准，通过飞机重心画出的相互垂直的纵轴、竖轴和横轴组成的坐标系。其中：

气流纵轴——通过飞机重心，与飞行速度方向一致，指向飞行速度方向为正。飞行阻力与气流纵轴方向相反。

气流竖轴——通过飞机重心，位于飞机对称面内，与气流纵轴垂直，指向座舱上方为正。飞机升力与气流竖轴方向一致。

气流横轴——通过飞机重心，与气流纵轴、竖轴相垂直，指向右机翼方向为正。飞机侧力方向与气流横轴平行。

升力、阻力、侧力都是按气流轴表达的，用气流轴系分析飞机的移动较为方便。根据气流轴系与地面轴系、机体轴系的关系，可以确定飞机的迎角、侧滑角、俯仰角等。

3.2.1.2　飞机的平衡

飞机的平衡是指作用在飞机上的合外力与合力矩都等于零，飞机作等速直线飞行或处于相对静止状态。飞机的平衡，可描述稳定飞行状态，更是分析飞机稳定性和操纵性的基础。

关于力的平衡，一般用气流轴系来分析。若飞机取得外力平衡，意味着沿升力方向、阻力方向、侧力方向的各种外力分别取得平衡，即三个方向的外力均等于零。

关于力矩的平衡，一般用机体轴系来分析。若飞机取得力矩平衡，意味着绕机体纵轴的滚转力矩 M_{x1}、绕机体竖轴的偏航力矩 M_{y1}、绕机体横轴的俯仰力矩 M_{z1} 分别取得平衡。即

$$\sum M_{x1}=0；\sum M_{y1}=0；\sum M_{z1}=0$$

3.2.1.3　载荷因数

机动飞行时飞机一定受到不平衡外力的作用，一般用载荷因数来描述飞机的受力状况。飞机飞行时，除重力之外的所有外力之合力与飞机重力之比，称为载荷因数，简称过载，常用字母 n 表示

$$n=R/G$$

式中，R 为除重力之外的合外力；G（mg）为飞机重力。

过载是一个无量纲的量。过载在气流坐标系三个方向上的分量 n_x、n_y、n_z 分别被称为纵向过载、法向过载和侧向过载，并按坐标方向规定其正负。其中，法向过载 n_y 代表升力与重力之比（L/G），是表征机动飞行能力最重要的指标，在分析飞行力学、结构力学问题时经常用到。

过载除由机动飞行引起的机动过载外，还有突风（阵风）过载、着陆过载、着水过载等。

过大的过载会导致机体破坏或对飞行员造成伤害。当 n_y 达到 5 且持续时间 3 ～ 4s 时，飞行员身体的血液会在惯性力的作用下向身体下方流动，造成头部缺血而出现"黑视"；当 n_y 小于 −1.5 时，飞行员身体的血液会在惯性力的作用下涌向头部，导致视网膜血管破裂，进而造成"红视"。"黑视"和"红视"都严重危及飞行安全（"红视"更加致命），需要采取措施避免。多数战斗机最大使用法向过载定为 7 ～ 8，轰炸机和运输机为 2 ～ 5。

3.2.2　飞机的各种飞行

飞机的飞行状态与飞行动作有很多，本节简介几种飞行状态以及所涵盖的主要飞行动作，包括稳定飞行、机动飞行、起飞与着陆、失速与尾旋等。

3.2.2.1　稳定飞行

稳定飞行指飞机作等速直线运动，此时，作用在飞机上的力和力矩均取得平衡，即合外力与合力矩都等于零。飞机稳定飞行状态有平飞、上升、下滑和直线下降侧滑等。

（1）平飞

飞机作水平直线飞行，简称平飞。这里的平飞是指稳定平飞，即飞机在水平面内作不带坡度、不带侧滑的等速直线飞行。飞机在稳定平飞中，升力 L 等于重力 G，前进力 T 等于空气阻力 D（见图 3−9）。

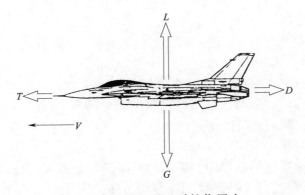

图 3−9　飞机平飞时的作用力

（2）上升

上升又称爬升，指飞机沿着向上的轨迹作增加高度的飞行。这里的上升是指稳定上升，即飞机作不带坡度、不带侧滑的等速直线上升。

（3）下滑

下滑指飞机沿着向下的轨迹作减小高度的飞行。这里的下滑是指稳定下滑，即飞机作不带坡度、不带侧滑的等速直线下滑，分为带油门下滑（发动机工作）、闭油门下滑（发动机不工作）两种，闭油门下滑又称滑翔。

（4）直线下降侧滑

飞机作带坡度、带侧滑的等速直线下滑，称为直线下降侧滑。

3.2.2.2　机动飞行

飞机作改变速度、方向（航向）、高度或姿态的飞行，称为机动飞行。机动飞行中，需要有不平衡的力或力矩作用。根据运动特征，机动飞行一般分为：速度机动、方向机动、垂直机动、空间机动飞行等。战斗机能完成的过失速机动、直接力控制机动，也可视作机动飞行。

（1）变速飞行

飞机沿着水平直线作加速或减速的飞行，称为变速飞行，是典型的速度机动飞行。

（2）盘旋

飞机在水平面内作圆周运动，称为盘旋，是典型的方向机动飞行。一般将航向角改变小于 360° 的盘旋称为"转弯"。盘旋分为稳定盘旋和不稳定盘旋两类，稳定盘旋是飞机作等高、等速、等半径（简称"三等"）的曲线运动；不稳定盘旋则不满足"三等"条件，包括盘旋上升、盘旋下降、加速盘旋和减速盘旋等。

（3）俯冲与跃升

飞机沿着较陡的轨迹向下作直线加速飞行，称为俯冲。飞机以大于最大稳定上升角所作的直线减速上升，称为跃升。俯冲与跃升都属典型的垂直机动飞行。

（4）筋斗

筋斗是飞机在铅垂面内沿着近似椭圆的轨迹同时绕机体横轴仰翻 360° 的飞行。筋斗也属于典型的垂直机动飞行。由于是俄国飞行员聂斯切洛夫率先完成的，又称聂斯切洛夫筋斗。

（5）横滚

横滚是指飞机绕机体纵轴滚转 360° 的飞行，属于空间机动飞行。按照运动特点，横滚分为快滚、慢滚、多边横滚等。

（6）急上升转弯

急上升转弯又称战斗转弯，是飞机迅速作 180° 转弯的同时，又尽可能增加高度的飞行。急上升转弯也属于空间机动飞行。

（7）半筋斗翻转和半滚倒转

半筋斗翻转是由筋斗的前半段与横滚的后半段组合而成的机动飞行动作，半滚倒转是由横滚的前半段与筋斗的后半段组合而成的机动飞行动作，也分别称为殷麦曼翻转 / 回旋。

3.2.2.3　起飞与着陆

起飞和着陆是飞机飞行必经的两个阶段。起降性能对飞机执行任务非常重要。现代战斗机普遍要求具备短距起飞性能，有的甚至要求垂直起降。

（1）起飞

飞机从开始滑跑至离开地面，并上升到安全高度、达到安全飞行速度为止的加速运动过程，称为起飞。起飞过程一般分三点滑跑、两点滑跑、离陆及加速上升四个阶段（见图 3-10）。关于安全高度，不同国家有不同规定，我国为 15m，英美多取 10.7m，俄罗斯为 25m。

表征飞机起飞性能的指标有起飞滑跑距离、起飞距离、离地速度、起飞时间等。为了改善起飞性能，飞机大都使用襟翼等增升装置，某些军用飞机还采用发动机转喷口、火箭助推、蒸汽弹射等措施来缩短起飞距离。

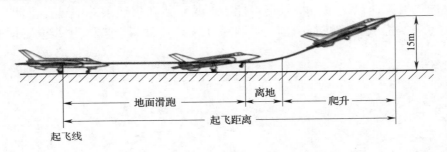

图 3-10　飞机起飞过程

（2）着陆

飞机从一定高度（我国取 15m）下滑并降落于地面直至停止滑跑的运动过程，称为着陆，亦称降落。着陆过程一般分为下滑、拉平、平飘、接地和减速滑跑五个阶段（见图 3-11）。许多高速飞机着陆过程平飘阶段不明显或没有平飘阶段。

表征飞机着陆性能的指标有着陆滑跑距离、着陆距离、接地速度、着陆时间等。为了减小着陆距离，通常要打开襟翼、扰流板等增升装置，或使用阻力伞、阻力板或刹车装置，还可用反推力装置使发动机产生负推力。飞机着陆性能还包括它对机场的要求，不同道面的跑道对着陆滑跑距离影响显著；有的大型客机如 A380 等则只能在高等级的 4E 级机场降落。

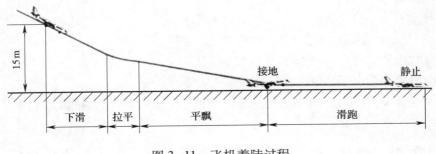

图 3-11　飞机着陆过程

3.2.2.4　失速与尾旋

失速与尾旋，都是当飞机迎角达到或超过失速迎角而出现的不正常飞行现象。失速和尾旋均可导致严重飞行事故，在航空史上曾发生过重大灾难，至今仍是许多飞行事故的"元凶"。

（1）失速

飞行中，当飞机迎角达到或超过失速迎角，引起气流在飞机表面大面积分离，飞机出现非操纵性的异常飞行现象，称为失速。失速的动态特点包括：飞机强烈抖振，机翼左右摇晃；操纵变轻，飞机反应迟缓；飞机出现非操纵性旋转；飞机速度迅速减小等。对于某一特定飞机，上述现象不一定同时出现。有的飞机失速后，状态变化比较和缓，有的则变化急剧。飞机失速后，若不能得到及时、有效控制，将发展成尾旋。

对于绝大部分飞机而言，失速是飞行员不希望发生且难以控制的飞行现象，但有的高性能飞机失速后，飞行状态仍可控制，甚至能在失速条件下进行机动飞行，如苏-27的"普加乔夫眼镜蛇"动作（见图3-12），这种情形被称为"过失速机动"。

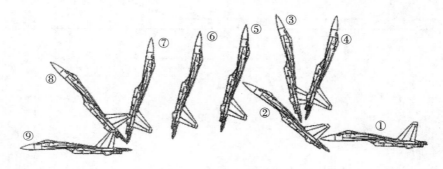

图3-12　"眼镜蛇"机动

（2）尾旋

飞机失速后，沿着一条小半径的螺旋状轨迹，一边下降高度、一边急剧旋转的非操纵性运动称为尾旋（见图3-13）。中国军方过去将其称为"螺旋"。在尾旋过程中，飞机绕着三个机体轴均有旋转，飞机表速不大（一般不超过250km/h），但高度损失很快。

按照尾旋中的迎角大小，分为急尾旋和平尾旋，平尾旋中飞机迎角可超过70°，危害尤烈。按照失速迎角的正负，可分为正尾旋和反尾旋。

飞机应具有不易进入尾旋、又容易改出尾旋，且便于飞行员掌握改出技术的特性。这种特性应是飞机设计师追求的目标。

3.2.3　飞机的飞行性能

飞机飞行性能是指用各项飞行参数描述的飞机质心运动特性，包括基本飞行性能、续航性能、

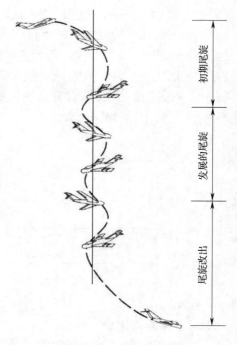

图3-13　尾旋示意图

机动飞行性能、起飞着陆性能，以及敏捷性指标。飞机飞行性能指标是评价飞机优劣、判断飞机先进性的主要依据之一。

3.2.3.1　飞行速度

（1）最大平飞速度

最大平飞速度是指水平飞行的飞机在一定的距离（一般不小于 3km）内，发动机处于最大工作状态，所能达到的最大速度。当前绝大部分飞机的最大平飞速度不超过 $Ma2.5$。

（2）最小平飞速度

最小平飞速度是指飞机保持平飞所必需的最低速度，低于这个速度飞机就要向下掉高度。该速度值越小，表示飞机机动性越好，可以以很小的半径转弯，起降性能也比较好。

（3）巡航速度

一般把飞机适宜于持续飞行的状态称为巡航。巡航状态下的飞行速度称为巡航速度。巡航速度要综合考虑航程、航时、发动机工作特点、操控性能、使命任务等因素而确定。运输类飞机的巡航速度多取远航速度，即发动机每千米燃油消耗最少时对应的速度；强调留空时间的飞机（如预警机）多取久航速度，即发动机每小时燃油消耗最少时对应的速度。

（4）爬升速度

爬升速度又称爬升率，指飞机在单位时间内上升的垂直高度，其单位是 m/min（米 / 分）或 m/s（米 / 秒）。该参数是衡量战斗机性能的重要指标。

3.2.3.2　升限

升限是指飞机能够上升的最大高度。飞机的升限有两种：一种为理论升限，指飞机在给定重量和发动机最大功率状态下上升，上升率减小到 0 时的飞行高度，或者说飞机能够维持直线水平飞行的最高高度；另一种是实用升限，指飞机在发动机最大功率状态下爬升，其速度减小到某一数值（一般喷气式飞机取 5m/s）时达到的高度。

此外还有动力升限，是指飞机在低于理论升限的高度飞行时，利用发动机的剩余功率，通过跃升将一部分动能转化为势能所能达到的最大高度，这个高度可以超过理论升限，但飞机不能在这个高度水平直线飞行。现代优良喷气式飞机的升限可达 20km，专门设计的高空飞机升限接近 30km。提高飞机升限的主要途径是改善发动机的高空性能，并减轻飞机重量。

3.2.3.3　续航性能

续航性能用以表征飞机空中活动范围和活动时间，常用航程与航时两个指标来衡量。

（1）航程

航程是指在无风和不进行空中加油的条件下，飞机沿着预定航向连续飞行，直至耗尽可用燃油时所经过的水平距离。航程表征飞机的远航能力。航程的大小与飞机的载油量、载重量、飞行速度、飞行高度（飞行剖面）均有关系。

航程还可按照需要进一步分成技术航程、实用航程、战术航程和转场航程四种。军用飞机常用作战半径或活动半径来表征远程作战能力，作战半径并不等于航程的一半，一般只有其航程的 30% ～ 40%。

（2）航时

航时是指在不进行空中加油的条件下，飞机耗尽可用燃油所能持续飞行的时间，又称续航时间。航时表征飞机的久航能力。

3.2.3.4 机动飞行性能

机动飞行性能简称机动性，就是飞机能够准确及时地按飞行员指令改变飞行状态（飞行速度、高度和方向）的能力。通俗地说，就是机动灵活性。飞机飞行状态可改变的范围越大，改变状态所需的时间越少，则机动性越好。对军用飞机、尤其是战斗机，这是非常重要的性能指标。机动性与发动机的推力、机翼载荷、结构允许的最大过载、飞机大迎角气动特性，以及飞机的操纵性有关。飞机的机动性，一般从加速性能、盘旋性能、爬升性能和最大过载等方面衡量。

（1）速度机动性

速度机动性是指飞机的加速（减速）能力。优秀的战斗机可在 1min 内从巡航速度（大约 $Ma0.9$）加速到 $Ma1.6$。

（2）水平机动性

水平机动性是指飞机在水平面内改变飞行方向的能力，又称盘旋性能。衡量飞机的盘旋性能，常用稳定盘旋角速度和瞬时盘旋角速度表示。盘旋角速度越大，意味着盘旋一圈的时间越短。优秀战斗机盘旋角速度可达 20（°）/s 以上。但在大速度、小转弯半径时会造成大过载，可能造成飞行员"黑视"，丧失驾驶能力。为了解决这个问题，部分战斗机采用半躺式座椅，可使飞行员承受的法向过载达到 9。

（3）垂直机动性

垂直机动性是指飞机在铅垂面内改变自身位置的能力，或者说飞机把自身动能变成势能的能力，主要包括爬升性能和俯冲性能。很多战斗机推重比都大于 1，因而可以垂直爬升。在作战中，战斗机为了进攻或退出战斗，经常作筋斗飞行。飞机俯冲过程是法向过载迅速增加的过程，有时达到 9 ~ 10。

（4）单位剩余功率

20 世纪 60 年代，美国人提出"能量机动性"理论，并提出单位剩余功率（SEP）的概念。SEP 是综合反映飞机机动性能的关键性指标，飞机的纵向加速度、爬升率均与 SEP 成正比，稳定盘旋性能也与 SEP 有关。

SEP 又被称为"能量爬升率"，其解析式为

$$SEP=(P-D) \cdot \frac{V}{G}$$

式中，P 为发动机推力，D 为飞行阻力，V 为飞机飞行速度，G 为飞机重力（mg）。

（5）过失速机动性

过失速机动就是飞机在超过失速迎角之后，仍然有能力完成可操纵的战术机动的能力。现代战斗机已实现迎角 50° ~ 70° 下的过失速机动，苏 −27 的"眼镜蛇"机动是最负盛名的过失速机动动作，其迎角超过 110°。

（6）敏捷性

敏捷性（agility）是对战斗机机动性和机动飞行能力变化的综合评价，主要指飞

机改变机动状态或转换机动平面的能力。

敏捷性是飞机机动性对时间的导数。敏捷性指标力图将飞机的机体能力与传感器的动态特性、数据处理、决策过程以及武器发射控制融合在一起。但从飞行力学的角度，敏捷性指标主要指机体敏捷性，包括航迹敏捷性和机头指向敏捷性。航迹敏捷性是指准确而可控地改变速度矢量（包括方向和大小）的能力，主要指飞机重心的移动能力，即上述的机动性。机头指向敏捷性，也就是姿态敏捷性，是指飞机准确而可控地改变升力大小和方向，从而改变机头指向的能力，主要是绕机体重心的转动；又可分为俯仰、偏航和滚转敏捷性，以及轴向敏捷性（指飞机迅速改变速度和高度的能力）。

3.2.4　飞机的稳定性

稳定性和操纵性理论是飞行力学的重要内容，主要研究在力和力矩作用下，保持和改变飞机基准飞行状态的规律与特性。本节介绍稳定性基本知识；在 3.2.5 节介绍有关操纵性的基本知识。

3.2.4.1　稳定性的概念

稳定性（旧称安定性）是指物体保持其固有状态或抵抗外界扰动的能力，是物体的一种运动特性。飞机稳定性是指飞机在飞行中受到各种扰动，偏离基准运动后，能自动恢复原基准运动的特性。

飞机在真实的大气中飞行，扰动无时不在，每时每刻都有因扰动而偏离基准状态的可能，若飞机没有稳定性，不能自动保持基准状态，可以想象飞行员将承担多大的负担。不仅如此，若飞机没有稳定性或者稳定性品质不佳，飞机也难以完成飞行任务，甚至会导致飞行事故。

飞机稳定性按照时间响应不同，分为静稳定性和动稳定性；按照所研究的运动参数不同，分为纵向稳定性和侧向稳定性；按照操纵舵面受约束情况不同，分为握杆稳定性和松杆稳定性；按照有无信息反馈，分为闭环稳定性和开环稳定性。

飞机的稳定性对操纵性有很大影响。没有稳定性便没有理想的操纵性；但如果稳定性过强，也将增大操纵飞机改变运动状态的困难。

3.2.4.2　飞机的静稳定性

静稳定性是指处在某一基准飞行状态的飞机，受微小扰动偏离平衡状态后，在扰动消失的瞬间，飞机具有恢复到原来基准状态的趋势。若飞机有这个趋势，称为"静稳定"；若飞机在扰动消失后的瞬间，表现出继续偏离基准状态的趋势，则称为"静不稳定"。

一般将飞机静稳定性分成纵向静稳定性和侧向静稳定性两个范畴。

（1）纵向静稳定性

飞机的纵向静稳定性，包括迎角静稳定性和速度静稳定性。迎角静稳定性又称过载静稳定性，是指飞机受微小扰动，飞机迎角发生变化而飞行速度基本不变，在飞机上能产生俯仰稳定力矩，使飞机具有恢复原来迎角的趋势。速度稳定性是指飞机在受扰动过程中，速度发生变化时，迎角也发生变化，在保持法向过载不变的条件下，飞机具有恢复到原来速度的趋势。这里只简要分析迎角静稳定性问题。

飞机是否具有迎角静稳定性，关键在于受扰动后能否产生俯仰稳定力矩。若飞机受到扰动，迎角增大，机翼、机身、平尾等都会因迎角增大产生附加升力，附加升力的总和即为作用在飞机焦点的飞机附加升力。在低速条件下，飞机的焦点位置不变。

若焦点位于飞机重心之后，对重心形成一个下俯力矩，该力矩力图使飞机恢复到原来的迎角，这个力矩就是俯仰稳定力矩。若焦点位于飞机重心之前，飞机附加升力会对重心形成一个上仰力矩，力图使飞机继续偏离原来迎角，该力矩就是俯仰不稳定力矩。前者称为迎角静稳定，后者称为迎角静不稳定。显然，焦点位于重心之后，是迎角静稳定的前提条件。

由上述分析还可以看出，焦点到重心之间的距离，实际上是俯仰稳定力矩的力臂，在附加升力相同的条件下，力臂越长，稳定力矩也就越大。焦点到重心的相对距离，被表征为迎角静稳定裕度；适当的静稳定裕度，才能获得满意的迎角静稳定性。

（2）放宽静稳定度

飞机低速飞行时，焦点位置基本不变。当飞行速度达到跨声速，飞机表面出现局部激波和局部超声速区时，焦点位置急剧后移，迎角静稳定性显著增大，而静稳定性增大的结果又会使飞机的操纵性、机动性变差，这对战斗机来说是无法接受的。于是，20 世纪 60 年代在研发战斗机时提出了放宽静稳定度的概念。

放宽静稳定度设计，是让飞机在低速状态下，保持较小的甚至是负的（静不稳定）静稳定度，静稳定性不足的缺陷由增稳系统或控制增稳系统来补偿。当飞机进入跨声速阶段，焦点急剧后移时，使飞机静稳定裕度不致增加过大，进而使飞机具有理想的高速操纵性和机动性。放宽静稳定度，不仅能改善飞机的高速机动性，还可带来其他重要收益，例如，结构重量减轻、平尾面积减小、配平升力损失减小等，因而成为现代战斗机普遍采用的技术。现在许多民用飞机也采用了这项技术。

（3）侧向静稳定性

侧向静稳定性包括横向（横侧）静稳定性和方向（航向）静稳定性。

横向（横侧）静稳定性是指当飞机受到扰动出现侧滑时，由于机翼上反角或后掠角的存在，使得侧滑前翼产生的升力比较大，侧滑后翼产生的升力比较小，这样，就形成了一个滚转力矩即横向稳定力矩，在此力矩作用下，使飞机向侧滑的反方向滚转，力图消除侧滑。

方向（航向）静稳定性是指当飞机受到扰动出现侧滑时，由于垂尾等的存在，将产生一个侧力，该力作用在飞机重心之后，对重心形成偏航力矩，即方向稳定力矩，在此力矩作用下，使飞机向侧滑方向偏转，力图消除侧滑。

由于绝大多数飞机在实际飞行中，方向和横侧静稳定性是彼此交叉影响的，所以通常将这两种静稳定问题一并分析，统称为飞机侧向静稳定性。

3.2.4.3　飞机的动稳定性

飞机的动稳定性是指在微小扰动消失后，经过一段时间的扰动运动最终恢复到原来基准状态的特性。能恢复的是动稳定，又称收敛；不能恢复的是动不稳定，又称发散。飞机能否最终恢复到原基准状态，实际是个动稳定问题。飞机有静稳定性，不一定具有动稳定性，但具有动稳定性的飞机，一定具有静稳定性。

飞机受到扰动之后的运动过程典型状态见图 3-14。阻尼振动与单调衰减为动稳定状态，发散振动与单调发散为动不稳定状态，等幅振动与保持受扰偏离为动中立稳定状态。衡量飞机动稳定特性的指标主要有：衰减时间（半衰期或倍幅时间）、摆动周期和振荡次数等。

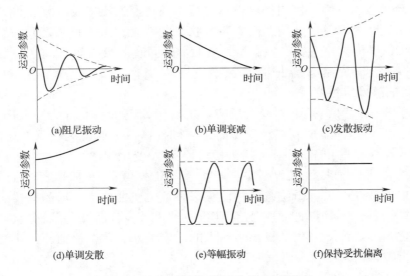

图 3-14　飞机扰动运动的典型状态

飞机的动稳定性同样可分为纵向动稳定性和侧向动稳定性。

飞机纵向动稳定过程分为两个阶段：在最初阶段，速度变化很慢，迎角变化很快，且在较短时间内很快恢复到原来平衡迎角，称为短周期模态，短周期模态以力矩平衡为主；在后阶段，迎角大致不再变化，速度变化明显，持续时间长，呈现轨迹波动现象，称为长周期模态，长周期模态以力的平衡为主。

飞机侧向动稳定过程可看作是滚转、滚偏振荡（荷兰滚）和盘旋下降三种模态运动叠加而成。在恢复侧向平衡的第一阶段，以滚转模态为主；第二阶段以滚偏振荡为主；第三阶段以盘旋下降为主。

飞机的动稳定性是飞行品质的主要内容之一。有多种研究动稳定性的方法，它们都是从描述航空器运动的微分方程组出发，用不同方法算出或判断运动参数随时间变化的规律。这些方法统称为"稳定性理论"。

3.2.5　飞机的操纵性

飞机操纵性与稳定性是对立统一的两个方面，一方面影响稳定性的因素同样会影响操纵性；另一方面若飞机静稳定性过强，飞机操纵性品质将下降。本节简单介绍操纵性的基本知识。

3.2.5.1　操纵性的概念

飞机操纵性是指飞机在空中以相应的运动响应飞行员操纵的能力。或者说，飞机遵从飞行员意愿，通过操纵机构来改变飞行状态的特性。

飞机操纵性分为纵向操纵性和侧向操纵性。纵向操纵性主要指飞行员通过前后操纵驾驶杆、偏转升降舵，飞机改变迎角、速度、俯仰角速度等飞行状态的特性。侧向操纵性也同侧向稳定性一样，可分为方向（航向）与横向（横侧）两个方面研究。方向操纵性是指飞行员通过左右蹬舵、偏转方向舵，使飞机偏转继而改变方向角、偏转角速度等飞行状态的特性；横向操纵性指飞行员通过左右操纵驾驶杆、偏转副翼，使飞机滚转继而改变坡度、滚转角速度等飞行状态的特性。由于它们之间联系紧密，单纯蹬舵或单纯压杆都会使飞机产生侧滑，一般需要同时、协调动作。

飞机操纵性还分为静操纵性和动操纵性。

3.2.5.2　飞机的静操纵性

飞机的静操纵性又称操纵的稳态反应，主要研究飞机在飞行员操纵杆、舵之后，飞机重新稳定下来、各力矩取得新平衡时，驾驶杆、操纵舵与飞行状态之间的关系，包括杆、舵的操纵行程和施加于杆、舵的力的大小及变化规律。

通常，用平飞杆力特性（包括平飞杆力、平飞杆位移）来表征飞机平飞时的静操纵性；用单位载荷杆力、单位载荷杆位移来表征飞机曲线飞行时的静操纵性；用飞机"输出量"（迎角、侧滑角、过载、角速度、速度等）变化量与"输入量"（杆、舵行程等）变化量的比值，来表征输出与输入的对应关系，这个比值应大小适当——太大，操纵过于敏感；太小，飞机反应迟钝。

3.2.5.3　飞机的动操纵性

飞机的动操纵性又称操纵的动态反应，主要研究飞机从飞行员开始实施操纵直到获得新的稳定状态这一过程的时间长短与特性，也就是研究飞机对飞行员操纵的反应快慢与反应情况的规律。

衡量飞机动操纵品质的指标主要有：峰值时间、超调量、调节时间、滚转操纵效率和滚转反应灵敏度等。

3.2.6　直升机的稳定性与操纵性

与飞机相比，直升机的稳定性与操纵性有不同特点，构成了直升机的"个性"。

3.2.6.1　直升机的稳定性

与飞机相比，直升机的稳定性主要有两大特点：一是纵向稳定性与侧向稳定性相互影响。当直升机纵向平衡被破坏后，迎角和速度发生变化，由于旋翼桨叶的挥舞调节作用，会产生附加的旋翼气动力，对重心构成滚转和偏航力矩，进而影响直升机的横侧和方向平衡。同样，当直升机的侧向平衡被破坏后，也会影响其纵向平衡。二是直升机的稳定性差。直升机在悬停状态，具有中立静稳定性，不具有动稳定性；在后飞状态，不具有稳定性；在小速度前飞状态，由于阻尼力矩较小，动稳定性较差。直升机只有在大速度前飞状态才表现出较好的稳定性。直升机仅靠自身固有稳定性来满足飞行品质要求是很困难的，因此，直升机普遍配备增稳或控制增稳系统，以提高稳定性品质。

3.2.6.2　直升机的操纵性

与飞机相比，直升机的操纵性特点如下：

（1）俯仰操纵和横侧操纵迟缓。由于直升机的俯仰操纵和横侧操纵是靠改变旋翼桨盘的方向实现的，操纵力矩一般较小，加之旋翼具有良好的陀螺定轴性，所以，直升机俯仰和横侧操纵的调节时间一般比较长。

（2）直升机操纵带有明显的牵连效应。例如，上提总距杆增大旋翼拉力时，由于旋翼的反扭矩增大，会使直升机偏转，为保持方向需蹬舵；而蹬舵后新的尾桨拉力会对重心形成滚转力矩，力图使直升机滚转，又需要压杆修正。因此，直升机的操纵特别强调"协调"。

（3）直升机操纵一般都有一定的超调量，通常需要往复操纵。

（4）与飞机相比，直升机多了一个总距操控通道，飞行员通过提放总距杆，来改变旋翼的拉力大小。

（5）为简化操纵，直升机的操纵机构往往被设计成联动的，例如，总距－油门操纵联动、总距－油门－方向操纵联动等。

3.2.7　飞机的飞行品质

飞行品质又称操纵品质或握杆品质，指的是飞机按飞行员意愿，有效地完成飞行任务，保证飞行安全而又易于操纵的特性。飞行品质可以理解成飞机符合飞行员意愿的"跟随品质"。飞行品质涉及飞机飞行性能、反馈控制理论、人机工效等学科与技术，其优劣取决于飞行员对飞机的稳定性与操纵性、座舱视界与人机界面、完成任务的过程与结果等的综合评价与感受。

3.2.7.1　飞行品质规范

飞行品质规范是权威机构对航空器飞行品质规定的具体指标，是设计、鉴定、验收和使用航空器的准则性文件，往往是订货部门决定航空器可否被接受的主要依据之一。早期航空没有飞行品质规范，到 20 世纪 40 年代，美国率先制定了军用飞机飞行品质规范。1969 年，美国颁布 MIL－F－8785B 军用飞机飞行品质规范，首次提出库珀－哈珀飞行员评定标准。1980 年，美国颁布的 MIL－F－8785C，现今仍在使用。

除美国之外，英国、俄罗斯、法国、德国、瑞典、中国等都制定了自己的军用飞机飞行品质规范。民用飞机，往往在适航性条例中有专门章节阐述飞行品质要求。

飞机飞行品质规范包括下述指标或要求：

（1）稳定性要求，如纵向静稳定性、飞行轨迹稳定性、自由扰动运动等各种模态的阻尼和频率等；

（2）操纵性要求，如各舵面的操纵效能、飞行员为保持某平衡状态或作机动飞行所需的杆力和脚蹬力等；

（3）操纵系统特性，如机械特性（摩擦、预加载荷、空行程、柔性、质量不平衡、非线性传动等）和动态特性（对操纵力输入操纵面反应的滞后、操纵系统振荡的阻尼等），以及增稳系统与配平系统的特性等；

（4）其他飞行品质要求，如失速和尾旋特性、抖振特性、惯性耦合、外挂物的投放以及故障状态等。

此外，还对大气扰动的模型做出具体规定，以便分析飞机对大气扰动的反应。航空器设计应满足飞行品质规范的要求。

3.2.7.2　飞行品质等级

飞机飞行品质通常划分为三个等级：等级 1 为能确保完成各种预定任务；等级 2 为能保证基本完成任务，但飞行员工作负担有所增加或完成任务的效果有所降低，或两者兼有；等级 3 为能满足安全操纵飞机的要求，但飞行员工作负担过重或完成任务的效果不好，或两者兼有。等级 3 是保证安全操纵的最低要求。飞行品质规范中规定在正常状态时的飞机只允许具备等级 1 或等级 2 的飞行品质，仅在飞机不正常的特殊状态（指飞机的升降舵、方向舵、副翼和增益系统还能工作，但有其他一个或多个部件或系统失灵）时才允许飞行品质降到等级 3。各国对飞行品质的评定，普遍依照或参考了美国提出的库珀－哈珀飞行品质等级评定标准（见图 3-15）。

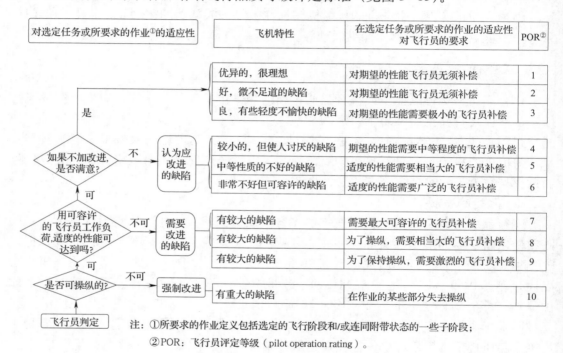

注：①所要求的作业定义包括选定的飞行阶段和/或连同附带状态的一些子阶段；

②POR：飞行员评定等级（pilot operation rating）。

图 3-15　库珀－哈珀飞行品质等级评定

3.3　结构力学和强度理论基础

如何把飞机设计得轻巧而又稳固？这需要结构力学和强度理论的支撑。本节简要介绍飞机结构力学和强度理论知识，包括：飞机结构受力情况及结构损伤和预防措施，结构强度相关问题，结构刚度与气动弹性问题，飞机可靠性与寿命等。

3.3.1　结构力学

3.3.1.1　飞机结构力学概述

飞机结构力学是研究飞机结构受力、传力的规律，分析结构在工作环境下的强度与刚度，探讨飞机零部件合理布局及最佳尺寸的学科，又称飞机结构理论，亦称飞机强度学。它是固体力学的一个分支学科，其理论基础是理论力学、材料力学、弹性力学、塑性力学、断裂力学、蠕变力学等学科。飞机结构力学是进行飞机结构强度、刚度设计与分析的理论基础。

飞机结构力学的研究方法，主要有试验法和理论分析法两种。试验法分为模型、真实结构部件与真实结构试验。理论研究依据平衡方程、本构方程与协调方程，建立力学模型并表达成方程，最后求解方程，通常有力法、位移法、混合法三种分析方法，其中，由位移法衍生出的矩阵位移法后来发展出有限元法，成为利用计算机进行结构计算的重要方法（见图 3-16）。

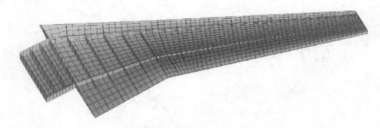

图 3-16　有限元仿真模型

经典的飞机结构力学分为杆系结构力学和薄壁结构力学。前者研究梁、柱、杆的受力、变形和稳定性问题；后者研究蒙皮、翼肋、隔框等板壳类构件的剪切、扭转、屈曲等强度和刚度问题。现代飞机越来越多地使用复合材料，于是诞生了复合材料力学，即以复合材料及复合材料结构为研究对象的固体力学分支。复合材料叠层结构应用普遍，层间问题乃叠层结构所特有，需要根据不同应用，研究和分析复合材料结构的各种力学问题，进行强度分析，建立失效准则。

早期的飞机结构力学以静力学为主，由于飞行事故分析不断提出新挑战，加之新材料的应用、新结构形式的出现，以及计算机技术的发展，使飞机结构力学的内容不断拓展与更新，一些原本属于飞机结构力学范畴的内容，逐步发展成为独立的分支学科。

3.3.1.2　常用概念与术语

在结构力学研究与强度分析中，经常使用的概念与术语包括以下几个方面。

（1）位移

位移是物体（质点）位置变化的度量，定义为：由初位置到末位置的有向线段，是一个有大小（与路径无关）和方向（由起点指向终点）的物理量，即矢量。对单个质点，从初位置到末位置所形成的移动称为线位移（又称挠度）；对物体各质点，除线位移外，还有围绕某个轴线转动形成的角位移。

（2）应力

应力指在物体某质点上产生的单位面积上的内力。它是由于物体承受外力、非均匀温度场及其他因素引起的。习惯上用希腊字母 σ 表示某点的正应力，用 τ 表示切应力。

（3）应变

应变是指在外力或非均匀温度场等作用下物体局部的相对变形。主要有线应变和角应变两类。在小变形情况下，应变与位移呈线性关系；在大变形情况下，应变与位移呈非线性关系。

（4）变形

飞机结构在受力时会产生变形，分为弹性变形和塑性变形两种。弹性变形是指结构受力后的变形在外力消失后，可以完全恢复原状的变形（见图 3-17）。塑性变形是指外力消失后结构不能完全恢复原状的变形。残留的永久变形，会改变结构受力状态，甚至破坏飞机气动外形，必须予以控制。

图 3-17 太阳能飞机的弹性结构变形

3.3.1.3 飞机载荷与结构损伤控制

（1）飞机承受的载荷

飞机承受的载荷是作用在飞机上所有外力的总和。不同使用状况下，飞机所承受的载荷有着很大差异，但主要包括以下几种：空气动力、重力、地面反力、惯性力、发动机推力等，高速飞行时的气动加热、鸟撞、突风等也是飞机可能遇到的载荷。

常用载荷情况（又称载荷条件）表征飞机结构所承受的典型外力情况。载荷情况包含了载荷的大小和分布，在确定载荷情况时必须综合考虑载荷的大小和分布两方面的影响。通常将飞机实际的严重受载状态，经简化和理想化后，形成典型载荷情况，在强度规范中加以规定（见图 3-18）。

（2）疲劳和疲劳载荷谱

大小、方向随时间作周期性或不规则改变的载荷（或应力）称为疲劳载荷（或疲劳应力）。飞机结构在使用过程中往往承受着多种疲劳载荷，因疲劳载荷作用而对飞机结构造成的损伤称为疲劳损伤。图 3-19 示出疲劳裂纹的扩展。

要提高结构的疲劳强度，首先必须了解疲劳载荷的特性。通常将载荷随时间变化的历程称为疲劳载荷谱。疲劳载荷谱原则上应代表整个载荷变化过程，但这难以实现和应用，实际上常通过数据处理或简化而得到疲劳特性随时间的变化规律，因此载荷谱只是载荷变化过程的近似代表。

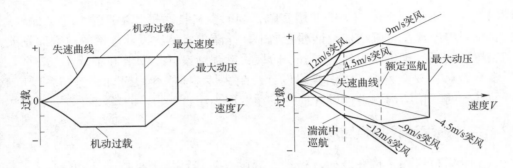

图 3-18　飞机的载荷限制曲线

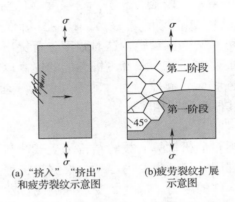

(a)"挤入""挤出"
和疲劳裂纹示意图

(b)疲劳裂纹扩展
示意图

图 3-19　疲劳裂纹扩展示意

（3）断裂、屈曲和蠕变

除疲劳损伤外，飞机结构损伤还有断裂、屈曲和蠕变三种形式。

断裂是最常见的结构损伤形式。断裂是结构在外力作用下所发生的机械性破裂。按照受力状况和环境介质不同，断裂可分为静载断裂（如拉伸断裂、扭转断裂、剪切断裂等）、冲击断裂、疲劳断裂、冷脆断裂、高温蠕变断裂、应力腐蚀、氢脆断裂等。磨损和接触疲劳也是一种不完全的断裂。断裂会使结构件降低或完全失去承力特性，进而导致结构破坏。

屈曲又称失稳，是飞机结构容易发生的一种失效和破坏形式。飞机结构大量采用板壳结构、薄壁结构，以及桁梁、桁条等细长型材。这些结构件在外力或温度载荷作用下，当压应力达到某一值时，结构处于临界状态，只要遇到一个小扰动，结构就会发生很大变形，以致承载能力显著降低甚至完全丧失，即发生屈曲。

蠕变是结构或材料在一定温度与应力作用下，随时间的推移发生缓慢塑性变形的现象。不同结构、不同材料具有不同的抗蠕变性能，应限制其许用温度与许用应力。材料的抗蠕变性用蠕变极限衡量。

（4）结构损伤控制

针对各种可能发生的结构损伤，而采取的预测、防护、检测、修复等措施，称为结构损伤控制。结构损伤控制贯穿于航空器设计、试验、制造、使用、维修的全过程。

结构损伤控制主要源于航空器的使用实践，同时受科技水平和生产力水平的制约，其控制思想集中体现在飞机结构设计理论当中，并随飞机结构设计理论的演变而发展。

飞机结构设计理论大致经历了五个阶段：静强度设计、安全寿命设计、安全寿命/破损安全设计、安全寿命/损伤容限设计、耐久性/损伤容限设计，目前，以可靠性分析为基础的一种结构完整性设计理论正在发展当中。

3.3.2 结构强度计算与强度规范

强度是指材料和结构在载荷、振动、温度等工作环境下抵抗破坏和保持安全工作的能力。飞机结构的强度通常可分为：静强度（包括应力、稳定性、刚度分析）、疲劳和断裂强度（包括疲劳寿命、断裂分析）、动强度（包括振动与动力响应）、热强度（包括热应力、热稳定性、热振动、热疲劳、蠕变分析）等。

飞机结构既要安全可靠又要重量轻，这对强度分析提出了很高的要求，因此它是飞机设计中的一个十分重要的环节。随着飞机性能的提高以及科学技术的进步，飞机强度分析的范围也在不断扩大，涵盖静力、动力（包括气动弹性）、疲劳、断裂力学和热强度等领域，并与其他学科互相渗透。

3.3.2.1 飞机强度计算

飞机结构设计中，通过分析计算去校验结构承受载荷与耐受环境的能力，称为强度计算，通常指结构静强度计算。主要内容是：根据飞机强度规范或适航条例要求的各种载荷，计算结构和构件的应力、应变、变形等响应；对照材料的强度或失稳临界应力，确定各构件的剩余强度系数，并对规定的变形指标或结构刚度进行校核。

随着载荷与环境条件的日益复杂，对结构的强度和轻量化要求日益提升，以及新的力学问题和新材料、新结构、新工艺的出现，使现代飞机强度计算呈现涵盖广、工作浩繁并需反复迭代、逐步逼近的特点。

借助计算机，采用有限元法，选用合适的强度计算软件，已经成为强度计算的重要途径和方法。强度计算涉及的基本方程如下。

（1）平衡方程

平衡方程是固体力学三个基本规律之一。处于运动（或平衡）状态的物体，其任何一个质点均遵守牛顿第三定律，即作用力等于反作用力。如果将有质量的质点的运动惯性表达为等价惯性力，那么任一质点受到的所有力处于平衡状态，用数学表达则是平衡方程。建立平衡方程有两种方法：一种方法是建立平衡微分方程；另一种方法是由能量原理导出平衡方程。

（2）本构方程

本构方程又称本构关系，是描述变形固体物质性质，即材料应力、应变、温度、应变率、应力率、时间、损伤等参数相互关系的方程。胡克定律假定应力与应变呈线性关系，是一种最简单的本构关系，适合物体的一般受力状态。但物质性质不同或在不同工作环境下，胡克定律不完全适用，为此提出了不同类型的本构关系，如非线性弹性、塑性、蠕变、黏弹性与黏塑性等，均为非线性方程。本构关系为线性者称为材料（或物理）线性问题；本构关系为非线性者称为材料（或物理）非线性问题。

（3）协调方程

协调方程又称变形协调条件，是由固体力学几何方程导出的方程。固体力学属连续介质力学，连续介质力学的一个基本假设是物体在变形前、后均是无空隙与间断的连续体。协调方程就是保证这一条件，用各质点相对位移（即应变）表示物体变形及点位移的应变分量相互间关系的数学表达，是一组六阶联立偏微分方程组。

3.3.2.2　飞机结构强度规范

飞机结构强度规范是根据飞机性能要求，对飞机各使用状态的严重受载特点、强度设计准则、结构承载余量、刚度要求，以及使用限制等做出的有关规定。飞机强度规范是建立在经验积累和理论研究的基础上，由政府主管部门制定颁布，并需不定期修订。其主要内容包括总则、飞机的各种载荷情况、可靠性和疲劳载荷、气动弹性不稳定性、振动、结构完整性、损伤容限、地面与飞行试验，以及各种文件及验收条件等。

飞机结构强度规范作为指令性文件，是飞机设计、分析、制造、试验、验收、使用等环节都必须满足的条件和最低要求，以保证飞机结构处在良好工作状态。

世界上最早的飞机结构强度规范是德国于 1916 年颁布的。目前各航空强国和我国均有自己的军用飞机结构强度规范。民用飞机的强度规范，一般包含在各国的适航性条例或规章中。

3.3.3　结构刚度和气动弹性

本节简介飞机结构刚度、气动弹性，以及颤振、抖振与翼面嗡鸣等基本知识。

3.3.3.1　结构刚度

刚度是结构抵抗由外部载荷引起变形的能力，由刚度系数及其组成的刚度矩阵定量描述。一般情况下，结构刚度指静刚度，与结构的材料、几何形状以及边界条件相关，在大几何非线性变形情况下与应力大小、方向、分布以及位移量值相关。结构设计必须有一定刚度要求，才能使结构在正常工作载荷下保持必要的外形，在抵抗受压与剪力时不至于屈曲，以及保持合适的振动固有特性。为了提高刚度，通常要付出增加结构重量的代价。

3.3.3.2　气动弹性

航空器结构不可能绝对刚硬，在空气动力作用下会发生弹性变形，而弹性变形反过来又使空气动力随之改变，又会导致进一步的弹性变形，于是形成了结构变形与空气动力交互作用的现象，即气动弹性现象。

气动弹性既会造成变形发散、操纵反逆和影响静稳定性等静力学问题，也会造成颤振、突风响应、抖振、影响动稳定性和操纵反应等动力学问题，严重时会造成结构破坏或引发飞行事故。因此，气动弹性问题是航空器（特别是一些刚度较小而速度较高的飞机）设计中需要考虑的一个重要问题。

3.3.3.3　颤振和抖振

（1）颤振

飞机或其部件由于弹性力、惯性力、空气动力的交互作用，使结构不断从周围空气中吸取能量，进而产生不稳定的自激振动，这种现象称为颤振。颤振对飞行安全产生严重影响，特别是当飞机飞行速度超过颤振临界速度时，所发生的颤振多为发散性的，严重的可在几秒内造成机翼或尾翼的灾难性破坏。

典型的飞机颤振有：机翼弯曲－扭转颤振、机翼弯曲－副翼偏转颤振、水平尾翼弯曲－扭转－机身扭转颤振等。直升机旋翼桨叶也会发生桨叶颤振，多表现为弯曲－扭转颤振。为防止或消除颤振，需对飞机气动力和结构进行综合设计。

（2）抖振

抖振是航空器某些部分由于气流分离扰动所引起的强迫振动。它可以由发生抖振的部件自身气流分离而产生，也可以由一个部件上的分离气流引起另一个部件的抖振，例如，机翼或机翼机身连接处气流分离引起尾翼的抖振。抖振有时难以预计，常在试飞时发现后再设法排除。解决途径主要是改善气动外形设计，以避免、减弱或延缓气流分离，或者避免一个部件处在另一部件的分离气流之中。

（3）翼面嗡鸣

翼面嗡鸣是一种特殊的颤振形式，是在飞机跨声速飞行时，操纵面偏转引起的激波运动与边界层发生耦合而产生的一种"自激振动"，时常伴有刺耳的嗡鸣声，强烈的嗡鸣会导致飞机的结构破坏。需从操纵面设计环节予以控制。

3.3.4　航空声学

航空声学是一项相对年轻的力学应用学科，随着对航空器噪声要求的日益提高，航空声学研究正逐渐升温。

3.3.4.1　航空声学概述

航空声学是研究航空器声音的发生、传播与抑制的科学技术，尤以噪声研究为重点。航空噪声具有声波的一切特性，其强度用声压级表示，单位为分贝（dB）。航空噪声已成为引起全世界重视的社会环境污染，以及航空器乘员环境恶化的问题，严重时还会造成结构声疲劳破坏。必须从航空器与动力装置设计的初始就考虑噪声抑制问题，采取各种措施从源头降低噪声的发生，消减或阻碍其传播。

航空声学的主要研究内容有：①气动声学，研究气动发声的过程、运动介质的声机理，以及场与流动的相互作用；②结构声学，研究声沿航空器结构传播的机理、结构声的发射，以及航空器舱内声场的形成；③环境声学，开展航空噪声对社会环境影响研究。

3.3.4.2　航空器噪声及其控制措施

航空器噪声的主要来源有：①从发动机尾喷口高速排出的热气流与周围大气混合产生的喷流噪声；②螺旋桨、旋翼以及涡轮发动机内各种叶轮机械旋转叶片与固定叶片交错发出的旋转噪声；③飞行中空气流过机身、翼面等表面产生的噪声，以及超声速飞行时，飞机周围形成的激波系引起的声爆；④发动机内部运动机件互相摩擦以及航空器内各种设备（如空调设备、辅助动力源等）发出的机械运动噪声。

航空器噪声通常用级（如噪声级、声压级）表示，单位是分贝（dB）。60dB 以下，一般不伤害人体；60dB 以上会对人体造成不同程度的伤害；长期暴露在 90dB 环境下，会导致噪声性耳聋。国际民航组织和世界各国都对航空器噪声级别有严格要求。表 3-1 为俄罗斯规定的航空器允许噪声水平。

表 3−1　俄罗斯 TOAO2029−81 规定的航空器允许噪声水平

测量位置	声压级 /dB（A）			
	远程干线飞机	中近程飞机、超声速飞机	支线飞机	直升机
一级舱	75	80	85	90
旅行舱	80	85	80	90
驾驶舱	80	80	80	90
经济舱	85	85	85	90
服务员工作位置	85	85	85	90

对航空器的噪声控制，主要从气动、结构、环境三个方面着力，采用噪声主动控制和振动主动控制两种主要方法。噪声主动控制包括消除噪声源、利用次级声源产生相反噪声来抵消源噪声、改变噪声源的辐射特性、主动吸收源噪声等措施；振动主动控制有隔振、吸振、消振、增加阻尼、改变结构等方法。

3.3.5　飞机的可靠性与寿命

飞机的可靠性与寿命问题是结构力学与强度理论的应用研究热点，又反过来向结构力学与强度研究不断提出新的课题，形成互动发展的格局。

3.3.5.1　飞机结构可靠性

飞机结构可靠性是指在规定使用条件与环境下，在规定的使用寿命期内，飞机结构能承受载荷、耐受环境而正常工作的能力。这种能力通常用一种概率即结构存活率来度量。与之相对的是结构破坏率或失效概率，结构存活率与结构破坏率之和等于 1。飞机结构可靠性是保证飞机安全的基本条件，也是保证飞机出勤率的基本条件。

由于现代飞机结构的破坏模式主要是疲劳和断裂，所以结构可靠性分析的主要内容是疲劳、断裂可靠性分析。飞机结构设计的根本目的在于，在保证结构可靠性的前提下使结构优化，设计出既具有破损安全或损伤容限特性，又具有良好可检测性、可维修性的结构。

3.3.5.2　安全因数 ①

设计载荷（又称极限载荷）与使用载荷（又称限制载荷）之比值称为安全因数（safety factor，旧称安全系数）。它相当于把结构能承受的最大载荷放大了一个倍数。从 20 世纪 30 年代起，各国强度规范一般将安全因数定为 1.5，而对需要减小或增大安全因数的特殊情况另行规定具体数值。在制定安全因数时需考虑：①在使用载荷卸载后不遗留有害的残余变形；②振动、颤振等刚度要求；③疲劳寿命；④腐蚀、老化等余度；⑤超载使用；⑥偶尔超过规定的操纵；⑦材料、加工等缺陷；⑧复杂载荷、环境以及应力分析等难以精确确定的影响。

---

① 根据 GB 3101—1993《量和单位》的规定：系数（coefficients）具有不同量纲；因数或因子（factors）具有相同量纲（量纲一）。

显然，不同部位和不同载荷情况下，使用同一安全因数是不合理的。但在结构分析技术不完善的年代，只能采用统一的安全因数。随着载荷谱、疲劳、气动弹性、颤振、动力响应、气动加热等研究的深入与完善，可以更为精确地量化各种因素的影响，进而有可能使安全因数适度减小，并根据不同部位的实际提出有所区别的约束。

3.3.5.3　飞机寿命

飞机在规定的使用条件下，应该达到的累计工作时间或累计工作次数，称为飞机寿命。对于整机而言，飞机结构、发动机、机载系统的寿命不尽相同，这里所说的飞机寿命是指飞机的结构寿命。

飞机寿命常用飞行寿命（飞行小时和起降架次）与日历寿命（年）表示。例如，30000 飞行小时、30000 起降架次、30 日历年等。由于所依据的定寿标准和设计准则不同，寿命的长短和称谓也不尽相同，例如，无裂纹寿命、裂纹扩展寿命、疲劳寿命、经济寿命等。

早期飞机寿命很短，战斗机只有几百飞行小时，现代飞机寿命越来越长，例如，F–15 的设计寿命为 4000 飞行小时，B–52D 结构改进后寿命为 6000 飞行小时。波音 747 的疲劳寿命达到 60000 飞行小时。空客 A380 是设计飞行寿命最长的飞机之一，可达 40 ～ 50 日历年。

3.4　航空器飞行原理

现在，我们可以用上述理论为工具，对现有的几类航空器的飞行原理，从"为什么会飞"以及"如何操控"这两个方面进行阐释了。这是航空科学需要回答的基本问题，也是学习航空的人首先面对的问题。我们力求在应用原理正确无误的前提下，做尽量通俗的简明介绍。

3.4.1　作用在航空器上的力

航空器在空中飞行，一般受四种力作用：重力、前进力、升力和阻力（见图 3–20）。

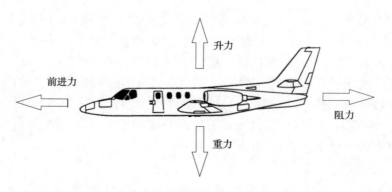

图 3–20　作用在飞机上的力

重力是地球对航空器的吸引力。其大小与航空器质量、重力加速度成正比。重力方向总是垂直指向地面。重力作用在航空器重心上，一般用 G（mg）表示。

前进力又称驱动力，是驱使航空器前进的力，由航空器的动力装置提供。螺旋桨拉力、喷气发动机推力，均属前进力，一般用 F 表示。

升力笼统地说，是力图使航空器克服重力而离开地面的力。重于空气的航空器的升力属于空气动力，是航空器与空气发生相对运动时产生的；而浮空器的升力则属于空气静力，是由于航空器与外界大气的密度不同而产生的。空气浮力的方向是始终向上的，而飞机升力的方向则始终与飞行速度方向相垂直，若飞机平飞，飞机升力是向上的，当飞机爬升或下降时，其升力方向则不垂直于地面。升力的大小受诸多因素影响，可以通过人为操纵来改变，一般用 L 表示。

阻力是阻碍航空器运动的力，是在航空器与空气发生相对运动时产生的，属于空气动力。阻力的方向始终与航空器运动方向相反，其大小与航空器运动速度的平方成正比，一般用 D 表示。

在飞行中，航空器的重力基本不变，航空器的姿态、空间位置、轨迹、航向等的改变，主要通过人为改变升力、前进力和阻力而实现。

3.4.2　浮空器飞行原理

气球和飞艇之所以被称为浮空器，是因为它们依靠空气浮力"飘浮"在天空上。空气浮力是浮空器升力的主要来源。

3.4.2.1　空气浮力

空气浮力是指沉浸在大气中的物体所受到的静态浮力。浮力的大小遵循阿基米德原理。阿基米德原理是这样表述的：漂浮在流体表面或浸没在流体中的物体受到向上的浮力作用，其大小等于物体所排开流体的重量。

气球或飞艇的空气浮力，主要由气囊产生，其大小可表达为

$$L = V\rho_a$$

式中：L 为气囊产生的空气浮力，V 为气囊的体积，ρ_a 为浮空器周围的空气密度。

若气囊内充灌的是密度小于空气的气体，且气囊又足够大，空气浮力 L 将大于气球或飞艇的重力 G，此时，气球或飞艇将克服重力束缚而升入空中。

由于热空气的密度小于冷空气，所以孔明灯、热气球可以产生大于其自身重量的空气浮力。氢气、氦气的密度远小于空气，所以氢气球、氦气球的浮升效果比热气球好。由于氢气易燃爆，氦气更安全，所以大部分现代浮空器都充灌氦气。

由于空气密度随高度的增加而减小，故浮空器在上升过程中，因气囊内外压力差，导致不断膨胀，当气囊膨胀到极限（体积极限或强度极限）时，对应的高度即为该浮空器的"压力高度"。

3.4.2.2　浮空器的基本操控

自由式气球（含热气球）主要受两种外力作用——重力和浮力，自由式气球只能实现铅垂面内的运动控制。控制方法有两种：一种是重力调节——抛投压舱物；另一种是浮力调节——通过改变气囊体积或气囊内气体密度，来改变浮力。

飞艇上的作用力，除了重力和浮力之外，还有：动力装置产生的前进力 F，飞艇与空气发生相对运动而产生的空气阻力 D，以及飞艇尾翼、艇体在运动时产生的升力或侧力。

改变飞艇飞行速度，主要通过加减油门、调节动力装置的输出来实现。

改变飞艇飞行高度，主要通过艇载压力系统改变气囊体积或气囊内气体密度，进而改变浮力大小来实现。

改变飞艇俯仰姿态，可通过调节飞艇重心，或偏转水平尾翼来实现。

改变飞艇航向，可通过改变两侧螺旋桨拉力的大小，或偏转垂直尾翼来实现。

3.4.3　飞机飞行原理

依据上述科学基础，本节从飞机升力的阐释和飞机的基本操控两个方面简单介绍飞机的飞行原理。

3.4.3.1　飞机升力的阐释

现代航空发展至今，人类已能在考虑真实空气特性的前提下，利用流体动力学模拟，描述气流形态与压强分布，计算出飞机升力，完成航空器气动设计。但对飞机升力的物理阐释，还有待深入。以下分别从与升力有关的几个基本概念、伯努利定理与牛顿第三定律应用以及库塔－茹科夫斯基环量定理应用三个方面，对升力的产生进行简明分析。

（1）与升力有关的几个基本概念

飞机的机翼是产生升力的主要部件，机身和水平尾翼也能产生部分升力，但较小。为了说明升力的来源，需要引入翼型和迎角的概念。

沿着与飞机对称面平行方向在机翼上切出的剖面叫翼型。翼型最前端的点称为前缘，最后端的点称为后缘，两点间的连线称为翼弦（见图3-21）。翼弦与相对气流方向之间的夹角，称为迎角。

翼型具有双重特性，在几何上，它是机翼的剖面形状；在物理上，它表示在忽略机翼展开方向气流流动分量时机翼的二维剖面绕流。迎角作为主要的几何参数，决定了气流流过翼型时的流动状况，是影响升力的关键要素。机翼升力与翼型直接相关，前提是具有一定速度的气流（来流）流过翼型，即形成翼型绕流。

升力的大小主要取决于速度和迎角。飞机速度越高，同等条件下获得的升力就越大；如果速度不够，所产生的升力就不足以克服重力。这也是常规飞机起飞前，需要在跑道上滑跑、加速的原因。在临界迎角范围内和相同速度下，迎角越大，升力也越大。临界迎角又称失速迎角，是指迎角大到一定程度，导致上翼面绕流发生分离，使升力急剧减小，而造成失速时对应的迎角量值（见图3-22）。

（2）伯努利定理与牛顿第三定律应用

牛顿第三定律和伯努利定理分别问世于1687年和1738年，并非为航空创建，将它们应用于解释升力，只是后世航空人对于经典理论的一种理解和运用，迄今并未形成完全的共识。翼型周围流场的改变，是揭示升力的关键，涉及复杂的动态过程、多因素的综合作用以及因果关系的判断，本节就基本认知进行介绍。

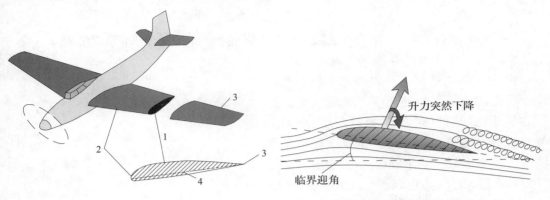

图 3-21　飞机翼型
1- 翼型；2- 前缘；3- 后缘；4- 翼弦

图 3-22　翼型的失速

升力突然下降

临界迎角

当速度 V 的气流流过迎角 α 的翼型时，被分成上下两股，分别流经上下翼面。不论何种翼型，只要飞行状态建立和迎角存在，气流将围绕上下翼面形成不均匀流场。由伯努利定理可知，流过上翼面的气流因流道改变，流速增大，压强降低，并低于前方气流的大气压，而流过下翼面的气流，由于翼型前端上仰，气流受到阻拦，其流道的改变造成气流速度减小，压强增大，并高于前方气流的大气压。因此，在上下翼面间形成了压强差。沿翼型的围线对压强进行积分，得到作用点在压力中心的总空气动力 R。R 在垂直于来流方向上的分量，就是翼型升力 L；在平行于来流方向上的分量，就是翼型的阻力 D（见图 3-23）。

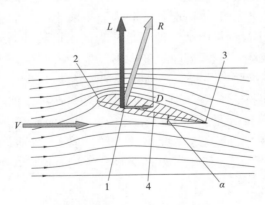

图 3-23　机翼气动力示意
1- 压力中心；2- 前缘；3- 后缘；4- 翼弦；R- 合力；L- 升力；D- 阻力；α- 迎角

基于上述认识，还可以将升力产生原因表述为：机翼上表面气流流速快，压强低，形成低压区，流动气流对翼面产生吸力；机翼下表面流速慢，压强增加，形成高压区，流动气流对翼面产生举力。吸力与举力之和，即为升力。理论研究与风洞试验数据都表明，上表面吸力对翼型升力的贡献大于下表面的举力，前者的贡献占总升力的 60% ~ 70%。

以上述翼型空气动力分析为基础，可用下式计算出机翼升力

$$L=C_L \cdot q \cdot S$$

式中，L 为机翼升力，C_L 为升力系数，S 为机翼面积，q 为动压，$q=\rho V^2/2$ 即动压等于空气密度与速度平方的乘积的 1/2。

由升力公式可知，升力的大小与空气密度 ρ 成正比，与飞行速度 V（来流速度）的平方成正比，与机翼面积 S 成正比。升力系数 C_L 取决于迎角和翼型，一般在失速迎角范围内，升力系数与迎角成正比，即迎角越大，升力系数越大，升力也就越大（见图 3–24）。

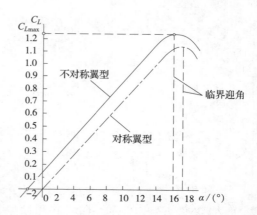

图 3–24　升力系数随迎角的变化

也可以应用牛顿第三定律的作用力和反作用力原理，对升力产生原因作定性解释：气流流过正迎角的翼型后，发生向下的偏转，即翼型给空气以向下的力使气流向下运动，根据作用力与反作用力的关系，偏转的气流则给翼型以向上的力，即翼型的升力。

但上述解释还存在不足，主要是：对上翼面流速快、形成低压区的原因未予明确指出；在气流流场中，流速与压强变化的因果关系尚需进一步辨析；基于反作用力的升力解释可能导致上翼面对升力无贡献的结果，这与事实不符。针对这些不足，近年来出现了一些新的认识与诠释，需要予以关注和深入研究。

（3）库塔－茹科夫斯基环量定理应用

如果说牛顿第三定律和伯努利定理并非为航空所生，因而在解释升力时未能完全自洽，那么库塔－茹科夫斯基环量定理则是专为揭示机翼升力而诞生的，具有科学理论和方法工具的双重效能。环量定理明确指出翼型绕流产生升力，机翼的升力在物理上主要是由机翼展向各剖面翼型绕流升力相叠加的结果。

德国库塔和俄国茹科夫斯基分别在 1902 年和 1906 年，独立提出对于任意形状物体的绕流，只要存在速度环量，就会产生升力，被称为库塔－茹科夫斯基环量定理（见图 3–25）。最典型的实例就是体育运动中的旋转球、"香蕉球"等。对于飞机而言，由于机翼的存在，气流的变化可以视为平移流场及旋转流场（涡旋）的叠加，环量的出现是升力的主要来源。

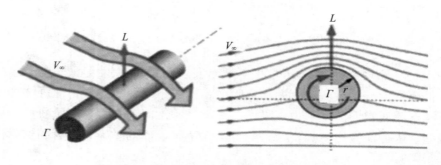

图 3–25　库塔－茹科夫斯基环量定理示意

1909 年，茹科夫斯基在研究了理想流体翼型的定常绕流现象后，创建了古典翼型理论，并利用复变函数的保角变换法建立了升力计算方程

$$L=\rho V\Gamma$$

式中，L 为升力，ρ 为来流气体密度，V 为来流流速，Γ 为速度环量。

速度环量 Γ 的数值为绕翼型围线上的速度积分。由于速度的大小及方向沿着路径而改变，翼型不同，路径也不同，因而环量值的大小与翼型和迎角存在密切关系。这也是后来的茹科夫斯基翼型以及各种优秀翼型不断出现的根本原因。

为进一步确定翼型升力的唯一性条件，库塔在深入研究后提出，在真实的翼型绕流中，不同迎角气流总是在后缘处交汇，否则在翼型后缘将会产生一个气流速度为无穷大的点。这一条件被称为库塔条件，满足该条件的翼型，才能产生升力。

在给定迎角下，当出现满足库塔条件的翼型时，绕翼型环量所最终产生的升力大小是唯一的，既可用伯努利方程，也可用茹科夫斯基方程计算。

3.4.3.2　飞机的基本操控

在本书 3.2.5 节中介绍了飞机的操纵性，这是认识飞机操控的基础。

飞机的操控是通过改变除重力之外的前进力 F、空气动力（包含升力 L、阻力 D、侧力 C）实现的。通过调节动力装置的输出，改变前进力；通过偏转活动舵面（升降舵、副翼、方向舵、襟翼、减速板等）改变气动力。

动力装置的操控机构是油门。加油门，发动机输出功率增加，相应地螺旋桨拉力或喷气发动机推力增加，进而使飞机加速；收油门，作用相反。

升降舵、副翼的操控机构是驾驶杆（盘）。向后拉驾驶杆（盘），升降舵向上偏转，平尾产生一个向下的附加升力，该附加升力对飞机重心形成一个上仰力矩，进而使飞机的迎角增大；飞机升力随之增大，飞行轨迹向上弯曲。向前推驾驶杆（盘），作用则相反。若向左压驾驶杆（盘），飞机左副翼向上偏转，左机翼升力减小，而右副翼向下偏转，右机翼升力增大，左右机翼之间形成升力差，对飞机重心形成滚转力矩，进而使飞机向左倾斜或滚转。反之向右倾斜或滚转。

方向舵的操控机构是脚蹬。蹬左舵，方向舵左偏，垂尾上产生一个向右的侧力，对飞机重心形成偏航力矩，使飞机机头左偏，进而改变航向；蹬右舵则相反。

3.4.4　直升机飞行原理

直升机飞行原理与固定翼飞机飞行原理不同，主要体现在旋翼拉力和不同于飞机的操纵与控制。

3.4.4.1　旋翼拉力

旋翼是直升机上最主要的空气动力部件，旋翼的基本功能是产生旋翼拉力。旋翼拉力的一部分用来支托直升机，起升力作用；另一部分则为直升机的运动提供动力。

旋翼由旋翼轴、桨毂和若干片桨叶组成。每片桨叶都有着与机翼相似的"翼型"，并且在旋转过程与相对气流之间存在一定夹角——桨叶迎角。桨叶的桨尖在旋转过程所划过的圆形平面，称为旋翼桨盘。

从本质上讲，旋翼是一个能量转换部件，把发动机通过旋翼轴传来的旋转动能

转换成旋翼拉力。分析旋翼拉力的产生有叶素法、动量法和涡系法三种方法，叶素法类似于前面分析机翼升力产生的过程，但由于真实的桨叶运动非常复杂，除旋转运动外，还有挥舞运动、摆振运动和变距运动（即改变桨叶角和桨叶迎角的运动）。这里，我们采用动量法分析旋翼拉力的产生过程。

悬停状态下的直升机旋翼，相当于一个大吊扇，旋转中的桨叶不断拨动并向下排压空气，给空气一个向下的作用力，让空气向下作加速运动。根据牛顿第三定律，空气必然会给旋翼一个大小相等、方向相反的反作用力。这个反作用力在垂直于桨盘平面方向上的分量，就是旋翼拉力 T（见图3-26）。

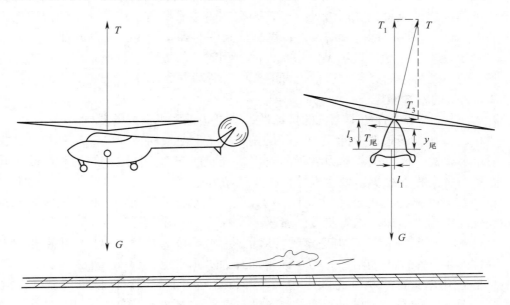

图 3-26 直升机悬停时的旋翼拉力

在垂直飞行状态（悬停、垂直上升、垂直下降、悬停回转等），旋翼拉力 T 相当于直升机的升力，当 T 等于直升机重力 G 时，表现为悬停；当 T 大于 G 时，则垂直上升。

在前飞状态，直升机要向前倾斜一个角度，垂直于桨盘平面的拉力 T 分解成两个分量：T_1 垂直于直升机运动方向，相当于飞机的升力 L；T_2 平行于直升机运动方向，为直升机前飞提供动力，相当于前进力 F（见图3-27）。

3.4.4.2 直升机的基本操控

直升机的操控，是通过改变旋翼和尾桨拉力的大小或方向来实现的。

旋翼的操纵机构称为自动倾斜器，帮助飞行员实现对旋翼拉力的操控。

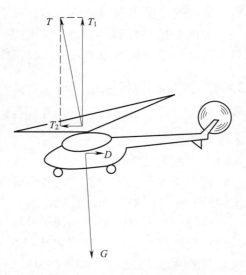

图 3-27 直升机前飞时的作用力

飞行员上提总距杆，通过自动倾斜器，使旋翼各片桨叶的桨叶角（称总距）普遍增大，桨叶迎角也随之增大，旋翼对空气的排压作用增强，旋翼拉力增大，直升机上升。反之，下放总距杆，旋翼拉力减小，直升机下降。此过程称为总距操纵。由于在改变总距、改变旋翼拉力过程中，需要发动机输出功率做出调整，因此，在提放总距杆的同时，需要同时操纵油门环。较先进的直升机为方便操纵，将总距操纵和油门操纵设计成联动机构，在提、放总距杆的同时，油门自然随之变化。

飞行员前后或左右操纵驾驶杆，通过自动倾斜器，使旋翼各片桨叶的桨叶角发生周期性变化（此过程称为周期变距），进而使旋翼桨盘朝操纵方向倾斜，旋翼拉力也随之倾斜。最终结果是，飞行员前推驾驶杆，直升机旋翼桨盘和机身都向前倾斜，旋翼拉力产生一个向前的分量，直升机前飞。后拉驾驶杆，直升机后飞。左右操纵驾驶杆，直升机左右侧飞。

尾桨操纵机构能帮助飞行员实现航向操控。飞行员蹬左舵，尾桨桨叶角变化，导致尾桨拉力变化，产生一个向右的附加拉力，对直升机重心形成偏航力矩，使机头左偏。反之右偏。

3.4.5　扑翼机飞行原理

扑翼机是人类最早尝试制作的航空器，经过了 2000 多年的探索，迄今人类依然没有开发出能载人的实用化扑翼机。一个重要原因是，扑翼机的飞行原理比固定翼飞机和旋翼航空器复杂得多。鸟类和昆虫的翅膀在扑动时，除了单纯的扑动外，还伴随有相应的扭曲变形和旋转等运动类型；既可产生支托飞行的升力，又同时产生向前的驱动力，这个过程非常复杂。

鸟类翅膀在向下扑动时展开，向上收起时折叠成倒 V 形，且向下扑动速率快、向上收起速率慢。如此，向下扑动时空气对翅膀的反作用力，大于向上收起时空气对翅膀的反作用力。于是，在翅膀扑动 / 收起的循环中就产生了升力。

由于飞行中的鸟类翅膀是向斜后方扑动的，空气对其反作用力有一个向前的分量，这个向前的分量即为前进力。

鸟类的空中转向有大半径转向、小半径转向、原地转向等，是通过两翅非对称扑动、尾翼摆动、躯干扭曲等综合作用而实现的。

随着现代材料、动力、微机电及加工等技术的进步，已经能够制造出接近实用的扑翼航空器。但目前仍未能建立扑翼飞行的流动模型及控制律模型，尚无计算扑翼气动力的有效方法。模仿鸟类，以实现高升力、低能耗飞行，是人类航空研究的持久热点。

3.4.6　火箭动力航空器飞行原理

火箭动力航空器是指以火箭发动机为主要动力，并由火箭推力提供部分或全部升力的一类航空器。火箭动力航空器按照有无升力面（主翼）分为无翼和有翼两种。无翼火箭动力航空器主要有运载火箭、各类弹道导弹（包括地地导弹、空空导弹、空地导弹等）；有翼火箭动力航空器包括各类巡航导弹、航天飞机、空天飞机等。火箭动力航空器在飞行过程中，随着推进剂和氧化剂的消耗，质量不断减小，是一种变质量航空器。

无翼火箭动力航空器上没有产生升力的主翼面，通常只安装尾翼或鸭翼，以起到稳定和调整航空器姿态的作用，其运动规律遵循弹道学法则。无翼火箭动力航空器的前进力和升力均由火箭发动机提供。火箭发动机工作时，不断向后喷射工质，产生作用于航空器上的反作用力（即推力），该推力从作用效果上分成两部分：一部分为航空器提供前进力，另一部分用来克服重力，起到升力的作用。

有翼火箭动力航空器安装有主翼面，在空气空间飞行时，主翼面产生升力用以平衡重力，而火箭发动机则主要提供前进力。在一些特殊场合，如航天飞机起飞、地地巡航导弹发射时，火箭发动机推力（全部或部分）用以克服重力。

航天飞机在不同飞行阶段遵循不同的飞行原理。在起飞时，依靠火箭推力升空，遵循火箭反作用原理；在空气空间飞行时，遵循空气动力学原理；在外层空间飞行时，遵循轨道飞行原理。空天飞机先以涡轮或涡轮－冲压组合发动机为动力在机场水平起飞，加速到足够高的速度后，改由超燃冲压发动机推进；加速到高超声速时在30km以上高空巡航飞行，再由火箭发动机加速到轨道速度，送入低轨道，作环卫地球的飞行；在完成轨道飞行任务后再入大气层，水平降落在机场上。

近年来，火箭背包个人航空器颇受关注。火箭背包绑在人体背部，可完成垂直起降和短距离快速飞行。火箭背包，依靠化学反应产生高温高压气体或预置的压缩气体喷射而产生的反冲力，来克服地球引力；通过调节火箭推力的大小和方向，来完成各种飞行动作（见图3-28）。

图3-28　火箭背包

第 4 章
航空动力装置

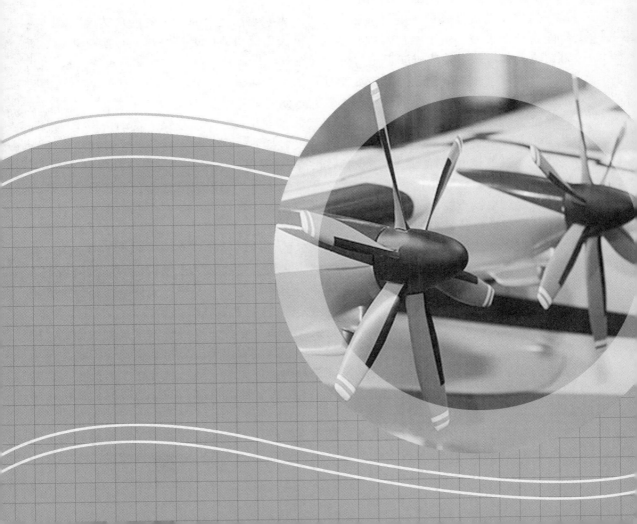

航空发动机是为航空器的飞行提供原动力的装置，具有显著的特殊性、重要性和复杂性，被称为航空器的"心脏"，航空器的发展与航空发动机技术的进步密切相关。

本章在对航空发动机概念等进行概述性介绍后，重点介绍活塞式和燃气涡轮两类航空发动机，并简要介绍其他类型和正在探索中的航空动力装置，概貌性地展望航空动力技术的未来发展。

4.1　航空发动机概述

为航空器提供动力、推动航空器前进的装置称为航空动力装置，又称航空推进系统。它包括发动机以及为保证其正常工作所必需的系统和附件。本节介绍航空发动机的概念、研发工作特点与科学基础，以及分类、适用范围、技术参数、工作状态等基础知识。

4.1.1　航空发动机的概念与分类

4.1.1.1　航空发动机的概念与作用

航空发动机是一种高度复杂和精密的、为航空器提供原动力的能量转换装置，或称能量转换机械。由于绝大多数航空发动机为内燃机，内燃机将热能转换成动能，所以，绝大多数航空发动机属于热力机械（热机）。

有时习惯上将航空动力装置笼统地称为发动机，但事实上，发动机与航空动力装置是两个不同的概念。所谓航空动力装置，是为航空器提供动力，并推动航空器前进的装置系统。它包括发动机、推进器（螺旋桨或旋翼），以及保证发动机正常工作所必需的支持系统和附件。支持系统和附件又包括：起动和控制系统、发动机安装节或安装架、进气道和排气喷管、燃油系统、滑油系统、防火/灭火系统和散热系统等。如果没有支持系统和附件，发动机无法正常工作；如果没有推进器，无法将发动机动力转化成航空器飞行所需要的驱动力。显然，航空发动机不等同于航空动力装置，但它却是航空动力装置中的核心部分。

航空发动机的根本作用，是将其他形式的能源转换成航空器可利用的原动力；其性能对航空器飞行性能影响巨大。飞机能飞多快，主要取决于发动机的最大可用推力或可用功率。飞行高度越高，空气越稀薄，含氧量越低，对吸气式发动机而言，其推力（或功率）随高度的升高而下降，因此，飞机能飞多高取决于发动机的高空性能。飞机的续航性能（飞多远、飞多久）是由飞机载油量和发动机耗油率共同决定的，提高发动机效率，降低耗油率，是改善续航性能的根本措施。飞机的机动飞行能力是由发动机剩余功率（推力）决定的，发动机和燃油的重量一般占战斗机、轰炸机、运输机起飞总重的 40%～60%（见图 4-1）。飞机机动性的好坏，同样取决于发动机水平的高低。

许多里程碑式的航空发展成就，都与发动机技术进步直接相关。在莱特兄弟发明飞机之前，尽管不断有飞机设计方案出现，但都无法实现，主要原因就是没有适合的

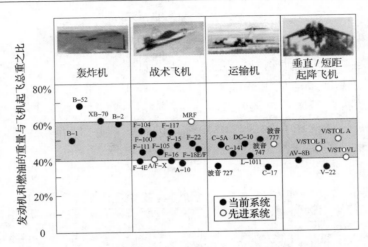

图 4-1　发动机和燃油占飞机总重比例

发动机。之后，活塞式发动机技术的不断进步，让航空器飞得更快、飞得更高、飞得更远；喷气发动机的出现，使航空活动扩展到平流层；加力燃烧室的采用，使飞机速度突破声障；大涵道比涡扇发动机的应用，使大型远程宽体客机得以成功；新型战斗机技术特征，如超声速巡航、短距起降、隐身、非常规机动、高生存力等，都在相当程度上取决于所用的发动机。

4.1.1.2　航空发动机的分类与适用范围

不同类型的航空发动机，其工作原理、工作特点有所不同，使用环境与适用范围也不同。下面简介航空发动机的分类及适用范围。

（1）航空发动机的分类

航空发动机是一个庞大的家族，可以按照不同标准对其进行分类。

按照驱动力产生原理，航空发动机可分为直接反作用发动机和间接反作用发动机两类。直接反作用发动机直接将工质加速，产生反作用推力，包括：涡轮喷气、涡轮风扇和冲压喷气发动机等，火箭发动机也属于直接反作用发动机。间接反作用发动机，将化学能转换成旋转动能，以轴功率形式输出，驱动推进器（螺旋桨或旋翼）产生航空器飞行所需要的拉力，这类发动机主要有活塞式、涡轮螺旋桨、桨扇、涡轮轴发动机等，利用电能带动螺旋桨旋转的航空电动机，也属于间接反作用发动机。

按照热力循环过程，航空发动机可分为活塞式和燃气涡轮发动机两大类。活塞式发动机包括：往复活塞式、旋转活塞式和自由活塞式发动机，其中，往复活塞式发动机最为常见。燃气涡轮发动机主要包括涡轮喷气、涡轮风扇、涡轮轴、涡轮螺旋桨、桨扇发动机等。

按照需不需要从大气中吸取空气（氧化剂），航空发动机分为吸气式和非吸气式发动机两类。燃气涡轮、冲压喷气、活塞式发动机以及某些组合式发动机属于吸气式发动机，火箭发动机和航空电动机属于非吸气式发动机。

此外，众多新概念、新形态航空发动机正在研发当中，投入使用后，将丰富航空发动机的型谱体系。

（2）各类发动机适用范围

发动机分类与不同类型的发动机适用范围，见表4-1。其中：

活塞式发动机是最早使用的航空发动机，在1945年之前，几乎所有航空器均采用活塞式发动机，后来逐渐被功率大、高速性能好的燃气涡轮发动机所取代。目前，活塞式发动机还应用在轻型、超轻型飞机和轻型直升机以及中小型无人机上。采用活塞式发动机的航空器，飞行速度一般不超过700km/h，飞行高度一般不超过8000m。

表4-1 航空发动机分类及其适用范围

航空动力装置									
直接反作用发动机（喷气发动机）					间接反作用发动机				
火箭发动机	组合发动机	冲压喷气发动机	涡轮风扇发动机	涡轮喷气发动机	涡轮轴发动机	涡轮螺旋桨发动机	桨扇发动机	活塞式发动机	航空电动机
			燃气涡轮发动机						
			吸空气发动机						
适用范围									
导弹与部分试验机	高超声速飞行器	导弹与靶机	大部分固定翼飞机	20世纪中期军民机	直升机	亚声速运输机，支线飞机，公务机	较大型运输机	轻型、超轻型飞机，直升机，中小型无人机	航空模型及部分试验机

燃气涡轮发动机是目前应用最广泛的航空发动机，在可预见的未来，还没有任何其他动力形式可以完全取代它。

涡轮螺旋桨发动机主要用于亚声速运输机、支线飞机和公务机，采用这种发动机的飞机无法进行超声速飞行，但经济性较好；涡轮喷气发动机在20世纪50—60年代广泛用于各种军民机，因耗油率高、经济性差等原因，多数被涡轮风扇发动机所取代；涡轮风扇发动机可看作是涡轮喷气发动机的"升级版"，是目前高性能飞机普遍采用的主要动力形式；涡轮轴发动机是军民用直升机的主要动力形式；桨扇发动机的特性介于涡轮风扇和涡轮螺旋桨发动机之间，主要用于较大的运输机。

冲压发动机构造简单，推重比大，适合高速飞行，多用于空中发射的导弹和靶机。

火箭发动机多用于导弹和运载火箭。因需自带氧化剂，不适于长时间工作，没有成为航空器主流动力，但可作为加速器短暂使用。

4.1.2　航空发动机的工作状态和技术参数

航空发动机是一种非常复杂的精密机械，对其进行技术描述同样需要复杂的概念体系。以下技术术语，是了解和掌握发动机概念体系的基础。

4.1.2.1　发动机工作状态

航空器在不同飞行航段、执行不同飞行任务时，对发动机推力或功率有不同的要求，因而发动机有不同的使用工作状态。

（1）最大状态

最大状态是指发动机产生最大推力的工作状态。对于亚声速运输机来说，一般在起飞或有一台发动机不工作时使用最大状态。对于带加力燃烧室的发动机来说，产生最大推力的状态是全加力状态，其连续工作时间一般不超过 10min，主要用于起飞、作战、爬升以及最大马赫数飞行或升限飞行。

（2）中间状态

中间状态指加力式喷气发动机在不开加力条件下产生最大推力的工作状态。这时主机的工作状态和最大状态相同，但加力燃烧室不工作。中间状态的连续工作时间一般也受到限制。

（3）经济巡航状态

经济巡航状态指飞机在巡航飞行时发动机工作最经济状态。持续工作时间不限，通常用于耗油率最低的长时间巡航飞行。

（4）慢车状态

发动机能保证稳定、可靠工作的最小推力状态，为不加力最大推力的 3% ~ 5%。慢车状态用于地面滑行和下滑着陆。部分民用发动机还有空中慢车状态，发动机转速略高于地面慢车状态。

4.1.2.2　主要技术参数

（1）推力 / 功率

推力是表征直接反作用发动机（如涡喷、涡扇、冲压发动机等）工作能力的指标。推力的法定计量单位是牛［顿］（N），常用 daN（十牛，约为 1kgf[①]）表示。其大小等于气流作用在发动机内、外表面上各种力的合力的轴向分量。推力 F 可由下式计算

$$F=q_{ma}\left(V_2-V_1\right)$$

式中，F 为推力（N）；q_{ma} 为单位时间流过发动机气流的质量（kg/s）；V_1 为气流流入发动机的速度（m/s）；V_2 为气流流出发动机的速度（m/s）。

从上式可以看出，在一定的工作条件下，推力与单位时间流过发动机气流的质量和排气速度与进气速度之差成正比。因此，增加推力的办法一是增大空气流量，二是增大排气速度。目前，大型军用涡扇发动机的最大加力推力已超过 20000daN，大型民用涡扇发动机的最大起飞推力则大于 50000daN。

对于活塞式、涡桨和涡轴等间接反作用发动机，一般用功率作为衡量其工作能力

---

① 1kgf（千克力）=9.8N。

的指标。发动机功率是发动机在单位时间内所做的功，法定计量单位是千瓦（kW）。目前，涡桨发动机最大起飞功率已超过10000kW，涡轴发动机最大起飞功率达到7500kW左右。

（2）推重比／功重比

推重比是发动机在海平面静止条件下最大推力与重力之比，是无量纲（量纲一）参数。它是衡量涡喷、涡扇等直接反作用发动机综合性能的关键性指标，其大小直接影响飞机性能和飞机任务能力。在保持发动机占飞机起飞总重百分比一定的条件下，发动机推重比从2提高到8，可使战斗机推重比由0.4提高到1.1～1.2（见图4-2）。目前，战斗机用涡扇发动机的推重比已达到10，飞机推重比可达1.6。

对活塞式、涡桨和涡轴发动机等间接反作用发动机，则用功重比来表征类似含义。功重比即发动机在海平面静止状态的功率与重量之比，单位kW/kg。目前，直升机用涡轴发动机的功重比已达到7kW/kg。

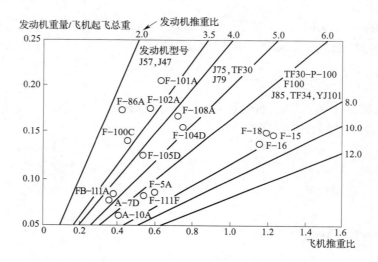

图4-2　发动机推重比与战斗机推重比的关系

（3）耗油率

耗油率指发动机每小时的燃油量与推力或功率之比，即燃油效率。对于涡喷、涡扇发动机，它表示产生1daN推力每小时所消耗的燃油量，单位kg/（daN·h）。对于活塞式、涡桨和涡轴发动机，它表示产生1kW功率每小时所消耗的燃油量，单位kg/（kW·h）。耗油率是影响飞机航程和经济性的重要因素。耗油率与发动机总效率成反比关系，即发动机的总效率越高，则耗油率越低。现代战斗机用涡扇发动机不加力耗油率为0.8 kg/(daN·h)左右，民用涡扇发动机的巡航耗油率在0.55 kg/(daN·h)上下。

对于喷气式运输机而言，其燃油效率的提高、二氧化碳排放量和噪声的降低，有2/3以上的贡献来自发动机（见图4-3）。

（4）增压比

增压比又称总压比（简称压比），是压气机出口总压与进口总压之比。在多转子涡喷、涡扇发动机中，压气机出口总压与进气口总压之比称为总压比，它对发动机的

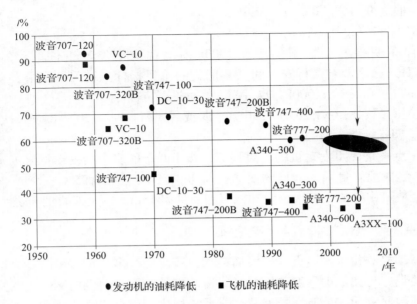

图 4-3　民用运输机每座千米油耗下降趋势

做功能力和效率有重要影响。发动机总压比呈不断提高的趋势，战斗机用涡扇发动机的总压比已达 30 左右，民用大涵道比涡扇发动机更高达 40 ～ 52。

（5）涡轮进口燃气温度

涡轮进口燃气温度是指涡轮前的燃气总温（简称涡轮进口温度）。提高涡轮进口温度能增大发动机做功能力，提高热效率，降低耗油率，涡轮进口温度是衡量发动机技术水平高低的重要参数之一。已投入使用的发动机涡轮进口温度最高达到 1850 ～ 1950K，比钢的熔点还高。

（6）涵道比

涵道比是涡扇发动机外涵道与内涵道的空气流量之比，又称流量比。涵道比是涡扇发动机重要的设计参数，它对发动机耗油率和推重比有很大影响。不同用途涡扇发动机选取不同的涵道比，如远程运输机和旅客机用的涡扇发动机，涵道比为 4 ～ 10；战斗机发动机的涵道比一般小于 1，甚至可小到 0.2 ～ 0.3。发动机的涵道比如能改变，则成为变循环发动机，可以在更宽广的飞行状态下具有更好的性能。

（7）翻修寿命

翻修寿命指发动机两次翻修间的使用时间，以小时（h）计。根据发动机设计和制造技术水平，发动机可有若干次翻修，每次的翻修寿命可以相同，也可以不同。军用发动机翻修寿命为 300 ～ 1000h，民用发动机为 2000 ～ 5000h。随着发动机健康状态诊断技术不断完善，自 20 世纪 70 年代后，大多数发动机特别是民用大涵道比涡扇发动机，已不采用定时翻修概念，而采用视情维修概念。

（8）返修率

返修率指发动机平均工作 1000h 内出现返修事件的次数，单位为次 /1000 发动机飞行小时（EFH）。返修率是判定发动机可靠性的指标。现在民用大涵道比涡扇发动机返修率一般为 0.015 ~ 0.02/1000EFH。

（9）空中停车率

空中停车率指发动机平均工作 1000h 内出现空中停车事件的次数，单位为次 /1000EFH。它是影响飞行安全和任务能力的重要指标。目前，军用发动机的空中停车率为 0.5 ~ 0.01 次 /1000EFH；民用发动机的空中停车率已达到 0.005 ~ 0.002 次 /1000EFH，即平均飞行 20 万 ~ 50 万小时或者飞行 60 ~ 150 年出现 1 次空中停车。

（10）航班正点率

航班正点率是民用发动机的专用指标，指 100 个航班中因发动机原因延误不超过 15min 起飞的次数。目前，最好的发动机航班正点率达到 99.95% ~ 99.98%，相当于每 10000 个航班中有 2 ~ 5 次因发动机原因而延误 15min 以上或取消航班。

4.1.3　航空发动机研发特点与科学基础

航空发动机的技术难度大，研发周期长，所需经费多，经营风险高，这是全世界航空界的共识。与其他类型发动机如车用发动机、船用发动机相比，航空发动机的研发工作有其明显差异；与航空器上其他分系统相比，也有其显著特点，并需要多学科的科学基础支撑。

4.1.3.1　研发工作特点

航空发动机研发工作具有以下主要特点。

（1）技术难度大

发动机虽然是航空器的一个分系统，但其涉及的学科和技术领域之多几乎与整个航空器相同，甚至技术要求还更高。现代航空发动机主机内的温度达到 1800 ~ 1950K，压强达到 50atm[①]，转速 50000r/min。以压气机叶片为例，其工作原理与飞机机翼类似，但其气动、强度和几何形状却比机翼复杂得多，仅离心力产生的载荷就可达到其重量的 34000 倍。

航空发动机还有一个显著特点，就是部件之间的相互影响和干扰大，上游部件的流场和温度场直接影响下游部件，下游部件同样影响上游部件。在部件试验台上得出的结果，不能完全反映真实发动机工作状态，新部件必须通过真实发动机使用环境下的充分试验验证，方能用于工程研制。

由于技术难度大，航空发动机的研制是研究—设计—试验—修改设计—再试验的多次迭代过程。研制一台新型发动机，一般需要 10 万小时的零部件试验、4 万小时的附件试验和 1 万小时的整机试验。航空发动机是设计、制造的产物，更是试验工程的产物。

（2）研制周期长

航空发动机的研发周期一般比飞机机体平均长 3 ~ 5 年，且新型发动机研发所需时间不断延长。在早期，每隔 5 ~ 10 年出现一代新发动机，而从 F100 到 F119（F–22 配装发动机）竟相隔 30 年。20 世纪 70 年代的典型数据表明，新一代发动机从部件研

---

① 　1 atm=101.325kPa。

究到投入使用需要 8 ～ 13 年时间。F119 从 1973 年概念研究到 1999 年产品定型，经历了 26 年，如以 F-22 在 2005 年入役计算，则长达 32 年。

（3）研发经费多

航空发动机产业是资金密集的高投入和高产出行业。据统计，在航空业研发总投入中，航空发动机占比约 1/4。研制一台大中型先进发动机的经费为 15 亿～ 30 亿美元，全新研制的民用大推力发动机 GE90 为 30 亿美元，军用 M88 发动机为 18 亿美元，F119 发动机为 25 亿美元，F135 发动机研制费更高达 67 亿美元（以上均为当时币值）。

20 世纪 90 年代，美国每年投入到航空发动机的研发费用为 25 亿元，相当于年度航空发动机销售额的 12% ～ 15%。进入 21 世纪，发动机研发投入继续提高，GE、普惠、罗罗和斯奈克玛公司年度研发投入为 14 亿～ 20 亿美元（2010 年数据），分别占各自年度销售额的 8% ～ 13%。

（4）经营风险高

航空发动机的高风险，缘于技术难度大、研制周期长和经费投入多的综合作用。罗罗公司在 20 世纪 60 年代研制其第一台大涵道比涡轮风扇发动机时，由于对风险估计不足，采用未经验证的复合材料风扇叶片技术，造成研制进度拖延。在投入巨额资金后，不能按合同为飞机提供配套动力，于 1971 年 2 月宣告破产，后由英国政府接管，实行国有化。一台发动机的研制失败，就可以导致一个财力雄厚的跨国公司破产，这是何等大的风险。后来在发动机研制中，特别强调采用成熟技术，普遍推行国际合作模式，以规避经营风险。

由于上述特点，世界上只有美、英、法和俄罗斯等少数国家能独立研发大型航空发动机，而大型民用航空发动机独立制造商则只有美国 GE 公司和普惠公司、英国罗罗公司和法国斯奈克玛。在《美国国家关键技术计划》说明文件中，把航空发动机描绘成"一个技术精深得使一个新手难以进入的领域，它需要国家充分保护并稳定利用该领域的成果，长期的专门技能和数据积累，以及国家大量的投资"。

4.1.3.2 航空发动机的科学基础

航空发动机因其特殊性，所需要的科学基础有别于航空器机体等。主要科学基础是支持其高温、高速、旋转和长寿命运行特点的学科，包括工程热力学、气体动力学、燃烧学、传热学等及其学科分支。这些学科及其分支的成果有力支撑航空发动机的发展，同时在航空发动机发展需求的推动下，这些学科也在持续深化开展基础性研究，不断取得新的突破。

（1）工程热力学

工程热力学是热力学的一个分支，是航空发动机的重要基础学科之一。以热力学第一定律、第二定律和第三定律为基础，研究热能和机械能相互转换的规律和条件，研究热现象中物质系统在平衡时的性质，能量的平衡关系，以及状态发生变化时，系统与外界的相互作用等。

绝大多数航空发动机都是将热能转换成机械能的热机。运用工程热力学分析它们的循环过程，可以寻求提高发动机热效率的途径与方法。目前，工程热力学正在深入研究气体工质对热力过程和循环的影响，以适应飞行速度、高度不断提高的新要求；同时，研究新的热力学循环，包括脉冲爆震、变循环、各种组合发动机的联合循环等，找出提高这些热力循环效率的方向与方法。

（2）内流气体动力学

内流气体动力学，是研究受管道限制的内部流动的气体动力学，是航空发动机的基础学科之一。空气和燃气在发动机内部流经各部件时，气体的压力、温度和速度发生很大变化，发动机运动部件和气体之间进行能量传递，发动机内部还有两股不同能量的气流的掺混或引射，因此，发动机的内流气体动力学问题异常复杂，其研究对于发动机的研制非常重要。

发动机内流气体动力学的基础性研究包括：复杂形状管道如扩压器、S 形进气道等的内部流场计算和分离控制；复杂几何条件的湍流研究，如三维条件下的湍流流动、角区流动、转捩及分离、边界条件处理、低雷诺数流动等；高精度数值模拟在内流中的应用；多尺度流动现象的数值模拟；多学科的耦合计算，如气动、声学、燃烧、传热、强度和振动等。

（3）燃烧学

燃烧学是研究燃烧现象及其规律的学科。燃烧是各种强烈放热氧化反应、类氧化反应（氨化、氟化、氯化等）、强烈放热分解反应与其他强烈放热反应的总称。常见的燃烧是在燃料和氧化剂之间产生的急剧化学反应，放出热量并产生可见火焰的现象。无论气体、液体还是固体燃料的燃烧，都是流动、传热、传质和化学反应同时发生并相互作用的综合过程。

目前，针对航空发动机，燃烧学的基础性研究方向有：考虑黏性、换热和非定常等因素的燃烧过程的数值仿真；火焰稳定机理及燃烧稳定性，特别是超声速流动中的掺混和火焰稳定；燃烧室壁面的冷却；污染物产生机理和降低污染物排放研究；新型燃料的燃烧；脉动爆震燃烧机理研究等。

（4）传热学

传热学是研究由温差或温度梯度所引起的热量传递规律的学科。传热的基本方式有热对流、热传导和热辐射三种。随着发动机涡轮前温度的不断提高，只靠材料耐温性能的提高不能保证其使用寿命和工作可靠性，必须有效冷却发动机高温部件。传热学的研究与应用，在发动机研制中占有重要位置。

目前针对航空发动机，有关传热学的基础性研究包括：为提高冷却效果的新结构冷却通道的换热机理研究；涡轮叶片内外流动换热冷却机制研究（含高压和低雷诺数条件）；高转速、高温差场内，涡轮叶片内冷通道的流体和传热计算；非定常换热的计算研究等。

（5）控制理论

现代航空发动机复杂程度不断提高，其控制变量已从早期的单变量（改变供油量以控制转速）变为多达两位数的控制变量（如喷管面积、涡轮导向器面积等）和被控参数，研究在全飞行包线内和各种工作状态下对航空发动机进行多变量控制成为一项急迫任务，需要建立发动机多变量自动控制系统，以及综合其他部件与功能（如进气道等）的综合化自动控制系统。

目前所有发动机控制系统都是采用以闭环反馈控制和开环前馈控制为特点的经典控制理论，为满足发动机更高稳态精度和动态性能的控制要求，需开展以现代控制理论为基础，以最优控制、自适应控制、鲁棒控制和智能控制等为内容的基础性研究。

4.2　活塞式发动机

活塞式发动机是最早用于飞机的航空动力，现仍有一定的市场。它与随后发展起来的燃气涡轮发动机共同占当今世界在用航空发动机总数的 95%，具有典型意义。本节主要介绍往复活塞式和旋转活塞式两种发动机的基本构造、工作原理，以及它们的发展和应用。

4.2.1　往复活塞式发动机

往复活塞式发动机是依靠活塞在气缸中的往复运动使气体工质完成热力循环，将燃料的化学能转化为机械能的装置。

4.2.1.1　基本构造

往复活塞式发动机主要由气缸、活塞、分气机构、曲轴－连杆机构等组成（见图 4-4），它们的主要结构和功能如下。

（1）气缸

气缸是发动机中将燃料的化学能转变为机械能，并通过活塞和连杆将机械能传递到曲轴的部件，由气缸头和气缸筒组成。气缸头上有进/排气门、散热片和点火器插座。气缸筒外表面有散热片和安装边。

（2）活塞

活塞是在气缸内承受气体压力作往复运动并通过连杆带动曲轴旋转的部件。活塞外形为圆柱形，内装活塞销，与连杆相连。活塞外壁有数个涨圈槽用以安放涨圈，防止燃气漏入机匣和机匣内滑油进入燃烧室。

（3）分气机构

分气机构是控制进/排气门适时开启和关闭的装置。由凸轮盘、进/排气门、气门弹簧、摇臂、挺杆和推杆组成。

（4）连杆－曲轴机构

连杆－曲轴机构是将活塞的往复运动转变为曲轴旋转运动的机构。连杆连接活塞和曲轴，将作用在活塞上的燃气压力传递给曲轴。

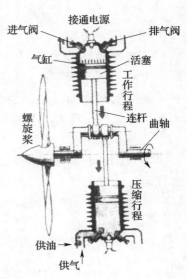

图 4-4　往复活塞式发动机的
基本构造

除上述主要部件外，要保证发动机正常工作，还需要一些辅助系统，主要有：燃油系统、点火系统、滑油系统、冷却系统和起动系统等。

4.2.1.2　工作原理

往复活塞式发动机工作时，曲轴作旋转运动，活塞在连杆的驱动下，在气缸内作上、下往复运动。当曲轴的曲拐（曲轴上拐出的部分）转到最下位置时，相应地活塞在气缸中的位置也处于最下端（称下死点）；当曲轴的曲柄转到最上位置时，活塞在气缸中也处于最上端的位置（称上死点）。曲轴不断旋转，活塞则在气缸中的上、下死点间往复运动。

大部分往复活塞式发动机采用四冲程循环，各冲程工作原理如下（见图 4-5）。

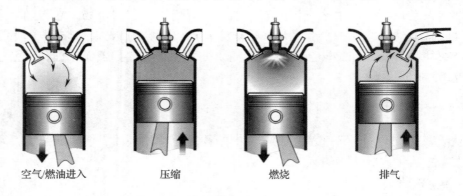

空气/燃油进入　　　　压缩　　　　燃烧　　　　排气

图 4-5　往复活塞式发动机工作原理

（1）进气冲程

活塞从上死点移向下死点时，进气门打开、排气门关闭。在活塞移动过程中，气缸内容积增大，压力降低，于是，新鲜的燃油和空气混合气（简称混合气）被吸入气缸。

（2）压缩冲程

为提高做功能力，混合气在燃烧之前必须进行压缩，使气体的压力和温度升高。压缩冲程是活塞从下死点返回上死点的过程。此时，进气门和排气门均关闭，气缸内容积随活塞运动而减小，混合气受到压缩，当活塞移到上死点时，混合气被压缩到一个最小空间内，压缩冲程完成。

（3）膨胀冲程

当压缩冲程将要结束时，电点火器（火花塞）在定时机构作用下点燃混合气，混合气因压力和温度急剧升高而膨胀，活塞在高压作用下迅速移向下死点，同时带动连杆－曲轴机构完成有效做功。膨胀冲程又称工作冲程。

（4）排气冲程

膨胀冲程结束后，由于惯性作用，曲轴继续旋转，使活塞从下死点向上死点移动，与此同时，排气门打开，废气排出。之后，排气门关闭，进气门打开，活塞从上死点向下死点移动，又开始新的循环。

上述过程属于典型的奥托循环，还有少量发动机采用狄塞尔循环。狄塞尔循环与奥托循环的不同之处是：进气冲程只吸收空气而不吸收燃油；在压缩冲程中活塞将空气压缩到足以点燃燃油的温度，此时，再将燃油喷入气缸，空气高温直接点燃燃油，完成膨胀冲程。狄塞尔循环的效率高，可以使用煤油或柴油等较重燃料。

除了四冲程发动机外，还有二冲程发动机。二冲程发动机在两个冲程内完成进气、压缩、膨胀、排气循环。二冲程活塞式发动机热效率较低，冷却和润滑困难，但结构简单，用于某些超轻型飞机，特别是无人机。

4.2.1.3　分类

往复活塞式发动机有不同的分类方法。

按冲程可分为四冲程和二冲程发动机；按气缸头冷却方式可分为液冷式与气冷式发动机；按供油方式可分为汽化器式和直接注射式发动机；按气缸排列方式，又可分为直列式、对列式、V 形、X 形与星形等发动机。通常，V 形、直列式多为液冷式，星形均为气冷式；星形可分为单排、双排和四排，每排的气缸数少者 5 缸，多的可达 9 缸。

早期活塞式发动机多用 V 形液冷和星形气冷，现代小型活塞式发动机以水平对置、直接注油的气冷式应用最广泛，星形汽化器式也有一定的应用。

4.2.2　旋转活塞式发动机

旋转活塞式发动机又称汪克尔发动机（德国人汪克尔发明）或三角活塞旋转式发动机。它由缸体、转子、中心齿轮、电嘴和主轴组成，如图 4-6 所示。转子外形呈曲面三角形，中间有一个内齿轮，与固定在缸体盖上的中心齿轮啮合。缸体内腔呈特殊型面，型面由转子内齿轮与固定外齿轮啮合滚动时顶点的运动轨迹生成。在其短轴方向分别设置进 / 排气口和电嘴。转子外表面与缸体内表面形成三个独立的工作室。转子转动时，在自转的同时还绕中心齿轮作行星运动。转子的三个顶点在缸体内滑动时，每个工作室的容积周期性变化。

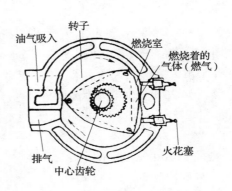

图 4-6　旋转活塞式发动机结构示意

其工作过程如下：当转子的某个表面朝向进 / 排气口方向开始转动时，该工作室的容积先逐渐变大，吸入混合气后，逐渐变小，压缩混合气；至该面朝向电嘴时，容积最小而压力最大，混合气被点火燃烧；接着容积又逐渐变大，燃气膨胀，燃气压向转子，依靠偏心距产生主轴扭矩，输出功率；再继续转动，工作室容积又逐渐变小，将废气压出排气口，直到那个表面回到正对进 / 排气口，废气被完全排出，又开始进气，到此完成一个进气、压缩、膨胀和排气的热力循环。在这个过程中，转子自转一周，主轴转动三周。

与往复活塞式发动机相比，旋转活塞式发动机的优点是没有往复运动构件和复杂的分气机构，因而结构轻巧，工作平稳，振动小；缺点是缸体局部高温，冷却困难，各工作室之间难以密封，难以获得大扭矩，排气污染严重。

4.2.3　活塞式发动机的发展与应用

1903年，莱特兄弟把一台4缸直列式水冷发动机改装后成功地用到"飞行者"1号上，完成了世界上第一次载人动力可控飞行。这台发动机的功率只有8.8kW，重量77kg，功重比0.14kW/kg（见图4-7）。

图4-7　莱特兄弟"飞行者"1号使用的发动机

在莱特兄弟飞机上天后的10年间，活塞式航空发动机的功率由12kW逐步提高到120kW，飞机飞行速度达到200km/h；在第一次世界大战的4年里，活塞式发动机有了重大突破，功率达到300kW，并出现了转缸、液冷、气冷等多种形式。

从20世纪30年代到1945年二战结束是活塞式发动机的"黄金年代"。出现了一大批著名发动机和飞机，如罗罗公司1238kW、12缸的V形液冷"梅林"发动机（见图4-8），配装P-51"野马"战斗机；戴姆勒－奔驰公司D-B601倒置V形液冷发动机（1100kW），配装Me-109战斗机；美国普惠公司的R2800"双黄蜂"双排星形18缸气冷发动机（1230kW），配装"喷火"战斗机，曾创下790km/h的速度纪录。

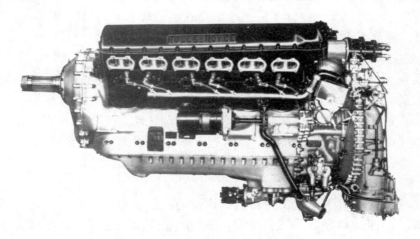

图4-8　12缸的V形液冷"梅林"发动机

此间，活塞式发动机的重要技术突破如下。

（1）增大气缸数量和气缸直径

提高发动机输出功率最简单和直接的办法就是增大气缸数和气缸直径，以提高发动机排量。活塞式发动机从最早的 4 缸，发展到 5 缸、7 缸、9 缸和 14 缸，最多发展到 28 缸（美国"大黄蜂"发动机，配装 B–29 远程轰炸机）。

（2）提高燃油抗爆性

提高燃油抗爆性（即辛烷值），以提高混合气燃烧前的压缩比，进而提高热效率和输出功率。通过此项措施，将压缩比从 2 ～ 3 提高到 8 ～ 9，热效率从 15% ～ 20% 提高到 25% ～ 30%。

（3）采用加力技术

此项技术是向气缸内喷射水和甲醇的混合液，以提高发动机功率，功率可以提高30% 以上。当时的战斗机发动机曾广泛采用此项技术。

（4）采用废气涡轮增压器

将活塞式发动机高达 600 ～ 700℃的高温高压废气引入一台涡轮，由涡轮驱动压气机对进口气流增压，再将增压后的空气引入气缸进行燃烧（见图 4–9）。此项技术在提高发动机输出功率和热效率的同时，改善了发动机的高空性能，使飞机升限扩展至万米。

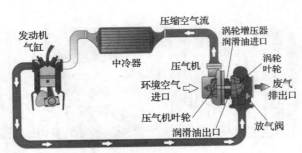

图 4–9　废气涡轮增压器工作原理图

（5）直射式喷雾器

汽化器发展成直射式喷雾器，使活塞式发动机的功重比、使用寿命、工作可靠性和使用维护性都得到大幅提高。直射式喷雾器后来被成功用于电喷汽车上。

到 20 世纪 40 年代末，活塞式发动机达到发展的顶峰，单台功率达到 2800kW，功重比达到 1.8kW/kg，寿命达到上千小时，年产量达数十万台，装备了上百万架飞机。

由于活塞式发动机与螺旋桨组合的动力模式，飞机飞行速度很难逾越 700km/h 这道关口，在声障面前只能望洋兴叹。到 20 世纪中叶，随着燃气涡轮发动机技术的成熟，活塞式发动机开始逐渐退出世界航空舞台。

但由于活塞式发动机具有油耗低、结构简单、价格便宜等优点，目前在初级教练机、超轻型飞机、小型直升机等航空器上仍被广泛采用。近年来，随着高空长航时无人机的发展，大功率、四冲程活塞式发动机又受到重视，使用活塞式发动机与增压器组合，可使无人机升限达到 11000m 以上高度。

4.3 燃气涡轮发动机

燃气涡轮发动机简称燃气轮机，是一种利用燃气涡轮驱动压气机，压缩气体工质，油气混合物经燃烧加热，在涡轮中膨胀，将热能转换为机械功的旋转式动力机械。航空燃气涡轮发动机是燃气轮机中技术最复杂的一种，其核心部分是由压气机、燃烧室和压气机驱动涡轮三部分组成的燃气发生器。

燃气涡轮发动机问世以来，迅速取代活塞式发动机，成为现代航空器的主要动力，并演化出涡喷、涡扇、涡桨、桨扇和涡轴五种样式，本节将依次介绍。

4.3.1 涡轮喷气发动机

涡轮喷气发动机简称涡喷发动机，是最早投入使用、也是最典型的航空燃气涡轮发动机。涡轮喷气发动机属于热机的一种，遵循热机的做功原则：在高压下输入能量，低压下释放能量。

4.3.1.1 工作原理

涡喷发动机由进气道、压气机、燃烧室、涡轮及尾喷管等组成（见图 4-10）。

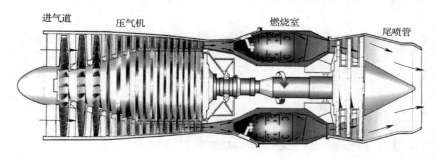

图 4-10 涡喷发动机结构简图

涡喷发动机和活塞式发动机的做功原理相同，都需要有进气、压缩、膨胀和排气四个阶段，不同之处在于，活塞式发动机工作过程是在同一空间、不同时间内完成的，燃烧在等容（积）条件下进行（等容燃烧）；而涡喷发动机在同一时间、不同空间内连续完成，燃烧在等压条件下进行（等压燃烧）。若其他条件相当，等容燃烧的热效率高于等压燃烧，活塞式发动机的耗油率低，但其间歇式工作方式限制了功率的提高。而涡喷发动机可以获得更大的功率。

在涡喷发动机中，空气首先进入进气道，完成进气过程。进气道后面是压气机，压气机工作叶片对气流做功，使气流的压力、温度升高，这是一个压缩过程。经过压缩的气流被送入燃烧室，在燃烧室里点火燃烧，气流的压力和温度进一步急剧升高。燃烧室后面是涡轮，从燃烧室流出来的高温高压燃气，流过与压气机装在同一条轴上的涡轮，燃气的部分内能转化成机械能，带动涡轮–压气机旋转，使压气机继续完成压缩过程；同时，高温高压燃气流入尾喷管，在尾喷管内继续膨胀后，从喷口向后排出，由于排出气体的动量远远大于进气口处的气体动量，进而使发动机获得一个反作用推力。

简而言之，空气流入涡喷发动机后，获得了一个巨大的动量增量，根据牛顿第二定律，这个动量增量源自发动机对空气向后的作用力；又从牛顿第三定律可知，在空气受到向后的作用力的同时，必然会对发动机施加一个大小相等、方向相反的反作用力——这就是涡喷发动机的基本工作原理。

涡喷发动机做功过程复杂、影响因素多，下面结合发动机构造进一步解释其工作原理。

4.3.1.2　基本构造

（1）进气道

进气道又称进气扩压器，其作用是将远前方自由流空气引入发动机，并将气流减速增压以满足下游部件的要求。进气道按来流马赫数分为亚声速进气道、超声速进气道和高超声速进气道；按在航空器上布局位置分为头部进气道、两侧进气道、腹部进气道和背置进气道；按气流压缩过程完成的位置分为外压式进气道、内压式进气道和混合式进气道；按调节方式分为几何可调进气道和几何不可调进气道。

亚声速进气道，进气口前缘较为钝圆，以避免起飞时进口处发生气流分离，内部通道多为扩散型。这种进气道在亚声速飞行时性能较好，即使在飞行马赫数稍大于 1 时激波损失也不大，一般可用在马赫数小于 1.5 的飞机上。

当飞行马赫数大于 1.5 时，激波损失加大，需要采用超声速进气道，较常见的是外压缩式超声速进气道。超声速气流遇到锥体时产生斜激波，波后速度下降，压力升高，到进气道入口处又产生正激波，速度进一步下降，成为亚声速气流，进入进气道。这种二波系超声速进气道比用一个正激波的进气道的损失大大降低。如来流马赫数继续增加，可采用三波系或多波系进气道。

进气道设计直接影响飞机气动布局和飞机发动机匹配关系，除做到结构简单可靠、重量轻、维护方便外，应进行机体 / 进气道 / 发动机一体化设计；作战飞机进气道还需进行气动 / 隐身综合设计。

（2）压气机

压气机的作用是提高进入燃烧室的空气的压力，一般由涡轮直接带动。压气机分为轴流式和离心式压气机，以及由轴流式与离心式组合而成的混合式压气机。

离心式压气机主要有旋转的叶轮（见图 4-11）和绕其周围静止的扩压器组成，空气流经叶轮后，压力和速度提高，再经过扩压器，空气动能转变为压力能。离心式压气机简单、结实，但总压比和所能处理的空气流量较小，在早期发动机上用得较多。目前，单级离心式压气机的增压比一般为 4 ~ 6，研究中的达到 8 ~ 10。为获得较高总增压比，常常在离心式压气机前加一级或多级轴流式压气机，也有采用双级离心式压气机的。

轴流式压气机由一个固定部分和一个旋转部分组成（见图 4-12），固定部分称为静子，旋转部分称为转子，它们由多排叶片相间组成。一排静子叶片和一排转子叶片组成一级。空气经过转子叶片后，其压力、速度和温度都将提高，再进入静子叶片。静子叶片的主要作用是使气流减速增压，同时改变气流方向，以满足下一级转子叶片对来流方向的要求。1 级压气机所能达到的增压比较小，为 1.5 ~ 1.6。为达到较高的增压比，需要设置多级压气机，可达 4 ~ 15 级，甚至更多，总压比能达到 40 左右。对于总压比较高的压气机，为保证其工作效率和稳定性，一般采用双转子甚至三转子结构。

离心式和轴流式各自的压气机构造简图及其气流速度与压力变化见图 4–13。

图 4–11　离心式压气机

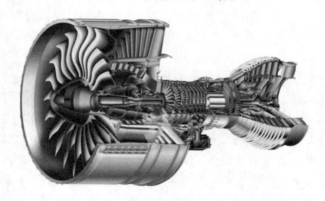

图 4–12　轴流式压气机

（3）燃烧室

燃烧室是将压气机流出的高压空气与燃料混合并进行燃烧的装置。在燃烧室里，燃料中的化学能经燃烧转变为热能。由燃烧室流出的高温、高压气体，具有很高的能量，用以在燃烧室后的涡轮和尾喷管中膨胀做功（见图 4–14）。

燃烧室由扩压器、燃油喷嘴、涡流器、火焰筒和燃烧室外套等组成。扩压器使压气机出口的气流速度降低、压力升高，便于组织燃烧；火焰筒是空气与燃油燃烧的地方，火焰筒头部装有喷入燃油的喷嘴和涡流器。喷嘴内有螺旋形通道，燃料流过通道后在离心力和周围气流的作用下雾化并与空气混合，经点火后燃烧；涡流器使燃烧室中心部分产生回流，使气流流速进一步降低，以保持火焰的稳定。

燃烧室分为单管燃烧室、联管燃烧室和环形燃烧室三类，它们结构形式有差异，但工作原理相同，目前用得最多的是环形燃烧室。

（4）涡轮

涡轮是将高温高压燃气内的能量转变为机械能的装置。在涡喷发动机中，燃气中

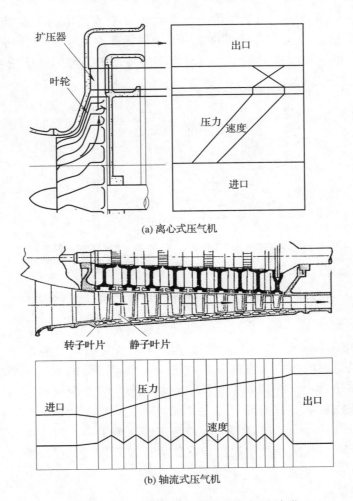

(a) 离心式压气机

(b) 轴流式压气机

图 4—13　压气机及其气流速度与压力变化

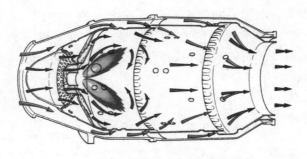

图 4—14　燃烧室原理图

约 75% 的能量在涡轮中转变为机械能，用来驱动压气机和附件，其余能量通过尾喷管膨胀加速，用以产生推力。

同压气机一样，涡轮也由静子（又称涡轮导向器）和转子（又称涡轮转子）组成。静子由导向器与固定它的机匣组成，转子由工作叶片、轮盘与轴组成。一个导向器和一个涡轮转子组合成一个涡轮级。涡轮可由一个或几个涡轮级组成，分别称为单级涡轮或多级涡轮。与压气机不同的是，涡轮导向器在转子之前，两个叶片间形成的通道呈收敛型，燃气流在通道中流过时，速度提高，压强降低（见图 4-15）。

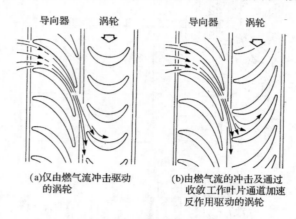

(a)仅由燃气流冲击驱动的涡轮　　(b)由燃气流的冲击及通过收敛工作叶片通道加速反作用驱动的涡轮

图 4-15　导向器叶片和转子叶片之间的空气流动

为了获得更大功率，要求涡轮进口处燃气温度尽量高。目前，先进发动机的涡轮前温度已达到 1850 ～ 1950K，大大超过了涡轮叶片材料本身能承受的温度。为了适应不断提高的涡轮前温度，一方面不断改进金属材料本身的耐温能力，例如，采用定向凝固合金和单晶合金，并探索采用陶瓷材料和碳/碳复合材料；另一方面研究新的冷却技术。冷却技术主要有内部对流冷却和外部气膜冷却两种，对流冷却是在叶片内部打一些气流通道，冷空气从顶部逸出，与主燃气流混合；气膜冷却是在叶片上打一排或几排孔，让冷空气从小孔中流出，在叶片外表面形成一层冷空气膜，使叶片与高温燃气隔开。

（5）加力燃烧室

在涡轮后的燃气中尚有一部分含氧的空气没有烧尽，因此可以在其中再喷入燃料，点火后再进行燃烧，以提高喷管出口燃气速度，加大推力，这种装置称为加力燃烧室（见图 4-16）。加力燃烧室工作时，可使涡轮喷气发动机推力增加 50% 之多。但由于加力时燃料消耗很多，所以只能短时间工作，一般只用于战斗机的起飞、快速爬升和战斗时。

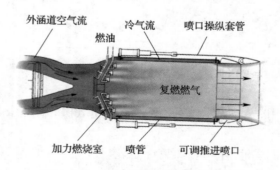

图 4-16　一种带喷管的加力燃烧室

加力燃烧室主要由几圈 V 形槽的火焰稳定器和在它前面的环形喷油杆组成，起到喷油、点火和火焰稳定作用。加力燃烧室内的气流温度很高，可达 2000 ~ 2200K，所以要对外壳进行有效冷却。

（6）尾喷管

尾喷管的功能是将涡轮或加力燃烧室后的高压燃气膨胀加速，使气流以高速喷出，从而获得推力。按照喷口气流速度可分为亚声速尾喷管和超声速尾喷管两种。亚声速喷管做成收敛型；超声速喷管做成收敛－扩散型。按照排气方向分又可分为直流喷管、偏流喷管和转向喷管（矢量喷管）等。直流喷管仅提供向前的推力，为大部分航空器所采用。转向喷管或矢量喷管可在一定角度范围内改变气流方向，以改变推力方向，可提供升力和直接推力控制，用于飞机垂直起降和高机动性飞行。美国 F-22 战斗机用的 F119 涡扇发动机采用了二维推力矢量喷管（见图 4-17）。二维矢量喷管的 5 种工作状态见图 4-18。

图 4-17 F-22 采用的二维矢量喷管

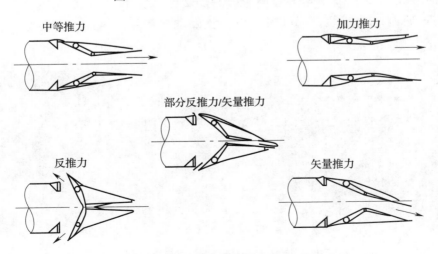

图 4-18 二维矢量喷管的 5 种工作状态

（7）反推力装置

反推力装置是指使发动机排气向前折转，以获得反向推力的装置。它可以缩短飞机着陆时的滑跑距离，改善空中机动性，并对意外情况做出反应。反推力装置分为两类：一类是格栅式，反推力装置工作时，用挡流板阻断主气流向后的流动，同时打开转向气流通道，经过格栅引导，气流逆向排出；另一类是靶式，又称折流板式，在喷管后面装有两块或多块向外张开的靶壳，它们将气流挡住并折向逆喷，从而产生反推力。

4.3.1.3 关于核心机

核心机是指在燃气涡轮发动机中由压气机、燃烧室和驱动压气机的涡轮组成的核心部分，又称燃气发生器。核心机构成了一个热力循环系统，不断输出具有一定可用能量的燃气。原则上，在保持核心机几何参数基本不变的条件下，通过改变风扇或低压压气机的级数和直径、涡轮的冷却和材料等来改变发动机的主要循环参数，如增压比、涵道比、空气流量、涡轮前燃气温度等，即可发展出一系列燃气涡轮发动机，包括：涡轮喷气发动机、涡轮风扇发动机、涡轮螺旋桨发动机、涡轮轴发动机等。另外，按照相似性理论，可以将核心机尺寸加大或缩小，以改变发动机的推力或功率大小，从而获得不同性能和用途的发动机。

这种能衍生出不同类型发动机的核心机，称为型号核心机。型号核心机不仅是发动机型号发展的基础，也可以帮助我们更加容易理解其他燃气涡轮发动机的基本构造与工作原理。

除了型号核心机外，还有以发展各种发动机技术、验证高压部件为目的的技术核心机。发展型号核心机与技术核心机，是航空燃气涡轮发动机研发的基本路径与手段，具有重要的工程意义。

4.3.1.4 涡喷发动机应用概况

世界上第一台实用型涡喷发动机是德国的"尤莫 -004"（见图 4-19），1940 年10 月开始台架试车，1942 年 7 月装在 Me-262 飞机上试飞成功。1943 年 4 月，英国罗罗公司研制成功威兰德涡喷发动机，该发动机当年投入生产，配装"流星"战斗机。

图 4-19 世界上第一台实用型涡喷发动机"尤莫 -004"

二战之后，美、苏、法等国也开始大力发展涡喷发动机。战后第一批装备部队的喷气式战斗机有美国的 P-80、苏联的米格-9。1947 年，出现了第一批后掠翼喷气式战斗机 F-86 和米格-15，分别配装轴流式 J47 和离心式 RD-45 涡喷发动机，飞行速度接近声速。

加装加力燃烧室的涡喷发动机使战斗机突破声障成为可能。1953 年，美国利用 J57 加力式双转子涡喷发动机，研制成功超声速战斗机 F-100，最大速度 $Ma1.31$；1955 年，苏联装用 RD-9B 加力式涡喷发动机的米格-19 装备部队，最大速度 $Ma1.37$。1958 年美国推出 F-104 战斗机，最大速度 $Ma2.2$，配装 J79 单转子加力式涡喷发动机，最大推力 7020daN，推重比为 4.63；1959 年苏联推出米格-21 战斗机，最大速度 $Ma2.1$，配装 P-13 双转子加力式涡喷发动机，最大推力 6480daN，推重比 5.8；1969 年，苏联装备米格-25 战斗机，最大速度 $Ma2.8$，配装 RD-31 发动机，单台最大推力达 10780kgf。

涡喷发动机在战斗机上被广泛应用的同时，也被其他机种所选用。首先是轰炸机，随后是运输机、旅客机和侦察机。如：美国 1955 年入役的 B-52 战略轰炸机，配装 8 台 J57 系列双转子涡喷发动机。1966 年入役的 SR-71 侦察机，其动力是 J58 加力式涡喷发动机，最大推力 14460daN。1952 年，世界上第一种喷气旅客机"彗星"号投入航线运营，该机装有 4 台涡轮喷气发动机。70 年代，"协和"超声速客机投入使用，该机装有 4 台奥林帕斯 593 涡喷发动机，单台最大推力达到 17000daN。

此后，涡喷发动机逐渐被涡扇发动机所取代。目前，中型涡喷发动机仍在一些轻型战斗机和教练机上使用，小型涡喷发动机则用于巡航导弹、靶机和无人机等。

4.3.2　涡轮风扇发动机

涡轮风扇发动机由涡轮喷气发动机发展而来。与涡喷发动机相比，涡扇发动机的空气流量大，排气速度低，因而推进效率更高、耗油率更低、经济性更好，用途十分广泛，已成为燃气涡轮发动机的主流产品。

4.3.2.1　原理、构造与分类

（1）原理

为克服涡喷发动机耗油率高、噪声大的缺点，人们设想在机壳外围设置一个外涵道，流入进气道的气流被分成内外两股：一股进入内涵道，流经核心机（压气机 - 燃烧室 - 涡轮），进入尾喷管；另一股进入外涵道，通过外涵道被引入尾喷管。从核心机出来的油气混合气与从外涵道进入的空气在喷管内进一步混合、燃烧、膨胀做功，从尾喷口喷出。如此一来，燃料得到充分燃烧，发动机推进效率得到显著提高。消耗同样燃油，能产生更大的推力；而获得相同推力，只需原耗油率的 2/3。

于是，一种新的航空动力样式——涡轮风扇发动机出现了，它也被形象地称为双涵道涡喷发动机或内外涵道涡喷发动机。涡扇与涡喷发动机最大的差别在于多了一个外涵道，因此也引出一个新的重要气动参数——涵道比（或称旁通比、流量比），意为外涵道空气流量与内涵道空气流量之比。

（2）构造

涡扇发动机的典型构造见图 4-20。从图中可见，在涡喷核心机的基础上，前面多了若干级风扇，后面多了一个涡轮，核心机机壳外多了一个外涵道。风扇实际上是直径较大、叶片较长的轴流式压气机，又称低压压气机，风扇一般为 1 ~ 5 级；驱动风扇的涡轮位于核心机之后，故称为低压涡轮或动力涡轮。风扇的作用是将从进气口进来的空气加速并分成内外两股，一股进入内涵道，另一股进入外涵道。

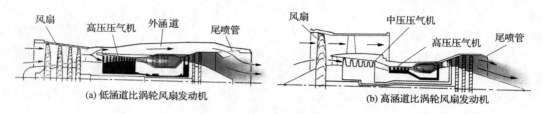

(a) 低涵道比涡轮风扇发动机　　　　(b) 高涵道比涡轮风扇发动机

图 4-20　涡轮风扇发动机示意图

低压涡轮通过传动轴驱动风扇工作。这只是涡扇发动机的一种方案，由于风扇位于涡轮之前，这种布置称为涡轮前风扇方案。还有一种涡轮后风扇方案：把风扇布置在低压涡轮之后，形成一个类似二层楼的结构。

除"风扇－高压压气机"这种双转子模式外，还可采用单转子模式，如法国 M53 发动机（配装"幻影"2000）。它把涡喷发动机的压气机前三级加大直径，并在后部增加外涵道，从而形成双涵道发动机。单转子涡扇发动机尽管性能不高，但结构简单、技术难度小，也有其应用空间。

（3）分类

涡扇发动机按涵道比的大小，主要分为低涵道比（小于 2 ~ 3）与高涵道比（高于 4 ~ 5）两类；按照是否带加力燃烧室，可分为加力式与非加力式两类；按推重比大小可分为高推重比涡扇发动机与一般涡扇发动机。

加力式低涵道比涡扇发动机常用于先进战斗机与超声速轰炸机，非加力式高涵道比涡扇发动机多用于亚声速客机和军用运输机。

4.3.2.2　发展与应用

（1）低涵道比涡扇发动机的发展与应用

世界首台实用型涡扇发动机是英国罗罗公司的"康维尔"，该机 1948 年研制，1959 年定型，涵道比 0.3 ~ 0.6，推力 77.9kN。1960 年起，采用"康维尔"发动机的民航飞机投入使用，引发民机"风扇化"浪潮。随后，美、英与苏联推出一批低涵道比涡扇发动机，如罗罗公司的"斯贝"、普惠公司的 JT8D、苏联的 D-30 等，代表机型有英国的"三叉戟"、法国的"快帆"、美国的波音 727/737-200，以及苏联的图 -154、伊尔 -62 等。

（2）加力式低涵道比涡扇发动机的发展与应用

为满足战斗机需要，在低涵道比涡扇发动机基础上，减小外径，增添加力燃烧室，就形成了加力式低涵道比发动机。1964 年，罗罗公司研制成功军用型"斯贝"MK202，F-4 战斗机换装该发动机后性能显著提升，航程增加 54%，加速到

*Ma*2.0 的时间减少了 1/3。此后，普惠公司将民用 JTF10A 改型为加力式 TF30 涡扇发动机，先后用于 F-111、A-7A、F-14 等飞机，效果良好。

20 世纪 60 年代中后期，美国空军为研制新型战斗机，要求飞机推重比大于 1.0，相应地，发动机推重比要从 5.0 提高到 8.0。为此，必须提高发动机循环参数，总压比从 20 提高到 25，涡轮前燃气温度由 1440K 提高到 1673K；需要采用一系列新技术、新材料、新方法。20 世纪 70 年代初，推重比 8 的加力式涡扇发动机研制成功。1974 年 11 月装有两台 F100-PW-100 发动机的 F-15 开始服役。此后，美国将轰炸机用的 F101 改进成战斗机用的 F110 加力式涡扇发动机，并为海军全新研制了 F404 加力式涡扇发动机。欧洲三国（英、意、联邦德国）研制成功 RB199 发动机，苏联研制成功 RD-33、AL-31F 等发动机。

进入 21 世纪，F119 和 F135 发动机相继问世，低涵道比涡扇发动机推重比由 8 提高到 10，军用涡扇发动机技术进入到一个新阶段。F119 加力推力 155.7kN，总压比 35，涵道比 0.3，涡轮前温度 1850 ~ 1950K，由 3 级风扇、6 级高压压气机、环形燃烧室、单级高压涡轮、单级低压涡轮、加力燃烧室与二维矢量喷管等组成。该发动机于 1982 年开始研制，2005 年配装 F119 发动机的 F-22 正式服役。

采用 F119 同样核心机的 F135 发动机，加大了原风扇直径，低压涡轮级数增为 2 级，加力推力 191.3kN，涵道比 0.98，总压比 28，推重比达到 11.7，是目前推重比最大的发动机（见图 4-21）。该发动机是专门为 F-35 研制的，在 2006 年完成飞行测试。目前，飞机、发动机均已服役。

图 4-21　F135 加力式低涵道比涡扇发动机

（3）高涵道比涡扇发动机的发展与应用

1964 年，美国空军公布远程战略运输机计划，要求飞机航程 10000km、起飞重量 350t。为满足新型战略运输机的装机要求，GE 公司经过几年努力，研制成功高涵道比涡扇发动机 TF39-GE-1C，该发动机涵道比达到 8，推力 19120daN，1969 年，配装在洛克希德 C-5A 运输机上交付美国空军。

在美国空军选中洛克希德方案后，参加竞标的波音、洛克希德和道格拉斯公司，均以投标方案为基础，开始研制新一代宽体机身大型旅客机。为向新一代宽体客机提供动力，罗罗、GE 和普惠公司分别研制成功 RB211、CF6、JT9D 高涵道比涡轮风扇发动机，最终促成波音 747-100、DC-10 和 L-1011 三款大型远程旅客机投入航线运营。

在此之后，美国和欧洲发展不同推力档次的高涵道比涡扇发动机，如"遄达"900（见图 4-22）等，以满足迄今仍坐拥蓝天的空客 A 系列和波音系列飞机需要，发动机推力由最初的 20000daN 增加到 50000daN，涵道比由最初的 5 ~ 8 提高到 11，总压比由最初的 25 提高到 50 ~ 52，成就了大型民用客机的发展和繁荣。

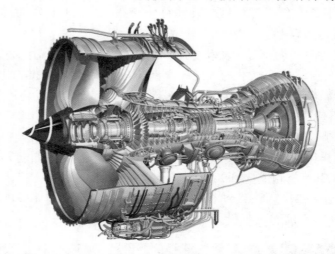

图 4-22 "遄达"900 高涵道比涡扇发动机

4.3.3 涡轮螺旋桨发动机

涡轮螺旋桨发动机简称涡桨发动机，将化学能转变成旋转动能，通过减速器驱动螺旋桨旋转，螺旋桨产生拉力（或推力），驱动航空器前进。涡桨发动机目前主要用于中小型运输机、通用飞机等亚声速飞机。

4.3.3.1 工作原理与构造

（1）工作原理

图 4-23 是一台自由涡轮式单转子涡桨发动机的结构剖面图，与涡喷发动机相比，两者大体相同，都有进气道、压气机、燃烧室、涡轮和尾喷管，只是多了螺旋桨、减速器和动力涡轮三个部件。发动机工作时，从燃气发生器（核心机）流出高速旋转气流驱动动力涡轮旋转，动力涡轮通过传动轴将旋转动能传递给前方减速器，经过减速器的减速和转向，再驱动螺旋桨旋转，以产生螺旋桨拉力（或推力）。在该方案中，由于动力涡轮与燃气发生器涡轮之间无机械联系，只有空气动力联系，所以，该涡轮又称自由涡轮。

有的涡桨发动机，将燃气发生器涡轮与动力涡轮安装在同一根轴上，这种发动机称为固定涡轮式或定轴式涡桨发动机。

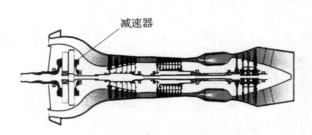

图 4-23　涡轮螺旋桨发动机示意图

采用涡桨发动机的飞机，其前进力主要由螺旋桨提供，喷管中排气流产生的直接反作用推力仅占总前进力的 5% ～ 10%。

与活塞式发动机相比，涡桨发动机具有重量轻、功率大、振动小等优点，特别是随飞行高度的增加，性能更显优越；与涡喷和涡扇发动机相比，具有耗油率低和起飞推力大的优点。但因螺旋桨特性的限制，装涡桨发动机的飞机速度一般不超过 800km/h。

（2）构造特点

涡桨发动机在构造上有两大特点：一是必须设置减速器，二是多采用离心式或组合式压气机。

在涡桨发动机中，工作涡轮转速较高（自由式 6000 ～ 12000r/min，定轴式 8000 ～ 18000r/min），而螺旋桨要求的转速很低（一般为 1000r/min 左右），因此必须设置减速器，以便将转速降低到螺旋桨所要求的工作转速。减速器通过齿轮装置实现减速和转向，且具有传动比大、工作稳定可靠、外廓尺寸小等要求，必须进行精细设计。

涡桨发动机尤其是中小型涡桨发动机，由于尺寸效应，大多采用离心式或轴流－离心组合式压气机，而不采用涡喷/涡扇发动机所采用的轴流式压气机。

4.3.3.2　发展与应用

涡桨发动机在中低速飞行和起飞着陆时的工作特性良好，20 世纪中叶被广泛用作旅客机、军用运输机的动力，如"子爵"号、伊尔－18、运 7、C－130、安－12、安－22、图－114 等。苏联的图－95 轰炸机装 4 台 NK－12 涡桨发动机（单台功率 8950kW），驱动 4 组共轴反转的双螺旋桨，1956 年投入使用，现仍在服役。

20 世纪 70 年代以后，各国均不再研制大功率涡桨发动机。但由于涡桨发动机亚声速、短途飞行的经济性好，采购和维修费用低，在小型支线客机、小型运输机、通航飞机上仍被广泛采用。

20 世纪末，欧洲八国开始研制 A400M 大型军用运输机。A400M 采用 4 台涡桨发动机和 8 片式桨叶（直径 5.3m）的螺旋桨组成的高效推进方案。为向 A400M 提供动力，西班牙 ITP 公司、德国 MTU 公司、法国斯奈克玛公司和英国罗罗公司组成欧洲涡桨国际公司（EPI），合作研制、生产 TP400－D6 涡桨发动机。TP400－D6 由体外减速器、5 级中压压气机、6 级高压压气机、1 级高压涡轮、1 级中压涡轮与 3 级低压涡轮等组成，起飞功率 8203kW，耗油率约为 0.238 kg/（kW·h），总压比 25，燃烧室出口温度 1500K。

4.3.4 桨扇发动机

桨扇发动机，顾名思义是一种既具有涡桨特点又具有涡扇特点的发动机。目前只在俄罗斯/乌克兰研制的安－70运输机上得到实际应用。

4.3.4.1 工作原理与构造

由于桨扇发动机没有大涵道比涡扇发动机那样的风扇外涵机匣，因此，桨扇发动机又被称为无涵道风扇（UDF）发动机（见图4－24）。从燃气发生器流出高温燃气驱动动力涡轮，动力涡轮的传动轴通过减速器，带动前、后排桨扇的叶片（简称桨叶）以相反的转向转动，产生向前的拉力。图4－25示出带双排对转桨叶的桨扇发动机。

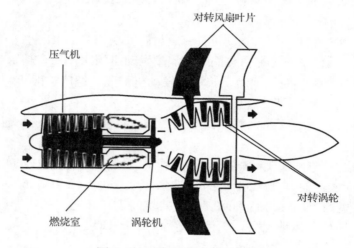

图4－24　桨扇发动机示意图

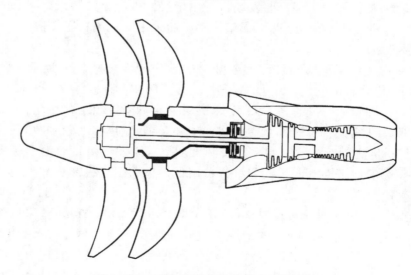

图4－25　双排对转桨扇发动机结构简图

桨扇的桨叶较多（一般为6～8片），每片桨叶较宽、弯曲且后掠，呈马刀形。桨扇直径小于涡桨发动机的螺旋桨直径，但大于涡扇发动机的风扇直径。由于前、后排叶片对气流扰动会激起较大噪声，所以两排叶片取不同片数。

4.3.4.2　发展与应用

涡桨发动机低速飞行时有较低的耗油率，但随飞行速度增加，螺旋桨效率降低，耗油率增加。20 世纪 70 年代，世界油价高企，作为应对措施，欧美国家开始研制桨扇发动机。

到 20 世纪 80 年代，几款桨扇发动机相继进入试验验证阶段，由于发动机的噪声、振动问题，以及无外涵机匣造成的安全性差，加之世界燃油价格回落等原因，多数研发活动中止。只有苏联的研发计划一直坚持下来，最终被用到中程军用运输机安 −70 上。

安 −70 配装四台 D−27 桨扇发动机，单台功率 10400kW，巡航耗油率仅为 0.174kg/（kW·h），比涡喷发动机低 20% ～ 30%。与 D−27 发动机匹配的同轴对转桨扇由全复合材料制成，直径 4.5m。每副桨扇由同轴相串、转向相反的两个桨扇组成，前面 8 片桨叶，后面 6 片桨叶，这种设计有效延缓气流分离（桨叶失速），且噪声小，推进效率高达 90%。

进入 21 世纪，大力倡导"绿色航空"理念，桨扇发动机再次受到重视，并被赋予开式转子（open rotor）的新称谓。CFMI 公司、罗罗公司和斯奈克玛公司先后提出了几种新型桨扇发动机方案。

4.3.5　涡轮轴发动机

涡轮轴发动机简称涡轴发动机，是现代直升机的主要动力样式。最早的涡轴发动机属于涡桨发动机范畴，并没有自成体系。随着直升机的迅猛发展，涡轴发动机获得独立地位，并衍生出一个庞大家族。涡轴发动机具有重量轻、体积小、功率大、振动小、易于起动、便于维修等优点，将长期占据直升机动力的主流地位。

4.3.5.1　工作原理与构造

（1）原理及分类

涡轮轴发动机的工作原理与涡桨发动机基本相同。

图 4−26 为一种自由涡轮式双转子涡轴发动机的示意图，它的燃气发生器有两个转子，高压转子由 1 级离心压气机和 1 级高压涡轮组成；低压转子由 4 级轴流压气机和 1 级低压涡轮组成。2 级自由涡轮通过同心穿过低压转子的输出轴（动力轴）向前输出功率。通过输出轴传递的旋转动能经过传动系统（主减速器、中间减速器、尾减速器等）的减速和变向，驱动直升机旋翼和尾桨工作。

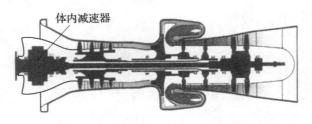

图 4−26　自由涡轮式双转子涡轴发动机示意图

在直升机上，传动系统是独立于发动机之外的另外一个系统，但由于旋翼转速极低（约100r/min），而动力轴的转速极高（10000～40000r/min），为不使直升机传动系统的减速比过大，一般在涡轴发动机内设置一个体内减速器。

根据动力涡轮的形式，涡轴发动机分为定轴式和自由涡轮式。定轴式的动力涡轮与压气机涡轮固定在同一转轴上；而自由涡轮式的动力涡轮与压气机涡轮没有机械联系，只发生空气动力联系。

根据动力轴的输出方向，涡轴发动机分为前输出轴式和后输出轴式。前输出轴式的动力轴从压气机的前方伸出；后输出轴式的动力轴从动力涡轮的后方伸出。

（2）构造特点

直升机需要经常在野外起降和近地悬停，为避免地面扬起的沙尘进入发动机伤及部件，在涡轴发动机的进气道处需安装滤网、粒子分离器等装置。

涡轴发动机的压气机一般不采用轴流式，多采用离心式或轴流－离心组合式。

涡轴发动机的燃烧室多采用回流环形燃烧室或折流环形燃烧室。

涡轴发动机的排气系统与涡喷／涡扇、涡桨发动机明显不同。涡轴发动机的排气速度越低越好，故其排气管都做成喇叭状的扩散结构，在军用直升机的排气管上，大多装有红外抑制器，以提高隐身效果。

4.3.5.2　发展与应用

20世纪中期之前，直升机一直以活塞式发动机为动力。1955年，法国透博梅卡公司的"阿都斯特"Ⅰ型涡轴发动机装上"云雀"Ⅱ直升机后，显示出涡轴发动机的优越性能，进而在功率260kW以上直升机上得到广泛采用。

目前，全球在役、在用的直升机总数超过4万架，供直升机使用的涡轴发动机多达几十种，功率大多在200～6000kW，1500kW以下的居多。功率最大的是苏联的D-136，输出功率7457kW（用于米-26直升机）。

半个多世纪以来，涡轴发动机已成功地发展了四代，大体每十年一代，功重比从2kW/kg提高到6.8～7.1kW/kg。第四代涡轴发动机的代表型号有：英、法联合研制的RTM322-01，美国的T800-LHT-800，德、法、英联合研制的MTR390，俄罗斯的TVD1500等。这一代涡轴发动机采用新的结构设计技术，进一步提高热力循环参数和部件效率；采用双级离心式压气机或多级超／跨声速轴流加离心混合式压气机，总压比达14～15；采用回流环形燃烧室；涡轮前燃气温度1420～1540K；涡轮部件中采用主动控制间隙技术，采用空心气冷叶片和陶瓷材料等。

4.4　其他类型的动力装置

除活塞式与燃气涡轮发动机这两种使用最广泛的动力样式外，导弹用发动机、垂直／短距起降飞机的动力装置，以及航空器上的辅助动力装置等，形式多样，特点显著。本节介绍这些"非主流"航空动力装置。

4.4.1　垂直 / 短距起降动力装置

垂直 / 短距起降（V/STOL）动力装置，能为垂直 / 短距起降飞机提供垂直升力，并为飞机水平飞行提供推力，主要有如下类型。

4.4.1.1　升力发动机

升力发动机是一种把所产生的推力直接用作升力的发动机，可以是涡喷发动机，也可以是涡扇发动机。它必须与主推进发动机组合使用。与一般涡喷或涡扇发动机不同的是：推重比要特别高，至少达到 16 甚至高达 40 以上。因此，要求结构相对简单、系统简化、广泛采用轻质的复合材料。苏联雅克 −38 和雅克 −41 就采用升力发动机和推力转向发动机的组合。

4.4.1.2　升力 − 推力发动机

又称推力转向发动机，是利用改变喷气方向，既能提供垂直升力又能提供平飞推力的发动机。飞机在起飞、着陆和悬停时，发动机喷口向下，产生向上的升力；水平飞行时，喷口向后，产生向前的推力；在过渡飞行时喷口逐渐由向下转向后方，此时既有向前的推力分量，又有向上的升力分量。升力 − 推力发动机可单独使用，也可与升力发动机或远距升力系统组合使用。

苏联 / 俄罗斯的雅克 −38 和雅克 −41 采用的升力发动机与推力转向发动机的组合如图 4−27 所示。英国"鹞"式飞机采用的"飞马"推力转向发动机如图 4−28 所示。

4.4.1.3　升力风扇

升力风扇是由燃气发生器的热燃气直接驱动或由其功率输出轴传动的、安装在机身或者机翼上的风扇。飞机依靠升力风扇产生的升力完成垂直 / 短距起降；过渡飞行时，升力风扇与机翼同时产生升力；巡航飞行时，升力风扇关闭，燃气发生器转换成产生推力的推进器。F−35B 战斗机就采用推力转向发动机和轴传动升力风扇组合的动力样式，见图 4−29。

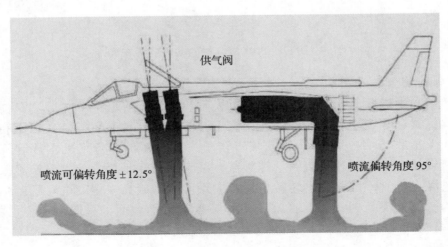

图 4−27　升力和推力转向组合发动机示意图

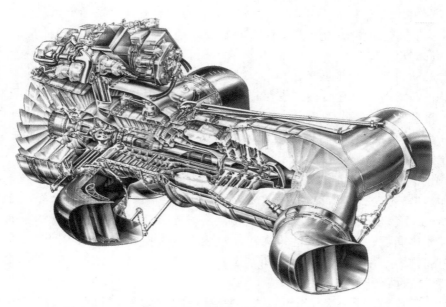

图 4-28　"鹞"式飞机配装的"飞马"推力转向发动机

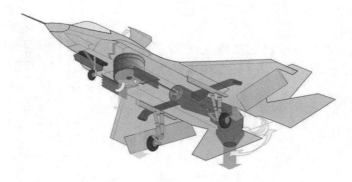

图 4-29　F-35B 战斗机的动力装置布局

4.4.1.4　倾转旋翼

　　倾转旋翼（螺旋桨）是由涡桨或涡轴发动机驱动的，既能产生升力又能产生拉力，兼具旋翼和螺旋桨双重特性的所谓螺旋桨旋翼。这种装置安装在可倾转的机翼（tilt-wing）上，或者在翼尖处形成倾转转子（tilt-rotor）。当飞机垂直起降时，机翼或倾转转子向上倾斜，使旋翼（螺旋桨）桨盘平行于地面，旋翼（螺旋桨）产生升力；过渡飞行时，机翼或倾转转子逐步向下倾斜，旋翼（螺旋桨）既产生升力又产生拉力；巡航飞行时，旋翼（螺旋桨）桨盘垂直于地面，只产生前飞用的拉力。图 4-30 是美国 V-22 "鱼鹰"上的倾转旋翼（螺旋桨）。

图 4-30　V-22 倾转旋翼机

4.4.2　冲压喷气发动机

冲压喷气发动机简称冲压发动机，是一种利用迎面气流进入发动机后减速，使空气提高静压的一种喷气发动机。冲压喷气发动机具有突出优势，也有明显劣势，虽不宜作为普通飞机的动力，但作为导弹的动力装置，或与别的发动机配合、成为组合式动力装置，具有一定应用前景。

4.4.2.1　工作原理和技术特点

（1）工作原理

冲压喷气发动机通常由进气道（又称扩压器）、燃烧室、推进喷管三部分组成，见图 4-31。冲压发动机没有压气机，也就不需要燃气涡轮。

航空器飞行时，迎面气流高速冲入进气道，气流速度骤降，动能转换成压力能。经压缩后的空气进入燃烧室，与燃料混合进行等压燃烧。所生成的高温、高压燃气在喷管中急剧膨胀，并加速向后排出，进而产生反作用推力。

冲压发动机有亚声速和超声速两种。亚声速冲压发动机，使用扩张型进气道和收敛型喷管，以航空煤油作为燃料，增压比不超过 1.89。超声速冲压发动机飞行速度在 $Ma1.5 \sim 6.0$ 之间，采用多激波系超声速进气道和收敛型或收敛－扩张型喷管。另外，适合于更高马赫数的超燃冲压发动机将在本章下一节中介绍。

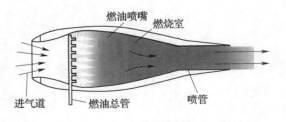

图 4-31　亚燃冲压发动机示意图

（2）技术特点

冲压发动机的主要优点：无转动部件，结构简单、质量轻、成本低、使用维护方便；超声速飞行时经济性好、耗油率低，显著优于涡喷／涡扇发动机，是超声速飞行（$Ma2.0 \sim 6.0$）的理想动力；与火箭发动机相比，不需要自带氧化剂，工作时间比火箭发动机长得多；便于同其他动力装置构成组合式动力。

冲压发动机也有其明显缺陷，主要有：需要航空器达到一定速度后才能工作，无法在静止状态下起动；对飞行状态的改变比较敏感；与火箭发动机相比，体积和直径都比较大；当高度大于 30km 后，由于空气密度、气压骤降，发动机性能变坏，甚至无法工作。

4.4.2.2　发展与应用

早在 1913 年就提出了冲压喷气发动机的概念，但 40 年后才进入实用化研制阶段。英国和美国于 20 世纪 50 年代初开始研制用于导弹的第一代冲压发动机。60 年代初，英国、美国、苏联开始研制第二代冲压发动机。之后，各航空航天大国的研究工作一直没有停止过，开辟了许多新的应用领域。目前，离子冲压和原子能冲压发动机成为研究的热点。

亚声速冲压发动机主要用于靶机、近距巡航导弹等；超声速冲压发动机主要用于超声速巡航导弹、高速无人机（或靶机），或用作某些超声速飞机的助推器等。冲压发动机更广泛的用途，还在于和其他动力样式构成组合式动力装置，如涡轮－冲压、火箭－冲压和涡轮－火箭－冲压组合等。

4.4.3　组合式发动机

组合式发动机是把两种以上不同类型的喷气发动机在形式、结构和工作过程上结合为一体，形成一台兼具组成者各自特点的新型喷气发动机。图 4-32 示出各类喷气

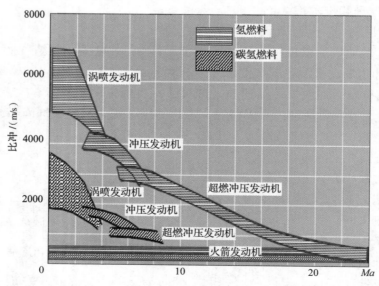

图 4-32　各类喷气发动机的比冲随飞行马赫数的变化

发动机的比冲（即燃烧 1kg 的燃料所产生的冲量，单位为 m/s）随飞行马赫数的变化，从中可以看出，要实现高超声速飞行，需要有两种以上不同工作原理（不同类型）的发动机组合。目前，已投入使用的组合发动机主要有涡轮 / 冲压发动机、火箭 / 冲压发动机和涡轮 / 火箭 / 冲压发动机三类。

4.4.3.1　涡轮 / 冲压发动机

涡轮 / 冲压发动机是把燃气涡轮发动机和冲压发动机结合在一起，能在各自最佳飞行速度范围内充分发挥性能的一种发动机（见图 4—33）。目前，涡轮 / 冲压发动机有两种类型：一类以加力涡喷发动机为基础；另一类以加力涡扇发动机为基础。这两种类型发动机基本原理相同，都把加力燃烧室同时作为冲压发动机的燃烧室。相比较而言，以加力涡扇为基础的涡轮 / 冲压发动机纵向尺寸稍小、重量稍轻，具有较高的热效率，在起飞和低速飞行时噪声水平较低，推力的变化范围也比较大。

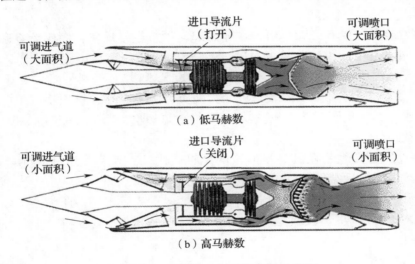

（a）低马赫数

（b）高马赫数

图 4—33　涡轮 / 冲压发动机示意图

世界上第一台涡轮 / 冲压发动机是法国人研制的，安装在"猎犬"超声速研究机上，于 1955 年 9 月完成首飞。

4.4.3.2　火箭 / 冲压发动机

火箭 / 冲压发动机是一种由火箭发动机和冲压发动机组合而成的发动机。主要部件有：空气进气道、燃气发生器（火箭室）、补燃室和尾喷管。火箭 / 冲压发动机的性能介于火箭发动机与冲压发动机之间。

除了普通火箭 / 冲压发动机之外，目前在重点发展可变模态火箭 / 冲压复合循环发动机，这种发动机一般由三维压缩高超声速进气道、隔离段、双模态燃烧室和可调喷管等组成，其特点是：工作范围很宽（从零速起飞到高超声速），既能大推力起飞加速（火箭引射模式），又能作高比冲巡航飞行，还能关闭冲压通道用火箭模式加速到轨道速度。

普通型火箭 / 冲压发动机可用于各种巡航导弹，可变模态火箭 / 冲压复合循环发动机有望用于高超声速航空器和航天运输。

4.4.3.3 涡轮 / 火箭 / 冲压发动机

涡轮 / 火箭 / 冲压发动机是涡轮、火箭、冲压三种发动机组合工作的推进装置。

根据循环方式不同，这种发动机主要有两类：一类具有燃气发生器循环特点；另一类具有膨胀循环特点。前者火箭需自带燃料和部分氧化剂，后者则完全不带氧化剂。具有膨胀循环的涡轮 / 火箭 / 冲压发动机，由于不带氧化剂，性能得到提升，适合用作马赫数小于 6 的洲际飞机及高超声速导弹的动力。

4.4.4 辅助动力装置

辅助动力装置（APU）是航空动力系统中的一套不依赖机外能源、完整独立的特殊系统。APU 是目前大中型飞机和大型直升机的必备装置。

4.4.4.1 作用、组成和技术特点

（1）作用

辅助动力装置主要有三大作用：在地面起动飞机主发动机；向座舱空调系统供应压缩空气；向飞机电网供电。有的 APU 在飞机起飞时还可提供附加推力，在主发动机停车时向飞机提供电力和气源。

按输出能量样式，辅助动力装置可分为两类：一类仅输出机械功，用以驱动直流或交流发电机；另一类同时输出机械功与压缩空气。现在大多数飞机的 APU 为后者。

（2）组成

辅助动力装置一般装在机身最后段的尾锥之内，在机身上方垂尾附近开有进气口，排气直接由尾锥后端的排气口排出。

APU 一般由小型燃气涡轮发动机、带减速器的功率输出轴、压缩空气输出口，以及自动控制装置等组成。其核心是一台专门设计的小型涡轮发动机，少部分由涡桨发动机改装而成。

（3）技术特点

APU 可单独起动，由独立的电池组供电，它有独立的齿轮箱、润滑系统、冷却系统和防火装置。其燃油来自飞机燃油系统。在 APU 发动机前端除正常压气级外还装有一个工作压气级，向机身前部的空调组件输送压缩空气，以保证机舱的空调系统工作。同时还带动一个发电机，可以向飞机电网送出 115V 的三相电流。

由于 APU 一般仅在飞机起飞、着陆过程中使用，在飞行中成为飞机的"死重"，因此要求 APU 在保证功能的前提下，结构上尽量简单、紧凑，易于起动，且工作可靠。

4.4.4.2 发展与应用

早期的 APU 功率较小，在设计上力求简单，一般为单转子布局，采用一个低增压比的离心式压气机，增压比 3 ~ 4。涡轮为单级径向式或两级轴流式，涡轮进口温度低于 1250K。到 20 世纪 90 年代，APU 输出功率已达 500 ~ 1000kW，多采用双转子布局，增压比达 7，涡轮进口温度提高到 1650K。图 4-34 是一种使用广泛的 APU。

APU 技术还在继续发展，随着电子电力技术的进步，一些操纵部件由气动、液压改为电力操控，飞机驱动 / 作动趋于多电化。顺应未来趋势，综合动力装置（IPU）将是未来 APU 的主要形式。

图 4-34　某重型直升机的辅助动力装置

4.5　新型航空动力装置

传统航空发动机技术还在继续进步，但几近极致，革新发展面临着愈来愈大的困难和愈来愈高昂的成本。为满足未来航空器的高性能要求，为应对化石能源日益枯竭的局面，各航空大国都在积极发展新形态、新概念航空动力装置。这些发展中的新型航空动力装置，特点各异，所处的发展阶段不同，本节将逐一作简要介绍。

4.5.1　多电发动机

4.5.1.1　技术概念和工作原理

多电发动机是多电飞机的核心设备，是新型电源与发动机复合而成的新系统。图 4-35 是多电发动机的结构示意图。

多电发动机在传统燃气涡轮发动机基础上，用主动磁悬浮轴承取代滚动轴承系统，用安装在主轴上的大功率整体起动 / 发电机为发动机和飞机的所有用电设备供电，用全电气化传动附件取代机械液压式传动附件，实现发动机和飞机的全电气化传动，同时，发动机控制系统也由集中式控制改为分布式控制，发动机的燃油泵和作动器也改为电力驱动。

4.5.1.2　发展和应用

与传统发动机相比，多电发动机具有性能更好、结构更紧凑、维修性和可靠性更高、运行和维护成本低等许多优势，因而在军民用领域均有广阔的应用前景。

多电发动机将显著改善民用飞机的舒适性。电力系统取代传统的环境控制系统，可改善发动机的热力循环特性，增加客舱的空气供应量并改善空气质量；发电机可提供充足电力，以满足日益增长的客舱用电设备的需要。

在军事领域，多电发动机可提高发动机推重比，从而增大飞机的有效载荷。整体起动／发电机产生的几兆瓦电功率，除为多电飞机提供电力外，还可作为机载高能束武器的能源。预警机等特种作战飞机的任务载荷用电量巨大，多电发动机可为其提供足够的电能保证。

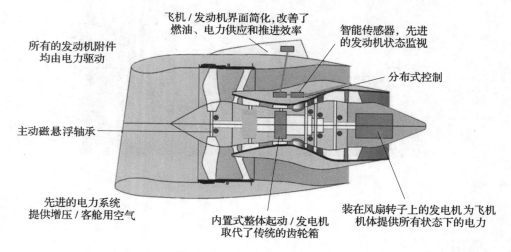

图 4-35　多电发动机结构示意图

自 20 世纪 90 年代开始，美国和欧共体（欧盟）实施了多项多电发动机／飞机研制计划。其中，美国的研究计划众多，参与者包括国家航空航天局（NASA）、陆军、空军、大学、发动机制造商等。英国政府于 2000 年启动多电发动机研究计划。欧盟在 2002 年开始实施电力优化飞机（POA）计划。

多电发动机涉及的关键技术包括：高温主动磁悬浮轴承技术、内置式整体起动／发电机技术、分布式控制技术、高温电子设备及其绝缘技术、高温电子设备热管理技术、备份轴承技术等，目前，制约多电发动机发展的诸多关键技术已基本掌握，在技术上趋于成熟，即将获得实际应用。

4.5.2　变循环发动机

4.5.2.1　技术概念和工作原理

变循环发动机（VCE）是通过改变发动机一些部件的几何形状、尺寸或位置，来改变其热力循环参数，如增压比、涡轮前温度、空气流量和涵道比等，以使发动机在各种状态下都具有良好性能的一种新型燃气涡轮发动机（见图 4-36）。

当前变循环发动机研究的重点是涡扇发动机，根据飞行需要着重改变发动机的涵道比。涡扇发动机在亚声速飞行状态要求的推力不大，所以希望增大涵道比，以降低燃油消耗；在爬升、加速和超声速飞行时，需要减小涵道比，使之接近涡喷发动机的性能，以增大推力。

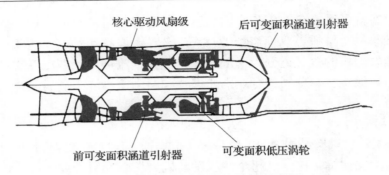

图 4-36　变循环发动机结构示意图

4.5.2.2　发展与应用

变循环发动机的性能优势主要体现在四个方面：使发动机在各种使用状态下都具有良好的动力性能；有助于减小发动机的"装机损失"；大大扩展发动机的适用范围；降低发动机燃油消耗，提高发动机的经济性。

变循环发动机在军民用领域均有广阔的应用前景。在军事领域，可以提高军用飞机的综合使用效能，可同时兼顾巡航飞行、机动飞行、起飞着陆的需要，甚至有助于改善飞机隐身性能。在民用领域，主要是提高发动机的适用性，改善发动机的经济性。

20 世纪 70 年代，在超声速巡航研究（SCR）计划支持下，美国 GE 公司和普惠公司开始研究变循环发动机技术。1976 年，美国制订了单独的 VCE 技术发展计划；1985 年，将 VCE 纳入 NASA 高速推进研究计划（HSPR）当中。从 1987 年开始，美国 VCE 技术在 IHPTET 计划资助下得到验证。1990 年，GE 公司的 F120 变循环发动机在 YF-22 和 YF-23 战斗机上试飞成功，成为第一种经飞行验证的 VCE。

F120 发动机在 2 级风扇后添置一个可调节的外涵出气环，与原来设在高压压气机中的主外涵出气环联合工作。低工况时，两个外涵道均打开，涵道比加大以获得低耗油率；大工况时，可调节外涵出气环关闭，涵道比减小以增加发动机推力。

目前，VCE 技术已接近成熟。在此基础上，自适应变循环发动机已被美国确定为下一代军用航空发动机技术方向，并已向 GE 和普惠授予自适应变循环发动机计划（adaptive engine transition program，AETP）研发合同，以促进变循环发动机尽早实用化，并确保军用航空发动机领先一代的绝对优势。

4.5.3　超燃冲压发动机

4.5.3.1　技术概念和工作原理

超燃冲压发动机是指燃料在超声速气流中燃烧的冲压发动机。

一般的冲压发动机燃料在亚声速气流中燃烧，随着飞行速度提高，发动机内的气流总温不断升高，据计算，若发动机内的气流保持亚声速，当航空器在 30000m 高空以 $Ma12.0$ 飞行时，发动机内流静温将达到 4500K，不仅材料和冷却问题无法解决，而且由于燃料高温分解，将使发动机无法产生推力。但如果发动机内流速度保持超声速，气流静温可以大大降低，当飞行速度 $Ma24.0$，燃烧室进口气流速度 $Ma9.5$，那么燃烧室内的静温就可保持在 1722K 左右。这就是超燃冲压发动机的基本概念。

目前主要有亚燃／超燃双模态和亚燃／超燃双燃烧室两种基本方案。亚燃／超燃双燃烧室冲压发动机的进气道分为两部分：一部分气流进入亚声速燃烧室；另一部分气流进入超声速燃烧室，分别进行亚声速燃烧和超声速燃烧，最后混合并以超声速气流从喷管喷出。

4.5.3.2 发展与应用

超燃冲压发动机具有结构简单、重量轻、成本低、比冲高和速度快（$Ma6.0 \sim 25.0$）的优点。与火箭发动机相比，以超燃冲压发动机为核心的组合发动机，可使航空器具有更大的有效载荷，可用作高超声速航空器、跨大气层航空器、可重复使用的空天飞机的动力。

20 世纪 50 年代国外开始研究超燃冲压发动机技术，最初目标是单级入轨航空器、远程高超声速飞机和远程高超声速导弹。90 年代，研究重点转向巡航导弹用超燃冲压发动机。

美国正在该领域实施多个技术发展计划，主要技术已通过地面试验验证，进入到具有明确应用背景的先期技术开发阶段。2004 年，采用氢燃料的超燃冲压发动机在飞行试验中创造了 $Ma10.0$ 的纪录，2005 年，采用液体碳氢燃料的超燃冲压发动机在飞行试验中达到 $Ma5.5$。

俄罗斯在 1991 年实施了亚燃／超燃双模态冲压发动机的首次飞行试验。此外，法国、德国、日本、加拿大、印度、意大利等国也都在开展相关研究。

4.5.4 脉冲爆震发动机

4.5.4.1 技术概念和工作原理

脉冲爆震发动机（PDE）是基于爆震燃烧的新概念发动机。

爆震燃烧产生的爆震波可使燃料的压力、温度迅速升高，因此，基于爆震燃烧的发动机不需要压气机和涡轮部件就能达到对气体压缩的目的，进而使结构大大简化、成本大大降低。此外，由于爆震波的传播速度极快，达每秒几千米，整个燃烧过程接近定容燃烧，而定容燃烧的热循环效率大大高于定压燃烧（普通燃气涡轮发动机都是定压燃烧），因此，采用爆震燃烧可大大改善发动机的性能。

吸气式 PDE 主要由进气道、爆震室、尾喷管、爆震激发器、燃料供给和喷射系统，以及控制系统等组成（见图 4-37）。PDE 的工作循环包括四个步骤：第一步，爆震室充满可爆混合物；第二步，在燃烧室的开口或闭口端激发爆震波；第三步，爆震波在燃烧室内传播，并在开口端排出；第四步，燃烧产物通过一个清空过程从燃烧室中排出。

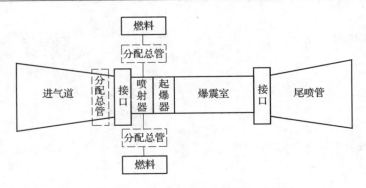

图 4-37　脉冲爆震发动机结构示意图

4.5.4.2　发展与应用

与传统燃气涡轮发动机相比，PDE 的优势非常突出：结构简单、重量轻、尺寸小、适用范围广、成本低、可在零速度下使用，耗油率可降低 22% ~ 26%，生产成本降低 25%，单位推力提高 45%。

PDE 可用作导弹、无人机、桨尖喷气旋翼机的动力，未来可用作有人驾驶飞机、空天飞行器的动力，人们普遍认为 PDE 是 21 世纪最有前途的革命性航空航天动力之一。PDE 不仅可单独使用，还可以与其他类型的发动机（燃气涡轮发动机、火箭发动机等）组合起来应用。

国外从 20 世纪 40 年代就开始研究爆震燃烧技术，直到 80 年代中期，PDE 技术才进入实质性发展阶段。90 年代以来，美国的许多大学、发动机公司、军队研究机构竞相开展这项技术的研究。法国、加拿大、俄罗斯、比利时、瑞典、以色列等都制订了 PDE 推进技术研究计划。日本、挪威、波兰和中国也开展了与 PDE 有关的研究工作。

目前，PDE 技术已成为世界航空航天推进领域研究和发展的热点之一，美欧等航空发达国家已经结束了概念验证，相继进入工程研制阶段。

4.5.5　基于新能源的航空动力装置

由于化石能源日益枯竭、"绿色航空"理念的大力推广，探索各种清洁能源、可再生能源用于航空动力，已经成为世界航空界的共识。新能源的利用，将给航空动力带来重大变化和新的发展空间；基于新能源的航空动力装置，将在 21 世纪占据重要地位。

目前，基于新能源的航空动力研究，主要集中在以下几个方面。

4.5.5.1　燃料电池

燃料电池是利用氧化 - 还原反应，将燃料中的化学能直接转变为电能的装置，由燃料、氧化剂、电极、电解液以及控制系统等组成。一般采用质子交换薄膜（PEM）技术，使用烃类、天然气、氢、甲醇等燃料。使用燃料电池的电动飞机不依赖石油燃料，具有无污染、无噪声、发热量极小、低可探测性等优点，在军民用领域都极具诱惑力。进入 21 世纪以来，航空燃料电池技术的科研活动十分活跃，昭示着良好的发展前景（见图 4-38）。

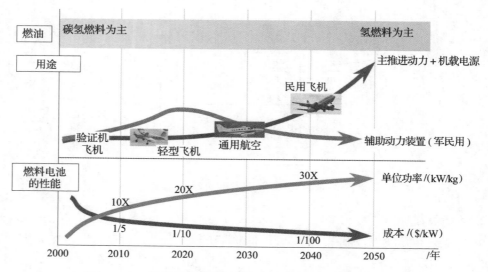

图 4-38　燃料电池技术在航空推进系统上的应用趋势

4.5.5.2　太阳能动力

利用太阳能电池将光能转变为电能，并通过电动机带动螺旋桨，构成新的航空动力样式。太阳能动力将主要用于高空、长航时轻型航空器。

1980 年，美国"太阳挑战者"太阳能无人机首飞成功。1998 年，美国"导航者"2 号太阳能无人机创造了仅靠太阳能飞到 24.5km 高空的纪录。2010 年 4 月，瑞士研制的"阳光动力"1 号实现了世界上首次完全依靠太阳能的昼夜不停顿载人飞行。其后，"阳光动力"2 号（见图 4-39）于 2015 年 3 月 9 日开始环球飞行，该机翼展 72m，机翼上布置 270m^2、17248 块光伏电池，环球飞行虽因储能装置故障受挫，但经改进，于 2016 年完成这一具有里程碑意义的壮举。

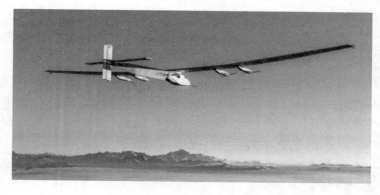

图 4-39　"阳光动力"2 号太阳能飞机

4.5.5.3　氢燃料 / 天然气燃料

氢是地球上最简单、最普遍的化学元素，氢燃料的热值是航空煤油的 2.78 倍，且燃烧时不产生碳氧化物和烟尘，氮氧化物比煤油燃烧时少 2/3。因此，用液氢作航空燃料具有热值高、飞行时间长、环保性能好等优点。早在 1956 年美国就将改用氢燃料的 J65 涡喷发动机装在 B-57 轰炸机上进行飞行试验。1988 年，苏联在一架图 -154（改装后称图 -155）飞机上安装氢燃料系统进行飞行试验。

氢燃料也有其明显的缺点：密度小（为煤油的 1/12）、体积大、工作温度低（-253℃）、价格高、运输和储存困难等，并因此制约了其实际应用。随着技术进步，许多问题已找到解决途径，预计液氢航空燃料将在 2030 年前后得到市场应用（见图 4-40）。

图 4-40　采用氢燃料电池的四座飞机——HY4

天然气储量比石油大得多，燃烧时产生的碳氧化物、氮氧化物和烟尘也比航空煤油少得多，而其沸点和密度比液氢高，各种技术难题比液氢容易解决。因此，液态天然气可作为一种过渡性航空燃料。从 1989 年开始，苏联 / 俄罗斯在图 -155 上进行了80 多次飞行试验，研究天然气燃料的技术问题。2008 年 2 月，空客公司、罗罗公司及美国壳牌公司，在一架 A380 飞机上进行了天然气合成燃料飞行试验。

4.5.5.4　微波动力

20 世纪 80 年代，有人提出了微波动力飞机的设想：通过地面微波站（也可利用卫星）将能量发射给空中的飞机，飞机接收微波能量后转换成其他能量形式，驱使飞机飞行。只要在航路上布置适当的微波站，就能保证飞机持续飞行。

微波动力飞机有两种方案。一种是在飞机上安装半导体整流设备，将接收的微波转换成直流电，直流电驱动电动机、电动机带动螺旋桨旋转；另一种是喷气式飞机，将接收到的微波直接加热喷气发动机中的压缩空气，让空气从尾喷管喷出，获得反作用推力。

1987 年 10 月，在加拿大渥太华，一架无人机依靠微波波束提供的能量，成功完成了 20min 的空中飞行。此后，美国"阿波罗"号轻型有人驾驶喷气式飞机也成功利用接收到的微波能量完成了动力试飞。

4.5.5.5　小型核聚变装置

利用核能为飞机提供动力，是人们在 20 世纪 40 年代就有的大胆设想。

核能航空发动机利用核聚变发出的能量为飞机提供动力。这种发动机与传统航空发动机最大的不同是无需燃烧室，空气在压气机中被压缩后，进入核能热交换器。压缩空气流经热交换器螺管时，被迅速加热膨胀，一方面推动涡轮转动进而带动压气机工作；另一方面，灼热的空气从发动机喷口高速喷出，产生强大的反作用推力，推动飞机向前飞行。

因为可控核聚变的难题尚未被完全攻克，加之人们对核安全的担忧，核能航空发动机的应用研究一直进展不大。近年来，美国洛克希德－马丁和波音公司先后宣称，核能航空发动机技术取得重大进展，磁约束密集型核聚变装置将实现小型化，有望代替燃气涡轮发动机。核能飞机一旦研制成功，将开启无限航程、无限航时的航空新时代，前景无疑是美好的，但仍有很长的道路要走。

4.6　航空动力发展展望

航空发展，动力先行。回顾 100 多年的航空史，许多里程碑式的重大成就都是在动力技术引领下取得的；展望未来，航空动力技术依然会扮演破冰船和助推器的角色。经过持续的艰苦研发与技术积累，若干重大航空动力技术正在孕育着突破，有理由期待，一个新的航空动力时代即将到来。

4.6.1　基本描述

展望未来，航空动力技术将继续加速发展，有可能出现革命性变化。据预测，2050 年之前，配装推重比 20 发动机的战斗机可在 21km 高空、作 $Ma3.0 \sim 4.5$ 的巡航飞行；配装超燃冲压发动机或脉冲爆震发动机的巡航导弹可以实现 $Ma5.0 \sim 10.0$ 的高超声速飞行；采用远距增升、推力转向、引射器和串列风扇等技术的动力装置，可使 $Ma2.0 \sim 2.5$ 超声速垂直 / 短距起降战斗机投入使用；以微机电技术为基础的微型发动机的突破，可使昆虫大小的微型航空器达到实用化水平；随着燃气涡轮－超燃冲压－火箭组合发动机的技术成熟，将研制出一批新型空天飞行器；涵道比超过 10 的超高涵道比涡扇发动机，有望成为新一代民航干线飞机的动力；各种新能源发动机的采用，将使航空动力更高效、更清洁和更持久。

4.6.2　燃气涡轮发动机仍有巨大发展潜力

在 21 世纪前半叶，有旋转部件的燃气涡轮发动机仍将占据航空动力的主流地位。依据军用和民用的不同要求，分别以高推重比和低耗油率为主要发展目标，在降低研制、生产和使用维护费用的同时，减少对环境的污染，成为符合环保要求的"绿色发动机"。

预计十年内，能研制出推重比 15 ~ 20 的军用涡扇发动机。与现役推重比 8 一级发动机相比，推重比 15 ~ 20 发动机主要技术特点有：风扇级数由 3 级减少至 1 ~ 2 级，高压压气机级数由 9 级减少至 3 ~ 4 级，转子为鼓筒式无盘结构，用钛金属基复合材料制成，重量减轻约 70%；燃烧室火焰筒采用金属间化合物或难熔金属，涡轮前温度可达 2200K 以上；可能取消加力燃烧室；采用固定结构的气动矢量喷管以及骨架式承力结构等。有观点认为，推重比 20 ～ 25 是燃气涡轮发动机的发展极限，若要进一步提高推重比，必须采用新概念发动机。

利用推重比 15 ～ 20 的军用涡扇发动机核心机，配以大展弦比宽弦风扇、整体叶盘增压级和多级高效低压涡轮，将形成新一代大型民用旅客机的动力。与目前使用的大涵道比发动机相比，耗油率有望再降低 10% ～ 20%；由于采用军民通用核心机，研制和生产成本可大幅下降。由于采用先进的高循环（高周）疲劳控制和主动健康管理技术，可大大降低使用维护成本，发动机的寿命可达到 10^5h 以上。

此外，变循环发动机、多电发动机、垂直 / 短距起降动力装置等，都将快速发展并得到广泛应用。

4.6.3　高超动力技术将引发第三次航空革命

高超声速（Ma>5.0）飞行是未来军民用航空器的发展目标，被誉为是继螺旋桨、喷气推进之后的第三次航空革命。由于在稠密大气中，高超声速飞行时产生的气动热问题难以解决，所以未来高超声速航空器将在 30km 以上的近太空内飞行，此时，燃气涡轮发动机已失去优势，必须依靠其他动力方式解决。

近年来，随着超燃冲压发动机、涡轮－冲压发动机、火箭－冲压发动机、涡轮－火箭－冲压发动机等关键技术的突破，以及工程化、实用化的快速进展，人们有理由相信，在不久的将来，将获得一种或几种能满足高超声速、近太空飞行需要的可靠动力装置。届时，人类传统的航空阈限将被大大扩展，实现真正的空天一体。

4.6.4　新概念发动机将登上舞台

当前有许多新概念、新形态航空发动机正在加紧研制过程中，有的处在概念研究阶段，有的已进入工程验证阶段，有的则即将实用化。在众多相关高新技术迅猛发展的推动下，这些新概念、新形态发动机，将在不久的将来登上航空历史舞台。

其中，脉冲爆震发动机和各种超微型发动机尤其值得期待。脉冲爆震发动机除了独立用作航空主动力外，还可与其他发动机组合成新的动力形式，配装在无人机、高速隐身战斗机、战略轰炸机、远程导弹等航空器上，拓展飞行包线，提升使用性能，将对未来航空器发展产生深刻影响。各种超微型发动机是基于微机电技术、为微型 / 超微型航空器提供动力的装置，尽管其技术难度大，但相关研究进展很快，一旦实用化，将开辟人类航空的"昆虫时代"。

4.6.5　新能源动力将占据一席之地

无限航程、无限航时，是航空界持续不懈追求的目标；绿色航空、环境友好，是当今时代对航空事业的要求。在这两种诉求的共同激励下，针对新能源航空动力的研究，已经成为了一种时代潮流。

新能源航空动力的解决之道主要有二：一是利用新型高能、低污染燃料替代传统的航空煤油；二是利用电能、太阳能、核能等清洁能源。这些新能源，或储量充足、或低污染／无污染。以新能源为动力的航空器，能够长时间不着陆飞行，实现环球定期航班飞行；或用作无限航时空中平台，替代部分卫星的功能。这些基于新能源的航空动力装置包括：液氢动力发动机、液态天然气发动机、太阳能动力、微波动力、核能发动机等。新能源发动机无疑将会在未来的航空动力领域占据一席之地。

第 5 章
机载系统与武器

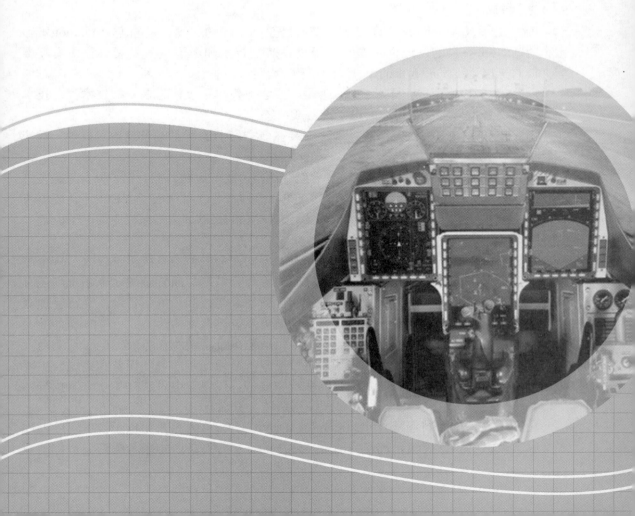

机载系统是一个复杂而庞大的系统，主要涉及航空电子（简称航电）、飞行控制（简称飞控）、机械电气（简称机电）三大领域。无论何种航空器，机载系统都是不可或缺的重要功能系统，机载系统是增强航空器整体性能和任务能力，提高安全性、可靠性、维修性的重要支柱和手段。机载武器系统亦属机载系统，是作战飞机上的核心功能系统，是空中力量的主要打击手段。本章将依次介绍航空电子、飞行控制、航空机电和机载武器系统。

5.1 航空电子系统

航空电子系统担负着信息采集、信息传输、信息处理等任务。在信息时代，没有先进的航空电子，便没有先进的航空器。航空电子是发展最快的技术领域之一。本节介绍航空电子系统的基本内容和主要知识点。

5.1.1 航空电子系统概述

本节在介绍航空电子系统概念、组成与作用后，简述其发展演进的四个阶段。

5.1.1.1 概念

航空电子（avionics）一词诞生于20世纪60年代的美国，是航空（aviation）和电子（electronics）的合成词。航空电子是在航空技术和电子技术发展过程中交互影响、彼此支撑逐步发展起来的。

航空电子在科学研究领域可以认为是一门学科，也可以认为是一类技术；在技术应用领域，是指具有特定用途的电子设备或系统。

航空电子系统简称航电系统，统称安装在航空器上的所有电子设备、装置、系统以及相应软件的总和。

航空电子正以惊人的发展速度改变着航空活动风貌。起初，航空电子设备只是飞机上一个未必重要的附属系统；如今，军用飞机正日益成为一种集成了各种电子传感器与设备的特殊平台；对于一些特定种类的飞机，其存在的目的即为搭载相应的电子设备。

5.1.1.2 组成

现代航空电子系统体系复杂、设备繁多，不同使命的航电系统差异很大。一个最简单的航电系统也要包含通信、导航、座舱显示等分系统，而复杂的航电系统则还有目标探测、电子战、目标识别、数据传输、任务计算与控制、威胁告警、飞行管理等更多的分系统。图5-1为现代战斗机典型的航电系统体系架构。

航电系统按其任务和作用，主要分为通用航空电子系统和任务航空电子系统两大类。通用航电系统是指航空器完成基本飞行任务所必须配装的电子设备和系统，主要有通信、导航、座舱显示与控制等功能系统和设备；任务航电系统是指航空器执行特定任务所需的电子系统和设备，主要指探测系统、识别与电子战系统等。

由于现代飞行控制系统（flight control system，FCS）大量采用电子设备，所以许多文献、教材将飞行控制系统作为航电系统中的一个分系统。本书考虑到飞行控制系统的特殊重要性及其与航空器平台的特殊关联，以及尚有许多航空器采用机械式或机电式 FCS 的现状，故将 FCS 作为与航电系统并列的机载系统。

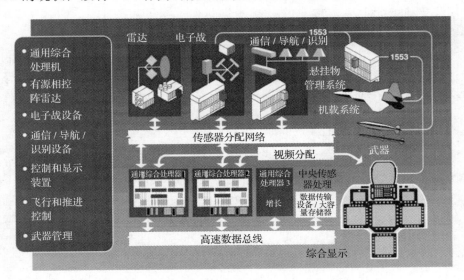

图 5-1　现代战斗机典型的航电系统体系架构

5.1.1.3　航电系统的作用

人类社会正在进入信息时代，信息时代就是信息产生价值的时代。信息化孕育先进生产力，也孕育先进战斗力；电子技术是实现信息化的技术基础，而航电系统就成为实现航空器信息化、提升航空器整体性能和任务能力的主要基础。

千百年来一直有两大战争要素——火力、机动力，在信息时代，信息力将成为第三大战争要素，航空电子在很大程度上决定了航空器信息力的强弱，因此，航空电子之于军用航空器的作用空前重要。

（1）航空电子是军用飞机不可或缺的战斗力要素

无论空对空作战，还是攻击地面／海上目标，靠肉眼发现、瞄准的方式早已不合时宜，要发现数十千米、上百千米之外的目标，必须依靠机载雷达或光电探测装置；在复杂气象条件下让飞机准确飞抵战区，必须依靠无线电导航、全球定位和惯性导航等系统；在复杂战场环境中准确判别敌我，必须依靠敌我识别系统；实施多军兵种联合作战，必须依靠快捷而保密的数据传输。总之，航空电子已成为军用飞机不可或缺的战斗力要素。

（2）航空电子是空中预警机、侦察监视飞机的核心装备

空中预警机、侦察监视飞机被誉为现代战争中的"关键少数"，扮演着极为重要的角色。预警机的核心装备是一部作用距离达数百千米的机载雷达，以及完善的通信、指挥和控制系统，而侦察监视飞机的核心装备是联合监视与目标攻击雷达系统（JSTATS）。

（3）航空电子是电子战飞机的主战武器

在现代战争中，制电磁权的争夺日益激烈。各种专用电子战飞机是实施电磁作

战、争夺制电磁权的主战装备，它们配备宽谱、大功率干扰机，实施远距离战略性干扰、近距离战术性干扰，以及通过电磁压制支援已方部队等，航空电子设备与系统已成为电子战飞机上的主战武器。

（4）航空电子是提高民用飞机安全性的重要保障

现代运输机和民用飞机离不开先进的航电系统，即使是普通的小型航空器，也需要配置适宜的航电设备。通信技术可确保任何条件下空中与地面联络通畅；导航技术能在复杂气象条件下把飞机引导到目的地；雷达技术可帮助飞机规避恶劣天气；各种定位、导航与通信技术，解决了越洋飞行的定位、通信等问题。

5.1.1.4　航电系统的演进

航电系统发端于无线电通信技术。1910 年，人们利用火花发射机和地面电磁检测器，首次实现了空地间无线电通信。机载无线电台是最早的航空电子设备。一战时期，飞机开始装备中波电台。二战时期，航空通信由中波扩展到了短波。

无线电导航丰富了航空电子的内容。一战期间，德国齐伯林飞艇轰炸伦敦时，曾利用多个电台发射无线电信号测量出飞艇位置，这是最早的无线电导航。二战期间，飞机开始装备无线电罗盘（ADF）。20 世纪 40 年代末，仪表着陆系统、甚高频全向信标系统相继问世。50 年代，多普勒、惯导和塔康等导航系统陆续投入使用。

机载雷达的发展使得航空电子的作用愈加凸显。1940 年，第一批装备机载雷达的截击机进入英国空军服役，将目标探测距离扩展了数倍，并使夜间空战成为可能。机载雷达成为一种新的侦察、搜索和火力控制手段，很快发展成作战飞机的重要装备。

电子对抗促进了航空电子的发展。1960 年，一架美国 U-2 飞机在苏联上空被击落，从此，电子对抗技术成为军事博弈的新舞台。在飞机上装备导弹逼近告警系统、采取措施干扰来袭导弹，装备电子压制系统、使敌方电子设备无法正常工作，实施各种形式的软杀伤，成为惯常做法。

综合化促进航空电子迈入系统发展的快车道。20 世纪 50 年代末，第一代机载数字式计算机装备美国 F-102 和 F-106，此举翻开了航空电子发展的历史性一页，仿佛给飞机装上了一个大脑，让航空电子综合化成为可能。进入 70 年代，各种功能的航空电子设备数量急剧增加，不仅占用大量飞机容积、重量和能源，也带来严重的电磁兼容、可靠性和维修性问题，为此，美国空军率先提出了系统综合的概念，F-16、F-18 等成为第一批应用综合航电系统的战斗机。80 年代中期之后，美国空军先后实施综合化程度更高的"宝石柱"（pave pillar）和"宝石台"（pave pace）计划，其成果成为 F-22 和 F-35 航电系统构建的基础。

回顾航空电子发展历程，以结构样式演进为主线，经历了以下四个阶段。

（1）分散式结构

分散式结构是 20 世纪 60 年代以前普遍采用的结构形式。因其不存在中心计算机对各个分系统的控制，每个功能分系统都有自己的传感器、控制器、显示器和专用处理机。这种结构专用性强，缺少灵活性，难以实现大量的信息交换和共享。

（2）集中式结构

从 60 年代开始，数字式计算机开始用于机载导航和火控计算，由于当时各主要功能系统，如雷达、惯导、大气数据机和自动驾驶仪都是模拟式的，所以需要通过模／数转换与接口同中心计算机相连。美国的 F-111D 和 A-7E、瑞典的萨伯 37、英国的"鹞"式战斗机都采用这种结构的系统。这种结构可靠性差、生存能力低，在功能和性能扩展方面也有局限性。

（3）联合式结构

随着微计算机、多路数据通信和软件技术的发展，大多数分系统都采用了数字处理方式，联合式结构应运而生。联合式结构是一种集中分布式结构。它既保存了分系统的相对独立性，也可进行全系统的统一调度与管理。集中分布式结构通常由 $1 \sim 2$ 台性能较强的中心计算机及若干台子系统专用处理机组成。各子系统的信号／数据处理由专用处理机完成，中心计算机主要完成与飞机作战任务有关的计算，并对子系统进行管理。美国 F-15、F-16 等采用的都是这种结构。

（4）综合式结构

这是新一代航电系统的主要结构形式。它通过对航空电子各分系统的信号和数据进行高度综合处理，对计算机资源、射频部件和天线口径的广泛共享，实现系统的综合和效能的改善。这种结构导致各传统功能设备之间的界限淡化。F-22 和 F-35 等采用这种系统结构（见图 5-2）。另外，为降低研制成本和满足系统升级的需要，采用开放式系统结构（OSA）、民用标准和商用货架产品（COTS）。

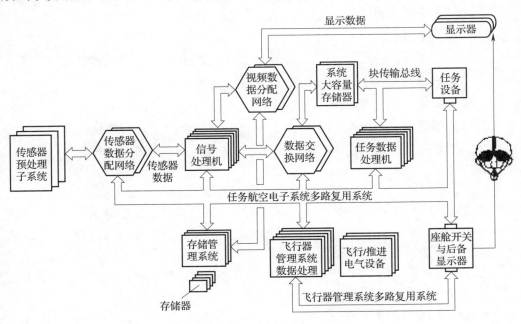

图 5-2　"宝石柱"计划的航电系统结构图

5.1.2　通用航空电子系统

航空器为完成基本飞行任务所必须配装的电子设备和系统，称为通用航空电子系统，主要包括通信、导航等功能系统和设备。通用和专用的概念是相对的，随着技术发展，某些专用任务系统已经演变成通用系统，而在通用系统基础上扩展功能，便能适用于不同任务的需要。

5.1.2.1　机载通信系统

通信是指用一定方法、通过某种媒质将消息从发信者传送到受信者的过程。利用无线电波传递有效信息称为无线通信，目前，机载通信系统大多采用无线通信方式。

无线通信按所使用的电磁波波段和频率划分为不同类别，见表 5-1。

表 5-1　无线电波波段和频率范围划分表

名称			波长	频率范围
粗分波段	细分波段	频段		
超长波	超长波	甚低频	10～100km	30～3kHz
长波	长波	低频	1～10km	300～30kHz
中波	中波	中频	200～1000m	1500～300kHz
短波	中短波	中高频	50～200m	6000～1500kHz
	短波	高频	10～50m	30～6MHz
超短波	米波	甚高频	1～10m	300～30MHz
微波	分米波	特高频	10～100cm	3000～300MHz
	厘米波	超高频	1～10cm	30～3GHz
	毫米波	极高频	1～10mm	300～30GHz
亚毫米波	亚毫米波	超级高频	1mm 以下	300GHz 以上

机载通信系统分为民用航空通信和军用航空通信。

民用航空通信系统用于飞机与地面之间、飞机与飞机之间的通信联络，也可用于机组人员之间的通话、广播、话音记录，以及向旅客提供娱乐视听信号等，主要有甚高频通信（VHF，超短波）、高频通信（HF，短波）、选择呼叫（SELCAL）和声频系统四类。

军用通信在抗干扰、抗毁坏、机动性、灵活性，以及保密性等方面有更高的要求。军用航空通信系统按照通信对象，分为空地通信、空空通信、地地通信等；按照作战意义，分为战略通信和战术通信；按照工作的无线电频段，分为短波（高频）通信、超短波（甚高频、特高频）通信和微波（L 波段、S 波段、K 波段）通信；按照是否具有抗干扰能力，分为常规通信和抗干扰通信；按照信息类别，分为话音通信和数据通信等。

下面简要介绍典型的机载通信系统及设备。

（1）HF、VHF 和 UHF 通信

HF 通信又称短波通信或高频通信，是一种距离可达数千千米的远程通信系统，用于远程飞行时的通信联络。大型飞机上通常装两套 HF 系统。短波电台频段 2～30MHz，发射功率 100W，频道间隔 1kHz，采用单边带（SSB）工作方式。HF 通信利用天波传播，通信距离较远，但易受天电干扰和太阳黑子影响，通信质量不高、可靠性差，可用频道少。

VHF 通信又称超短波通信或甚高频通信，属于近距通信，是应用最广泛的机载通信系统。飞机上都装备有 VHF 电台，大型飞机装备多部。VHF 电波直线传播，通信范围限于视距，由于地球曲率的影响，视距与飞行高度有关，在 10000m 高空，视距约为 400km。民用 VHF 电台使用频段 118 ~ 136MHz，频道间隔 25kHz。VHF 电台采用调幅体制和半双工方式，发射功率一般 10W 左右。

UHF 通信又称特高频通信。军用飞机大量使用 UHF 电台，频段 225 ~ 400MHz，频道间隔 25kHz。通信信号采用半双工方式调幅，发射功率 10W 左右。

（2）联合战术信息分配系统

联合战术信息分配系统（JTIDS）是 20 世纪 70 年代美国三军根据联合作战需要开发研制的一种高可靠性 / 保密性的时分多址（TDMA）通信系统。JTIDS 是一个无线通信网，工作在 L 频段（960 ~ 1215MHz），能够实现三军战术信息数据的直接交换。JTIDS 兼具保密话音通信、导航和指挥功能。JTIDS 的终端设备分为两类，一类是大型终端，具有较大发射功率和较多功能，用于空中预警指挥机、地面和海上指挥所等；另一类是小型终端，用于战斗机、攻击机等作战平台。

（3）数据链

数据链用于发送和接收各种数据（作战指令、战术数据、空情数据、视频图像等），以保证编队内各单元间交换和共享信息，实现实时战场态势感知，提高编队间的协调能力。

目前世界上机载数据链路主要有 4A 号（Link-4A）、11 号（Link-11）、16 号（Link-16）、22 号（Link-22）和多平台通用数据链路（MP-CDL）等。前三种数据链性能见表 5-2。Link-22 是北约对 Link-11 改进后的超视距数字数据通信系统。MP-CDL 是美国正在发展中的一种全新的数据链，有网络广播（可同时向 32 个平台发送信息）和点对点两个模式，具有很高的通信速率，可实现战场实时语音或视频传送。

表 5-2　Link-4A/11/16 数据链性能

特性	Link-4A	Link-11	Link-16
数据功能	对空控制	目标监视、位置报告、电子战、任务管理	目标监视、位置报告、电子战、任务管理 / 武器协同、对空控制
话音功能	无	无	2 个保密语音通道, 126 个子网 / 通道
频谱	UHF	HF/UHF	Lx 波段
吞吐量	3.8Kb/s	1.8Kb/s	54.0Kb/s
系统吞吐量	3.8（Kb/s）/ 网	1.8（Kb/s）/ 网，可选 4 个网	最大 1Mb/s
接入协议	命令 / 应答	轮询	TDMA
保密	无	有	有
超视距	无	HF	有，通过中继
应用	主要用于控制战斗机	是目前地对空最主要的数据链路，也是目前使用最多的空－空数据链路	一种独立的、支持作战任务需求的通用数据链路标准。为美军所有军种和北约集团各国提供联合接口

（4）卫星通信

卫星通信是利用卫星作中继，为地球上（包括地面和低层大气中）的无线电通信站之间提供的通信。卫星通信系统由卫星和地球站两部分组成，任何空中飞行的航空器都可以成为地球站。目前，在地球同步轨道上分布有数百颗各类卫星，供通信、电视广播和气象预报使用。

卫星通信具有覆盖面积广、通信距离远、通信容量大、通信质量好、便于多址连接通信等优点，但也存在信号容易被敌方截获和干扰的弱点。卫星通信已广泛用于民用航空领域，在军事航空领域，目前主要用在大型、长航时飞机上，将逐步扩大到战术飞机。

5.1.2.2 导航系统

导航系统是航电系统中的重要分系统，其用途是引导飞机沿着预定航线，到达预定地点，并随时给出飞机的准确即时位置。在军事上，导航系统配合其他系统，还要完成武器投放、侦察、巡逻、反潜、预警和救援等任务。

导航系统按有无地面设备，分为他备式导航与自主式导航；按导航信息不同，分为无线电导航、惯性导航、天文导航和仪表导航等；按作用距离不同，分为近程（100～500km）、中程（500～1000km）、远程（2000～3000km）和超远程（大于10000km）导航以及进近着陆引导等。

（1）无线电导航

传统无线电导航设备包括：自动定向仪（ADF，又称无线电罗盘）、雷达高度表、进近雷达、多普勒导航系统、仪表着陆系统（ILS）、微波着陆系统（MLS）、甚高频全向无线电信标/测距设备（VOR/DME）、塔康（TACAN）和无方向信标（NDB）等。为满足航空器在不同航行阶段对导航信息的需求，这些设备可相互搭配形成较为完备的导航综合体。

ADF 是飞机上最基本的导航设备，有近百年的历史。它既可以利用专门无线电发射台，也可以利用普通广播电台作为定向信号源，在 190～1750kHz 频率范围内接收并处理导航信号。ADF 在遭遇干扰时精度较低，现为非首选导航设备。

多普勒导航雷达是一种自主式导航系统，不需要任何地面设备配合，基于多普勒效应实现对飞机运动速度的测量，经解算后得到飞机精确即时位置。

VOR 是目前世界上应用最广的近程导航设备，使用 VHF 波段，抗雷电干扰和工业干扰能力比 ADF 强，但受视距限制，作用距离在 64～480km 之间。

DME 是利用飞机上询问脉冲与地面台应答脉冲的时间差，来确定飞机相对地面台之间距离的设备，工作在 962～1213MHz 频段。DME 广泛用于军民用飞机，常同VOR 配套使用。

TACAN 开发于 20 世纪 60 年代，由机上设备和地面台组成，能同时完成测距和测向任务，作用距离 400～500km，工作频段 962～l213MHz，主要用于军机导航。

双曲线导航系统是利用双曲线相交的方法，实现导航定位的一种中远程无线电导航系统，罗兰 C 和奥米伽都属于这类导航系统。双曲线导航对用户数量没有限制，机上设备简单、费用低廉，在卫星导航出现以前，曾得到广泛应用。

进近着陆系统对于军、民用飞机的安全性极为重要，主要有仪表着陆系统（ILS）、微波着陆系统（MLS）、卫星全球定位（GPS、"北斗"等）、视觉增强系统（EVS）等。ILS 曾是应用最广泛的进近着陆系统（其工作原理见图 5-3），现正在逐步被 MLS 和卫星定位系统所取代。GPS 具有覆盖全球的高精度导航能力，可利用差分 GPS 和无线电高度表相结合的方式，实现自动着陆。EVS 通过将平视显示器（HUD）和前视红外或微波雷达综合，开辟了飞行员在低能见度条件下进行目视进近着陆的新途径。国际民航组织的着陆标准见表 5-3。

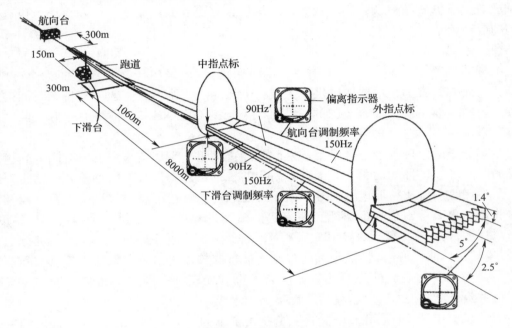

图 5-3　仪表着陆系统工作示意图

表 5-3　国际民航组织的着陆标准

类别	决断高度[①]/m	跑道视距 /m
Ⅰ	60	800
Ⅱ	30 ~ 60	400 ~ 800
Ⅲ A	0	200
Ⅲ B	0	50
Ⅲ C	0	0
① 决断高度是指飞行员必须对着陆或复飞做出决断的最低高度。		

（2）惯性导航

惯性导航简称惯导，是通过测量飞机加速度来推算飞机位置的一种自主式导航方法，在军民用飞机上应用广泛。惯导系统由加速度计、陀螺平台、计算机以及控制、显示部件等组成。惯导系统不依赖外部信息、不向外部辐射能量、不受外界电磁干扰，能提供位置、速度、航向和姿态角数据，具有导航信息连续性好、数据更新率高、短期精度和稳定性好等优点，但也存在着长期精度较差、准备时间较长、无法给出时间信息等不足。

惯导系统中的陀螺仪用来形成导航坐标系，使用加速度计测量飞机加速度，经过对时间的一次积分得到速度，速度再经过对时间的一次积分即可得到距离。传统的惯性陀螺仪为机械式陀螺仪，工艺要求高，结构复杂，精度受限。20 世纪 80 年代以来，出现了各种新型陀螺仪，其中，光纤陀螺仪结构紧凑，灵敏度高，工作可靠，在很多领域已取代机械式陀螺仪；集成式振动陀螺仪具有更高的集成度，体积更小，也有着广阔的应用前景。

（3）卫星导航

卫星导航系统是以人造卫星作为导航台的星基无线电导航系统，能为全球陆、海、空、天的各类军民用载体提供全天候、全天时的三维位置、速度和精密时间信息服务。卫星导航系统主要有美国的 GPS、俄罗斯的 GLONASS、欧洲联合开发的"伽利略"系统和我国的"北斗"系统。

卫星导航的原理基于卫星至用户之间的距离测量。卫星信号的发射时间与到达接收机的时间之差，称为伪距。为了计算用户的三维位置和接收机时钟偏差，伪距测量要求至少接收来自 4 颗卫星的信号。由于卫星运行轨道、卫星时钟存在误差，以及大气对流层、电离层对信号的影响，使得定位精度只有数十米量级。为提高定位精度，普遍采用差分定位技术（如 DGPS、DGNSS），建立地面基准站（差分台）进行卫星观测，利用已知的基准站精确坐标同观测值进行比较，得出修正数。接收机收到该修正数后，与自身的观测值进行比较，消去大部分误差，得到一个比较准确的位置数据。利用差分定位技术，定位精度可以提高到米级。

GPS 是美国于 20 世纪末开发的一个覆盖全球的卫星导航系统，由主控站和 4 个监控站组成的地基部分和由 24 颗卫星（另加 3 颗备用星）组成的空间部分，以及用户部分组成。

GLONASS 是由苏联开始研制、后由俄罗斯完善的全球卫星导航系统。1996 年 1 月，24 颗工作卫星齐备，系统正式建成并投入运行。

欧盟于 1999 年首次公布"伽利略"卫星导航系统计划，系统由 30 颗卫星组（27 颗工作星，3 颗备份星）和 2 个地面控制中心组成。"伽利略"计划几经推迟，2014 年组成网络。

我国独立研发的"北斗"卫星导航系统自 2000 年启动，经 20 年建设，于 2020 年全面建成并独立运行，成为与美、俄、欧并驾齐驱的世界第四大卫星导航系统。我国这项最重要的空间信息基础设施，具有开放兼容、技术先进、稳定可靠、覆盖全球的导航功能，可提供短报文通信、精密授时、精确定位等服务。现已成功应用于测绘、电信、水利、渔业、交通运输、森林防火、减灾救灾和公共安全等诸多领域，产生了巨大的经济效益和社会效益。

5.1.2.3 座舱显示和控制系统

座舱显示和控制系统是伴随飞机的出现而同时出现的重要系统。在航空电子这个名词诞生之前，飞机均采用机械式、电气式或机电伺服式仪表，以及机械式或机电式驾驶杆、油门杆操纵机构；20 世纪七八十年代，随着电子技术的飞速发展，出现了玻璃化座舱和手不离杆的概念。

玻璃化座舱和手不离杆是对电子化座舱显示和控制系统的形象描述。玻璃化座舱是指以电光式显示仪表（EO）为主体的电子化座舱显示系统（见图 5-4）；手不离杆则是通过电子技术将重要操作键和开关布置在驾驶杆和油门操作杆上，飞行员不需操作其他手柄、开关即可实现对飞机大部分重要功能的控制。

图 5-4　空客 A320 的玻璃化座舱

（1）电光式显示系统

目前应用最广的电子化仪表是电光式仪表，电光仪表所用的显示部件主要是阴极射线管。电光显示仪表一般由显示处理机、控制器和电光显示器件等组成。电光式仪表与机电式仪表相比，优点在于：一表多能，大大缓解仪表板拥挤的矛盾；显示形式灵活多样，可适应多任务需要；能连续显示任务动态过程。

电光式显示系统主要有：电子飞行仪表系统（EFIS）、发动机指示与座舱告警系统（EICAS）、多功能显示器（MFD）、平视显示器（HUD）和头盔显示器（HMD）等。

电子飞行仪表系统显示飞机姿态、飞行轨迹等重要飞行信息。最早的 EFIS 是电子指引地平仪，现已发展成为可显示地图、气象雷达信息、航点、航线和系统状态的画面或页面。

发动机指示与座舱告警系统以数据页面形式显示发动机多项参数和不同等级的故障告警信息，取代了传统分立式的发动机、燃油系统和液压系统机电仪表，显著减轻了飞行员工作负担，提高了指示可靠性。

多功能显示器又称多功能下视显示器，20 世纪 70 年代问世，在各种战斗机和攻击机上得到广泛应用，已取代功能单一的雷达显示器、红外探测显示器和监视器等，MFD 周边按键可以方便地进行系统功能控制。

平视显示器除了具有多功能下视显示器的各种显示功能，还可以叠加显示前视红外和电视等电光传感器的视频信号，是为解决飞行员在攻击阶段和进近着陆阶段内视

（看仪表板）和外视（观察外界环境）矛盾而研制的一种电光显示仪表，已成为现代战斗机重要的人机接口（见图 5-5）。其基本工作原理是将阴极射线管产生的光学字符用准直投影方法，显示在飞行员正前方的反光玻璃或风挡玻璃上。以衍射透镜为基础的新型全息广角 HUD，可提供高亮度和宽视场（30°×20°）的图形显示。

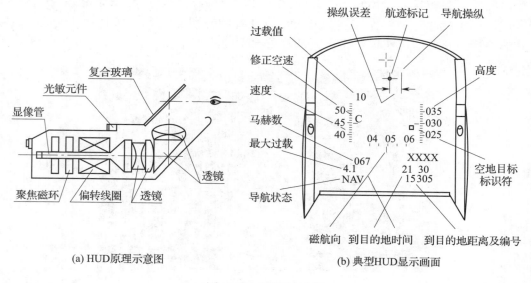

(a) HUD原理示意图　　　　(b) 典型HUD显示画面

图 5-5　平视显示器

头盔显示器是光电系统和飞行员头部位置跟踪装置的组合，能显示关键的飞行状态数据、任务信息、威胁和安全状态信息，还可为飞行员操控机载武器和传感器（如雷达和光电系统）发出视觉提示（见图 5-6）。HMD 采用高亮度背光的平板有源矩阵 LCD 作为光源，双眼视场方位约 50°，高低约 30°，通过分布式孔径系统（DAS）或头盔照相机提供图像信息。美国 F-35 战斗机已用 HMD 取代 HUD 作为飞行员的主显示器。

图 5-6　头盔显示器

（2）握杆控制器

握杆控制器是实现手不离杆的主要装置。在飞行中，尤其是在复杂环境中执行作战任务，飞行员需要不断操纵各种功能系统与设备，但传统上许多系统和设备控制器分布在主仪表板或左右操纵台上，这样，飞行员的双手将不得不暂时离开驾驶杆和油门杆，由此产生了一个十分突出的人机界面控制问题。20 世纪 70 年代，F−15、F−16 等战斗机开始在驾驶杆和油门杆上设置雷达工作方式转换开关、天线参数调整开关、武器选择开关和武器投放按钮等，实现手不离杆的控制。F/A−18 的握杆控制器如图 5−7 所示。

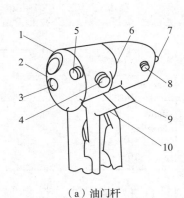
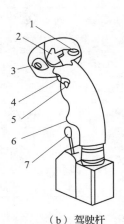

（a）油门杆

1—通信选择；2—瞄准锁定 / 解锁；3—速度刹车；
4—指点标控制器；5—箔条 / 曳光弹投放器；
6—雷达高低角；7—机外灯；8—NCTR/ 前视红外；
9—自动油门控制；10—发动机起动、加力

（b）驾驶杆

1—俯仰及侧滚配平；2—传感器控制；
3—空地武器投放；4—航炮 / 导弹扳机；
5—空空武器选择；6—前轮导向；
7—自动驾驶仪 / 前轮控制切断

图 5−7　握杆控制器简图

5.1.3　任务航空电子系统

区别于通用航空电子系统，任务航空电子系统是指具有特定用途的航空器执行特定任务时所需的航空电子系统和设备，主要指探测系统、电子战系统和座舱显示与控制系统等。

5.1.3.1　探测系统

（1）探测系统总述

探测系统是借助多种敏感物理效应，如磁场、声波、电磁波、烟迹和放射性等，探测周围环境及目标的传感器、处理装置和各种设备的总称。它是航电系统中的一个重要分系统，具有举足轻重的作用。在探测系统中，借助电磁波的雷达探测和光电探测应用最为广泛。

航空器探测系统电磁与光电频谱的粗略划分见表 5−4。

表5-4　机载探测系统电磁波谱

雷达频谱								
频率/GHz　0.1　　　0.3　0.5　1　　2　3　4　6　8　10　20　　40　　100								
波长　　3　　　1　6　　3　　1.5　1　7.5　5　　3　　1.5　　7.5　　3 　　　└─米─┘　└─分米─┘　└─厘米─┘　└─毫米─┘								
波段名称	米波	分米波	厘米波				毫米波	
常用符号	VHF	UHF	L	S	C	X	Ku	Ka	V	W
新符号	A	B	C	D	E	F	G	H	I	J	K	L	M
系统类别	初期雷达	预警、监视雷达		火控雷达		近程雷达	

光电频谱					
频率/THz　10　　　　100　　　　　　　　1000					
波长/μm　25　　　6　　3　　0.76　0.4　0.3					
波段名称	远红外	中红外	近红外	可见光	紫　　外
系统类别	红外线探测器			可见光 探测器	紫外线照相
	军用激光器				

为提高综合探测能力，各种传感器除了持续提升自身功能以外，必须进行深入的综合和广泛的软、硬件资源共享，使系统具有完备的容错和冗余控制能力。综合传感器系统（ISS）遂应运而生。综合传感器系统是对组成传统探测装置的各独立传感器，按射频和光电两个频段综合构成的系统。图5-8为传感器综合前后的天线分布图。

（2）机载雷达

雷达（radar，radio detection and ranging）的术语出现于1940年，意为无线电探测与测距，后成为利用电磁波探测目标的电子设备的专称。雷达发射电磁波对目标进行照射并接收其回波，由此获得目标至发射点的距离、距离变化率、方位、高度等信息。机载雷达是军用航空器的重要装备，是战斗力生成要素之一。在大中型民用航空器上，机载雷达也是必不可少的装备。

大部分机载雷达工作在厘米波段，远程监视雷达使用L波段和S波段，机载火控雷达和民用气象雷达则使用X波段、Ku波段和Ka波段。

目前，相控阵雷达（PAR）的发展和应用特别引人瞩目。相控阵雷达是一种通过改变天线表面阵列所发出波束的合成方式，来改变波束扫描方向的雷达。因其以电子方式控制波束而非传统的机械转动天线面方式，又被称为电子扫描雷达。其基本原理是：利用一定数量的小型天线元件排列成天线阵面，每个单元均由独立开关控制，通过控制各天线元件发射的时间差，合成不同相位（指向）的主波束，而且可以在两个轴向上进行相位变化。相控阵各移相器发射的电磁波以建设性干涉原理强化并合成一个接近笔直的雷达主波瓣，旁瓣则由于破坏性干涉而大幅减低。

相控阵雷达从根本上解决了传统机械扫描雷达的种种缺陷，在相同的孔径与波长条件下，相控阵的反应速度、目标更新速率、多目标追踪能力、分辨率、电子对抗能力等，都远优于传统雷达。相控阵雷达分为被动无源式（PESA）与主动有源式（AESA）两种，被动无源式雷达在 20 世纪 80 年代用于中小型飞机，主动有源式雷达 90 年代末才用于先进战斗机。

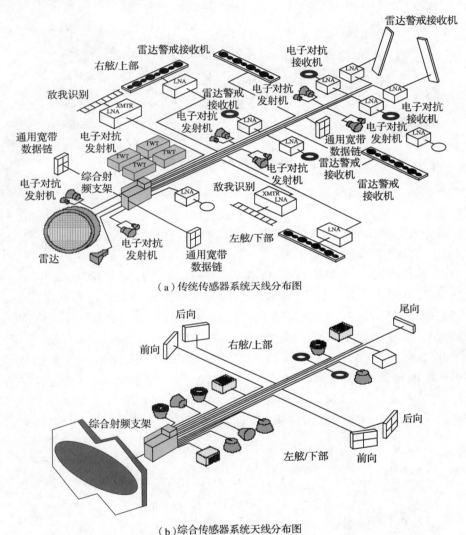

（a）传统传感器系统天线分布图

（b）综合传感器系统天线分布图

图 5-8　传感器系统天线分布图

机载雷达主要有火控雷达、预警雷达、监视和侦察雷达、气象雷达、地形防撞雷达等，简述如下。

机载火控雷达是执行火力控制任务的雷达，它是作战飞机的核心电子设备。火控雷达按载机的属性可分成三类：战斗机火控雷达、轰炸机火控雷达和武装直升机火控雷达。火控雷达通常工作在 2 ~ 3cm 波段。进入 21 世纪，有源相控阵（AESA）被普遍用于各类火控雷达。美国 F-22 装备的 AN/APG-77 火控雷达是首部实用型 AESA

雷达（见图 5-9），F-15、F-16、F/A-18、B-2 的改进型和 F-35 亦采用 AESA 雷达。欧洲"台风"、法国"阵风"和俄罗斯的苏 -35、米格 -29 等也都有 AESA 改装计划。我国新一代战斗机也采用了 AESA 雷达。

图 5-9　F-22 装备的 AN/APG-77 火控雷达

机载预警雷达是以航空器为工作平台，远距离探测空中目标，并能进行多目标跟踪与数据处理、传输的大型雷达。预警雷达是空中预警机的核心装备。机载预警雷达要具有很强的背景杂波抑制能力和更高的测量精度、更快的数据传输率、更强的抗干扰能力，应能自动滤除地面运动目标。

预警机型号众多，预警雷达繁简不一，著名的预警机和预警雷达有：美国的 E-2 "鹰眼"，1972 年服役，先后装备 AN/APS-138、139 和 145 预警雷达，其最新改型"先进鹰眼"E-2D 装备 APY-9 有源相控阵雷达。美国 E-3 "望楼"，1977 年研制成功，有多个发展改型，先后使用 AN/APY-1 和 AN/APY-2 监视雷达，方位覆盖 360°，最远探测距离达 600km，可同时跟踪 600 个目标。俄罗斯 A-50 "中坚"，1986 年服役，整体性能略逊于 E-3。以色列"费尔康"，采用波段共形相控阵天线，无须安装大天线包，对小型和隐身目标有更好的探测能力。中国的空警 2000（见图 5-10）、空警 200 和空警 500，其预警雷达均采用了有源相控阵（AESA）技术。

图 5-10　中国空警 2000 预警机

机载监视和侦察雷达是以航空器为工作平台，探测战场纵深目标与活动的雷达。监视和侦察雷达受自然环境影响小，作用范围大，分辨率高。20 世纪 60 年代发明的合成孔径雷达（SAR），能够提供全天候条件下的高分辨率地面目标图像，其精度已经接近或达到光学和红外传感器的水平。合成孔径雷达不仅广泛应用于军事领域，还广泛用于资源探测、环境监控等国民经济领域。表 5−5 是几种典型 SAR 雷达的性能参数。

表 5−5　典型的战场监视和侦察合成孔径雷达性能

型号项目	JSTARS (AN/APY−3)	ASARS−2	TESAR	Lynx	ASTOR
国家	美国	美国	美国	美国	英国
载机	波音 707	U−2R、U−2S	无人机	无人机	"湾流"
工作频段	X	X	Ku	Ku	X
天线类型	平板缝隙	平板天线	抛物面天线	抛物面天线	AESA
作用距离	240km	200km	—	条带模式：7 ~ 30km 聚束模式：4 ~ 25km	300km
分辨率	—	1m	条带模式：1m 聚束模式：0.3m	条带模式：0.3 ~ 3.0m 聚束模式：0.1 ~ 3.0m	1m
状态	服役	服役	服役	服役	研制中

机载气象雷达是以航空器为工作平台，专门用于大气探测的雷达。气象雷达能准确、及时预报危险天气，为航空器选择安全飞行路径提供依据。现代运输机、民航客机、特种作战飞机、公务机等都装载气象雷达。通常气象雷达的频率选在 C 波段和 X 波段，前者多用于大型飞机，后者多用于中小型飞机。气象雷达大都采用彩色液晶显示，提供雨情和风切变的告警信号。

机载地形防撞雷达是通过探测前方地形地物，得到前方空域的地形立体信息，辅助飞行员或给自动驾驶仪发出操控指令，以保障航空器贴地飞行的雷达。地形防撞雷达，帮助各类军用航空器实施超低空突防，为民用飞机在复杂地形环境下进近着陆提供安全保证。机载地形防撞雷达一般工作在 2cm 波段，从 20 世纪 50—60 年代至今，已经发展了三代。

（3）机载红外探测装置

机载红外探测装置是以航空器为工作平台，利用红外探测器对目标红外线进行探测，以对目标定位的设备，属于广义的被动式雷达。红外线是波长介于微波与可见光之间的电磁波，波长在 760nm ~ 1mm 之间。任何高于热力学温度 0K（−273.16℃）的物体都会产生红外线。

红外探测装置主要有两类探测方式：一类是热像跟踪方式的前视红外探测（FLIR）；另一类是热点跟踪方式的红外搜索和跟踪（IRST）。FLIR 多采用工作波段为 8 ~ 14μm（长波红外）的碲镉汞热敏元件，探测目标与背景之间的温差而成像，多用于夜间导航和空对地攻击。IRST 通常采用 3 ~ 5μm（中波红外）工作波段的锑化铟热敏元件，多用于空对空作战，由于空中背景相对简单，可把空中目标当作一个热点来处理。

20 世纪 50 年代，红外探测装置被用于美国 F–102 的火控系统当中。美国 60 年代的 F–4、70 年代的 F–14 等战斗机都装有红外探测装置。苏联 / 俄罗斯的米格 –29、苏 –27、苏 –35 等也都装有此类装置。

20 世纪 60—70 年代的光机扫描热成像仪，是第一代红外探测设备。80 年代初，第二代红外探测设备——凝视热成像探测器问世，凝视热成像在焦平面上设置密集的二维敏感元件阵列，类似于低等脊椎动物的视网膜，兼具感光和信号处理功能，具有更高的热分辨率，且结构简单。此后，焦平面阵列规模不断扩大，继出现红外探测器阵列和电荷耦合器两种芯片互联的混合式焦平面阵列之后，又研制出在同一阵列中集成了多光谱成像探测器、信号处理元件和微透镜光学元件的第三代红外探测设备——焦平面探测器。

（4）机载激光探测装置

机载激光探测装置有激光测距器和激光雷达两种。激光测距器采用脉冲测距法，每秒发射 6 ~ 10 次光脉冲，从目标反射回来的光脉冲信号，被光学系统接收后检测出回波延迟时间进而得到目标的精准距离。激光测距器是应用最普遍的激光探测装置。激光雷达的工作原理与测距器大致相同，主要用于地形防撞、探测地面目标、向激光制导武器指示目标等任务。由于激光光束很窄，激光探测装置一般都与电视、红外探测装置组合成综合光电探测系统。

激光探测装置还有一个用途：蓝绿色激光能够穿透 30m 深的海水，利用这一特性，开发出了一种机载激光海深探测系统，用来快速探测海洋深度、绘制沿海地图和探测潜艇等。

（5）其他机载探测装置

机载探测装置除了上述几类外，还有一些其他探测装置，如最古老、最传统的可见光探测。这里简要介绍三种专门用来探测潜艇的装置：磁场异常探测仪、烟迹检测仪和放射性探测仪。

磁场异常探测仪，根据潜艇的钢质艇身会使周围磁场分布发生变化的现象，用一根伸出飞机尾锥的磁探杆探测磁场异常，从而判断水下潜艇的存在。烟迹检测仪通过检测常规潜艇从通风管中排放的内燃机废气，来获知水下常规潜艇的存在。放射性检测仪通过探测放射性元素的浓度，感知核动力潜艇的核辐射泄漏，判断核动力潜艇的存在。

5.1.3.2 敌我识别系统

识别敌我是一切军事斗争的前提，在复杂的战场环境下，单靠人的感官已不能满足识别敌我的要求。于是，基于电子技术的机载敌我识别系统应运而生，并获得快速发展。

敌我识别系统分为非合作式识别与合作式识别两类。非合作式识别直接通过高分辨率探测传感器对目标特征（如雷达特征和红外、光学特征等）进行识别，优点是无须在目标上安装任何设备，缺点是无法在同一机型中区分敌我。合作式识别又称电子问答式识别，由询问器、应答器（装在被询问的目标上）和译码器等组成，是目前敌我识别的主要方式。

由于故障、干扰等多种原因和突发状况，可能使敌我识别系统失去效能，迄今敌我识别仍是航空电子系统面临的难题。正在开发的各种提高敌我识别效能的技术，如激光雷达、毫米波传感器、无源探测系统、多传感器组合、红外激光信标、激光反射器和以激光测距为基础的询问器等，展示出未来敌我识别系统多体制、多元技术、多种设备综合的发展趋势。

5.1.3.3　电子战系统

电子战泛指使用电磁能和定向能，控制电磁频谱或攻击敌方相关设施、设备的军事行动，又称电子对抗。航空电子战系统就是装载在航空器上，利用各种电子手段，对敌方通信、导航、雷达和导弹制导等系统进行对抗的设备和系统之总称。主要知识点如下。

（1）电子支援

电子支援（ESM）是指搜索、截获、定位、记录和分析敌方电子设备所辐射的电磁信息，为己方实施威胁告警、回避、导弹寻的和电子干扰提供依据的技术措施，又称电子侦察。广泛使用的机载 ESM 设备是雷达告警接收机，其任务是接收敌方雷达信号，及时发出威胁告警，并指明威胁的大致方向、距离以及威胁的级别和种类等。

（2）电子对抗

电子对抗（ECM）通常被定义为对敌方电子装备进行干扰、欺骗、破坏或降低其性能，使之不能有效利用电磁频谱的各种措施。机载 ECM 系统可分为两类：一类用于自卫的干扰系统；另一类专用于电子战飞机的干扰系统。

自卫干扰系统是把足够强度的干扰信号送入敌方雷达接收机中，使其丧失工作能力或使敌方导弹的制导系统失效，从而达到保护自己的目的。专用电子战飞机可在战区外长时间盘旋，利用强大的机载干扰系统施放大功率干扰，为己方提供电子支援；也可以伴随突防飞机进入战区，实施随队干扰；还可挂载、发射反辐射导弹，直接摧毁敌方的防空雷达。

（3）电子战飞机

电子战飞机是专门遂行电子战任务、不带或少带其他攻击武器的特种飞机，可分为电子侦察飞机、电子干扰飞机和携带反辐射导弹的反雷达飞机等。

现役电子战飞机多由战斗机、攻击机和轰炸机改装而成，如美国的 EF−111、EA−6B、EB−52H、EA−18G 等，其中，EA−18G "咆哮者" 由 F/A−18F 战斗机派生而来，能携带多种电子攻击任务载荷，不仅可以干扰、压制敌方雷达，用反辐射导弹摧毁敌方雷达，还能干扰敌方通信系统。

（4）导弹逼近告警系统

机载雷达逼近告警系统（MAW）是利用光电或雷达技术手段，对来袭导弹进行探测、搜索、定位、识别、测定，并确认其威胁程度，向载机提供相应情报、发布告警信息或直接启动干扰装置的系统。MAW 对于提高作战飞机的生存能力至关重要。根据告警系统是否属于有源探测，MAW 分为主动式和被动式两大类，主动式多采用多普勒雷达告警，被动式有红外告警、紫外告警、激光告警和雷达告警接收机告警等方式。

5.1.4　航空电子管理系统

现代航空器及其应用环境越来越复杂，迫切需要用某种管理系统替代人力完成决策与操控。计算机、传感器、数据总线等电子技术的发展，为实现上述想法提供了可能。于是，基于航空电子技术、着眼于功能优化和过程优化的管理系统应运而生。

5.1.4.1 飞行管理系统

飞行管理系统（FMS）是以飞行管理计算机为核心，集导航、飞行控制、推力控制和性能优化等功能于一体的综合系统。飞行管理系统诞生在 20 世纪 70 年代，随着技术的进步，飞行管理系统的重要性不断提高，目前已成为大型运输机和民航客机的重要系统之一。

FMS 是一个由计算机、传感器、显示控制装置和执行机构等组成的一个闭环系统，主要由四个子系统组成（见图 5-11）。通过组织、协调和集成机上航电、机电系统功能与作用，FMS 可自动生成飞行计划，实现飞行任务的自动控制，减轻飞行员工作负担，减少人为差错；可提供最佳飞行路径，节省燃油和飞行时间，并降低飞机的机体损耗。FMS 可实现飞行全过程优化：在起飞阶段，提供最佳推力；在爬升阶段，提供最佳爬升剖面；在巡航阶段，提供最佳巡航高度和巡航速度；在下滑、进近阶段，自动确立下滑线和进近基准点；借助仪表着陆系统，在跑道能见度 400m 的条件下，可自动将飞机操控到 70m 高度，使飞机自动完成复飞。

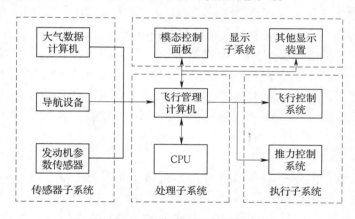

图 5-11　飞行管理系统结构图

5.1.4.2 航空器管理系统

航空器管理系统（VMS）是运用航空电子技术，通过对一些机载功能系统进行物理综合或功能综合，实现多系统协同工作、进而提高航空器安全性和维修性的综合系统。

VMS 的管理对象主要是保障飞机基本飞行及飞行安全的系统或设备，这些系统或设备被统称为公共设备，主要包括：燃油系统、液压系统、电源系统、环控系统、第二动力系统、发动机检测系统、起落架装置、机轮刹车装置、照明系统、加热系统和告警系统等。

VMS 通过不同的综合形式，达成管理目标，包括物理综合与功能综合两种。物理综合通过共享位置（地理综合）、共享电源（电气综合）、共享地址（逻辑综合）、共享硬件（硬件综合）等，将分立的子系统各部件集中到一起；功能综合通过对各子系统/设备的信息进行交联或融合，实现多系统的协同工作。

VMS 能产生巨大的综合效益，可提高硬件利用率、可靠性和维修性，降低飞机重量和维修成本；实现子系统协调、资源共享和功能合理分配；减轻飞行员负担，提高飞机安全性。

5.1.4.3　战术任务飞行管理系统

战术任务飞行管理系统是将飞机整体作为控制对象，以飞行综合控制技术为基础，实现态势评估、任务规划和飞行管理的综合系统。该系统具有如下功能：自动感知和评估战场态势，在线完成飞行路径规划，进行战术任务调度与分配，将任务指令转换成机载分系统的激活信号和执行机构的操控信号。

20 世纪 80 年代初，借鉴民用飞行管理系统（FMS）之经验，美国开始研究战术任务飞行管理技术，他们将导航、制导与控制等技术综合为一体，协调、管理飞行 / 火力控制、飞行 / 推力控制、地形跟随 / 回避等子系统，自动生成和执行任务指令，进而形成战术任务飞行管理系统。进入 21 世纪后，无人作战飞机亟待解决实时任务规划和指挥引导等问题，进一步刺激了战术任务飞行管理技术及系统的研发。

5.1.5　空中交通管理系统

空中交通管理（ATM）系统是指能有效保障空中交通安全与畅通的设施、设备及相应规章制度的总和。ATM 既是民航飞行管理的重要系统，也是国民经济和国防建设基础设施的重要组成部分。

5.1.5.1　任务和组成

按照国际民航组织的描述，ATM 的基本任务是：使航空公司和经营人能够按照预定的起飞、到场时间飞行，在实施过程中，以最少或最小程度的限制，在不降低安全因数的前提下有序运营。

ATM 按其所要实现的基本功能分为三个主要分系统：空中交通服务（ATS）系统、空域管理（ASM）系统和空中流量管理（ATFM）系统，其中，ATS 是最主要的功能系统。

ATS 可为用户提供三种服务：空中交通管制服务（包括区域管制、进近管制和机场管制）、飞行情报服务和危险告警服务。ASM 根据使用者（民航、军航）的短时要求，将空域划分成不同使用区块，实现空域的最大利用率。ATFM 通过一系列技术手段，实现最佳空中交通流量控制。

5.1.5.2　空管雷达

ATM 的核心设备是空管雷达。空管雷达是监视空中交通的主要信息源，分成一次雷达和二次雷达两类。

（1）一次雷达

一次雷达是探测飞行物反射波的主雷达。第一种是机场监视雷达，作用距离 100 n mile[①] 左右，监视机场上空及周边空域；第二种是航路监视雷达，设置在航管控制中心或相应航路点上，作用距离 250 n mile 以上，探测高度 13000m；第三种是机场

---

① 　1 n mile（海里）=1.852km。

地面探测设备（ASDE），功率较小，作用距离仅 1 mile[①]，通常只有大型机场才配备。

（2）二次雷达

二次雷达又称空管雷达信标系统，是在军用敌我识别系统基础上发展而来的。二次雷达与一次雷达一同工作，其天线安装在一次雷达天线的上方，和一次雷达同步旋转，每隔一段时间发射一对脉冲信号（见图 5—12），还包括雷达信标及数据处理系统。二次雷达的另一部分是飞机上安装的应答机，当应答机接收到二次雷达信号后自动予以回答。管制员根据回答知悉飞机编号、机型、高度、航向等信息。

图 5—12　空管雷达天线

5.1.5.3　空中交通管理系统的演进

在 1934 年之前，民用飞机数量少、速度慢，空管员在塔台上目视指挥飞机。1934—1945 年，机场装备了无线电收发机，大型飞机上安装了无线电通信和导航设备，加之飞机数量骤增，目视指挥已无法满足要求。于是，形成了以程序管制为核心内容、以无线电通信为主要手段的空中交通管制（air traffic control，ATC）系统。

从 1945 年到 20 世纪 80 年代，民航业持续高速发展，空中交通压力空前增大，在国际民航组织推动下，ATC 得到快速发展和不断完善。此间，空管雷达成为 ATC 的核心装备。

80 年代以后，电子技术飞速发展，计算机被广泛用于机载系统和地面空管设施，同时，航路流量越来越大。在此背景下，空中交通管理（air traffic management，ATM）系统取代了 ATC。"管理"与"管制"仅一字之差，却反映了空中交通管理范围和深度的不同。"管制"只保证一次航班从起飞到落地的飞行安全，"管理"则着眼于整个航路网的安全运行和交通畅通；"管制"带有强制的意味，"管理"则更强调服务性。

从 1985 年开始，国际民航组织对未来航行系统（ATFM）进行研究、规划，着力推动卫星导航、卫星通信技术的应用以及空管服务的自动化和智能化。

---

① 1 mile（英里）=1.609km。

5.1.6　航空电子系统发展展望

历史表明，科技进步并不总是时间的线性函数，重大科技突破往往带来飞跃式发展。在未来一段时间内，航空电子的发展将呈现这一状况。

5.1.6.1　综合化、模块化和通用化加快发展

综合化一直是航空电子发展的主题，过去是，将来也是。综合化不仅代表了航空电子的发展方向，而且是一种价值观、是一种方法论。就军机而言，一个多频谱、多功能、自适应的高度综合化航电系统，将飞机、武器、战场和飞行员有机融合到一起，进而大幅提高作战效能。对民机而言，新一代高度综合的飞行管理系统，将使飞机足够聪明，并实现与未来航行系统的无缝隙、不间断融合。

模块化和通用化是综合化的基础，更高程度的模块化和通用化，将带来更高程度的综合化。随着超高速集成电路、专用集成电路、微波固态集成电路等技术的发展，模块的功能将更加强大，种类进一步减少，其应用也将从核心处理扩展到信号处理与前端传感器。通过最大限度地使用通用模块，开发通用软件，实现软硬件资源共享，将在提高航电系统重构能力和保障能力的同时，进一步降低研制成本和使用费用。

5.1.6.2　向网络化和赛博空间开拓发展

信息网络正在深刻地改变着整个世界，航空器也不例外，网络化将成为未来航电系统互联的主要形式和发展方向。

未来的航空器都将成为特定网络系统中的一个节点，只有采用先进的网络技术，才能完成大量机内外信息收集、融合、处理、传输与应用任务。赛博空间（Cyberspace）技术与航空电子的交融，将展示全新的发展前景。航空电子统一网络，将成为航空电子系统的体系架构，它不仅支持多种拓扑结构和多种信息数据，还可代替数据总线。网络技术的应用，为模块化、开放式综合航空电子系统提供了更为广阔的发展空间。

5.1.6.3　前沿技术突破将推动航空电子的创新发展

目前，纳米电子和量子信息技术正在孕育重大突破。新的宽禁带电子、光电子及光子材料，将首先用于数据通信、光数据存储和显示器等领域，进而使雷达、通信、电子战等系统的性能得到大幅提高。纳米电子技术将催生出比现有微电子器件存储密度和运算速度均高出两个量级的新电子器件，存储器容量可达 10^{12}bits，运算器速度可达 1000 亿次 /s，且廉价而节能。随着对原子结构加工机理研究的深入，直接以原子和分子制造特定功能产品的时代将会到来。

前沿技术的突破，将引发航空电子的技术进步，将以其难以估量的作用，推动航空电子创新发展。

5.2　飞行控制系统

飞行控制系统是航空器上的一个特殊系统，与人的关系密切，与机体不可分割，

又与航电系统密切交联，其作用犹如人体的神经系统，使航空器按照控制指令完成飞行动作。现代飞行控制系统不仅可以保证航空器的稳定性和操纵性，改善飞行品质，减轻飞行员负担，增强任务能力，而且对总体性能和飞行安全会产生直接影响。

5.2.1　飞行控制系统概述

5.2.1.1　概念

飞行控制系统是指根据飞行控制指令，通过一定的控制技术与装置，对航空器的姿态或空间运动实施控制的系统。

FCS 按照飞行控制指令的来源，分为人工飞行控制系统和自动飞行控制系统。人工 FCS 的控制指令来自飞行员，自动 FCS 的指令则由 FCS 本身自动产生。

5.2.1.2　飞行控制系统的作用

FCS 的基本作用是：控制航空器的姿态运动和质心运动，改善飞行品质，提高任务能力，减轻飞行员工作负担，保障飞行安全，增强航空器整体性能等。

控制飞机姿态运动和质心运动，是 FCS 的首要作用。

姿态运动是指飞机绕着三个机体轴的运动，包括姿态稳定和姿态改变两个基本内容。姿态稳定是指给定飞行状态下，飞机受到扰动，基准状态被破坏，通过一定的操纵，使飞机恢复到原来姿态的过程；姿态改变是通过一定操纵，使飞机改变原来的基准姿态，在新的姿态下可控飞行。

质心运动是指飞机质心的空间运动，用飞行轨迹和飞行速度来描述。FCS 对质心运动的控制，有飞行轨迹控制和飞行速度控制两个基本内容。飞行轨迹控制是使飞机质心沿着给定或期望的轨迹运动；飞行速度控制是让飞机以恒定或选定的速度飞行。

改善飞机飞行品质，是 FCS 另一重要作用。改善飞行品质主要通过以下四条途径实现：①改善航空器的阻尼特性、频率特性等，以提高飞机稳定性；②改善飞机操纵、控制特性，以减轻飞行员负担；③针对大气扰动，改善飞机对大气湍流的响应特性；④改善人机界面，以提高人机工效。

现代 FCS 还可与其他机载功能系统相配合，综合发挥作用，以显著提高飞机的任务能力，保障飞行安全，增强整体性能。

5.2.1.3　飞行控制系统组成

现代 FCS 主要由显示与控制装置、传感器、飞控计算机、作动器、自测试装置、信息传输链以及接口装置等组成，见图 5—13。

显示与控制装置是飞行员获取控制信息、输入飞行控制指令的设备，包括各种显示器、操纵面、驾驶杆、脚蹬、油门杆等。

传感器为 FCS 提供飞机运动参数、大气数据及其他机载系统的状态信息，用于控制、引导和模态转换。飞控计算机是 FCS 的"大脑"，用来完成逻辑判断、数据计算、系统管理并输出控制指令。

作动器是 FCS 的执行机构，根据飞行控制指令，驱动飞机上的各个操纵面、油门、喷管、机轮等，以产生飞行控制所需的力和力矩。自测试装置在飞行前、飞行中、飞行后对系统进行自动检测，以确定系统工作是否正常，并判断系统故障。

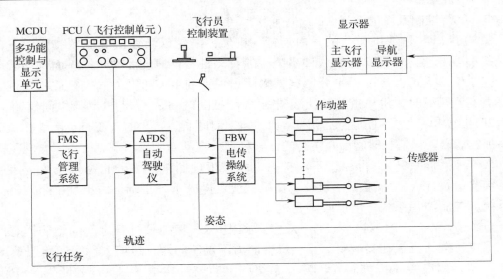

图 5-13　现代飞行控制系统的组成

信息传输链用于 FCS 的信息传输，有机械式传输、电缆传输、光纤（缆）传输、数据总线等。接口装置用于 FCS 与其他机载系统的连接，不同连接情况有多种接口形式。

5.2.1.4　飞行控制系统原理

除个别开环操纵系统外，FCS 均采用闭环控制原理。在人工操纵飞机时，飞行员通过驾驶杆、脚蹬或油门杆输入一个控制信号 U_0，经过飞控计算机计算给出控制指令 U_1。作动器据此指令驱动相应操纵面（或油门、喷管等）产生位移，进而改变飞机的姿态或质心运动状态。新状态下的运动参数转换成电信号 U_2，一路传递给计算机，一路输入显示与控制装置。飞行员将反馈信号与操纵期望值进行比较，若两者相等，则反馈信号与期望值信号偏差为 0，即 $\Delta U = 0$，FCS 不再输出新的控制指令；若 $\Delta U \neq 0$，飞行员将实施进一步操纵，直至 $\Delta U = 0$，飞机达到飞行员所期望的状态。

在自动飞行控制情况下，飞行员无须输入控制信号，只需操控某个按钮（或开关、按键）选择某一控制模式，FCS 将自动生成控制信号、自动完成闭环反馈控制，飞机按指定模式飞行，其控制原理与人工控制相同。图 5-14 是纵向自动 FCS 原理框图。

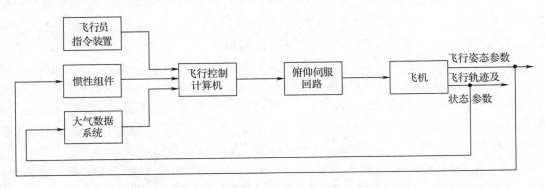

图 5-14　纵向自动飞行控制原理框图

5.2.1.5 飞行控制系统的演进

最初的 FCS 是纯机械式的，由连杆、钢索、滑轮以及铰链等机械装置组成；现在一些小型低速飞机还在使用这种系统。随着飞机飞行速度提高，操纵面气动载荷增大，完全依靠人力操纵变得十分困难，因此出现了利用液压助力的飞行控制系统。当飞行员实施操纵时，机械链路驱使液压助力系统工作，进而驱动气动操纵面偏转。

20 世纪 40 年代，飞机航程不断增加，留空时间长达数小时，飞行员的工作负荷大大增加；能自动保持长时间平直飞行的三轴稳定式自动驾驶仪出现，被用于大型飞机。

50 年代后，飞机飞行包线不断扩大，相继出现了某些飞行状态下飞机稳定性不足、与操纵性相矛盾等问题。于是，在机械液压操纵系统基础上，出现了阻尼器、增稳系统、控制增稳系统，用以改善飞机飞行品质。

进入 60 年代，运输机、轰炸机的大展弦比机翼和细长机身之间的结构模态问题日益严重，战斗机也在实战中暴露出机动能力不足等问题，迫使人们探讨新型 FCS 及其技术，导致电传飞行控制（FBW）系统和主动控制技术（ACT）的诞生。FBW 系统和 ACT 首先在 F-16 上得到应用，并成为战斗机的标志性技术与系统。空客 A320 是率先采用 FBW 系统的民用飞机。目前，先进军民用飞机均装备 FBW 系统，并根据需要采用主动控制技术。

1975 年，美国在 A-7D 飞机上首次使用光纤作为数据传输载体。光纤技术和数字式 FCS 相结合产生了光传飞行控制系统。

70 年代后期，出现了全权限数字式发动机控制（FADEC）系统，为综合飞行 / 推力控制系统提供了条件。综合飞行 / 推力控制系统，可使飞行轨迹控制和推力控制协调配合，达到优化飞行路径、降低燃油消耗等目的。

5.2.2 人工飞行控制系统

在人工 FCS 中，飞行控制指令由飞行员发出，飞行员在感知飞机飞行状态和运动参数后，通过大脑进行分析、判断和决策，通过手、脚来操控驾驶杆、油门杆和脚舵，让飞机按照人的意志作可控飞行。

5.2.2.1 人机界面

人机界面又称人机接口或座舱显示与控制系统，是飞行员与飞机之间实现互动和信息交换的媒介，相当于飞机的"司令台"。在人机界面上，飞行员主要通过航空仪表来获取飞行信息，通过操纵机构发出飞行控制指令。

操纵机构包括驾驶杆（盘）和脚蹬以及各种手柄、开关、按钮等，由于驾驶杆和脚蹬位于座舱中央位置，且为主要操纵机构，故两者合称为中央操纵机构。驾驶杆用于操纵飞机的升降舵和副翼，前后推拉驾驶杆，使升降舵偏转；左右操纵驾驶杆，使副翼偏转。脚蹬是操纵飞机方向舵的装置，其操纵过程称为"蹬舵"。飞行员操纵驾驶杆和脚蹬，能感受到力和位移，力和位移的感觉也是一种信息反馈。

20 世纪 20 年代前，飞机采用敞开式座舱，座舱内安装气压式高度表、空速表、磁罗盘等机械式仪表，飞行员根据机头与天地线的相对关系，并参考仪表指示来操控飞机，这种飞行称为目视飞行。进入 20 年代，相继诞生了陀螺地平仪、陀螺半罗盘、转弯侧滑仪等仪表，能比较全面地显示飞行信息，飞行员仅靠仪表就能完成飞行，称为盲目飞行或仪表飞行。此时的航空仪表多为机械式或电气式仪表，称为第一代航空仪表。

20 世纪 40 年代后期，出现了第二代航空仪表——机电伺服式仪表。较第一代仪表，机电伺服式仪表在指示精度、量程和形式上，均有很大提高。50 年代中期，出现了第三代航空仪表——综合指引仪，包括指引地平仪、航道罗盘、空速 – 马赫数表、高度 – 升降速度表等。由于当时先进飞机的座舱仪表总数达到 50 块以上，如何突出核心仪表成为问题。美国民航飞行员协会提出了 T 形布局仪表板方案，并很快被各国所采用。T 形布局仪表板的中心位置是指引地平仪，正下方是航道罗盘，左侧为空速表或空速 – 马赫数表，右侧为高度表或高度 – 升降速度表，见图 5-15。

图 5-15　T 形布局仪表板

到 20 世纪七八十年代，随着电子技术发展，尤其是阴极射线管的出现，催生出第四代航空仪表——电光式仪表。同时，操控机构也变得更加轻巧、更加综合，玻璃化座舱、手不离杆等概念风靡一时（相关内容参见 5.1.2.3 节）。

随着技术进步和人机工效学研究的深入，人机接口正朝着更加高效和人性化方向发展。有源矩阵液晶显示器、头盔显示器、全景座舱控制显示系统、话音控制、飞行员辅助系统等新技术被用于新型航空器。

5.2.2.2　从机械操纵到控制增稳

大多数航空器采用人工飞行控制系统。人工飞行控制系统经历了从简单机械式操纵到控制增稳、再到电传操纵的发展过程。

（1）机械式操纵系统

在螺旋桨时代，飞机采用机械式操纵系统，机械式操纵系统又分为简单机械式（或称机械传动式）和液压助力式两类。目前，在小型低速飞机及一些老旧飞机上仍采用机械式操纵系统。

（2）增稳阻尼操纵系统

进入喷气时代后，飞机的飞行包线大为扩展，飞机在高空飞行时，会发生持续的俯仰振荡或滚偏振荡，甚至出现俯仰发散、方向发散等问题。究其原因，前者是因阻尼比下降引起的动稳定性问题，后者是静稳定性问题。为了提高飞机的稳定性，改善飞行品质，阻尼器和增稳系统应运而生。

阻尼器由速率陀螺、放大器和串联舵机组成。速率陀螺的输出信号正比于飞机角速度，经放大后使串联舵机动作，推动助力器，带动舵面形成角速度负反馈，增强角运动的阻尼，从而提高飞机的动稳定性。阻尼器有俯仰阻尼器和方向阻尼器，分别用来消除或减弱飞机的俯仰振荡和滚偏振荡。

增稳系统由阻尼器和法向加速度传感器组成。当飞机呈现出静不稳定趋势时，被加速度传感器感知，传感器产生一个负反馈控制信号，驱动舵机带动操纵面偏转，产生一个稳定力矩，进而消除静不稳定趋势。

增稳阻尼操纵系统在飞机起飞后即投入工作，此时由飞行员和增稳阻尼系统共同操纵飞机。由于增稳阻尼系统中的串联舵机串接在驾驶杆和助力器之间，所以增稳阻尼系统工作并不妨碍飞行员操纵。但在舵机故障时，因飞行员无法纠正将危及飞行安全，因此串联舵机的行程（权限）很小，一般仅为舵面全行程的 1/10 左右。因而增稳阻尼操纵系统并不属于自动飞行控制系统。其系统原理见图 5-16。

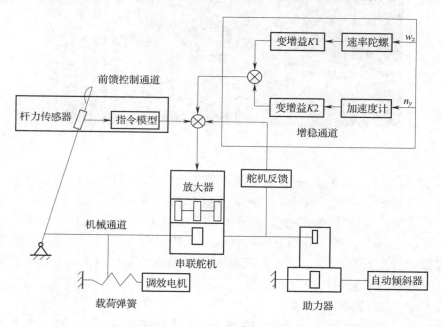

图 5-16 增稳阻尼操纵系统原理框图

（3）控制增稳系统

如本书第 3 章所述，稳定性与操纵性之间是对立统一的关系。一方面，影响稳定性的因素同样会影响操纵性；另一方面，若飞机静稳定性过强，飞机操纵性品质将下降，而操纵品质下降又将使飞机的机动飞行能力降低。在空战中，稳定性与操纵性的矛盾尤其突出，既要保证飞机有足够的稳定性，又要得到满意的操纵响应，于是，出现了控制增稳系统。

控制增稳系统是在增稳系统基础上，增加一个杆力传感器和指令模型而形成的。杆力传感器的输出信号通过指令模型来控制串联舵机。当飞行员操纵驾驶杆时，杆力传感器同时输出一个增强的控制信号，该信号驱动操纵面偏转，适度抵消了增稳阻尼系统的增稳、阻尼作用，进而获得满意的操纵特性。当飞行员稳住驾驶杆，杆力传感器不发出控制信号，增稳阻尼系统正常工作，依然发挥增稳和阻尼作用。

需要指出的是，增稳阻尼系统和控制增稳系统都是辅助机械式操纵系统工作的电信号闭环控制系统，其控制权限不大，控制过程不会带动驾驶杆和脚蹬运动。

5.2.2.3　电传飞行控制系统

电传飞行控制（flying by wire，FBW）系统是将飞行员的操纵信号，经过变换器变成电信号，通过电缆直接传输到自主式舵机，且具有控制增稳功能的飞行控制系统。按照信号特性，FBW 系统分为模拟式和数字式两种。

（1）原理和组成

FBW 系统主要由指令传感器、速率陀螺、加速度计、大气数据传感器、飞控计算机、伺服机构、作动器等组成（见图 5-17）。

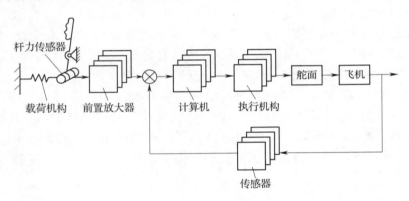

图 5-17　FBW 系统简图

FBW 系统实质上是一种取消了机械式操纵，具有全时间、全权限控制能力的控制增稳系统。我们可以借助控制增稳理论来理解 FBW 系统的工作原理。若从字面上，把 FBW 系统理解为"用线缆控制飞行"是不确切的，FBW 系统必须具有阻尼、增稳和控制增稳功能。其中，大气数据传感器的作用非常重要，它提供的飞行高度、速度和迎角等数据，是调整控制律增益的依据。

模拟式 FBW 系统采用模拟信号控制，需要很多硬件支持，难以满足复杂或非线性控制律要求，也难以满足综合控制要求。而数字信号控制能很好地解决上述问题，因此，FBW 系统必然从模拟式向数字式发展。

（2）余度结构

飞行控制系统的可靠性常用系统失效率来表征，系统失效率是指发生系统完全失效事件的概率。战斗机的失效率要求不大于 10^{-7}/飞行小时，民航飞机不得大于 10^{-9}/飞行小时。作为飞机的主操纵系统，FBW 系统必须具备很高的可靠性。

依照现有技术，使用单套系统不可能达到如此高的要求，必须采用多套系统并行工作的系统结构，称为余度（redundant）结构。军用飞机的 FBW 系统常采用 3 套或 4 套相同系统并行工作的结构，称为相似余度结构。民航飞机采用不同类别的硬软件（如 FBW 系统和助力式机械操纵系统）构成多余度通道的系统结构，称为非相似余度结构。

（3）应用及优势

FBW 系统的研究与应用，始于 20 世纪 60 年代。最早配装 FBW 系统的飞机是美国的 F−111，之后是英国的"狂风"；民航飞机的首个 FBW 系统用户是 A320。80 年代之后，几乎所有的先进军民用飞机均采用了 FBW 系统。

FBW 系统的主要优势包括：适应飞行高度、速度、飞机外形、操纵状态等变化而引起的气动导数变化；容易实现复杂控制律控制及非线性调参；容易实现系统的综合控制；容易达成基于现代控制理论的控制目标；仅通过更改软件而非更换硬件即可改变控制律和系统增益；体积小，重量轻，成本低，可靠性高。

5.2.2.4　光传飞行控制系统

光传飞行控制（光传飞控）系统是以光作为控制信号、使用光纤维传递控制信号的飞行控制系统。它是在电磁环境日益恶劣、电子对抗愈加激烈的背景下，在 FBW 系统的基础上，提出并发展而来的。光传飞控系统的研究始于 20 世纪 70 年代，目前光传飞控技术发展尚处在电传 / 光传混合阶段。光传飞控的关键技术包括：高性能光缆、电光结构和光放大器、光计算机、光作动器等。

光传飞控系统具有独特优势，主要包括：可有效防御电磁感应、电磁干扰、核爆炸电磁脉冲；光纤可传输宽频带、高速率、大容量信号；光纤的隔离性好，当一个通道故障时不影响其他通道；光纤细而轻，可减小传输线的重量和体积。鉴于光传飞控系统的独特优势，新一代军民用飞机将采用光传飞控系统代替或部分代替 FBW 系统。

5.2.3　自动飞行控制系统

自动飞行控制系统（AFCS）是指在没有人直接参与的条件下，能自动生成飞行控制指令，并操控航空器飞行的系统。基于 AFCS 的飞行称为自动飞行。

5.2.3.1　自动驾驶仪和自动飞行控制系统

自动驾驶仪（AP）是模仿飞行员动作来驾驶飞机的自动装置，它是 AFCS 的基础。

（1）自动驾驶仪的演进

1914 年，美国人斯佩里在其发明的陀螺稳定装置基础上，研制成功陀螺控制的二轴稳定自动驾驶仪（被称为陀螺驾驶仪），用来保证飞机的稳定平飞。

20 世纪 40 年代，为了满足长航时飞行需要，多款三轴稳定自动驾驶仪被用在轰炸机、运输机上。此时的自动驾驶仪以舵机回路稳定为主，配合较少的输入指令（如转弯、升降、高度保持等）去操控飞机。

60 年代中期，随着 FBW 系统和 ACT 的诞生，在自动驾驶仪上增加了一个外回路控制部分，并实现了与自动油门杆系统、导航系统之间的交联，进而扩展成较为完善的 AFCS。至此，自动驾驶仪的内涵发生了变化，成为专指 AFCS 中的核心组成部分，有时也直接作为 AFCS 的指代。

70 年代，模拟式 AFCS 盛行一时。80 年代，AFCS 开始由模拟式向数字式过渡。

（2）AFCS 的组成与基本回路

典型的 AFCS 由舵回路、稳定回路和控制回路三个基本控制回路组成，各回路的组成及作用如下。

舵回路，又称小回路或伺服回路，由放大器、舵机、反馈元件组成，其作用是增加系统阻尼、改善舵回路特性。根据反馈形式，分为比例式、积分式和均衡式三种。这种分类方式也常用来区分自动驾驶仪的类别。

稳定回路，是在舵回路基础上增加了敏感元件和放大计算装置而组成的控制回路，此回路再加上舵回路实际上就是自动驾驶仪。稳定回路的作用是稳定飞机的姿态运动。

控制回路又称控制与导引回路，或制导回路，它是以稳定回路为内回路，加上飞机运动学环节、飞机质心运动测量元件而构成。其作用是完成对飞机质心运动的控制。

5.2.3.2　自动飞行控制系统的功能与优势

AFCS 的主要功能包括：①自动保持飞机的姿态稳定；②自动操控飞机完成爬升、下降、转弯等飞行动作；③自动保持航向、飞行高度与飞行速度；④自动操控飞机沿预定航线飞行；⑤改善飞机飞行品质。

除上述主要功能外的其他重要功能还有：①自动导航与飞行指引，与机载无线电导航、惯性导航、卫星导航设备及地面导航设施相交联，自动实现空中导航与飞行指引。②自动推力控制，与发动机推力控制系统配合，实现最佳推力自动控制。③自动进近 / 着陆，与仪表着陆系统、微波着陆系统、卫星定位系统等相交联，自动操控飞机完成进近、着陆等飞行动作。④自动目标跟踪，与机载火控系统相交联，或与地面指挥系统相配合，自动操控飞机完成目标跟踪、接敌、占位、攻击、规避、脱离等战术动作。⑤自动地形跟随 / 回避飞行，与地形跟随 / 回避雷达相交联，自动操控飞机完成地形跟随 / 回避飞行。

与人工飞行控制系统相比，AFCS 的主要优势在于：在长距离飞行时解除飞行员疲劳，减轻飞行员负担；在恶劣天气或复杂环境中，可对飞机姿态和质心运动实施精确控制；可以取代飞行员完成一些复杂飞行动作或任务；有助于实现无人机的自主飞行。

5.2.4　主动控制技术

主动控制技术（ACT）是与电传飞控系统同期发展起来的一种飞行控制技术，利用闭环反馈控制原理解决了仅靠气动布局和结构设计难以解决的飞机性能提高难题。同时，ACT 也直接推动形成了一种新的设计概念，即在设计最初阶段，就把闭环控制技术与气动力、结构和推力一起作为设计基本要素，对飞机总体布局进行最佳设计。图 5-18 示出传统设计与主动控制设计的主要区别。

5.2.4.1　放宽静稳定性

传统飞机设计必须把飞机设计成迎角静稳定的，即飞机重心在焦点之前，且留有足够的裕度。为此，要在结构、气动方面付出较高代价，使机身和尾翼的尺寸和重量增加，阻力增大，导致飞机的主要性能受到不利影响。

放宽静稳定性就是利用FBW系统的增稳能力，放宽对静稳定裕度（margin）的要求，甚至可以把飞机设计成迎角静不稳定（重心在焦点之后）的布局。具有相同飞行任务和性能要求的飞机，若采用放宽静稳定性设计，与普通飞机相比，其尺寸小，重量轻，性能可得到显著提高。

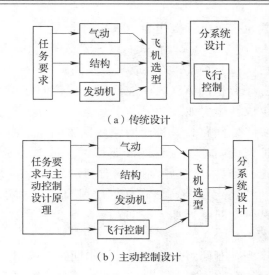

（a）传统设计

（b）主动控制设计

图5-18　传统设计与主动控制设计之区别

5.2.4.2　机动载荷控制

这是一种在机动飞行过程中对机翼升力进行合理分布的控制技术。它通过机翼前缘和后缘的操纵面，根据过载信号进行偏转，改变机翼剖面形状，从而达到使升力沿翼展方向重新分布的效果。升力重新分布的结果，对于轰炸机和运输机而言，使升力作用点向机翼内侧移动，降低了翼根所受的弯矩，从而可减轻机翼结构重量；对于战斗机而言，可提高升阻比和可用升力系数，以改善机动飞行能力。机动载荷控制的作用见图5-19。

5.2.4.3　飞行参数边界限制

这是一种自动限制飞机状态变量（迎角、过载、滚转角速度、空速等）及舵偏量超过允许极限值的控制技术，用来防止飞行时超过运动极限值引起的结构损伤或进入危险状态。采用这项控制技术，可使飞机在整个飞行包线内既充分发挥性能，又不必担心进入危险状态，现代军民机广泛采用了这项技术。

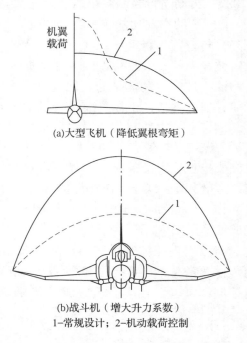

（a）大型飞机（降低翼根弯矩）

（b）战斗机（增大升力系数）
1-常规设计；2-机动载荷控制

图5-19　机动载荷控制的作用

5.2.4.4　突风减载与乘坐品质控制

这是一种用于减轻大气湍流或突风引起的飞机结构振荡、颠簸和摇晃的控制技术。用于减轻结构疲劳的称为突风载荷减轻技术，用于改善乘坐品质的称为乘坐品质控制技术。其原理是：用线加速度计来感应飞机过载变化，并将其作为反馈信号送入飞控计算机，计算机指令通过作动器使舵面协调偏转，产生与过载变化相反的气动力，来遏制突风引起的过载增量。

5.2.5　飞行控制系统发展展望

飞行控制系统是研发高性能航空器和孕育新任务能力的主要支撑。展望未来，飞行控制系统将朝着综合化、自主化、智能化，以及主动流场控制技术实用化的方向发展。

5.2.5.1　航空器控制的综合化

航空器控制的综合化，包含两个主要内容：一是实现飞行控制、火力控制和发动机推力控制的综合化；二是实现控制功能与管理功能的综合化。

为提高飞机的任务效能和自动化程度，从系统顶层设计开始，把传统三大控制系统（飞行控制、火力控制、发动机推力控制）的功能、结构、信息流和接口进行统一的合理分配和优化设计，实现综合控制，是未来发展的必然趋势。飞行/火力/推力综合化控制，可以最大限度地满足飞机整体性能要求，并拓展新的飞行边界，孕育新的任务能力，实现整个飞行过程的最优控制。

管理与控制本来就是一对近义词，但长期以来，由于技术所限，航空器系统管理和飞行控制分属两个类别，若将管理功能与控制功能相综合，可产生巨大的效益；飞行管理系统（FMS）、航空器管理系统（VMS）的成功便是例证。未来，控制功能与管理功能将实现进一步的综合，同时产生更加显著的综合效益。

5.2.5.2　飞行控制的自主化

从自动控制到自主控制是飞行控制技术的巨大跃升。所谓自主控制是指在非结构化、非预知、动态不确定的环境中，或存在约束甚至自身故障情况下，不依赖或极少依赖外部远程操作人员干预而完成预定任务的能力，它具有智能控制系统的递阶结构特征。

自20世纪90年代中期以来，各航空强国都在大力开发自主控制技术，获得不少研究成果，有的已经获得应用。先进作战无人机对于飞行控制自主化的需求尤为强烈；可以预测，自主控制将是未来高性能无人机的主流控制方式，并将使无人机的任务能力、环境适应能力得到极大提升。

5.2.5.3　飞行控制的智能化

智能化飞行控制系统，是基于现代控制理论，依靠人工智能技术而实现自主决策、寻优控制的自动飞行控制系统。智能化表现在三个方面：一是智能控制，在不同飞行阶段，利用模糊控制和神经元网络技术，控制系统能自行判断、决策，自行调整飞行参数，使飞机始终处在最优控制状态；二是智能型损伤自适应控制，能自动探测、诊断系统的损伤与故障，并自动完成系统重构；三是飞行员智能化辅助系统，在向飞行员提供飞行信息的同时，提供相应的操控解决方案，相当于给飞行员配备一个随身"参谋"。

智能化控制的实现，需要专家系统的支持，包括航电信息管理专家系统、飞行路径规划专家系统、系统重构专家系统等，专家系统的建立与完善，是实现智能化飞控的重要基础。随着深度学习、增强学习等人工智能领域的技术进步，其成果会对智能化飞控系统产生强力支撑，开创出发展新途径。

5.2.5.4　主动流场控制技术的实用化

常规气动操纵面依靠本身的偏移，来改变翼面流场形态，进而产生对飞机的控制力和力矩。这种偏移需要大功率作动器，而且不利于飞机隐身设计。主动流场控制技术提供了改变传统操纵面的可能，一是在常规翼面上安装若干微小型喷／吸气效应器，使流经该处的气流结构发生变化，从而改变全翼面流场分布；二是按照任务要求裁剪翼型，使机翼流场发生变化，达到优化气动力特性的目标。

主动流场控制的效果，就像在飞机上安装若干虚拟操纵面。这项技术已成为空气动力学中最具潜力的前沿与热点之一，一旦达到工程化、实用化程度，将实现对全机流场的高效控制，应用前景不可小觑。其关键技术包括：主动前体涡流控制、主动边界层控制、主动抑制层流控制等。实用化进程将取决于建模与数据库、气流控制效应器／传感器以及控制理论与算法的开发。

5.3　航空机电系统

航空机电系统全称航空机械电气系统，是航空器上所有执行飞行保障功能的机械和电气设备之总称。机电系统是航空器上涉及范围最多、自身构造最庞杂的一个系统，其主要作用是保障航空器安全飞行和机上所有系统和设备正常工作。机电系统直接影响着飞机的整体性能，并对飞机的可靠性、经济性、安全性产生重要影响。本节在概述机电系统后，对各机电分系统的功能、组成、应用与发展分别予以简介。

5.3.1　航空机电系统概述

5.3.1.1　机电系统的组成

机电系统的基本组成见表 5-6。随着技术的进步和航空器的发展，机电系统的组成不断发生变化。各类航空器使命任务不同，对机电系统的需求各异，配装的机电系统也各不相同。

战斗机的机电系统包括：电源、第二动力、液压、燃油、环境控制、机轮刹车、弹射救生和生命保障等分系统；大型运输机的机电系统包括：电源、第二动力、液压、燃油、环境控制、机轮刹车、防护救生、空降空投、货物运输和生活设施等分系统；大型客机机电系统包括：电源、第二动力、液压、燃油、环境控制、防护救生、机轮刹车和生活设施等分系统。

5.3.1.2　机电系统的主要功能

机电系统对航空器性能具有重要影响，各分系统都具有特定功能与作用。其中最重要的分系统及功能如下：电源系统为机上所有用电设备提供电能，保证它们的正常运行；液压系统提供液压能源，保证起落架的收放和各种操纵功能的实现；第二动力系统用于满足航空器对发动机起动、空中应急、电／液或其他辅助能源的不同需要；燃油系统的功能是储存燃油，保证向发动机连续不断地供油；环境控制系统旨在保障飞行员和旅客安全舒适，并为机上电子设备提供正常的工作环境；机轮刹车系统则保证飞机滑行和安全起降。

表 5-6　机电系统基本组成

航空机电系统	电源系统			液压系统			气压系统			飞行操纵系统		第二动力系统			燃油系统			
	主电源	辅助（二次、应急电源）	输配电	液压源	执行作动装置	控制装置	气压源	气压控制元件	气压执行元件	中央操纵机构	机电转换装置	辅助动力装置	应急动力装置	组合动力装置	加油放油供油	空中加受油	防爆	油量测量

环境控制系统				机轮刹车系统		生命保障系统		救生系统		货运系统		空降空投系统		生活设施		除冰系统	
引气分系统	加温与制冷分系统	调节控制分系统	空气分配分系统	机轮刹车	刹车控制	供氧装置	个体防护	弹射救生	应急离机	货运操纵	货运设备	货台	伞具	座椅	厨房、盥洗、水系统	防冰／除冰	风挡除雨

5.3.2　电源系统

5.3.2.1　功能与组成

电源系统向用电设备、尤其是与飞行安全直接相关的设备提供符合要求的电能。电源系统分为发电系统和配电（又称输配电）系统两部分。电源系统包括 28V 低压直流电源、恒速恒频交流电源、变速恒频交流电源、变频电源、270V 高压直流电源和大功率变频电源等不同类别。

（1）发电系统

发电系统由主电源、二次电源、辅助电源和应急电源组成。

主电源由机载发电机和电源控制保护装置组成，发电机由发动机带动发电，直接或间接向机上大部分用电设备供电。

二次电源的作用是将主电源的部分电能转换成另一种电压、电流或频率的电能。在直流电源系统中，主要有变流机、变流器、直流升压机和直流变压器等。在交流电源系统中，主要有变压器、变压整流器和变频器等。

辅助电源在地面用于维护机上电气设备和起动发动机，在飞行期间用于弥补主电源的不足。直流电源系统采用蓄电池作为辅助电源，交流电源系统采用辅助动力装置驱动的发电机作为辅助电源。

应急电源是一个独立的电源。当主电源在飞行过程中发生故障时，应急电源向机上的重要设备供电，保证飞机安全返航。应急电源由蓄电池或应急发电机组成。蓄电池是一种化学电源，既能将化学能转化成电能，又能将电能转化成化学能。

（2）配电系统

配电系统指从发电机主接触器到负载汇流条、二次电源到负载汇流条、应急和备份电源到负载汇流条之间的电能传输系统，用于将电能传送到用电设备，实现电能的传输与分配。配电系统由馈电电缆、汇流条、配电板及配电器件组成，保证对飞机各部分可靠地输配电能，管理各类电气负载并保护用电设备。

5.3.2.2 应用与发展

20 世纪 50 年代以前，电源系统多为 28V 低压直流系统，每台发动机驱动一台发电机，向用电设备供电，直流－交流转换器将直流电转换成 115V 交流电，为飞行仪表供电。后来，将恒速装置与发电机组合在一个机壳内，出现了 115/200V、400Hz 的恒速恒频交流电源系统，被军用飞机广泛应用。

50 年代中期，随着大容量固态开关技术和发电机电子控制技术的进步，变速恒频电源系统问世。在变速恒频系统中，交流发电机由发动机直接驱动，输出的交流电频率随发动机转速而变化，通过功率变换器把变频交流电逆变成 400Hz、115V 的恒频交流电。F－18 和波音 737－500 等都采用了这种电源系统。

21 世纪初，270V 高压直流电源系统研制成功，并装备 F－22、F－35 战斗机。270V 直流发电系统由发电机和控制器构成（见图 5－20）。该电源结构简单、重量轻，不需要恒速传动装置和功率变换器，能量一次转换效率高，抗干扰能力强，易于实现不中断供电、余度供电，是继低压直流和恒频交流电源后的第三种主电源样式。

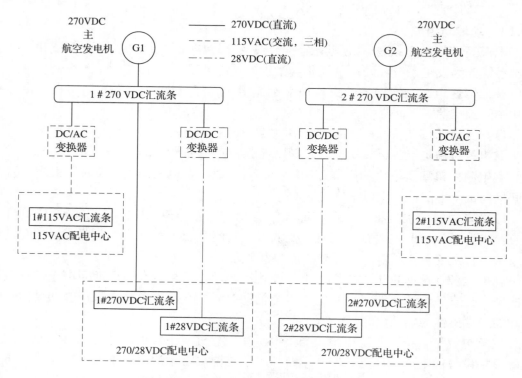

图 5－20　270V 高压直流电源系统结构框图

大型客机电源系统的要求很高，恒速恒频和变速恒频系统难以满足需求。变频电源系统因其无需恒速传动装置或全功率变换，以及结构简单、效率高、可靠性高、维修性好及全寿命周期费用低等优势，而成为大型客机的首选电源。A380 采用的变频交流电源系统，单通道容量 150kVA，多通道总容量达 910kVA。

在配电系统方面，20 世纪 70 年代之前普遍采用集中式配电方式，将来自发电系统、辅助电源和外部电源等的电能先传输到配电中心，再分配给各种用电设备。为提高系统性能，减少电气系统的布线重量，开发出了分布式配电和负载自动管理技术，首先被 F-16 等飞机所采用。后来，F-22、A380、波音 787 等飞机进一步扩展了分布式配电、固态配电、容错配电和负载自动管理等技术的应用。

5.3.3　液压系统

5.3.3.1　功能与组成

液压系统是以油液为工作介质，靠油压驱动执行机构完成特定操纵动作的整套装置。它由液压能源装置把驱动机构的机械能变换为液压动力，并通过液压管路把液压动力输送到执行作动装置，再把液压动力变换为机械能，以达到作动负载的目的。

现代飞机上大多装有两套（或多套）相互独立的液压系统，分别被称为公用液压系统（或主液压系统）和助力液压系统。公用液压系统用于驱动起落架、襟翼、减速板、前轮转弯操纵、机轮刹车、风挡雨刷和燃油泵的液压马达等，同时还用于驱动部分副翼、升降舵和方向舵的助力器。助力液压系统仅用于驱动飞行操纵系统的助力器和阻尼舵机。

液压系统由液压源、控制装置、执行作动装置，以及液压油箱、管路、蓄压器和油滤等配套装置组成。液压源包括：作为主液压泵的发动机驱动泵、作为应急泵的电动泵和风动泵以及为备份泵提供辅助功率的辅助动力装置驱动泵。控制装置包括：各种阀、油路断路器、液压保险器、流量调节器、自动压力调节器和系统低压告警器等。执行作动装置包括：液压马达、液压作动器、组合式泵、马达伺服装置以及助力器与舵机等。

5.3.3.2　应用与发展

液压系统的发展特点是：不断提高压力，按需求改变压力，根据不同的需要采用不同构型。

20 世纪前半叶，液压系统的工作压力从早期的 6.9 ~ 10.4MPa 提高到 20.7MPa。20 世纪后期研制的飞机，如"阵风"、JAS.39、F-22、B-2 和 C-17 等均采用 27.6MPa 液压系统，V-22 则采用 35MPa 液压系统，A380 和波音 787 等大型客机也采用 35MPa 液压系统。

F/A-18E/F 战斗机采用的是 20.7 ~ 34.5MPa 变压力液压系统，这是一种按需求提供动力的液压系统。F-35 用电/液作动器取代集中式液压系统，降低了系统总重，改善了飞机的可靠性和保障性。A380 采用两种不同构型的 4 套独立的主飞行控制系统，其中两套系统采用以液压为动力的作动系统，另外两套以电/液作动器作为备份使用，4 套系统中的任何一套都可以对飞机进行控制。

5.3.4 气压系统

5.3.4.1 功能与组成

气压系统又称冷气系统，是与液压系统功能相近的一个系统，它以压缩空气为工作介质，通过气压驱动执行机构完成相应的操作任务。

现代飞机大多装有两套气压系统：主气压系统和应急气压系统。前者完成一些经常性操作，如座舱盖操纵和密封、航炮驱动和装弹、炸弹舱开启和投弹、机轮刹车、螺旋桨制动、客舱门开闭、减速伞抛放等。后者完成一些应急安全性操作，如冲压空气涡轮收放、座舱盖应急抛放、机轮应急刹车、襟翼和起落架应急放下（在液压系统失效时）等。

气压系统由气压源、气压控制元件与执行元件以及管路、气滤、水分离器等组成。在一些飞机上，气压源就是压缩气瓶，飞行前在地面预先充气。在气源消耗量较大的飞机上，由气压泵提供压缩空气。系统中执行、控制、辅助元件的组成和工作同液压系统大体相仿，因气压系统不需设置回气管路，其构造简单，重量较轻，但传动不如液压系统平稳，撞击载荷较大，动态响应较慢。

5.3.4.2 应用与发展

气压系统主要用在一些轻型飞机上，不少轻型飞机上没有液压系统或电力驱动系统，作动功能完全由气压系统来完成。大型飞机的作动功能主要由液压系统来完成，气压系统只在应急时使用，以增加辅助操纵系统的可靠性。未来，气压系统将朝着元件标准化和系统微型化方向发展。

5.3.5 飞行操纵系统

5.3.5.1 功能与组成

飞行操纵系统指传递操纵指令、驱动舵面和其他机构以控制飞机飞行姿态的系统，是飞行控制系统中的执行环节。根据操纵指令的来源，可分为人工操纵系统和自动控制系统。

人工操纵系统由主操纵系统和辅助操纵系统组成。主操纵系统用于控制飞行轨迹和姿态，由升降舵（或全动平尾）、副翼和方向舵的操纵机构组成。辅助操纵系统包括调整片、襟翼、减速板、可调安定面和机翼变后掠角操纵机构等。

自动控制系统的操纵指令来自系统本身，能自动操控飞机，并对外界扰动自动做出响应。自动控制系统有自动驾驶仪、增稳阻尼系统、控制增稳系统、自动着陆系统等。

5.3.5.2 应用与发展

飞机发明以来，飞行操纵系统经历了机械传动操纵、助力机械操纵、电传操纵和光传操纵四个发展阶段。其中，电传和光传操纵的原理相同，仅传输介质不同。

机械操纵系统是最早采用的飞行操纵系统，目前仍被广泛使用。飞行员操纵驾驶杆或脚蹬，发出操纵信号，通过机械传动装置直接带动舵面。舵面上的气动铰链力矩通过机械联系使飞行员获得力和位移的感觉。通常用气动补偿方式来减小操纵面上的气动铰链力矩。

20世纪40年代末出现了液压助力操纵系统，操纵面由液压助力器驱动，飞行员通过驾驶杆和脚蹬来控制助力器的伺服阀，间接地使舵面偏转。同时，杠杆系统把舵面一部分气动载荷传给驾驶杆和脚蹬，使飞行员获得操纵力和位移的感觉，即所谓可逆助力操纵系统。

超声速飞行时会出现"杆力反向变化"，将使飞行员产生错觉而无法正确驾驶飞机。为此，须把可逆助力操纵系统中的机械反馈去除，在系统中增加一个人工感觉系统，来模拟操纵感觉，形成不可逆助力操纵系统。

由于机械操纵系统存在着间隙、摩擦、弹性变形以及机构过于复杂等问题，更重要的是，由于自动控制和电子技术的迅猛发展，电传操纵系统应运而生。电传操纵系统将飞行员的指令变成电信号，传输到自主式舵机进行直接控制，去除了机械传动装置和液压管路，可获得巨大的综合效益（可参见本书 5.2.2.3 节）。

5.3.6　第二动力系统

5.3.6.1　功能与组成

在航空器上加装一套或几套独立于主发动机的动力系统，为气、电、液系统提供动力以及输出轴功率，这类动力系统称为第二动力系统。

第二动力系统的主要功能：满足主发动机快速起动、增大功率的需要；满足电源系统、空调系统的能源需要；优化发电机、液压泵等机载设备布局，满足系统综合化需要；在地面主发动机不工作时，向机上设备提供能源；提高作战飞机的自主保障能力——在主液压系统和主供电系统失效后，立即提供应急液压动力和应急电力。

一般来说，第二动力系统是一种小型的涡轮发动机。辅助动力装置（APU）、应急动力装置（EPU）、综合动力装置（IPU/AEPU）和超级组合动力装置（SIPU）等均属于第二动力系统的范畴。关于 APU 的相关内容参见本书 4.4.4 节。

5.3.6.2　应用与发展

第二动力系统已经成为现代军民用飞机不可缺少的机载系统之一。20 世纪 60 年代出现了 APU，70 年代出现了 EPU。为了减少第二动力系统不同功能装置的数量及重量，国外从 80 年代开始将 APU、EPU、起动机等进行综合，出现了 IPU/AEPU。90 年代出现了 SIPU 概念，这是目前许多国家大力推进的项目，也是多电飞机所必需的关键系统之一。

美国 F-22 上的 SIPU 功率 335kW，可在 0 ~ 12500m 高度起动主发动机，在任何高度、速度和姿态下，在联机后 5s 内提供应急液压动力和应急电力。F-35 装备的热和能量管理系统综合化程度更高，由压气机、动力涡轮、双工作模式燃烧室和起动 / 发电机组成，具备辅助动力、应急动力、热管理和发动机起动等所有功能。

5.3.7　燃油系统

5.3.7.1　功能与组成

燃油系统是飞机上用于储存燃油，并在一切飞行状态和发动机工作条件下，按要求的压力和流量连续可靠地向主发动机和第二动力系统供给燃油的整套装置（见图 5-21）。有的飞机燃油系统还具有冷却其他系统的功能以及保持 / 改变重心位置等作用。

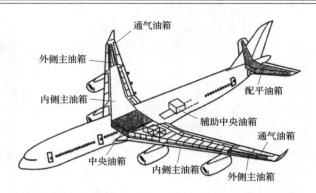

图 5-21 波音 747-400 飞机的燃油系统

燃油系统一般由燃油管理系统、加／放油系统、供／输油系统和油箱等组成。

燃油管理系统具有供／输油管理、压力加油管理、传感器信号处理、故障管理以及系统数据管理等功能。

燃油测量是飞机燃油系统的一个重要功能，其测量精度、可靠性和维修性对飞机的整体性能有着重要的影响。对军机而言，提高燃油测量精度可以增强作战能力；对民用飞机而言，则可以改善经济性。

防火、防爆也是燃油系统的重要技术要求。防火、防爆技术分为两大类：一类在油箱里充填防爆材料（泡沫塑料或铝箔网等），在任何时候都可保护油箱；另一类是让油箱内的易燃易爆气体惰性化（如充填氮气），以达到防火、防爆的目的。

5.3.7.2 应用与发展

燃油系统自飞机诞生之日起就是飞机上的一个重要系统，但演进速度并不快，近三十年来才呈现出快速发展的态势。

随着电容式油量测量技术的发展，燃油测量实现了从模拟式到数字式的跨越，但传感器的制造工艺复杂，测量精度较低，不能完全满足高性能飞机的需求。因而，超声波测量技术正被用于燃油测量系统，其原理如下：安装在油箱顶部的超声波探头按一定方向发出超声波脉冲，当此脉冲与油面接触，发生反射，反射的超声波被超声波探头采集，转换成电信号，输送给具有微处理功能的指示器，遂可获取油面高度、体积和油量等信息。

F-22 上的燃油系统，代表了燃油系统的发展方向，它不仅采用了超声波测量技术，还将环境控制系统的热负荷纳入燃油冷却系统，燃油成为冷却飞机系统和发动机附件的主要介质。循环中的燃油作为热沉，在吸收环境控制系统、次级功率系统以及发动机滑油的热量后，一部分输入发动机，把燃油调节到适当温度，以提高发动机效率；另一部分则经冲压空气散热后回到油箱，实现冷却功能。

5.3.8 空中加／受油系统

5.3.8.1 功能与组成

空中加／受油系统，本来是分属两个飞行平台的两套不同的系统，但习惯上将其归为一类。空中加油系统是加油机在空中为给受油机加注燃料而设置的全套装置；受油系统是受油机为在空中接受加油机加注燃油而设置的全套装置。

目前，空中加油系统主要采用伸缩杆式（又称飞桁式）和插头锥套式（又称软管－浮锚式）两种方式。而空中受油系统相对简单，在受油机的前部装有一个外伸的受油管，以便与加油机上的伸缩杆或锥套对接。

伸缩杆式加油系统又称硬管加油系统，安装在加油机机身内，加油机尾部装有可伸缩的半刚性加油杆，在管头油嘴处对称地装有两个 V 形舵面，用来控制加油杆的位置。加油过程由位于尾部操作舱内的加油员指挥控制。其优点是输油速度快，稳定性好。缺点是需要专职加油员和加油操作舱，加油机与受油机配合难度大，每次只能给一架飞机加油。

插头锥套式加油系统由软管锥套和卷盘传动部分组成，卷盘传动部分的作用是根据受油机位置放出和收回软管，在加油过程中自动调节软管长度，使软管保持拉紧状态。插头锥套式加油优点是不需专设加油员，一架飞机可安装多套装置，同时为几架飞机加油，结构相对简单；缺点是输油速度较慢，对大气湍流较敏感。

另外，许多战斗机和攻击机都可携带"伙伴"空中加油外挂吊舱，为共同遂行任务的飞机进行"伙伴"加油。无人机也开始扮演加油机的角色。

5.3.8.2　应用与发展

世界上第一次空中加／受油出现在 20 世纪 20 年代，但在之后的 20 多年时间里被"束之高阁"，直到二战后喷气式飞机迅速发展，空中加／受油技术才"重获新生"。

空中加／受油可以大大增加飞机航程和作战半径，或增加载弹量，或增加留空时间，对于提高军用飞机的作战、执勤效能非常重要。

目前世界上有 20 多个国家拥有空中加油机，数量最多的是美国和俄罗斯。加油机多由民用运输机或轰炸机改装而成。我国于 20 世纪末具备了空中加油能力（见图 5–22）。

美国空军喜欢采用伸缩杆式空中加／受油方式，而美国海军和北约国家多采用插头锥套式空中加／受油方式。

图 5–22　轰油 6 正在为歼 10 进行空中加油

5.3.9　环境控制系统

5.3.9.1　功能与组成

环境控制系统简称环控系统，是保障机上乘员正常生活、设备正常工作所需环境条件的整套装置。具体作用：保证座舱内空气压力、温度、湿度、洁净度及气流速度等适合人体生理要求，同时为机上电子设备提供正常工作环境。环境控制系统由引气分系统、加温与制冷分系统、空气分配分系统、调节控制分系统和显示设备等组成。引气分系统为座舱增压和通风提供气源，加温和制冷分系统用来调节舱内温度，空气分配分系统让通风空气均匀地输入到座舱内部，调节控制分系统用于舱内压力、温度、湿度以及供气的调节。

5.3.9.2 应用与发展

20 世纪 50 年代末，出现了升压式空气循环冷却技术，此项技术可获得较低的涡轮出口温度，被广泛用于战斗机。

60 年代出现了三轮式空气循环冷却技术，利用空气在涡轮中膨胀做功，驱动同轴压气机与风扇进行制冷。从气源来的高温高压空气先在初级热交换器中预冷却，然后进入压气机升压、升温，再经次级热交换器冷却后进入涡轮膨胀做功，并进一步降温，最后供座舱或设备舱使用。此项技术解决地面停机状态下的座舱制冷问题，且所需的供气压力低、功率高，多用于大型民用飞机。

70 年代出现了除水空气循环冷却技术，解决了调节空气因水蒸气含量过大给人和设备带来的不利影响。

目前，综合环境控制系统已趋于成熟。F-22 的综合环境控制系统，将能量综合管理、空气循环与蒸发循环有机结合，制冷能力可达 60kW。F-35 的热与能量管理系统综合了辅助动力、应急动力、热管理和发动机起动等功能，压气机为气体系统和闭式空气循环冷却装置提供高压空气，动力涡轮驱动起动 / 发电机提供电力，同时向电子设备和座舱提供冷却空气（见图 5-23）。波音 787 采用的是电环控系统，用电动机为客舱增压，用电加热方式进行机翼防冰，基本上不需要从发动机引气，打破了环控系统从发动机引气的惯例。

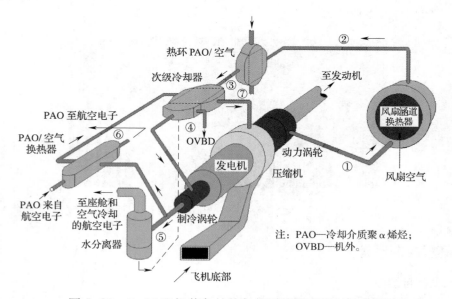

图 5-23　F-35 飞机装备的热与能量管理系统结构简图

5.3.10　机轮刹车系统

5.3.10.1　功能与组成

机轮刹车系统是飞机上一个具有独立功能的重要系统，由刹车控制和机轮刹车装置两部分组成。其作用是承受航空器在地面的静载荷和动态冲击载荷、在着陆刹车滑跑过程中吸收飞机动能，使飞机快速降低速度，并对起飞、着陆、滑行进行有效的制动与控制。

5.3.10.2　应用与发展

100 多年来，机轮刹车系统从机械防滑刹车、电子防滑刹车到数字式防滑刹车，刹车效率不断提高。现役战斗机和大型客机均采用自动刹车、多余度控制、实时监控，以及航向与刹车综合控制等技术，提高了飞机的防滑刹车性能。

在相当长的时间内，刹车系统多采用液压刹车装置，液压刹车存在着重量大、易起火、响应慢等缺点，在 20 世纪末出现了全电刹车系统。全电刹车系统是机电产品，刹车方式为电力驱动，不使用液压、气压介质，用导线代替液压管道和气压管道，简化了系统结构，提高了综合性能和可靠性。F-22、F-35、苏-35、波音 787 等都采用了全电刹车系统。

目前，各类大型飞机的刹车盘多采用碳 / 碳复合材料，具有重量轻、寿命长、综合性能好等特点，使用寿命超过 10000 个起落。为进一步改进刹车性能，业界正在进行陶瓷刹车材料的研究和应用。

5.3.11　生命保障系统

5.3.11.1　功能与组成

生命保障系统是保证飞行员正常工作，并在航空器不可挽回的情况下能够保全飞行员生命的一系列关键装备，主要包括个体防护装备和供氧装置等。

个体防护装备是在高空、高速、高过载、强噪声、生化武器危害等环境下，对飞行员头部、颈部、躯干、呼吸道进行有效防护，以保证飞行员安全的装备之总称，包含头盔、面罩、抗荷服等（见图 5-24）。供氧装置提供氧气，以保证机上人员在低气压、高过载条件下长期工作，以及在座舱失去气密性、高空弹射跳伞和坠入水下时的短期工作。

生命保障系统主要装备及功能如下：

供氧系统——保证生命生存所必需的空气含氧量，一般采用高压氧气、液氧或化学氧作为气源。

抗荷服——战斗机机动飞行时可产生 +8 ~ +9 的法向过载，超过人体耐受能力，抗荷服以代偿加压方式，解决高过载（+9）和高持续性（15s）情况下的飞行员意识丧失问题。

个体防护服——在座舱环境保温能力不足时，飞行员可穿着调温服保暖；在海上紧急跳伞时，高效抗浸服用来提高飞行员水中浸泡耐受时间。

防护头盔——在座舱内使用，防止飞行员头部遭受碰撞伤害；在弹射离机时，防止因高速气流吹袭而造成的伤害。

生存装备——即飞行员被迫跳伞或飞机迫降／坠毁后，所需要的救生电台、水上漂浮装置、自救工具等待援装备，以及防止生化武器、核辐射伤害的装具。

图 5—24　中国空军飞行员配备的个体防护设备

5.3.11.2　应用与发展

飞行是一项危险性很高的工作，因此，从飞机诞生之日起，人们就注重对飞行员的生命保障，并研发出各种各样的防护设备。在螺旋桨时代，生命保障系统相对简单，进入喷气时代后，飞行员的生存环境越来越恶劣，生命保障系统也越来越复杂。

在军机领域，先进战斗机的综合生命保障系统代表了当今最高水平。一般说来，系统由分子筛制氧系统、综合呼吸调节器／抗荷阀、头盔、抗荷服、通风服、飞行服等部件组成，具有抗浸防寒、防生化武器、防火、防噪声等特点，能在高空和高过载时实现加压式呼吸。

5.3.12　救生系统

5.3.12.1　功能与组成

救生系统是指飞机发生险情，能保证机上乘员紧急、安全离机，使乘员获得生存机会的设备与设施。军用飞机的救生系统主要指实现弹射救生的一系列设备；民用大飞机的救生系统主要指能让大量乘员快速离机，并最大限度地保证乘员离机后安全的设备、设施，又被称为应急离机系统。

弹射救生系统由弹射座椅（见图 5—25）、伞系统、个体防护设备、供氧设备、救生装具和生存所需物品等组成。

大飞机应急离机系统主要包括应急撤离滑梯、供多人使用的救生筏、求救装备、生存所需物品等。

图 5—25　俄罗斯 K—36D 型弹射座椅

5.3.12.2　应用与发展

早期飞机唯一的救生装备是降落伞，飞机遇险后飞行员采用爬舱跳伞的方式求得生机。飞机速度在 600km/h 以下时，爬舱跳伞可行，当速度大于 600km/h 时爬舱跳伞几无可能，于是，出现了弹射救生方式。

弹射座椅问世以来，已发展了三代，目前正在进行第四代的研发。第一代弹射座椅采用火药弹射方式，称为弹道式弹射座椅，主要解决乘员的迅速离机问题。第二代是火箭弹射座椅，在弹射座椅上加装火箭助推装置，增加了弹射高度，实现了零高度、零速度弹射。第三代弹射座椅可根据弹射离机时的速度、高度选择不同的延迟时间，以控制救生伞及人椅分离时机，进一步提高了不利姿态下的救生性能。正在研发的第四代弹射座椅，着重改善离机环境适应性、高速气流防护、高速弹射时的稳定性等问题，并使救生性能包线得到大大扩展（弹射时飞行高度 0～21km；飞机速度：低空时 0～1300km/h，高空时 $Ma0～3.0$）。

在民用大飞机领域，开发更先进的应急撤离装备，是飞机制造商的一项重要工作。现已开发出一种梯/筏组合式多功能滑梯，采用快速充气技术，既可充当滑梯使用又可当作救生筏使用，逃生效率和安全性都有很大提高，被广泛用于各类大型客机。

5.3.13　货运系统

5.3.13.1　功能与组成

货运系统是指将货物运进、运出航空器，并在货舱按预定位置摆放、固定的设备与设施（见图 5-26）。军用运输机的货运系统要求快速装卸、固定货物，并适合空投武器装备和空降伞兵。

货运系统分为货运设备和货运操纵系统两部分，货运设备又分为集装货运设备和散装货运设备。集装货运设备由起重机（绞车）、传输装置、限动锁紧装置、拦阻装置及辅助装置等组成；散装货运设备由起重机（绞车）、传输装置、系留装置、拦阻装置、装卸装置和辅助装置等组成。

图 5-26　大型军用运输机货舱内部图

　　大型运输机的货运系统最大起吊达 10t 以上，具有综合控制功能，对大型装备的装运、固定、解锁、卸下可自动完成，并具备安全防护装置。

5.3.13.2　应用与发展

　　货运系统是一个适配功能系统，是伴随着运输机、被运货物、运输需求的变化而不断演进的，经历了从简单到复杂的过程。

　　当前，能够代表货运系统特点的是伊尔 −76、A400M、C−17 三款著名运输机的货运系统。

　　伊尔 −76 货舱尺寸为 20m×3.46m×3.40m，货舱地板用钛合金加固，可装运各种装甲车、运兵车、高炮和导弹等，也可装载多个集装箱或货盘，配有 4 台电动起重机和 2 台绞车。

　　A400M 货舱截面近乎正方形，可根据运输或空投需要灵活配置空间，能运载两架 AH−64 直升机，或一架"超级美洲豹"直升机，或运载 6 辆越野吉普。货物装卸自动化程度很高，仅靠一人就能在几分钟内改变货舱结构。

　　C−17 货舱尺寸为 5.49m×26.82m×4.11m，可装运一辆 55t 级 M1 主战坦克，或同时装运 3 架 AH−64 直升机。货舱地板由铝合金纵梁加强，最高承载能力达 60t。

5.3.14　空降空投系统

5.3.14.1　功能与组成概述

　　空降空投系统是大型军用运输机独有的系统，主要由伞具和货台两部分组成。

　　空降空投能力是空降兵和特种部队作战能力的重要标志，习惯上将载人空投称为空降，不载人的称为空投。空投方式主要有三种：重装空投——从大型运输机上空投重型武器装备（见图 5−27），重装空投会显著改变飞机重心位置，需要功能强大的飞行控制系统作保证；标准空投——从距地面 500 ∼ 1500m 高度实施的空投，空投速度一般为 260 ∼ 400km/h；超低空空投——从距地面 3 ∼ 7m 高度实施的空投，空投速度一般较低。

　　标准空投系统一般由牵引伞、主伞、主伞脱离锁、货台等组成。超低空重装空投系统一般由牵引伞系统、货台系统组成。

图 5−27　C−17 运输机正在实施重装空投

5.3.14.2　应用与发展

空降空投已有近百年的历史，在第一次、第二次世界大战中均有广泛应用，有的甚至改变了战争进程。在螺旋桨时代，空降空投系统相对简单，随着大型涡扇运输机的出现，空降空投系统变得日趋复杂。

20 世纪中叶，美国和苏联已可空投火炮、装甲车辆和地空导弹等。80 年代以后可以全天候条件下实施重装空投。美国用于重装空投的飞机有 C-130、C-17、C-141 和 C-5 等，其中 C-130 稳定性好，可在几米高度实施空投作业，空投能力 22.7t。俄罗斯用于重装空投的飞机有伊尔 -76、安 -22、安 -12 等，其中伊尔 -76 是其最主要的重装空投载机，空投能力 41t，可连续投放 2 件 20.5t 或 4 件 9.3t 的货物。

5.3.15　机上生活设施

5.3.15.1　功能与组成

机上生活设施是运输机和民用飞机必不可缺的系统，主要为乘员提供必备的生活保障条件，改善人机环境，提升乘员空中生活品质，提高飞行人员工作效率等。

机上生活设施主要包括：飞行员 / 乘客座椅、厨房设备、盥洗间设备、水系统、文化娱乐设施等。

5.3.15.2　应用与发展

座椅与航空器的问世同步，经历了漫长的发展过程。1952 年美国联邦航空局（FAA）提出了 9g 座椅的概念，1987 年确定了座椅的适航标准 TSO-C39b，1988 年又提出了 16g 座椅的概念，提高了座椅向上、向下及侧向的静载荷要求。

厨房系统包括厨房框架、电气系统、照明系统、水系统、门帘及成品插件等。盥洗设备包括盥洗室结构组件、马桶组件、盥洗台组件以及水系统、电气系统和空气调节系统等。文化娱乐设施，是指那些满足乘员精神生活需求的设备。

随着文明程度的提高，人们对空中生活质量的要求越来越高，机上生活设施越来越受到重视，已成为提高航空器尤其是民航干线飞机市场竞争力的重要因素（见图 5-28）。

图 5-28　空客 A380 飞机上的空中吧台

5.3.16　除冰系统

5.3.16.1　功能与组成

除冰系统是飞机上用于防冰、除冰、风挡消雾（除雨）等一系列设备的总称。

航空器积冰（结冰）危害十分严重，特别是飞行中积冰（结冰），会导致飞机气动外形变化、飞行重量增加、操纵性和稳定性下降、仪表指示失常、发动机推力下降甚至停车等一系列严重问题，甚至会带来灾难性后果。飞机风挡结雾、上霜、积雨等，虽不及积冰的后果严重，但依然带来不小的麻烦。因此，必须采取防冰、除冰、风挡消雾（除雨）等措施。

目前，飞机上采用的防冰、除冰、风挡消雾（除雨）方法，主要有机械法、液体法、气热法和电热法等。

5.3.16.2　应用与发展

防冰、除冰问题由来已久，二战时期就有了专门的防冰、除冰系统。

目前，该项技术正在继续发展，研究及应用热点包括：通过冰风洞试验，进一步探求结冰的成因及规律；在总体设计阶段就引入防/除冰设计，统筹安排防/除冰系统；开发新型结冰探测技术与设备，研发防/除冰新材料、新方法，以提高防/除冰效果；重点解决直升机旋翼的防/除冰问题；加强防/除冰基础数据的积累；不断增强防/除冰产品的集成能力，为各类航空器提供更为有效的防/除冰系统解决方案。

5.3.17　机电系统发展展望

航空机电系统已成为现代航空科学技术的重要领域，展望未来，航空机电系统将朝着系统综合化和飞机多电/全电化两个重要方向发展，而且综合化与多电化两者之间高度关联，相互推动，彼此激励，将越来越多的研究成果快速转化为成熟产品，为日新月异的航空器提供可靠的功能保障。

5.3.17.1　机电系统综合化

目前大部分在用机电系统为分立式结构，各分系统独立发展、独立运行，使机电系统成为飞机上"摊子"最大、内容最杂的系统，体积大、重量大，维修性差、可靠性差，生产成本高、保障费用高等。如何解决机电系统"庞杂"的问题？走综合化之路，是机电系统发展的必然趋势。

实施机电系统综合化，必须摈弃传统机电系统的设计理念和结构，大胆运用基于模型的顶层设计与仿真技术，采用一体化架构和硬软件综合技术。

实施机电系统综合化，必须与飞机机体、发动机技术、航电技术、飞控技术的发展相同步，以综合能量与热管理为抓手，从功能、能量、控制和物理四个方面进行优化设计、全面综合。

实施机电系统综合化，必须坚持物理综合与功能综合两措并举的方针，物理综合通过共享空间位置、共享电源、共享逻辑地址、共享硬件，将分系统的相关部件集中到一起；功能综合，通过对各子系统/设备的信息进行交互或融合，实现多系统的协同工作。

实现机电系统综合化，可分成两个步骤：第一步，进行公共设备管理的系统综合，在基本不改变传统机电系统结构的基础上，对各分系统进行控制和热能的综合管理；第二步，开展多电飞机技术研究与应用，以全新的设计理念，用电力系统取代液压、气压和机械系统，以达成功能、能量、控制和物理四方面的全综合。

迄今，机电系统在控制方面的综合已经实现，能量和功能方面的综合也取得了重要进展，F—22、F—35、波音 787、空客 A380 等均采用了综合化程度很高的机电系统，在它们身上，机电系统"全综合"的形态已初见端倪。

5.3.17.2　飞机多电／全电化

多电／全电飞机是指机载设备多数或全部由电力驱动的飞机。实现多电／全电化，既是飞机问题，又是发动机问题，更是机载机电系统问题。电能作为最重要的二次能源，它的变通性好，可以方便地转换成机械能、热能、声能、磁能、光能等不同能量形式；它传输方便，一根导线即可解决问题；它的能量转换效率高，任何机械方式都无法企及。因此，充分发挥电能优势，实现系统的多电／全电化，是促进机电系统发展的根本措施。

随着多电飞机、功率优化飞机等计划的实施，机电系统综合化程度将逐步提高，通过"多电化"的过渡，最终实现向"全电化"的跨越，届时，电力系统将完全取代液压、气压和机械系统，飞机上所有的二级功率均以电能的形式存在（见图 5—29）。

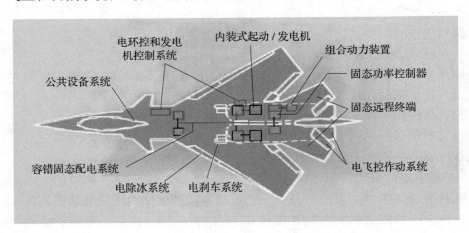

图 5—29　多电飞机结构图

美国的多电飞机计划主要针对军机，终极目标是在 2030 年前后使战斗机平台具有提供兆瓦级电力的能力，机上所有重要功能系统均采用电力系统，并可支持大功率机载激光武器的发射。欧盟的功率优化飞机计划与美国多电飞机计划相似，但主要针对民机，旨在通过推行多电化实现能量优化，进而使飞机非推力（除去发动机功率之外的）功率消耗降低 25%，燃油消耗降低 5%，设备重量、制造与维护成本大幅降低，达到更经济、更安全、更舒适、更环保和更高效的目标。

可以预见，机载机电系统将持续快速发展，为各类航空器提供强有力的技术与功能支撑。

5.4 机载武器系统

机载武器系统是军用航空器的核心功能系统，也是构成空中力量战斗力的核心要素之一。经过 100 年的发展，机载武器已经衍生出一个庞大家族，数量巨大，种类繁多，功能各异。在空中战场俨然成为现代战争的重心与中心的今天，机载武器的作用愈加重要。本节介绍机载武器系统的基本知识。

5.4.1 机载武器系统概述

5.4.1.1 机载武器系统的概念与组成

（1）机载武器系统的概念

机载武器系统是军用航空器上的武器与相关装置组成的综合系统，其基本功能是对目标进行探测、识别和跟踪，投射或发射航空器上挂载的武器，攻击和摧毁敌方目标。

从学术意义上说，"航空武器系统"与"机载武器系统"是两个不同概念。航空武器系统是指各类军用航空器（载机）与机载武器系统，以及相关装置所构成的综合系统。显然，在航空武器系统的概念里包含了机载武器系统。航空武器系统的效能，既取决于机载武器系统的性能，也取决于航空器（载机）的性能。机载武器系统只是航空武器系统中的一个关键子系统。

（2）机载武器系统的组成

不同军用航空器的作战使命、任务不同，因而其机载武器系统也有所差异，但就功能而言，每个机载武器系统都由下列三部分组成：

航空火力控制系统——用于机载武器的瞄准、控制和管理；

悬挂发射装置——用于机载武器的安装、运载、发射或投放；

机载武器——用于直接杀伤、摧毁目标，或完成特定攻击任务。

5.4.1.2 机载武器的分类

机载武器种类繁多、用途各异，分类方法也多种多样。按照战斗部装药不同，分为常规武器和非常规武器（包括核武器）；按照有无制导装置，分为制导武器和非制导武器；按照弹道形式，分为弹道式、巡航式、半弹道式武器；按照杀伤机理，分为硬杀伤武器和软杀伤武器；按照使用方式，分为射击武器和轰炸武器；还可按武器发展历程，分为传统武器和新概念武器。

使用最多的是按照武器的属性与特点，将机载武器分成以下类别：航空机枪（炮）、航空炸弹、航空火箭弹、空空导弹、空地导弹、航空鱼雷、航空水雷、航空反潜导弹等。

5.4.1.3 机载武器的演进

早期军用飞机没有专门的机载武器，需要时，飞行员使用手枪、步枪、机枪甚至铁锚、钢索、渔网等进行空中格斗；将手榴弹、迫击炮炮弹作为轰炸武器；将鱼雷、水雷等海军制式兵器直接拿来用于对海作战。

　　一战期间，为适应日益激烈的空战和轰炸需要，出现了航空机枪、航空机炮、航空炸弹、航空鱼雷、航空水雷等专门设计或改进的机载武器，初步形成了机载武器家族。

　　二战期间，机载武器的型谱更加丰富。在陆军火箭弹基础上研制成功航空火箭弹；以普通航空炸弹为基础研制成功制导炸弹；还创新性地开发出空地导弹、空空导弹、航空核炸弹等。除空空导弹外，这些新型机载武器均投入战场使用，并取得一定成功。

　　冷战时期，航空武器技术继续迅猛发展。持续 10 年的"要导弹，不要机炮"之风，掀起了空空导弹发展高潮；越南战争中"灵巧炸弹"的威力，刺激着各国大力研发空对地制导武器；核威慑背景，则使美、苏两个超级大国研发、储备了大量机载战略核武器。

　　在世纪之交的前后 20 年时间里，在世界新军事变革的引领下，在诸多高新技术的强力推动下，机载武器无论是性能、种类，还是作战效能、毁伤效果，都达到了前所未有的境界。并且，一些突破传统观念、以崭新机理出现的新概念武器，愈加受到重视，研制步伐明显加快，正成为未来空中战场的新锐。

　　机载武器经过 100 年的发展，数量由少到多，射程由近到远；口径由小到大，威力由弱到强；精度从差到好，效能从低到高，成为现代战争的主宰因素之一。

5.4.1.4　机载武器的几个概念与术语

　　机载武器的以下几个概念与术语经常用到，有必要对它们释义。

　　(1) 精确制导武器

　　精确制导武器（precision guided weapons，PGW）又称精确制导弹药，是对采用精确制导技术命中精度高的武器之泛称。PGW 是一个全世界通用的、跨行业、跨军兵种的军事技术术语，并非专指导弹，也并非专指机载武器，车载、舰载、陆基、天基武器均可。因此，该术语更多地体现分类学意义。军用航空器装载的精确制导武器被称为机载（精确）制导武器。

　　(2) 防区外武器

　　全称为防区外空中发射武器（stand-off weapons，SOW），指在敌防空火力区域之外从空中发射、精确攻击战场纵深高价值目标的一类战术空地武器，有防区外导弹、防区外制导炸弹。防区外武器不属于战略武器范畴，按照美国与苏联/俄罗斯签订的《限制战略武器条约》之规定，射程在 600km 以上的弹道式空地导弹、空射巡航导弹属于战略武器，因此，防区外武器的最大射程不超过 600km。防区外武器也有别于通用战术空地导弹，主要差别有二：一是射程大于通用战术导弹；二是威力更大，可摧毁高价值纵深目标。

　　(3) 超视距空空导弹

　　超视距是超过人眼视力能观察到的范围，一般将 10km 作为人的标准视距。超视距空空导弹，就是指射程超过 10km 的空空导弹。需要说明的是，超视距空空导弹不仅限于超视距空战，同样具备优秀的近距空战能力；提出"超视距"概念时，绝大多数近距空空导弹的射程在 10km 以内，但新一代近距空空导弹的射程已达 20 ~ 30km，因此，超视距导弹不排除近距空空导弹。"超视距"和"防区外"指的是两种不同作战样式，"超视距"是指空对空作战，"防区外"是指空对地作战。

（4）新概念武器

新概念武器是指那些突破传统武器原理的新武器，并无统一定义。机载新概念武器一般包括：定向能武器（激光、微波、粒子束武器等）、动能武器（电磁动能、电热动能、混合动能武器等）、非致命性武器和一些新型软杀伤武器等。新概念武器是一个动态和相对的概念，今天的新概念武器明天就可能成为常规武器。

5.4.2 航空火力控制系统

载机、机载武器、航空火力控制（简称火控）系统是形成军用航空器作战能力的三大要素。其中，载机是运载工具，机载武器是打击力量，火控系统则是指挥控制中心。火控系统的性能，直接影响着机载武器发射的命中精度和载机的作战效能。军用航空器的不同作战模式，也主要依靠火控系统而实现。

5.4.2.1 概念、功能与组成

（1）概念与功能

航空火力控制系统是对目标进行探测、识别、跟踪、瞄准，进而控制各种机载武器投射方向、时机、密度和持续时间的机载设备之总称。火控系统是机载武器的控制、管理与指挥中心。其具体功能包括：引导——引导载机进入目标区或武器投放区；探测——搜索、识别、跟踪目标，测量目标及载机的运动参数；解算——将目标与载机运动参数及其他作战数据融合，进行火力控制计算；指挥——进行综合判断，形成战斗决策；显示——将引导、瞄准、告警、指挥、决策及武器状态等的信息，生成容易被人感知的符号、画面、声音；控制——控制武器发射方式、数量，装定（setup）制导武器所需的任务参数；制导——对运动中的制导武器进行所需的制导；记录——记录与重现作战过程。

不同的军事使命和作战任务，决定了航空火控系统的不同技术特点。按照载机不同，可分为战斗机火控系统、轰炸机火控系统、攻击机火控系统、武装直升机火控系统、电子战飞机任务系统和无人机任务系统等不同类型。

（2）基本组成

对于以运送和投放弹药为使命的作战飞机，火控系统可以看作航电系统的核心功能系统，因此航空火控系统的物理组成与航电系统是一致的。围绕火控系统的任务，系统组成主要包括：目标参数探测、载机参数测量、信息处理火控计算、悬挂物投射管理、显示控制、数据传输和作战视频记录等设备。其所包含的大部分设备已在本章5.1 节做过介绍，这里不再重复。现代战斗机的火控系统组成见图 5-30。

5.4.2.2 航空火控系统的演进

航空火控系统是在光学瞄准具基础上发展而来的。一战中，直接把陆军、海军用瞄准具装上飞机，形成初级航空瞄准系统，但这只是航空火控系统的雏形，不能算作独立系统。

第一代火控系统诞生在 20 世纪 40—50 年代。二战中，由于飞机速度和机动性的提高，需要飞行员迅速做出反应，因而开发出了多种专用航空瞄准具，采用光学仪器和陀螺仪器测量目标距离和角度，并与计算装置相结合得出瞄准线供飞行员使

用。进入 50 年代，又将电子管雷达、模拟计算机、陀螺组件与机电式瞄准具集成到一起，形成了第一代火控系统，实现了前置追踪、水平轰炸、俯冲轰炸等功能（见图 5-31）。

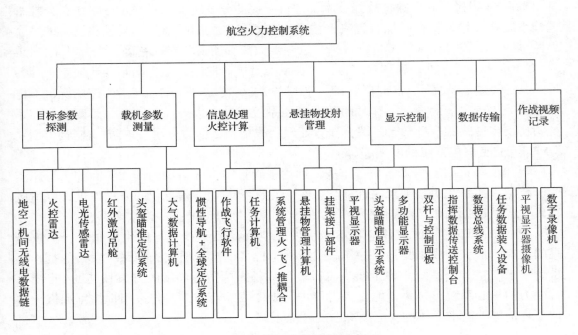

图 5-30　火控系统的组成

图 5-31　P-51 "野马"战斗机的光学瞄准具

20 世纪 60—70 年代，飞机开始装备具有导航与瞄准功能的平显 / 武器瞄准系统，并将火控雷达、模拟计算机、显示器和惯性导航设备等集成到一起，形成第二代火控系统，实现了拦射、热线、连续计算弹着点等功能。

70—80 年代，利用数据总线技术，把目标探测分系统、综合显示分系统、外挂管理分系统和火控计算机等综合起来，构成分布式集中控制的第三代火控系统，即综合火控系统，实现了超视距多目标攻击、近距离大离轴发射和对地精确打击等功能。

90 年代以后，进入到高度综合化火控系统发展阶段，并催生出第四代航空火控系统。其特点是：火控系统与其他分系统一起构成高度综合化的航电 / 火控系统，不再明确区分火控系统的界线，作战时整个航电系统都处在火力控制状态。第四代火控系统实现了多传感器信息融合、综合任务处理、战场态势综合显示、攻防一体等功能。

5.4.2.3　航空火控系统的发展趋势

现代战争正朝着一体化联合作战、远程精确打击、网络协同作战等高技术形态演变，航空火控系统也将朝着高性能化、综合化、智能化、信息化的方向发展，以适应有人 / 无人多机协同、全天候、全高度、全方位、高机动的空中作战需要。

新的战争环境和作战任务将不断引发航空火控系统技术与能力的嬗变，追求最高的性能、最低的成本、最好的作战适应性，已成为未来航空火控系统发展的基本要求。未来航空火控系统必将是能为飞行员和战场指挥员提供解决方案和辅助 / 自主执行能力的核心系统，是集智能化火力打击、立体式综合防御、先进指挥控制和嵌入式训练评估等功能于一体的、高度综合的智能系统。

5.4.3　机载武器

任何武器都是历史的产物，都遵循"需求牵引、技术推动"的发展规律。与其他武器相比，机载武器有三个显著特点：一是技术含量高，集众多高新技术于一体；二是为适应空中、高机动条件下的使用环境，有着近乎苛刻的重量和性能要求；三是体系庞大、种类繁多、用途各异。下面，概略介绍主要机载武器。

5.4.3.1　空空导弹

空空导弹是由航空器携带和发射、攻击空中目标的导弹，是战斗机对敌轰炸机、巡航导弹等实施拦截，以及与敌战斗机进行空中作战的主要进攻武器，同时也是战斗轰炸机、攻击机、武装直升机的防御武器。

空空导弹自 1944 年问世以来，在 70 多年的时间里，历经了三代发展，现已进入第四代，形成了一个完整的品种系列。

空空导弹有不同的分类方法，按发射距离，可分为近距（20km 以内）、中距（20～100km）和远距（大于 100km）空空导弹；按制导方式，可分为红外制导、雷达制导、复合制导导弹。

（1）早期的空空导弹

1944 年，德国研制的 X-4 有线制导空空导弹，是世界上第一种空空导弹，尽管没有投入战场使用，但已具备实战能力。

二战后，美国研制出 XAAM-A-1 雷达型空空导弹。同期，苏联、英国、法国也各自开发了第一批空空导弹。1954 年，AIM-4"猎鹰"红外型导弹入役美国空军，次年，AIM-7A"麻雀"Ⅰ雷达型导弹入役美国海军。接着，苏联 K-5 雷达型、英国"火光"红外型、法国 R511"马特拉"雷达型导弹先后入役。标志着第一代空空导弹系列形成。

（2）红外型空空导弹

红外型空空导弹均属近距导弹，半个多世纪以来，因所采用的红外探测器升级而经历了四代发展。第一代（1946—1956 年）采用非制冷的硫化铅探测器，只能尾后攻击机动性较差的目标，代表型号为美国的 AIM-9A/B/C"响尾蛇"（见图 5-32）。第二代（1957—1966 年）采用制冷的硫化铅探测器，扩大了尾后攻击范围，代表型号有美国的 AIM-9D/E/F/G/H/J/K、法国的 R530 等。第三代（1967—1976 年）采用锑化铟探测器，格斗性能显著提高，代表型号有美国的 AIM-9L/M/S/R、法国的 R550"魔术"等。第四代（1976 年至今）采用红外多元成像探测器，抗干扰能力增强，具备了大离轴角发射能力，代表型号有英国的 ASRAAM、美国的 AIM-9X 和德国的 IRIS-T 等。

图 5-32　美国 AIM-9A"响尾蛇"空空导弹

（3）中远距空空导弹

中远距空空导弹大多采用雷达制导或复合制导。雷达型导弹的发展与红外型导弹大体同步，现也已进入第四代。第一代采用雷达驾束制导或半主动雷达制导，只能用于尾后攻击，代表型号有美国的 AIM-4/7A、苏联的 K-5（AA-1）、法国的 R511 等。第二代采用连续波雷达半主动制导，具有一定全向攻击能力，代表型号有美国的 AIM-4E/F、AIM-7C/D/E 等。第三代采用脉冲多普勒（PD）雷达半主动制导，具有全天候、全向攻击和下射能力，代表型号有美国的 AIM-7F/M/P/R、英国的"天空闪光"、法国的超 530"马特拉"、苏联的 R-27 等。第四代采用中制导加主动雷达末制导的复合制导体制，具有"发射后不管"和多目标攻击能力，以及全天候、下视下射和上视上射能力，代表型号有美国的 AIM-120、俄罗斯的 R-77（见图 5-33）、法国的"米卡"、欧洲的"流星"等。

图 5-33　苏联／俄罗斯 R-77 中距空空导弹

（4）远距空空导弹

20 世纪 60 年代，开始研制远距空空导弹，此类导弹均采用复合制导。第一种远距空空导弹是美国的 AIM-54A "不死鸟"，第二种是俄罗斯的 R-33（AA-9），射程均超过 100km，具有远距离、全方向、全高度、多目标攻击能力。新一代超远距空空导弹的典型产品是俄罗斯的 R-37，采用惯性导航／指令修正加主动雷达末制导技术，配装火箭／冲压组合发动机，射程可达 400km。美国 "阿萨特" ASM-135 是第一种机载反卫星导弹，1976 年开始研制，1985 年首次试射，1992 年项目被取消，该弹的攻击目标是低轨道（400～480km）卫星。

5.4.3.2　空地导弹

空地导弹是由航空器携带、发射，攻击地面、水面（包括水下）目标的导弹，是轰炸机、攻击机，以及武装直升机、反潜机和无人攻击机的主要进攻武器。空地导弹分为空射巡航导弹、防区外导弹、反辐射导弹、反坦克导弹、反舰导弹和通用战术导弹等。

（1）通用战术导弹

通用战术导弹是一类近／中距战术空地导弹，执行战场压制、空中遮断及攻击纵深目标等任务，它由近距战术空地导弹发展而来，已经发展了三代，目前正在发展新一代通用战术导弹。

美国装备的第一种通用战术导弹是 AGM-12A "小斗犬"，1959 年入役，采用无线电指令制导，后有多种改型。苏联第一种通用战术导弹是 Kh-66（AS-7），1968 年入役，设计思想与 "小斗犬" 相似。

1973 年，美国 AGM-65 "幼畜" 入役，在随后几十年里，共生产了 2 万多枚、衍生出 8 个改型，制导方式有电视、被动雷达、半主动激光、红外成像等多种模式，可根据作战需要选择适用的型号（见图 5-34）。在 AGM-65 系列中，早期型号属于第二代，晚期型号（如 E/F 型）属于第三代通用战术导弹。

苏联／俄罗斯装备的第二代通用战术导弹是 Kh-25（AS-10），第三代是 Kh-29（AS-14），在设计思想上与美国 AGM-65 系列相类似。法国也自主研制通用战术导弹，设计思想独特，AS-30L 是其第三代的代表型号。

目前，各国都在研发新一代通用战术导弹，美国重点发展 "联合通用导弹"（JCM），JCM 为诸军兵种通用装备，采用红外成像／半主动激光／毫米波雷达三模式导引头，具有主/被动制导、发射后不管以及精确打击能力，挂载在直升机上最大攻击距离 16km，挂载在固定翼飞机上最大攻击距离 28km。

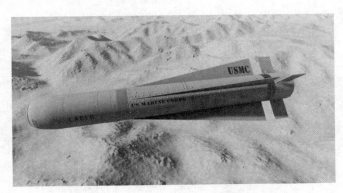

图 5-34　AGM-65"幼畜"通用战术导弹

（2）防区外导弹

防区外导弹是在敌方防空火力区域之外从空中发射、精确攻击纵深高价值目标的一种战术空地导弹，是防区外武器（SOW）中的一个重要品种。

海湾战争之后，以美国为首的北约各国，特别重视发展全天候防区外导弹。以色列、南非和瑞典等国也在积极发展防区外导弹。据统计，包括美、英、法、德、意等国在内，防区外导弹发展项目有 30 多个。防区外导弹的发展趋势是：采用模块化结构布局，广泛应用成熟技术，采用超声速突防、超低空突防和隐身突防，配装深度侵彻战斗部，具有多目标攻击能力，提高智能化水平等。

（3）机载反辐射导弹

机载反辐射导弹是利用敌方雷达电磁辐射进行被动式制导、专门摧毁敌雷达系统的空地武器。现役反辐射导弹有美国的 AGM-88A/B/C"哈姆"、英国的"阿拉姆"、法国的"阿玛特"和苏联/俄罗斯的 AS-9"海峡"、AS-11"凯尔勒"等。其中"哈姆"具有代表性，主要特点是导引头频带宽、灵敏度高，采用复合制导、射程远、速度快、战术使用灵活。"哈姆"的后继型 AGM-88E"先进反辐射导弹"（AARGM）采用多模导引头，可显著提高搜索、识别和摧毁能力，可挂装在 F-35 的武器舱内。

（4）空射巡航导弹

空射巡航导弹属于战略空地导弹范畴。空射巡航导弹既可采用核装药战斗部，也可采用常规装药战斗部，可对纵深固定战略目标实施超远距战略攻击。1982 年美国 AGM-86C/D（ALCM）入役，后成为首款实战使用的空射巡航导弹。1992 年，AGM-129 先进巡航导弹（ACM）入役，这是美军装备的第一种隐身空射巡航导弹，有 A 型（核战斗部）和 B 型（非核战斗部）两种，最大射程 3000km，属第四代战略空地导弹。苏联/俄罗斯的空射巡航导弹有 Kh-55（AS-15）和 Kh-15（AS-16），最大射程分别为 3000km 和 150km。

（5）机载反坦克导弹

机载反坦克导弹是从空中发射、用于攻击坦克和其他装甲目标的导弹。它重量轻、射程远、精度高、威力大。机载反坦克导弹经历了三代发展，第三代反坦克导弹的制导方式主要有激光、光纤、毫米波雷达和红外成像等，多采用空心装药战斗部，最大破甲厚度 800~1000mm，具有反复合装甲和"发射后不管"的能力，代表型号美国的"海尔法"（见图 5-35）、"陶"-2B，英、法、德联合研制的"中距-特里加特"等。

图 5-35　AH-64 "阿帕奇" 武装直升机挂装 "海尔法" 导弹

（6）机载反舰导弹

机载反舰导弹是从空中发射、攻击敌方舰船的导弹。苏联是最早发展机载反舰导弹的国家，1967 年第三次中东战争之后西方国家才开始研制。反舰导弹现已发展到第四代。

典型的反舰导弹型号有俄罗斯的 Kh-31A（AS-12）、美国的 AGM-84B "捕鲸叉"、法国的 AM39 "飞鱼"，它们的共同特点是：射程远，最大攻击距离在 200km 以上；破坏力强，命中一枚即可击沉驱护类舰船；机动能力较强，可按预定程序变向飞行，从不同方向进行攻击。

5.4.3.3　其他传统机载武器

（1）航空炸弹

航空炸弹是由航空器携带和投放的爆炸武器，也是历次战争中消耗量最大的机载武器。

航空炸弹历史悠久，种类繁多。按照有无制导装置，分为常规炸弹和制导炸弹；按照战斗部的内容物，分为普通炸弹和特殊炸弹等。常规、普通炸弹包括低阻炸弹、减速炸弹、子母炸弹、反跑道炸弹、反坦克炸弹等。特殊炸弹包括核生化炸弹、燃料空气炸弹、石墨碳纤维炸弹、强力钻地炸弹和巨型炸弹等。

航空炸弹也已进入制导时代。制导炸弹是在 20 世纪 60 年代初，由普通炸弹加装制导装置和气动舵面发展而成的一类 "灵巧" 炸弹，现已发展到第四代，美国的型号最多，其次是俄罗斯、法国、以色列和南非等。代表型号有美国 "宝石路" 激光制导炸弹、"杰达姆"（JDAM）卫星定位/惯性导航制导炸弹（见图 5-36），以及 2006 年服役的小直径炸弹（SDB）等。

　　未来，航空炸弹将继续向制导化、高效能、小型化、通用化和系列化方向发展。

图 5-36　美国 JDAM 制导炸弹

　　（2）航空火箭弹

　　航空火箭弹是由航空器携带、发射，用于攻击空中或地面目标的火箭武器，主要由引信、战斗部和火箭发动机组成。

　　由于航空火箭弹具有高速大面积发射、多种类高效能战斗部的特点，使其成为攻击机和武装直升机广为选用的重要武器，也是战斗机可供选用的空战武器。世界各国现有航空火箭弹将近 50 种，口径系列从 37mm 到 430mm 多达 20 个。目前，正在发展第四代超高速航空火箭弹，重点是改进固体火箭发动机和战斗部。

　　（3）航空机炮（枪）

　　航空机炮（枪）是最早使用的机载武器之一，自 1914 年机枪被首次装在飞机上，100 多年的时间里共出现过 18 种不同口径的航空机炮（枪）。以 20mm 口径为界，小于 20mm 的称为航空机枪，20mm 及其以上的称为航空机炮。

　　航空机炮（枪）既能对空作战又能对地攻击，一直受到重视并广泛装备各类军用航空器。目前，航空机枪主要用在武装直升机上，口径系列为 5.56、7.62、12.7mm。航空机炮则被用于战斗机、攻击机、战斗轰炸机及重型武装直升机上，口径系列为20、23、25、27、30 和 37mm，其中，高射速 20mm 和 23mm 机炮主要用于攻击空中目标。

　　（4）航空鱼雷

　　航空鱼雷是反潜飞机和直升机实施反潜作战的主攻武器。自二战期间首次被用于实战以来，航空鱼雷已发展到第四代，主要在役型号有美国的 MK50、法国的"海鳝"、意大利的 A-290 和瑞典的 TP45 等。在研的航空鱼雷广泛采用先进制导、动力、战斗部等技术，进一步提高航速、航程、潜深、精度和威力。新一代航空鱼雷将主要用来攻击下潜深、潜航久、航速快、噪声小、双层壳的新型常规 / 核动力潜艇。

　　（5）航空水雷

　　同舰载水雷一样，航空水雷也是一种常规水中兵器，但随着微电子、计算机和材料技术的发展，航空水雷已由昔日被动式单纯防御武器，变为主 / 被动式、攻防兼备的高技术武器。现代航空水雷既可用于进攻，又可用于防御，还可在登陆作战中为登陆兵开辟海上通道。由于广泛采用新技术，现代水雷已具有很强的抗扫性和很高的攻潜准确性，并将继续沿着推进化、制导化和智能化的方向发展。

5.4.3.4 新型机载武器

当今世界，各国研发新型机载武器的浪潮方兴未艾。虽大多数尚处于探索和技术攻关之中，但发展速度很快，有些项目已完成试验验证，甚至用于战场试验。相信在不久的将来，会有多种新型武器投入使用。按照作用机理，可分为定向能武器、动能武器、非致命武器和计算机病毒武器等类型。

（1）机载高能激光武器

机载高能激光武器俗称激光炮。机载高能激光武器系统一般由高能激光器、红外 / 搜索跟踪系统、光束发射 / 控制系统、激光发射转塔等组成。机载高能激光武器可遂行反导弹、反卫星等战略任务，也可遂行空中格斗、空中拦击、空中防卫、对地攻击等战术任务。

按照美国国防部的定义，输出功率不小于 20kW 或单个脉冲能量不小于 30kJ 的激光武器称为高能激光武器。机载高能激光武器使用高能激光束对目标实施硬杀伤，具有能量集中、传输距离远、打击精度高、作战效费比高等优势，而且具有陆基、天基、海基激光武器所不具备的高机动性，因而前景十分诱人（见图 5-37）。

对机载激光武器的研究，始于 20 世纪 60 年代中期。1981 年，美国将一台 40kW 的二氧化碳激光器装在 NC-135 飞机上进行空中试验。1992 年，美国开始实施机载激光武器系统（ABL）计划，该计划将波音 747-400F 飞机改装成激光武器载机（YAL-1A），装载一台兆瓦级氧碘化学激光器，在 12000～13000m 高空，对 350km 之外的弹道导弹实施拦截。ABL 计划一直持续了 20 年，取得许多重要研究成果。

图 5-37　未来激光攻击机作战想象图

（2）微波炸弹

微波炸弹是一种采用微波战斗部毁伤对方电子设施的定向能武器，由航空器运载和投放。在形式上，微波炸弹可以是空射巡航导弹，可以是机载制导炸弹，或者由无人机携载和投放的航空炸弹。

微波战斗部由超高功率发射机、微波辐射器、大型发射天线和其他辅助设备组成。其工作原理是：高功率微波经过天线聚集成一束很窄、很强的电磁波射向对方，依靠这束电磁波产生的高温、电离、辐射等综合效应，在目标内部的电子线路中产生很高的电压和电流，击穿或烧毁其中敏感元器件，毁损电脑中存储的数据，从而使敌方武器和指挥系统陷于瘫痪。

美国曾在 1991 年海湾战争、1999 年科索沃战争中使用微波炸弹。

（3）机载射频武器

机载射频武器是利用强微波发生器和高增益天线所发出的强大的微波波束，对目标造成杀伤的新型机载武器。严格地说，微波炸弹也属于机载射频武器。这里所说的机载射频武器是安装在航空器平台上，由机载微波发生器和机载天线发射微波波束的武器，其破坏／杀伤机理与微波炸弹相同。

机载射频武器，可同时杀伤若干目标，作用距离远，不需要精确瞄准，还有可能与机载雷达集成为一体化系统，集探测、跟踪、杀伤功能于一体。更重要的是，由于隐身飞机大量采用吸波材料，恰好适合射频武器攻击。

目前，国外有许多机载射频武器研究计划，但由于技术难度很大，一直没有达到实战化程度。根据发展动态，无人机高功率射频武器将率先实战化。

（4）机载动能武器

近年来，电磁炮、电热炮等动能武器炙手可热。动能武器作为新概念武器具有两大特点：一是弹丸具有非常高的速度；二是具备非常高的精度。而传统航空机炮不可逾越的发展障碍恰恰是初速低、精度差。因此，将动能武器机载化具有很大吸引力。

不少国家都在研究机载动能武器，但由于动能武器需要较大的安装空间，需要充足的能源供应，且自身重量较大，研制进展比较缓慢，明显落后于陆基、舰载动能武器。

（5）机载反装备武器

这类武器是由航空器发射的、通过破坏装备结构材料和外部使用条件，使其无法正常发挥作用的空地武器，主要是配装了各种特殊战斗部的空地导弹、航空炸弹等。例如，石墨炸弹专门摧毁电力输送网，就是一种反装备非致命武器。

用航空器来投送各类反装备武器，具有快速、灵活、精准等特点，因而愈加受到各国的重视。

机载反装备武器投送的内容物主要有：超级润滑剂、超级黏合剂、超级腐蚀剂、材料脆化剂以及动力系统熄火弹等。超级润滑剂让物体间的摩擦因数趋于零，使飞机难以起降、车辆难以行驶；超级黏合剂能把飞机、车辆"黏合"在地面而无法动弹；超级腐蚀剂对装备结构具有极强的腐蚀性，通过腐蚀而让敌方装备失能；材料脆化剂能在瞬间让材料脆化，进而造成结构破坏；动力系统熄火弹利用阻燃剂来污染或改变燃料性能，从而达到让发动机熄火之目的。

（6）机载非致命武器

机载非致命武器，不以剥夺人的生命为目标，而是让其在一段时间内失去或降低行为能力或意识能力。主要有激光武器、声能武器、化学失能武器以及刺激剂等。

非致命激光武器均采用低能激光器，能让人致盲、致眩或产生强烈的负面情绪，既可用于战场，也可用于平暴治乱等非战争军事行动。美国开发了一种机载"拒止系统"，安装在平暴飞机上，发射低能激光，可在瞬间让暴乱人群产生疼痛、眩晕、恶心、乏力等生理反应。

声能武器利用所产生的超出人生理阈限的超声、次声或噪声声波，让人员失去正常行为和思考能力。化学失能武器以及各种刺激剂，以造成人员精神障碍、躯体功能失调为目的，种类五花八门，有臭弹、催眠弹、致痒弹、致幻弹等。

5.4.4　武器悬挂发射装置

武器悬挂发射装置是以航空器为平台，完成各类武器弹药悬挂、运载、投放、发射等功能的装置之总称，一般分为悬挂装置、发射装置、炮塔、外挂武器吊舱等，是航空器与机载武器交联的纽带。

5.4.4.1　悬挂装置

悬挂装置用于悬挂各类机载武器及其他悬挂物，包括各种挂架和挂梁等。目前，战斗机、攻击机、战斗轰炸机、武装直升机广泛采用机外多点悬挂挂架，隐身轰炸机和隐身战斗机则采用机内高密度旋转式挂架。

（1）挂梁/挂架

挂梁用于挂架与飞机之间的连接，挂架用于挂载武器和其他悬挂物。按其所在位置，可分为机身挂梁/挂架和机翼挂梁/挂架；按其用途，分为通用挂梁/挂架和专用挂梁/挂架；按其挂载数量，分为标准挂梁/挂架和复式挂梁/挂架，标准挂梁/挂架只能挂载一个悬挂物，复式挂梁/挂架能同时挂载多个悬挂物（见图 5-38）。

图 5-38　我国歼 11 飞机的外挂物

机身挂梁/挂架距离飞机重心较近，其挂载和分离对飞机飞行品质影响较小。有机身下中部、机身侧面和半埋式挂梁/挂架三种，其中，半埋式挂梁/挂架专门用于挂载导弹。

机翼挂梁 / 挂架按其所处的位置，分为翼下、翼上和翼尖挂梁 / 挂架。由于翼下空间较宽敞，悬挂物对机翼具有一定"卸载"作用，且装载、维护方便，故翼下挂梁 / 挂架被军用飞机广泛采用。翼尖挂梁 / 挂架适合挂载小型副油箱或近距空空导弹。翼上挂梁 / 挂架很少采用。

现代军用飞机一般都采用通用挂梁 / 挂架，它能够挂载炸弹、火箭弹、导弹或副油箱等多种悬挂物，只有针对特殊机载武器才专门设计、安装专用挂梁 / 挂架。

（2）弹射挂弹架

现代作战飞机速度快、悬挂物多，飞机流场扰动会严重干扰悬挂物的分离轨迹。为保证载机安全、提高投射精度，需要对悬挂物施加一定外力使其快速冲出扰流区，于是，20 世纪 60 年代出现了弹射挂架。这种挂架通常借助燃爆弹所产生的爆炸力，让悬挂物快速脱离。

（3）保形外挂

保形外挂是使飞机减小外挂阻力、基本保持气动性能和操纵品质的一种悬挂技术。传统挂梁 / 挂架，破坏了飞机气动外形，增加了飞机阻力。保形外挂采用武器同机身外表面相切的布置方法，基本保持飞机原有气动外形。按照保形程度，保形外挂可分为半保形（或半埋）悬挂、全保形（或全埋）悬挂和将挂架、武器与飞机融为一体的超保形悬挂三种。

（4）高密度内挂

高密度内挂是为适应隐身飞机需要而开发的悬挂技术。由于飞机隐身特性与武器外挂方式互不相容，隐身飞机必须采用武器舱内挂方式（见图 5-39）。

为满足内挂要求，往往需要对原机载武器进行改型设计，甚至专门研制适合内挂的微小型武器。采用高密度内挂的隐身飞机，为抑制武器舱门打开后受到涌入舱内不稳定气流的影响，通常采用向下旋转的、弹射力可调的多弹挂架，或者采用武器姿态可控的外伸式弹射挂架，以使武器迅速脱离载机，保证载机安全。

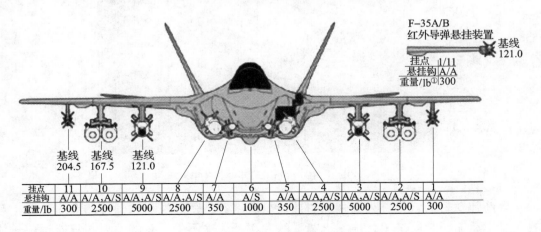

图 5-39　F-35 的内部武器舱和外部挂点

---

① 1lb=0.454kg。

5.4.4.2　发射方式与发射装置

（1）发射方式

发射方式是指机载武器脱离载机所采用的方法和手段，主要分为自力式发射和外力式发射两种。

自力式发射是指武器依靠自身发动机的推力而脱离载机的过程，又可分两种方式：一种是武器的初始运动受到轨道的引导，称为轨道式，多用于小型导弹；另一种是武器从一开始运动就脱离载机的约束，称为支撑式，多用于大型导弹。

外力式发射是指武器依靠外力作用而脱离载机的过程，有弹射式和投放式两种。弹射式发射依靠挂架内的燃爆弹或压缩气体将武器快速推离载机，多用于较大的导弹或炸弹；投放式发射指在解除约束后，机载武器在重力作用下脱离载机，多用于航空炸弹。

（2）发射装置

发射装置是用于机载导弹和火箭弹的挂载与发射装置，分为导弹发射装置和火箭弹发射装置两类。

导弹发射装置又称导弹发射架，是航空器携带和发射导弹的专用装置。导弹发射架按其结构特点，分为固定式、伸缩式、旋转式和瞄准式；按其发射方式，分为轨道式（见图5-40）、支撑弹射式和投放式；按其形状特征，分为导管式、支柱式、蜂窝式等多种。空空导弹多采用固定导轨式或支撑弹射式发射架；反坦克导弹多采用固定或旋转导管式发射架；空地导弹多采用支撑弹射式发射架；隐身战斗机以及战斗无人机则采用舱内伸缩与旋转式发射架。

图5-40　轨道式导弹发射架

火箭弹发射装置又称火箭弹发射器，是航空器携带和发射火箭弹的专用装置，有的还兼作运输包装箱之用。根据火箭弹的大小及用途不同，有的发射器只能运载一枚火箭弹，有的则可同时运载几十枚火箭弹。火箭弹发射器主要有巢式、收放式、滑轨式、滑环式等不同类型。其中，巢式发射器最为常见，外形呈圆筒状，多用于中小型火箭弹。

5.4.4.3　炮塔

　　炮塔是一种安装在航空器内部的活动射击装置（见图 5-41），用于航空机炮（枪）的安装、射击。按照其在航空器上所处的位置，分为上炮塔、下炮塔、侧炮塔、尾炮塔等。安装在炮塔内的航空机炮（枪）能在一定范围内上、下、前、后、左、右射击。炮塔通常由安装武器的承力框架、动力驱动机构、轮廓回绕机构、射击限制器、供排弹系统、整流罩等组成。

图 5-41　我国直 10 武装直升机上的炮塔

　　固定翼飞机的炮塔经历了一个由盛而衰的过程，现代军用飞机已很少安装炮塔了，但直升机炮塔却日渐兴隆，几乎所有专用武装直升机上都设置一个炮塔。未来，将以炮塔为基础发展激光炮、电磁炮等定向能武器的承载装置。

5.4.4.4　外挂武器吊舱

　　外挂武器吊舱是指挂载于航空器外部，里面装有机载武器及其他相关设备的短舱。

　　武器吊舱的发展历史并不长，源自于"最优设计"原则。战术类航空器体内空间狭小、重量要求苛刻，只能优先安装满足基本任务需要的设备，当遂行辅助作战任务时，根据需要配装一个模块化的机载武器单元——外挂武器吊舱（见图 5-42）。

　　武器吊舱通用性好，适合多种航空器。武器吊舱使用灵活，需要时装上，不需要时取下，提高了任务适应性和战术多样性。因此，被越来越多的轻型军用飞机、直升机所采用。

图 5-42　我国教练 8 飞机配备的外挂武器吊舱

由于轻型飞机和武装直升机的武器挂点数量有限，为增加武器种类、扩展作战功能，许多国家都在发展多功能、组合式武器吊舱。主要有：机枪／火箭弹、机枪／炸弹、机枪／照相枪、炸弹／照相枪、火箭弹／副油箱等多功能组合式武器吊舱。

5.4.5　机载武器系统发展展望

21 世纪航空武器必将获得更大的发展，武器对未来战争样式和作战效能产生推进作用和重大影响的格局仍将继续，航空武器发展也将沿着需求牵引、技术先行、创立基本型、发展改进型和派生型、重视创新开拓的道路前行。要比任何时候更加重视机载武器系统的发展；重视新型机载武器的研究与开发。

5.4.5.1　品种与型谱更完整

未来，机载武器的品种和型谱将更加完整，以适应多样化作战任务的需要。空空导弹将实现远距／中距／近距／轻型俱全、基本型系列化，空面武器将实现空射巡航／战术空地／空舰导弹／反辐射导弹／各式制导弹药等品种俱全及系列化和模块化，新概念武器将实现技术突破和工程化、实用化，不断扩充我国的机载武器库。

5.4.5.2　能力与范围大幅拓展

现代战争要求机载武器的任务能力不断扩展。未来，机载武器将实现由单任务能力向多任务能力的提升，从亚声速／超声速向高超声速提升，从主要在稠密大气层使用扩展到可在近太空范围使用。不仅要应对传统目标，还要承担反弹道导弹、反轨道卫星等战略性、特高价值目标的新使命。必须重视攻击性机载武器的发展，发展新概念和新型武器，以适应攻防兼备、以攻为主战略转变的需要。

5.4.5.3　加快突破关键技术

在技术制胜时代，机载武器领域将加快突破关键技术，在先进制导、先进战斗部、先进发动机、航空电子／火控、保形外挂／高密度内挂等领域，加快技术更新节奏，大力推进重大技术创新。

在制导与控制方面，要实现从单模向多模、从点探测向体探测、从单一信息源向多信息源及网络制导的技术突破与应用，实现从单一气动控制向异构多执行机构控制的转变。在推进与能量方面，要从单一推进向组合推进发展，从能量固定向能量可控管理发展。在引战（引信战斗部）与毁伤方面，要从独立制导引信发展到制导引信一体化，从固定引战发展到智能化引战，从战斗部毁伤发展到束能毁伤，以实现大威力、精准化和高侵彻。综合火控系统也将与航空电子系统发展同步，在控制机理与火控算法、功能范围、控制精度等方面，取得新的进步与突破。

5.4.5.4　持续改进传统武器

应用高新技术改造现役传统武器，是各国发展机载武器的重要途径。该途径技术风险小，经济成本低，武器继承性好，有利于武器系列化发展，有利于作战能力的形成。

目前对现役机载武器的技术改造，主要集中在以下方面：提升现役机载武器的信息化水平，通过网络获取实时多源信息，提高武器作战性能；对现役多种制导武器进行能力提升，使之具备复杂自然环境下的作战能力，保持其在复杂战场电磁环境下的适应性与有效性；对部分非制导机载武器（弹药）进行制导化改造，以提高其命中精度，或使其具备防区外打击能力，以达成"低成本精确杀伤"之目的。

5.4.5.5　创新研发新型武器

　　武器是执行军事使命的最后环节，关乎作战效能，甚至决定战争胜负，也是最能体现创新精神的所在。新型武器往往会对既有作战系统甚至整个军事体系产生颠覆性影响。历史上"新武器制胜"的例子很多。一战时德国在飞机上率先安装机枪射击协调器，让子弹从螺旋桨缝隙穿过，一举扭转了战场被动局面，就是一个典型案例。

　　当前，多种新型机载武器呼之欲出，一旦用于战场，必将产生难以估量的效果。新型机载武器包括新概念、新机理、新形态武器，如高能激光武器、低能激光武器、高功率射频武器、各种反装备 / 反人员非致命性武器、赛博战武器等，也包括新组合、新运用样式的武器，如空射巡航导弹、空射跃层 / 高超声速武器、空射反导 / 反卫武器等。我们必须对新型机载武器的发展予以特别关注。

第6章

航空工程

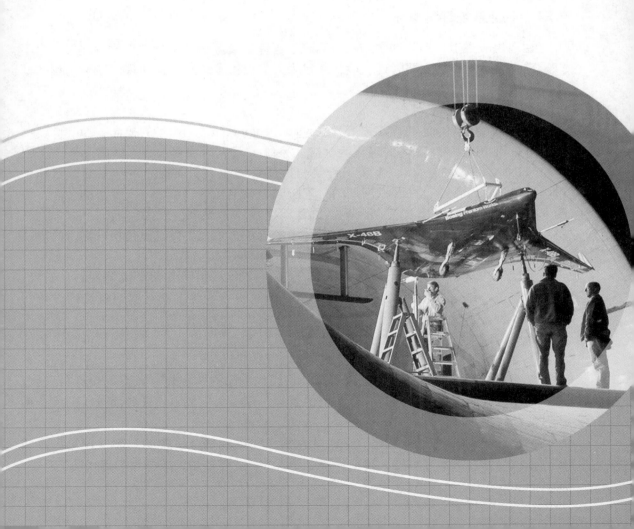

航空工程技术是将航空学基本原理用于航空器研究、设计、试验、制造、使用、维修和管理等活动的综合性工程技术。航空工程技术覆盖广泛、门类众多，且具有旺盛的创新需求，往往代表着一个国家最高工业技术水平。

本章从航空系统工程入手，介绍航空科学技术研究和航空器研制、生产及管理，而后逐项介绍航空器设计、航空制造、航空材料、航空试验、航空维修等主要工程技术，以及航空计量、测试、标准化、可靠性等通用基础技术，力求描述一个基本完整的航空工程技术体系。

6.1　航空系统工程

航空工程项目具有规模大、周期长、要求高、经费投入高、关联因素多、技术复杂且风险大的特点，需要运用系统工程的理论与方法进行分析、组织和管理。本节将在系统工程思想的统领下，概括介绍航空科学技术研究、航空器研制过程、航空器定型与验收，以及航空工程项目管理等内容。

6.1.1　航空系统工程概述

在现代航空工程项目的实施中，系统工程理论及方法具有特别重要的作用，它不仅是现代航空工程的主要管理手段，而且为人们提供了认知和描述现代航空工程的概念与方法。

6.1.1.1　什么是系统工程

20世纪30年代诞生了系统工程（system engineering，SE）的概念；至2002年，以国际标准 ISO/IEC15288 的确立为标志，系统工程成为独立学科。按国际系统工程学会（INCOSE）的定义，"系统工程是一种使系统能成功实现的跨学科的方法和手段。系统工程专注于：在开发周期的早期阶段，就定义客户需求与所要求的功能，将需求文件化；然后在考虑完整问题，即运行、成本、进度、性能、培训、保障、试验、制造和退出问题时，进行设计综合和系统确认。系统工程以满足用户需求的高质量产品为目的，同时考虑所有用户的业务和技术需求"。

我国国内较普遍地采用钱学森定义，"系统工程是组织管理系统的规划、研究、设计、制造、试验和使用的科学方法，是一种对所有系统都具有普遍意义的方法"。具体表述为：系统工程是关于社会活动规划、组织、协调和控制的科学方法。系统工程以系统为对象，从系统的整体观念出发，研究各个组成部分，分析各种因素之间的关系，寻求最佳解决方案，以实现系统总体效果的最优化。系统工程是运用系统思想改造客观世界的工程实践；主要内容包括：组织的建立与优化，流程的设计与进化，工程活动的开展与综合，项目和项目群的管理，以及为完成上述任务而进行的信息系统开发与应用等。

简而言之，系统工程是研究、设计、实现和运转复杂系统的思想、理论、方法论、工程与管理技术之总称。其主要特点是跨学科、整体性、关联性和迭代性。

6.1.1.2　系统工程的演进

二战期间，英美等国将运筹学理论应用到军事工程和军事行动当中，催生了系统工程的发展。1940—1945 年，美国在"曼哈顿计划"中，首次全面运用系统工程理论及方法指导工程实践，取得巨大成功。20 世纪五六十年代，美国运用系统工程理论成功实施了"北极星""阿波罗"计划等大型复杂工程，进一步完善了系统工程理论与方法，也让系统工程声名鹊起。80 年代之后，随着计算机技术、网络技术的发展，出现了分级分布控制系统和分散信号处理系统，大大扩展了系统工程的应用范围；社会、经济、军事、环境等复杂巨系统研究课题以及大型复杂工程项目，均采用系统工程的研究及管理方法。

作为一个学科，系统工程经历了传统系统工程（SE1.0）、流程结构化（SE2.0）、工具信息化（SE3.0）和知识模型化（SE4.0）的演进。SE1.0 是针对传统机械系统的工程过程而建立的系统工程方法，也就是将一个系统整体分成若干个部分，再通过对各部分的集成综合而得到整体。SE2.0 是将传统系统工程与现代管理方法相结合，合理定义和配置包括项目管理、业务流程管理、精益思想、敏捷开发、综合产品与流程开发、技术成熟度、成熟度模型综合以及价值工程等在内、呈现结构化与完整性特征的流程，以提供和提高系统的整体功能。SE3.0 是为适应流程急速变化和复杂性倍增，以数字化与信息技术体系为基础，向着大系统集成、最优能力集成以及高度并行、多组织协同转变的系统工程。

当今，SE4.0 即基于模型的系统工程（model based SE，MBSE）正在快速发展，旨在回答和解决复杂系统工程出现的问题。由工业革命带来的制造业的重构，无论是工业 4.0，还是信息化与工业化的深度融合，其核心是模型驱动型系统工程相关流程、方法和工具的开发及其集合，以支持复杂系统工程中过程的不断迭代与优化。从 SE1.0 到 4.0 的理论与成果并不互相替代，而是各得其所，融合使用。

6.1.1.3　航空系统工程

需要指出的是，系统工程与工程系统是两个不同的概念。工程系统特指某一项实体工程，且该工程具有系统性的特征。而系统工程主要指用作某项社会活动（包括工程项目）的规划、组织、协调和控制的方法或手段。任何工程，无论体量有多大，整体性、复杂性、系统性有多强，如果不采用系统工程理论与方法，都不能算作系统工程。反之，采用了系统工程理论与方法的工程就可看作是系统工程。

现代航空工程必然是一种系统工程——运用系统工程理论与方法进行分析、组织、管理或控制的工程。原因如下：

（1）航空工程大多属于大型复杂工程。以大型飞机为例，它由几十个大系统、上千项机载产品和数百万个零件装配而成，供应商可达上千家，投入经费动辄数亿、数十亿甚至上百亿元，研制周期数年、十数年甚至更长，能产生巨大的社会与经济效益。现代航空工程问题是典型的复杂巨系统问题。

（2）航空工程具有跨学科、整体性强、关联度高、反复迭代等特点，过程漫长，因素众多，技术风险大，质量要求高，协调关系复杂，既有定量分析又有定性分析，"牵一发而动全局"，因此，必须运用系统工程的管理手段，站在全局的高度，推进工程项目的实施。

（3）系统工程既是一种世界观，又是一种方法论。作为世界观，可帮助人们从整体观念出发，优化工程要素，寻求最佳方案；作为方法论，指导人们进行组织构建、流程设计、过程优化和项目管理。

（4）航空工程是孕育系统工程的主要领域，最早的系统工程实践就发生在航空领域，如二战时期英国反德国空袭的"飞机降落排队系统"研究。系统工程理论与方法在航空项目中作用斐然，屡屡取得令人欣喜的成就，已经成为大型复杂航空工程项目所依赖的基本管理方法与重要手段。

6.1.2　航空科学技术研究

航空科学技术研究简称航空科研，是指为了获取航空工程项目所需要的新知识、新产品、新材料、新技术、新工艺等，而进行的一系列研究与开发活动。航空科研在航空工程中具有基础性和先导性作用，是最具创造性的一个环节。

6.1.2.1　科研活动类型

科研活动一般分为基础研究、应用研究和产品开发三种类型。

（1）基础研究

基础研究是为了认识事物本质和获得更多知识而进行的研究，它主要解决自然界的公理性问题，并不专注于某一工程项目。基础研究成果一般不会立即得到应用并迅速产生回报，但它却是技术进步的基础。针对基础研究回报不确定、周期长、跨领域等特点，多数基础研究模式是：国家统一布局与筹划，由公共科研机构及大学承担主要研究任务，成果向全社会发布，并为全社会所共享。

近年来，基础研究表现出两大趋势：一是非线性、跨领域发现成为重要突破形式，新兴、交叉、边缘学科研究愈加受到重视；二是基础研究对产业发展产生重大引领作用，越来越多的企业将科研布局延伸至基础研究领域。

（2）应用研究

应用研究是为了将基础研究成果应用到实际工程当中，而进行的集中、系统的研究。与基础研究不同，应用研究服务于某种工程需求或满足一个更大、更复杂系统的需要。应用研究所需资源的多少，取决于研究内容和实现周期。

（3）产品开发

产品开发是指为了满足特定应用需求而进行的设计、制造、试验和评价等一系列活动。主要工作有：确定产品的技术参数和生产、试验、使用、维护方法，并将所需的新技术在充分工程化的状态下，集成应用于所开发的产品当中。

航空科研活动大体遵从上述分类，分别为：航空基础研究——与航空直接相关或有重大潜在价值的新原理、新概念、新方法的研究；航空应用研究——有明确应用背景的实用技术开发；航空产品开发——针对特定社会需求，所开展的一系列产品研制活动。

6.1.2.2　我国的航空科研活动

经过70年的发展，我国航空工业逐步由测仿、仿研走向自主研发，我国航空科研活动及其管理也日臻完善，形成了基本完备的航空科研体系。从 1991 年开始，我国根据国情和航空科研实际，将航空科研活动细分为六类（又称六阶段），分别是：航空基础研究、航空应用研究、航空先期技术开发、航空先期验证、航空型号研制和后继工程发展，见表 6-1。

表 6-1　我国航空科研活动分类（分阶段）表

类别（阶段）序号与名称			属　　性		特征任务
1	航空基础研究	探索性研究	预先研究	探索一代	探索新理论新方法，提出新概念
		应用基础研究		预研一代	无明确型号背景的前期与共性技术研究 聚焦于特定需求时的研究与验证 完成型号立项前技术准备
2	航空应用研究				
3	航空先期技术开发				
4	航空先期验证	A：技术验证			
		B：型号验证（机）	研制生产	研制一代	从方案到设计定型
5	航空型号研制				
6	后继工程发展			生产一代	解决生产中问题 持续改进改型

在我国武器装备科研体系中，预先研究（简称预研）和"四个一代"是两个重要概念。它们描述了科研活动的状态，规定了科研活动的属性，同时反映了科研活动的基本规律。

预先研究是指在新产品研制立项之前所进行的全部科研活动，它是新产品研制的先导与技术准备。20 世纪 80 年代，随着国家"七五"计划的编制与实施，预先研究成为武器装备科研体系中的独立项目，被称为预研计划单列。其时，航空工业编制和实施了首个《航空科技发展规划》，成为中国航空科技发展史上的里程碑。

"四个一代"指的是探索一代、预研一代、研制一代、生产一代。"四个一代"概念是在预研计划单列后的科研体系构架基础上逐步形成的。其中，探索一代着力探索新理论、新方法，提出新概念，仍属于预研范畴，但更加强调前瞻性；预研一代涵盖了预研工作的主要内容，包括：无明确型号背景的前期与共性技术研究，针对特定需求的研究与验证，型号立项前的技术准备等；研制一代是指从方案论证到设计定型的所有科研活动；生产一代着力解决生产中出现的问题，为产品持续改进改型提供支持。

6.1.2.3　航空科研的管理与创新

航空科研管理是航空科研系统中设置和运行的各项管理工作之总称。主要包括：编制科研发展战略及规划、项目申请、立项论证、组织实施、检查评估、验收鉴定、成果申报、科技推广、档案入卷等。航空科研自身也是一个大系统工程，必须搞好总体设计和规划计划，实施科学有效的管理。随着我国航空科技总体水平的提高，自主创新的任务日渐重要，需要以空前的紧迫感，深化改革科研管理体制，创新管理模式与方法，提高管理工作的科学性和有效性，尤其应关注前沿技术的突破性发展，做好航空科技发展的战略布局，促进航空科技创新。

编制航空科研战略与规划是科研管理的基础性工作。战略是指针对未来较长时期（15～20 年及以上）发展的全局性谋划，是具有战略意义的指导性文件。规划是为实现战略目标而制订的长远计划，一般为十年或以上。在战略和规划指导下，进而编制五年计划和年度计划，形成详细的执行文件，包括项目、途径、进度、经费等。根据特定需求设立科研专项，也是规划与计划工作的重要内容。

随着从跟踪发展向创新发展的转变，应用科学方法、技术手段和实践经验，对航空科技的未来发展做出前瞻性判断，发现新动向、新趋势，识别新技术、新规律，也是航空科研管理的重要工作。目前，预测工具与方法众多，除传统的直观想象法（如德尔斐法、趋势外推法等）和数学分析法（如回归分析、模型预测、相关矩阵运算等）之外，20 世纪 90 年代提出的技术成熟度（technology readiness levels，TRL）标准正成为航空科研管理的得力手段，它不仅可用来度量和评测技术状态，而且可用于技术预测（见表 6-2）。

表 6-2　技术成熟度等级

等级	内容与标志	属性与适用阶段
TRL0	对新原理的初始研究	原理性基础研究
TRL1	发现和报告基本原理	
TRL2	阐明技术概念和用途	概念提出与可用性验证
TRL3	关键功能和特性的概念验证	
TRL4	实验室环境下的基础部件 / 原理样机验证	技术开发与原理验证
TRL5	相关环境下的部件 / 原理样机验证	
TRL6	相关环境下的系统 / 子系统模型或样机验证	系统开发研制
TRL7	使用环境下的系统样机验证	
TRL8	完成系统试验验证	系统试验运行
TRL9	完成系统使用验证	

6.1.3　航空器研制过程

我国的军用航空器和民用航空器研制，均已形成了规范的操作过程，通过对研制过程的科学管理，可以降低工程研制风险，保证研制质量和研制进度。

6.1.3.1　军用航空器的研制

我国军用航空器研制过程分为 5 个阶段，即论证阶段、方案阶段、工程研制阶段、设计定型阶段和试生产阶段，如图 6-1 所示。

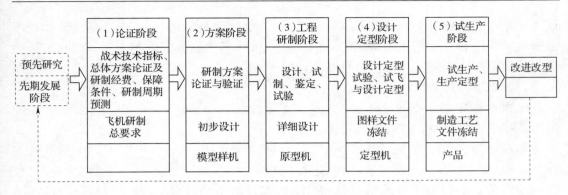

图 6—1　军用航空器研制程序框图

（1）论证阶段

研制部门根据用户（军方）的要求，进行战术技术要求和技术经济可行性论证，主要工作包括：战技指标、技术可行性和经济可行性论证，研制周期测算，风险辨识评估等。用户在进一步完善战术技术要求，并对研制部门提交的多种方案比较、优化的基础上，确定总体技术方案，编制《××飞机 [①] 研制总要求》（报批稿），上报主管部门，经会签、审批后，正式下达《××飞机研制总要求》。

（2）方案阶段

研制部门根据《××飞机研制总要求》进行研制方案论证和验证，主要工作有：方案设计、新部件或分系统技术攻关，样机设计、制造和评审等。

方案设计、新部件或分系统技术攻关的具体工作包括：飞机总体技术设计，系统技术设计，功能开发试验，成品协调，编写《××飞机研制任务书》（初稿）等。

样机设计、制造和评审的具体工作包括：样机设计、制造，技术设计评审和样机审查，提供《××飞机研制任务书》初稿、《系统研制任务书》初稿、设计阶段报告、样机简介等。

在关键技术已解决、研制方案切实可行、保障条件基本落实的情况下，通过技术方案设计评审和样机审查，形成并上报附带《研制方案论证报告》的《××飞机研制任务书》。

（3）工程研制阶段

依据经审批的《××飞机研制任务书》，进行详细设计、试制、鉴定试验，使产品达到设计定型试飞状态，并提出设计定型试飞申请报告和试飞大纲。其中，详细设计工作包括：编制发图指令性文件，详细设计，配合生产准备、配合成品研制单位完成成品样机试制，完成发图前验证性试验，详细设计评审等。试制和鉴定试验的主要工作包括：新机试制，首飞，调整试飞，提出设计定型试飞申请报告和试飞大纲等。

（4）设计定型阶段

批准设计定型试验（试飞）大纲，指定单位进行定型或鉴定试飞，对机载成品和新材料做出试飞结论，进行军方适用性试飞等。设计定型试飞后，指定试飞单位提交

---

① 　"××飞机"为某型号航空器的代称。

试飞结果报告，研制单位提交试飞保障报告，设计部门完成设计定型图样发放和技术报告、试验资料、使用资料等的整理归档，最终由国务院、中央军委军工产品定型委员会或航空军工产品定型委员会批准设计定型。

（5）试生产阶段

依据设计定型文件进行试生产，通过鉴定性试验和部队试用，进一步考核产品的适用性和生产稳定性，完成生产定型。

按照《军工产品定型工作条例》要求，研制部门应做好生产定型的下列准备工作：①设计定型后，适度完善修改设计和试验；②完成工艺鉴定，完善生产线，稳定产品质量；③针对设计遗留问题和试生产与试用中暴露出的问题，进行设计改进；④进行部件和全机疲劳试验，给出飞机寿命，并做出全寿命经费预算；⑤稳定外协配套等供应渠道；⑥提供全套生产定型文件；⑦提出生产定型申请报告；⑧经批准后，由研制部门组织进行生产定型。

6.1.3.2 民用航空器的研制

民用航空器的研制过程也分为 5 个阶段，分别是：立项论证阶段、技术经济可行性研究阶段、预发展阶段、工程发展阶段和试生产阶段，如图 6-2 所示。

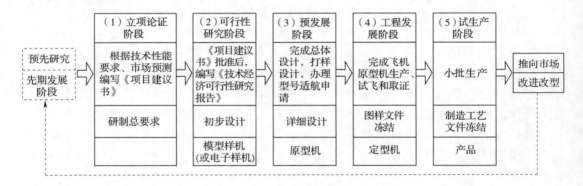

图 6-2 民用航空器研制程序框图

（1）立项论证阶段

项目承担方以市场需求为目标，以用户需求和技术性能要求为基础，进行市场预测和设计技术要求分析，编制《民用航空器研制项目建议书》。主要内容包括：项目的目的、必要性分析，国内外同类产品的现状、竞争和发展趋势，国内外市场需求初步分析和预测，基本技术方案和主要技术性能指标，研制能力和途径，投资估算、筹资方案和经济性初步分析，研制周期和里程碑计划，风险及规避措施，初步结论等。《民用航空器研制项目建议书》需报国家主管部门审批，经批准后项目正式立项。

（2）技术经济可行性研究阶段

《民用航空器研制项目建议书》批准后一年内，项目承担方要完成技术经济可行性研究，并编制《技术经济可行性研究报告》。主要内容包括：项目的目的、必要性和依据分析，市场需求和市场分享量预测，产品设计要求与目标，新技术、新材料、新工艺和攻关项目初步需求分析，总体技术方案，研制途径和研制能力，国际合作需求，总费用概算、项目融资方案和经济性分析，销售和产品支援体系规划，项目管理和运作机制，研制计划和生产规划，研制保障条件，适航审定建议，风险及规避措施，所需的国家政策支持，综合评价和建议等。《技术经济可行性研究报告》需报国家主管部门审批，经批准后，项目转入预发展阶段。

（3）预发展阶段

在此阶段，项目承担方要开展工程设计，含细化总体设计方案，完成打样设计，办理型号适航申请等。具体工作包括：建立技术、行政组织体系和质量保证体系，编制研制计划和进度控制计划，落实研制分工，确定总体设计方案，完成打样设计和工程协调样机（或电子样机）、工艺方案审查和工装研制准备，落实先锋用户，筹建产品支援技术体系，选择发动机、机载设备及原材料供应商，启动长周期项目，落实技术攻关项目，落实研制保障条件，确定试验、试飞项目及编制试验、试飞计划与任务书，完成研制经费概算、产品成本和价格核算，完成飞机构型方案冻结、预发展阶段总体方案评审和批准等。

在飞机构型方案冻结、先锋用户订单达到项目启动数量、研制保障条件得到落实后，经国家主管部门批准，项目转入工程发展阶段。

（4）工程发展阶段

在此阶段，项目承担方全面开始研制工作，发出全套生产图样，完成研制、生产、试飞和取证。具体工作包括：详细设计准备，详细设计，新技术、新工艺、新材料技术攻关，引进技术项目的鉴定与应用，关键技术评审，生产准备，零件制造和首件制造检验，发动机、设备和系统及原材料的采购，部件装配和飞机总装，试验和试验结果评审，首飞评审，飞行试验，取得型号合格证和生产许可证等。

（5）试生产阶段

此为生产阶段的第一个时段，主要工作包括：按照分工和稳定的设计资料，组织小批量生产；在将产品推向市场的同时，进一步考核生产和质量的稳定性；高度重视用户与市场回馈的信息，及时研究和解决存在的问题。

6.1.4　航空器的定型与验收

在通过地面试验和试飞考核，以及其他各项审查合格后，军用航空器由军工产品定型委员会批准定型，民用航空器由民航适航鉴定委员会审发适航证。

新研航空器需要经过一个阶段的试用，使潜在问题充分暴露，并通过改进予以解决，然后才能转入批量生产。因此，通常将航空器定型分为设计定型和生产定型两个阶段，试用考核前的定型称为设计定型，试用考核后的定型称为生产定型。经过生产定型之后，才能进入批量生产，形成稳定的生产线。

6.1.4.1　军用航空器的定型和验收

我国军用航空产品定型委员会分为两级：一级定委为国务院、中央军委军工产品定型委员会；二级定委为航空军工产品定型委员会（简称航定委），航定委下设办公室（简称航定办）。

军用航空器设计定型工作程序如图6-3所示。

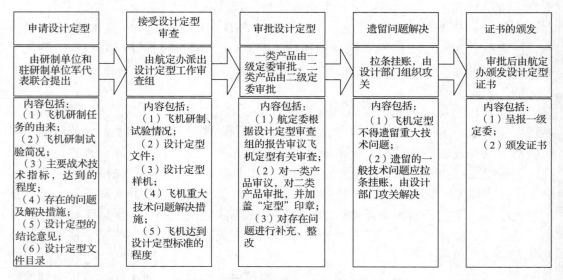

申请设计定型	接受设计定型审查	审批设计定型	遗留问题解决	证书的颁发
由研制单位和驻研制单位军代表联合提出	由航定办派出设计定型工作审查组	一类产品由一级定委审批、二类产品由二级定委审批	拉条挂账，由设计部门组织攻关	审批后由航定办颁发设计定型证书
内容包括： （1）飞机研制任务的由来； （2）飞机研制试验简况； （3）主要战术技术指标，达到的程度； （4）存在的问题及解决措施； （5）设计定型的结论意见； （6）设计定型文件目录	内容包括： （1）飞机研制、试验情况； （2）设计定型文件； （3）设计定型样机； （4）飞机重大技术问题解决措施； （5）飞机达到设计定型标准的程度	内容包括： （1）航定委根据设计定型审查组的报告审议飞机定型有关审查； （2）对一类产品审议，对二类产品审批，并加盖"定型"印章； （3）对存在问题进行补充、整改	内容包括： （1）飞机定型不得遗留重大技术问题； （2）遗留的一般技术问题应拉条挂账，由设计部门攻关解决	内容包括： （1）呈报一级定委； （2）颁发证书

图6-3 军用航空器设计定型工作程序框图

军用航空器生产定型应满足以下要求：

①确保工程技术生产线足够完善；

②确保所有重大问题已经解决，满足设计要求，例如，可生产性、可运输性、可用性、可靠性、维修性、适应性、人机工程和后勤保障等；

③确保生产周期满足用户要求；

④确保各项专用保障设备、零备件具有可靠供应；

⑤随机文件、随机工具配套齐全。

6.1.4.2 民用航空器的定型和适航取证

（1）适航管理

适航管理是从安全性出发对民用航空器的设计、生产制造、使用维护、进出口等全方位、全过程的控制管理。民用航空器的适航管理分为两类，一类是初始适航管理，另一类是持续适航管理。

我国的适航管理原则上引用美国FAA的标准，实行以"三证"（型号合格证、生产许可证、单机适航证）管理为主要方法的适航管理形式。中国民用航空局授权航空器适航司负责适航管理工作。

（2）初始适航管理

初始适航管理，是在航空器交付使用之前，适航局方依据适航标准和规范，对航空器的设计和制造所进行的型号合格审定和生产许可审定。可以简单认为，初始适航是一个取得"三证"的过程。

①型号合格审定

民用航空器在研制完成、投入生产之前，必须通过型号合格审定，取得型号合格证（TC）。TC的颁发意味着该型号设计已满足《中国民用航空规章》（CCAR）的要求，符合飞行最低安全标准。型号合格审定程序见图6-4。

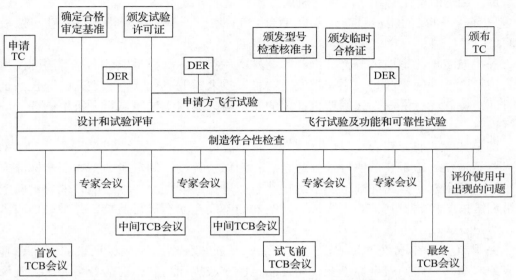

TC—型号合格证；TCB—型号合格审定委员会；DER—适航局方委任的工程代表

图6-4 民用航空器型号合格审定程序

②生产许可审定

生产许可审定是适航局方对制造厂商实施生产批准的一种基本形式。审定的目的是为了在制造厂建立和保持一个符合适航标准的质量控制体系，使生产处于可控状态，以保证所有产品具有适航性并能安全使用。经生产许可审定合格后，适航局方向制造厂商颁发生产许可证（PC）。生产许可审定程序见图6-5。

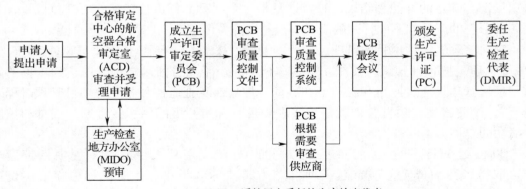

DMIR—适航局方委任的生产检查代表

图6-5 民用航空器生产许可审定程序

③适航审定

适航审定是继型号合格审定、生产许可审定之后，保证航空器安全使用的最后一次初始适航审定。根据《中国民用航空规章（CCAR）》《民用航空产品和零部件合格审定规定》和《民用航空器适航证和特许飞行证的管理和颁发程序》等法规性文件进行审定。经适航审定合格后，由适航局方颁发适航证（AC）。

只有获得 PC 的制造厂商、依据 TC 生产的航空产品才有资格申请并获得适航证（AC）。

民用航空产品适航证分为标准类和特殊类两类。标准类适航证满足《国际民用航空公约》附件 8 的要求，表明该类航空器可以投入商业飞行。特殊类适航证包括试验许可证、特许飞行证等，表明持该证照的航空器只能用于试验飞行、机组训练、调机飞行等。

（3）持续适航管理

持续适航管理是在航空器投入运行后，为保持其设计制造时的基本安全标准或适航水平，确定航空器始终处于安全运行状态而进行的管理。持续适航管理是对航空器使用和维修的控制，其核心内容是对航空器的不安全状态进行监控，并采取相应措施予以纠正。

民用航空器在取得 TC、PC、AC 之后，从投入使用起，应保证该航空器在其全部服务寿命期限内的安全性不变，始终满足民航法规和适航标准的各项要求，确保旅客、空勤人员和第三者的人身安全，并确保运行状态达到最低安全水平。

6.1.5　航空工程项目管理

针对航空工程项目所开展的一切管理活动统称为航空工程项目管理。一个航空工程项目的成功，不仅取决于技术，同样也取决于管理。航空工程项目管理是最能体现系统工程思想、发挥系统工程作用的领域之一。

6.1.5.1　项目及项目管理的概念

项目是为提供产品或服务所从事的临时性、独特性活动。其中，临时性是指每一个项目都有确定的开始和结束；独特性是指每个项目都创造独特性的可交付成果，包括各种形态的产品或不同样式的服务等。

项目管理笼统地说就是对项目进行的管理。按美国项目管理协会（PMI）的定义，"项目管理是把各种知识、技能、工具和技术应用于项目活动之中，以达到项目的要求。项目管理是通过应用和综合诸如启动、规划、实施监控和收尾等项目管理过程来进行"。简而言之，项目管理就是为实现项目目标所开展的组织、计划、安排和控制等活动的总称。

20 世纪 40 年代之后，系统工程理论与方法应用到大型复杂工程项目管理当中，取得了巨大成功，航空航天项目尤为典型。90 年代后，项目管理除了实现进度、费用、质量三大管理目标之外，管理范围有了新的扩展，与其他学科的交叉渗透进一步增强，实现管理的最优化以及提高参与方的满意度，成为新的追求目标。

6.1.5.2　航空工程项目管理的特点

航空工程项目管理不同于一般的工程项目管理，具有以下主要特点。

（1）必须实施高层次、大范围的项目管理

航空工程项目具有天然的复杂性，不仅系统组成复杂、研制过程复杂，而且技术、进度和经费交互影响，往往还具有较高的政治敏感性，这就使得航空工程项目管理，必须在高层次、大范围内筹划；必须站在全局的高度，缜密计划，广泛协调，严密组织。

（2）阶段管理和状态管理是项目管理的核心工作

航空工程项目管理的范围宽泛，核心工作是阶段管理和状态管理。需要针对项目特点，围绕着这两大核心工作划分和排序各阶段任务，并确保各阶段的状态可控，特别是技术状态的时效性和一致性。

（3）风险管理占有特别重要的地位

航空工程是一种高风险工程，风险来自于多个方面，而且具有突发性、多样性、复杂性等特点，风险管理面临的多是新情况、新问题，鲜有经验可循，有许多风险管控决定成败的案例。因此，增强风险管理意识、提高风险管理水平异常重要。

（4）需要不断创新管理手段和管理工具

航空工程属于高科技工程，往往成为新技术、新工艺、新材料的"试验田"和科技创新的"策源地"，这就要求先进的管理手段和工具与之相适应，并且需要不断充实与完善，以保障工程项目的顺利实施。

6.1.5.3　航空工程项目管理的内容

项目管理有着鲜明的行业特点，不同项目、同一项目不同阶段的管理内容也有所差别。我国航空工程项目管理大体包含十大领域，分别是：组织管理、阶段管理、范围管理、费用管理、进度管理、风险管理、供应商管理、技术状态管理、质量管理和多项目管理，而项目管理信息化和项目管理成熟度是当前通行的两项主要工具。各项管理活动（质量管理将在本章 6.7.4 节中专门叙述）及两项主要管理工具的内容简述如下。

（1）组织管理

国外称为人力资源管理，是指为了完成项目任务，由不同单位、不同部门、不同专业的人员组成的一个特殊工作组织，该组织通过计划、决策、组织、领导、协调、控制等过程，对项目资源进行合理配置，以保证项目目标的实现。

我国形成了特有的"三师"系统组织结构，在科研生产中发挥着重要作用。"三师"系统是指行政总指挥系统、总设计师系统和总质量师系统。行政总指挥是项目的总负责人，重点负责资源配置、规划、计划等全局性工作；总设计师作为总指挥的技术助手，是项目的技术负责人；总质量师在总指挥领导下，负责质量监督和控制工作。

（2）阶段管理

阶段管理是指将项目的全寿命周期，划分成若干按顺序排列或略有交叉的阶段，通过设立各阶段之间的决策审查点，规定各阶段的主要活动、准入条件和完成标准，以对项目实施有效控制的管理过程。阶段管理是航空项目管理的核心工作之一。图 6-6 为波音公司民机项目阶段划分示意图。

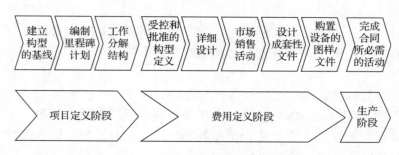

图 6-6 波音公司民机项目阶段划分示意图

（3）范围管理

范围管理是对项目的工作内容进行有效控制的管理过程。通俗地说，就是明确界定哪些是项目应该做的，哪些是不应该做的。其主要工作包括：收集需求信息、定义工程范围、创建工作分解结构（WBS）、核实范围、控制范围等，其中，创建 WBS 是重点工作。

（4）费用管理

费用管理是为了保证项目的实际成本和费用不超过项目预算的管理过程。主要工作有资源规划、费用估算、费用预算、费用控制等。

（5）进度管理

国外称项目时间管理，是指从项目全局出发，对项目分阶段、分层次进行缜密计划和组织，严格控制项目各阶段、各层次的时间进度，最终实现项目总体时间发展进度的一系列管理过程。主要工作包括：项目进度计划编制、项目进度计划优化与控制等。

（6）风险管理

风险管理是指对可能遇到的风险进行识别、分析和评价，并在此基础上对风险进行有效的应对和监控，以保障实现项目预期目标的管理过程。航空工程项目中的风险具有突发性、多样性、复杂性、不可预测性等特点，因此，风险管理是一个不断探索的动态过程。

（7）供应商管理

国外称采购与合同管理，是指通过开展对供应商的开发、评估与选择、跟踪与审核、考核与奖惩，以及改善与供应商的关系等一系列工作，顺畅而高效地实现项目采办的过程。过去，供应商管理不属于项目管理的范畴，但随着系统工程理论的深入应用，供应商在项目全寿命周期中的作用日益凸显，供应商管理成为项目管理的一项重要内容。

（8）技术状态管理

相近的术语有配置管理、构型管理和组态管理等，是指在项目的全寿命周期内，针对产品的功能特性和物理特性，采取加护、标示、控制、记实和审核等手段，而进行的指导、监督、协调等项工作。技术状态管理是高技术产业广泛应用的管理手段，对于控制工程进度、降低成本、降低工程风险意义重大，也是航空项目管理的核心工作之一。

（9）多项目管理

企业经常会遇到多个项目并行执行的情况，多项目管理是站在整个企业的层面上，对现行所有项目进行计划、组织、执行与控制的项目管理方式。多项目管理强调项目之间、项目与组织之间的协调关系，解决在各项目间合理分配人力、设备、资金等资源问题。

（10）项目管理信息化

国外称沟通管理，是基于项目已有的管理理念、组织形式、管理模式和管理方法，在项目全寿命周期管理中，以信息技术为手段综合采集、存储、处理和传输管理信息，构建项目管理网络化、可视化的信息环境，以达到辅助管理决策、提高管理效率、提高协同水平、降低管理成本等的一系列活动。项目管理信息化是现代航空工程项目管理的主要工具之一。

（11）项目管理成熟度

项目管理成熟度表征一个组织实施某个特定项目的能力。项目管理成熟度模型一般分为五级，从低到高，渐次反映完成项目的可能性。通过对项目能力的成熟度量化评价，明确状况，形成和改进管理策略，达成提高项目管理水平的目的。项目管理成熟度也是现代航空工程项目管理的主要工具之一。

6.2 航空器设计

造物之门，设计为匙。设计是把某种规划或设想通过特定形式传达出来的过程，它是将憧憬变为现实的第一步。航空器设计是制造航空器的预先计划，是一种具有创新性、集成性和复杂性的智力劳动，它是制造航空器的蓝本，赋予了航空器以灵魂。随着现代科技的发展和创新形态的嬗变，航空器设计面临理念、技术和产品需求等多重挑战；正由专业设计师的工作向更广泛的用户参与演变，以用户为中心的、用户参与的创新设计日益受到关注。

本节介绍航空器设计过程、方法和主要内容，简要分析与军、民用飞机性能关系重大的设计类别、设计准则和设计要素。

6.2.1 概述

航空器设计是综合利用现代科学技术的成果，以系统工程的方法，用工程语言（图样和技术文件）的形式，规定和约定技术事项，以指导航空器的制造、试验和使用的过程；同时，它也是研究航空器设计理论、方法和工具的一门综合性技术学科。

6.2.1.1 航空器设计的任务

航空器设计是设计人员根据用户需要、相关标准规范与既往经验，以及所掌握的新知识、新技术，拟定航空器全套技术文件的过程。

航空器设计的主要任务，是拟定以下三类技术文件：

设计文件——关于航空器自身（包括总体、零部件、机载系统和装配等）的描述；回答"生产什么样的航空器"的问题。

工艺文件——关于生产方法和设备的规定；回答"如何生产"的问题。

使用文件——关于用户使用维护的约定；回答"如何正确使用和维护"的问题。

随着计算机和信息技术的普及，上述文件的载体正由平面介质向立体和电子样式转变，但其功能和作用不变。

6.2.1.2　航空器设计过程

通常情况下，航空器设计过程要经过需求分析和可行性论证、方案设计、初步设计、详细设计（该部分内容，可参阅本章 6.1.3 节）几个阶段。

（1）需求分析和可行性论证

此过程一般由用户和工业部门共同完成。主要任务是根据航空器的具体用途，对性能指标和技术要求进行分析。

军用航空器的指标和要求一般由军方提出，主要有作战对象、武器配置、典型作战剖面、机动能力、最大过载和飞行重量等。

民用航空器的指标和技术要求，根据国民经济发展状况、交通运输结构、航线类别和需求、工业基础和技术水平等方面综合考虑后提出，主要包括：用途，装载量或载客量，航程，速度，机场情况，可能配装的发动机和机载设备，经济性指标，可靠性、维修性和使用维护条件等。

（2）方案设计

又称概念设计，主要任务是制订航空器的总体方案，包括：初步确定航空器的布局和外形、主要设计参数、部件的主要几何尺寸、结构形式和重量、动力装置、机载设备和武器；初步拟定各飞行阶段的操纵方案；选择模型风洞试验等。此阶段要做出航空器三视图和总体布置草图。

（3）初步设计

又称打样设计，主要工作包括：确定航空器各部件的结构受力形式和相互连接关系，进行部位安排和重心定位，绘制各部件的结构打样图，进一步确定几何尺寸、重量和动力装置参数，完成气动计算、强度计算、气动弹性计算、飞行性能和操纵性/稳定性计算、系统功能计算等，进行部件、全机的风洞试验，进行系统功能试验和新结构、新材料试验，做出正式的航空器三视图、结构打样图、总体布置图，提出各部件和各系统的设计任务书、发动机安装设计任务书和重量分配指标等。

（4）详细设计

又称工作设计，主要工作包括：根据方案设计和初步设计的结果，完成零件制造和部件、系统、全机装配的工作图样以及生产、验收的技术文件，其中包含零部件的强度、刚度、颤振和重量计算，飞机气动性能及各系统性能的精确计算等；进行飞机结构的静、动强度和疲劳试验，以及特种设备和各个系统的台架试验；试制原型机并制定试飞大纲。

上述各阶段工作相互衔接，因果有序。随着数字化设计技术的成熟和并行工程的推广，现代航空器设计已普遍采用数字样机替代传统的实物样机，并成为详细设计以至贯穿设计制造和使用维护全过程的依据。围绕全机级全属性（几何属性、物理属性等）数字样机，以集成产品团队（IPT）的形式进行协同研发，显著提高了设计效率和设计质量。

6.2.1.3 航空器设计方法

典型的航空器设计方法主要有模仿法、统计法和系统设计法三种。

（1）模仿法

又称相似法，是建立在相似律基础上的航空器设计方法。20世纪初，人类在没有航空器设计理论和经验，也没有完全掌握空气动力学知识的情况下，通过模仿飞行动物的外形和动态来设计航空器。

（2）统计法

统计法产生于20世纪20年代。其时，已经拥有了设计若干型飞机的初始经验，在设计新飞机时，可选定一种与设计目标接近、资料较全的既有成功机型作为参考样机，用数理统计法找出性能与设计参数的关系，经过分析对比，确定新飞机的总体设计参数。

（3）系统设计法

又称综合法，产生于20世纪60年代，是在深入分析航空器各种参数对飞行性能的影响基础上，以计算机为工具开展综合设计与优化迭代的系统设计方法。系统设计法将航空器及其相关部分看作一个整体，应用系统工程理论和方法，形成多个设计方案，再利用计算机开展辅助设计，并辅以其他技术手段找出最优方案。

系统设计法是现代航空器的基本设计方法，有时也可与统计法兼用。航空器设计方案拟定之后，还要通过反复试验，对某些问题做出工程判断，决定取舍，实现寻优，进而完成航空器的工程图样和技术文件。

6.2.1.4 现代设计理念与手段

设计现代航空器，特别是高性能航空器，是最复杂最具创新性的科技活动之一，其理念和手段也在不断演进，自20世纪末产生、至今仍持续发展，并发挥了重大作用的设计理念与手段如下。

（1）多学科优化设计

航空器设计涉及气动、结构、控制、推进等诸多学科领域，且相互作用，相互影响，高度耦合。多学科优化设计是针对复杂系统的特点，在研究变量、约束和耦合信息的基础上，实现同时满足各学科领域要求的约束设计，是解决各子系统之间设计变量相互耦合、相互矛盾，求得相对优化的有效工具，并可对形成的多方案进行分析、比较，做出权衡判定。多学科优化设计理念与方法，已经形成一系列工具与数据库，在国内外型号研制中得到广泛应用。

（2）数字化设计

数字化设计是指运用计算机和数字技术，建立产品数字化模型，并据此进行全部设计工作的过程。数字化设计带来航空器设计的革命性变化，大大提升设计效率和质量，部分取代设计过程中的实物模型，促进设计组织模式的转变，实现设计制造的大规模并行化。

　　数字化设计技术发端于 20 世纪 80 年代，以法国达索公司 CATIA 系统为代表的数字化设计软件风靡世界。目前，基于数字化的飞机性能分析、三维实体造型、虚拟设计、虚拟仿真、异地无纸设计等技术均已基本成熟，应用日益广泛。近年兴起的数字孪生技术给数字化设计和数字工程带来了新的理念与活力。

　　（3）并行设计

　　传统的航空器设计是按照方案设计、初步设计、详细设计等串行流程进行的，而且设计人员分属不同的单位或部门，这种模式往往使设计缺陷无法得到及时纠正，造成资源上的浪费和时间上的拖延。

　　并行设计是充分利用现代计算机技术、通信技术和管理技术，站在设计、制造全过程的高度，打破分割、封闭的组织模式，打破串行设计流程，以集成产品团队的工作方式，以并行设计流程，实现设计过程的重组和优化。

　　并行设计是并行工程管理的一种应用形式，它要求在设计阶段即考虑产品全寿命周期中的各种因素，并行开展设计文件、工艺文件和使用文件的编制及迭代，进而缩短了产品开发周期，显著提高了设计质量和产品质量。

6.2.2　航空器设计的主要内容

　　航空器设计的基础性内容包括：总体参数选择、气动设计、结构强度设计、机舱及装载布置、动力及燃油系统设计、起降装置设计、机电系统设计、航电系统设计、重量特性控制、飞机性能分析、稳定性和操纵性设计、保障性设计等。

　　各类航空器的原理、使命不同，设计目标和设计重点也有所差异。对于军机而言，要考虑隐身性、机动性和武器系统等问题；对于民机而言，则要重点考虑安全性、环保性、经济性和舒适性等方面的需要。

　　下面以飞机为例，概要介绍基础性设计内容。

6.2.2.1　气动设计

　　飞机气动设计的主要任务是研究飞机气动布局，选择翼型和机翼、尾翼及操纵面的形状与参数。飞机气动设计是一个权衡、寻优的过程，有时要通过折中、综合的方法来满足相互矛盾的设计要求，因此，是一项极具挑战性的工作。

　　（1）飞机气动布局

　　飞机的气动布局是指不同气动承力面的安排形式。全机气动特性取决于各承力面之间的相互位置以及相对尺寸与形状。机翼是主承力面，它是产生升力的主要部件，前翼（鸭翼）、平尾、垂尾等是辅助承力面，主要用于保证飞机的稳定性和操纵性。

　　根据辅助翼面的多少及其与机翼的相对位置，形成了四种主要气动布局形式：

　　正常布局——水平尾翼在机翼之后；

　　鸭式布局——水平尾翼在机翼之前；

　　无尾或"飞翼"布局——飞机只有一对机翼，不设置水平尾翼；

　　三翼面布局——机翼前面有水平前翼，机翼后面有水平尾翼。

　　上述四种气动布局形式的特点见表 6-3。

表 6-3　飞机主要气动布局形式

布局形式	主要特点	图　例	典型机型
正常式（常规式）	水平尾翼和垂直尾翼都在机翼后。 兼顾高、低速性能，应用最多。 20 世纪 70 年代发展的正常式边条机翼布局可改善机动性，中到大迎角时边条产生脱体涡（由于翼面压差导致流体横向流动，与相对机翼的流体纵向移动在脱离机翼后合成螺旋状涡流）进而增加涡升力，同时还可改善基本翼流场		F-16，F/A-18，米格-29，苏-27（正常式边条翼），F-22，F-35（正常式）
鸭式	水平尾翼移到主翼前，成为有升力贡献的前翼（鸭翼）。 可配平低头力矩，改善机动性，前翼和机翼间有利涡流还可增大升力。 前翼对飞机隐身性能不利。 难点：前翼位置选择及大迎角俯仰力矩上仰，用后机身加边条或限制放宽静稳定裕度的方法解决，也可采用推力矢量解决		欧洲 EF2000 "台风"，法国 "阵风"，瑞典 JAS.39 "鹰狮"，苏联米格-1.44，中国歼 10、歼 20
无尾	仅有一对机翼，无前翼和平尾。 纵向操纵和配平依靠机翼后缘的升降舵实现。 超声速阻力小，对提高隐身性有利。 因操纵面力臂较短，影响操纵效率；在飞机起降时会产生低头力矩，导致操纵困难和配平阻力增加。通过放宽静稳定性解决纵向操纵及配平，但大迎角气动特性不好，一般高机动战斗机不采用这种布局		德 Go229，美 B-2

表 6-3（续）

布局形式	主要特点	图 例	典型机型
三翼面	正常布局加水平前翼。综合正常式和鸭式布局的优点。 前翼可减轻主机翼载荷，使气动载荷分配更合理。前翼操纵自由度与机翼的前、后缘襟翼及水平尾翼结合，可进行直接控制及保证大迎角时有足够的低头恢复力矩，改善大迎角特性，提高最大升力。 缺点：因增加前翼而使零升阻力和重量增加		苏-33/34/47，美 F-15S/MTD/ACTIVE 试验机，日本 T-2CCV 试验机，德国 F-104CCV 试验机

（2）翼型选择

翼型是指机翼的剖面形状，由中弧线（或弯度线）和基本厚度分布叠加而成，并用一系列几何参数来表征。翼型在很大程度上决定了机翼乃至飞机的升力、阻力以及俯仰力矩特性，选择翼型是飞机气动设计的重要任务之一。

旋翼和螺旋桨的桨叶、飞机尾翼、导弹翼面的剖面形状也称为翼型。

经过 100 多年的发展，翼型已衍生出一个庞大家族。早期飞机采用弯度很大的薄形翼，颇像鸟类翼剖面。后来，通过大量试验研究，出现许多种翼型（典型翼型见图 6-7），较优秀的有俄国茹科夫斯基翼型、英国 RAF 翼型、德国哥廷根翼型以及美国 Clark-Y 翼型等系列。20 世纪 30 年代，美国先后推出 NACA（NASA 的前身）4 位数及 5 位数翼型系列，用于低速、亚声速飞机，40 年代又推出 6 位数 NASA 翼型系列，用于高速飞机。50 年代之后，世界上出现了多种现代翼型，其中，超临界翼型可使临界马赫数（Ma_{cr}）提高 0.06～0.10，被大型客机、运输机广为采用。

（3）机翼外形设计

机翼是产生升力的主要部件，不同用途的飞机采用不同外形（平面形状）的机翼，如平直翼、梯形翼、后掠翼、前掠翼、变后掠翼、三角翼及边条翼、菱形翼等。

机翼外形主要用翼展、翼弦、展弦比、前缘后掠角及根梢比等参数来表征。

翼展是指机翼左右翼尖之间的长度，翼弦是指翼型前后缘之间的长度，展弦比即翼展和平均翼弦之比。展弦比对飞机性能有重要影响，强调巡航性能的飞机选用大展弦比机翼，着眼于高机动性和超声速飞行的飞机选用小展弦比机翼。民航客机的展弦比一般在 10 左右，战斗机的展弦比一般为 2～4。

前缘后掠角是指机翼前缘与机体横轴之间的夹角。采用前缘后掠角，可以提高飞机速度并提高飞机的横侧静稳定性，但往往使升力特性变差，容易导致翼尖失速。图 6-8 给出了机翼前缘后掠角随马赫数变化的经验曲线。

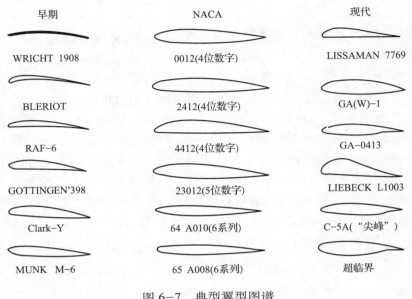

图 6-7　典型翼型图谱

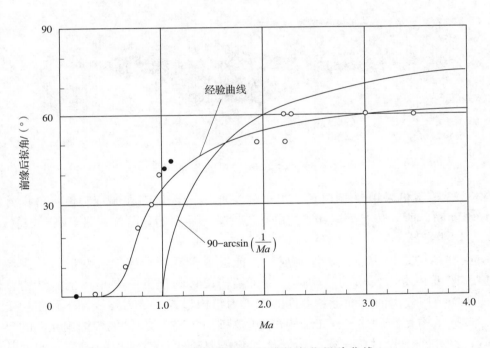

图 6-8　机翼后掠角随马赫数变化经验曲线

根梢比为机翼根弦长与梢弦长之比。大部分后掠翼的根梢比在 2～6 范围。从结构设计考虑，用大根梢比较为有利，但根梢比太大会加剧翼尖失速。

此外，机翼的扭转角、安装角、上反角、上单翼、下单翼等，都会对飞机气动特性产生影响。机翼扭转可防止翼尖失速，改善升力分布，进而改善巡航特性。机翼的上反角和上单翼可增强飞机横侧稳定性，下反角和下单翼则相反。

（4）尾翼设计

尾翼是安装在飞机尾部起稳定性和操纵性作用的气动承力面，一般分为垂直尾翼和水平尾翼。

垂直尾翼简称垂尾，由固定的垂直安定面和可动的方向舵组成，起方向稳定和方向操纵作用。有单垂尾、双垂尾、三垂尾、四垂尾等布置形式。

水平尾翼简称平尾，对称、水平布置在飞机尾部，由固定的水平安定面和可动的升降舵组成，起纵向稳定和俯仰操纵作用。平尾相对于机翼的上下位置，有高平尾、中平尾和低平尾等布置形式；有的飞机将平尾安装在垂尾的顶端，与垂尾并称 T 形尾翼（见图 6—9）。超声速飞机为提高操纵效率，将平尾做成一个可偏转的整体（不设升降舵），称为全动平尾。为弥补因机翼展弦比小而引起的滚转操纵力矩不足的问题，可利用平尾差动产生一部分滚转操纵力矩，这种平尾称为差动平尾。有的大型飞机重心变化明显，为提高平尾的平衡能力，水平安定面在飞行中可以改变安装角度，这种平尾称为可调平尾。

图 6—9　运 20 运输机的 T 形尾翼

YF—23 等飞机采用 V 形尾翼，由于呈 V 形的两个尾面在俯视和侧视方向都有一定的投影面积，所以兼有垂尾和平尾的功能。V 形尾翼的显著优点是有利于隐身。

6.2.2.2　结构设计

航空器结构是指由多个零件构成的、能够承受载荷和应力及变形，并满足规定的强度、刚度和寿命要求的结构体。飞机结构设计的任务主要是：全机结构总体布局——选择结构分离面，确定各部件的主承力结构形式及传力路线，布置主要受力构件等；选择结构元件参数——在结构布局的基础上，选择并优化各结构元件的尺寸及材料等；结构细节设计——在结构元件优化的基础上，对结构的细节，如开孔、连接、圆角等进行设计。

（1）结构设计的基本要求

飞机结构设计的基本要求包括：静强度要求，即能承受各种飞行和地面的设计载荷；使用寿命要求；耐振性和耐噪声要求；气动力对结构外形的要求；颤振和静气动弹性要求；隐身要求（对部分军用飞机）；生存力要求；结构工艺性要求；维修性及可靠性要求；经济性要求。

通常用结构重量因数（factor，旧称系数）来衡量结构设计水平。结构重量因数用飞机结构重量与飞机正常起飞重量之比的百分数来表示。经历诸代发展，战斗机结构重量因数从 35% 降低到 28%。

随着飞机载油因数和设备重量因数的增加，对结构设计提出了更高要求。在保证飞机性能的前提下，结构重量每减轻 1%，可减轻飞机总重 3% ~ 5%。因此，结构减重是飞机减重的关键之一。

（2）机翼结构布局

机翼结构重量一般占机翼重量的 30% ~ 50%，占全机重量的 8% ~ 15%。不同气动布局的机翼，其结构布局也各有特点。机翼结构一般先按强度要求进行布局，再检查是否满足气动弹性要求，并根据分析结果改进布局。

机翼结构通常由蒙皮和结构骨架两部分组成。蒙皮有平板、加筋板或夹层板等形式，用来保持机翼外形和承载，并将作用在它上面的气动力传给结构骨架，并承受一部分机翼弯矩和扭矩。结构骨架由梁、墙、加筋条等纵向骨架和加强翼肋、普通翼肋等横向骨架构成，其作用是将蒙皮传来的气动力变为翼面的总体载荷，并与蒙皮组成翼盒传递总体载荷。

机翼结构有加筋板盒结构、多墙结构、蜂窝夹层板盒结构、全高度夹层盒结构、横向加筋板结构、梁式结构等形式（见图 6-10）。

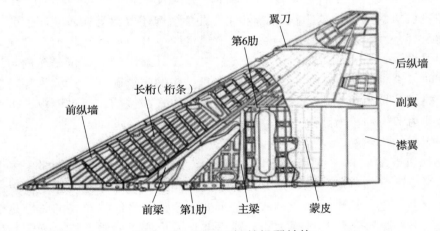

图 6-10　歼 7 飞机的机翼结构

一般情况下，机翼根部承受的弯矩最大，应主要考虑其强度要求；机翼中部结构设计主要考虑颤振要求；外翼部分刚度较小，后缘又安装有副翼，应主要考虑满足翼面的静气动弹性要求。

（3）机身结构布局

机身结构包括机身、短舱、尾撑等，一般由蒙皮和内部骨架组成。机身蒙皮与机翼蒙皮作用相似，机身内部骨架由纵向骨架和横向骨架组成。

纵向骨架由加筋条与梁组成。加筋条提供对蒙皮的支撑，加筋条与蒙皮组成加筋板，承受机身弯曲引起的轴向力。机身梁是机身主要的纵向受力构件，也用于机身开口处的加强承力。横向骨架主要由普通框和加强框组成。普通框用于维持机身的剖面形状，承受蒙皮的局部载荷，对加筋条提供支持。加强框用于传递机翼、尾翼的集中载荷，通过连接件以剪流形式将力分散传给机身蒙皮。

为满足使用和维护要求，机身结构需要设置一定数量的开口，如前起落架舱开口、内埋武器舱开口、用于发动机维护的开口以及电子舱、设备舱的开口等。现代战斗机的机身开口率可达 50%（见表 6-4）。为保证足够的结构刚度，需精心设计结构传力路线，在用口盖、舱门等保持几何外形连续时，需补偿应力传递路线被切断而带来的结构刚度下降。

表 6-4　几种典型战斗机的全机开口率

飞机型号	研制年代	全机口盖数 / 个	开口率 /%	快卸口盖数 / 个	快卸口盖率 /%
歼 6	1959	220	21.1	21	9.5
K8	1985	134	27.8	79	59.0
F-5	1970	140	25	112	80
F-16	1978	227	60	170	80

由于尾翼的气动弹性特性受机身刚度影响较大，机身结构设计不但需要考虑自身的强度、刚度要求，还要满足尾翼气动弹性对机身的要求。

大型飞机机身气密性要求很高，同时，机身结构还要承受增、减压疲劳载荷的作用。为满足气密性要求和承受疲劳载荷，应尽量减少开口，并在门窗等必须开口处进行局部加强设计，避免应力集中。大型飞机机身设计最困难的部位是舱门与边框。事故统计表明，密封舱疲劳破坏是大型飞机机身结构的主要破坏形式。为实现舱门机构可靠性，提高其抗疲劳特性，一般采用多路传力方式，例如，通过地板将机身设计成上下两个互为备份的传力路线。

（4）尾翼结构布局

尾翼与机翼的结构形式基本相同，由于尾翼距飞机重心远、内部容积小、装载少，主要根据强度和刚度要求确定其结构布局。高速飞机的平尾多采用薄翼结构、全动平尾，全动平尾有动轴式和定轴式两种形式，全动平尾结构布局的关键是确定大轴的位置，一般根据平尾气动铰链力矩、颤振要求及风洞试验结果综合确定。为解决颤振问题，有时需要在平尾上添加配重。

（5）结构设计思想的演变

航空器结构设计的根本任务是依据相应的设计思想，采用相应的技术手段，设计出既安全可靠又尽可能轻的结构。飞机结构设计思想大致经历了五个发展阶段：静强度设计、安全寿命设计、安全寿命／破损安全设计、安全寿命／损伤容限设计、耐久性／损伤容限设计等。目前，以可靠性分析为基础的结构完整性设计思想正在发展中，但尚未成为一种实用的设计方法。

6.2.2.3 "五性"和环境适应性设计

为保证飞行安全，提高航空器使用效能，必须从设计阶段就把可靠性、维修性、测试性、保障性和安全性（合称"五性"，英文简称 RMTSS）要求融入到产品当中，以使新研制的航空器达到所期望的 RMTSS 水平。近年来，军用航空器对环境适应性的要求越来越高，成为传统"五性"之外的"第六性"。下面分别作简要介绍。

（1）可靠性

可靠性反映的是产品经久耐用和持续工作的能力，即产品在规定条件下和规定时间内完成规定功能的能力。可靠性可进一步划分为基本可靠性与任务可靠性、固有可靠性与使用可靠性。可靠性常用任务可靠度（R_m）和平均故障间隔时间（MTBF）等参数来度量。前者表示成功完成某项任务的能力，后者反映可修复系统和设备的基本可靠性水平。如某战斗机在规定任务周期内的 R_m 为 0.9，机载电源系统的 MTBF 为6000h。

（2）维修性

维修性反映的是产品发生故障后迅速恢复其功能的能力，即产品在规定的条件下和规定的时间内，按规定的程序和方法进行维修时，保持或恢复到规定状态的能力。它常用平均修复时间（MTTR）和每飞行小时的维修工时（MMH/FH）来度量。前者表示排除一次故障所需时间的平均值，后者反映投入维修的人力消耗。如某战斗机的MTTR 为 1.8h，MMH/FH 为 5 个工时。

（3）测试性

测试性是产品（包括系统、子系统、设备或组件）能够及时而准确地确定其状态（可工作、性能降低或不可工作），并隔离其内部故障的一种设计特性。测试性也是一种设计特性，反映产品故障能够被检测出并隔离的程度，常用故障检测率（FDR）、故障隔离率（FIR）和虚警率（FAR）来度量。

（4）保障性

保障性是指军用航空器的设计特性和计划的保障资源，满足平时战备完好性和战时利用率要求的能力。这里的设计特性包括可靠性、维修性、测试性、运输性、自保障性、人机综合特性、生存性、安全性和其他特性；计划的保障资源是指为保证航空器的使用和保障而规划的各种资源和条件，主要包括人员、备件、技术资料、训练、保障设备与设施、计算机资源，以及包装、储存、运输等条件；平时战备完好性指的是平时训练与战备值班时航空器具有的使用可用度；战时利用率指的是航空器战时出动能力和出动架次率。

（5）安全性

安全性是航空产品必须满足的首要特性。它是通过设计赋予产品的一种特性，即产品所具有的不导致人员伤亡、产品毁坏、重大财产损失或不危及人员健康和环境的能力。常用的安全性参数有：事故率或事故概率、损失率或损失概率、安全可靠度等。军用飞机常用事故次数 $/10^5$ 飞行小时表示事故概率，如 F–16 战斗机的事故率为 1.3 次 $/10^5$ 飞行小时；民用飞机常用事故次数 $/10^6$ 离站次数表示事故概率，如波音757 飞机的事故概率为 1.0 次 $/10^6$ 离站次数。

（6）环境适应性

军用航空器的使用环境越来越复杂，环境适应性问题日益突出，于是，环境适应性成为了一项新的设计指标。该项设计的内容包括：环境属性研究、环境数据积累和环境模型的建立；确定环境适应性的技术途径和设计准则；建立真实环境和模拟真实环境下适应性验证的手段和标准等。在应对电磁环境适应性问题时，应从电磁兼容性设计扩展为适应复杂电磁环境的有效性设计。

6.2.3 军用飞机设计

军用飞机，特别是战斗机，是在严酷的战场使用环境下用于军事对抗的装备，其性能在很大程度上决定生死成败，因此，在设计上除了遵循上述普适内容与要求之外，还有一些特殊的设计内容与要求。

6.2.3.1 隐身性设计

（1）隐身的概念

隐身性又称低可探测性。对飞机来说，它表示具有较低的被雷达、红外、可见光和声传感器探测到的能力。飞机隐身主要通过降低自身雷达、红外、可见光和声信号特征实现。由于雷达是探测飞机的最常用方法，减弱飞机的雷达反射信号强度成为飞机隐身性设计的主要内容。

雷达截面积（RCS）是目标的一种折算面积，用来度量目标在雷达波照射下所产生的回波强度大小，用 σ 表示，常用平方米或分贝平方米为单位。"0 分贝平方米"等于 10 的 0 次方，即 $1m^2$；"20 分贝平方米"等于 10 的 2 次方，即 $100m^2$。RCS 是方位角、散射体的形状、雷达波的频率、发射和接收天线极化特性的函数。一架飞机的 RCS 值并不是一个单值，对于不同的照射方向，其值不同。一般以正前方 $\pm30°$ 范围内的均值来表征一架飞机的 RCS 值，即飞机被前向雷达探测发现的程度。RCS 值越大，表示反射信号越强，越易被发现。

根据雷达方程，雷达探测距离与目标机 RCS 的 4 次方根成正比。假设飞机 RCS 为 0dB（相当 $1m^2$），其被探测距离为 100km，若 RCS 减少 10dB（达到 $0.1m^2$），其被探测距离减至 56km。图 6-11 为不同 RCS 值的飞机与雷达探测距离关系示意图。一般三代机正前方 $\pm30°$ 范围的 RCS 为 1 ~ $2m^2$，四代机则已降到 0.1 ~ $0.3m^2$。

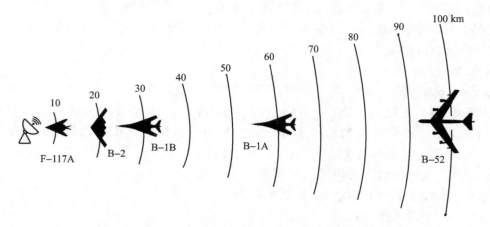

图 6-11 不同 RCS 与雷达探测距离关系示意图

（2）外形隐身设计的基本原则

飞机的雷达隐身是最重要的隐身性要求。在保证基本气动特性的前提下，尽量减小 RCS 成为飞机设计的重要任务。其中，外形雷达隐身的基本设计原则有：

①消除能够形成角反射器的外形布局；

②变后向散射为非后向散射；

③用一个弱散射部件对另一强散射部件进行遮挡；

④将全机各翼面的棱边都安排在少数几个非重要的散射方向上；

⑤采用斜切进气道口以及将进气管道设计成 S 形，防止电磁波直射到压气机叶片上，使进入进气道内的电磁波经过 4 ～ 5 次反射，减弱回波；

⑥采用机身内挂或保形外挂的武器装载方式；

⑦对机身的口盖、舵面的缝隙、台阶、铆钉等弱散射源，采取措施减缩散射，如将口盖及缝隙设计成锯齿形；

⑧当某些部件或部位不能使用外形隐身措施时，可用隐身吸波材料来弥补。

6.2.3.2　机动性设计

机动性是指飞机在一定时间内改变飞行速度、飞行高度和飞行方向的能力，是战斗机重要战术性能指标。机动飞行包括常规机动和非常规机动飞行两种。随着技术发展，空中格斗的多样性和复杂性日增，特别强调飞机具有较强的瞬时机动能力；要求现代高性能战斗机不仅能作常规机动，还必须具备一定的非常规机动能力。

为提高战斗机的非常规机动能力，在设计上应做如下考虑：

①飞机应具有足够的俯仰、偏航和滚转操纵能力，能在机动过程中保持很高的操纵效率，为此，需采用先进的辅助控制系统，如推力矢量技术；

②飞机应具有极好的大迎角稳定性，为此，需采用闭环控制系统和先进的气动布局；

③应选用高性能发动机，要求发动机的推重比高、耗油率低，并保证在过失速机动中能够正常工作；

④飞机能在需要时产生较大的线加速度和角加速度，即飞机具有良好的敏捷性。

6.2.3.3　武器装载布置

机载武器的品种很多，将这些武器合理地装载到飞机上，是军用飞机设计的重要工作之一。根据布置形式的不同，武器装载分为内装式和外挂式两种，各自都有优点和不足。关于机载武器的装载见本书 5.4.4 节。

6.2.3.4　战勤保障性设计

军用飞机战备或战时的技术性保障措施统称为战勤保障。战勤保障性反映了军用飞机战勤保障的手段以及方便快捷程度，是军用飞机完成作战和训练任务的条件和基础，也是衡量作战和训练效能好坏的重要指标。

战勤保障性设计内容主要是前面介绍的"五性"以及环境适应性，除了这些内容之外，还包括了运输性、再次出动准备等方面的内容。

战勤保障性设计，需要设计人员对战勤保障过程与特点有确切了解。战勤保障性设计与其他性能、技术要求以及经济性要求密切相关，有时会产生矛盾，需要进行设计权衡。

6.2.4　民用飞机设计

民用飞机设计除了遵循普适内容与要求之外，也有一些特殊的设计内容与要求。现代民用飞机在设计中，尤其强调安全性、环保性、经济性和舒适性。

6.2.4.1　安全性设计

（1）民航飞机的安全等级

适航性可以接受的民机安全等级一般分为4级，见表6−5。

表 6−5　民用飞机的安全等级

安全等级	事故性质	允许概率	后　　果
IV类	轻微故障	$(10^{-2} \sim 10^{-3})$/h	使用限制，改变飞行计划，应急程序； 对乘客造成不便，但无伤害
III类	重大故障	$(10^{-5} \sim 10^{-7})$/h	安全裕度明显降低； 对机组人员造成困难； 乘客轻度受伤害
II类	危险性故障	$(10^{-7} \sim 10^{-9})$/h	安全裕度较大降低； 机组人员不可能完全或准确完成任务； 严重伤害，少数乘员死亡
I类	灾难性故障	$<10^{-9}$/h	多人死亡； 通常飞机完全损坏

（2）安全等级控制要求

安全等级控制涉及四个主要方面：结构完整性、系统完整性、使用完整性和抗坠毁性。其中，前三项内容是为了避免事故，最后一项提供事故发生后生存的可能。

结构完整性是对飞机载荷与强度、气动弹性与刚度、结构动力以及疲劳强度的要求。系统完整性是对机载系统和设备的可靠性、失效模式和效应分析、发动机限制和卫生管理等方面的要求。使用完整性是对飞行速度和性能、控制、飞行品质、飞行员工作负荷的要求。抗坠毁性是对客舱设计、应急撤离、坠毁情况的要求。

前三项需要经过结构试验、系统试验和飞行试验进行验证，抗坠毁性需要进行模拟验证，完成这些试验、验证后方可取得适航证书。

（3）抗坠毁性设计

抗坠毁性设计的目标是为乘客提供一个保护性屏障。增压圆柱形机身上的承力蒙皮，在飞行状态有足够强度来实现上述保护，但在飞机坠撞时，会沿整个机身产生巨大的弯曲载荷，进而使机身壳体因剪切作用而发生断裂。民机的抗坠毁性设计，除了增强飞机结构强度之外，还要在座位布置、吸能座椅、行李固定、逃生设备、阻燃阻烟等方面做详尽考虑，通过采取综合措施，以提高坠毁发生时旅客的生存希望。

（4）应急出口设计

当飞机发生坠撞时，必须保证乘客能够安全而迅速地撤离。相应设计准则有：所有乘员使用正常随机应急设备，能在90s或更短时间内撤离飞机；应急出口必须布置在机身两侧，用于服务的舱门（如厨房、卫生间等）也可当作应急出口；设计师在项目初期就要规划这些出口的数量、位置和尺寸；为保证逃生通道畅通，必须在应急出口附近提供更大的空间。

6.2.4.2 环保性设计

"绿色航空"理念早已被世界航空界广泛接受，飞机的环保性设计愈加受到重视。

减少污染排放是环保性设计的首要内容。飞机污染物中的二氧化碳和氮氧化物，主要来自发动机尾气，因此，减排的主要措施是使用低污染排放的发动机。

噪声控制是环保性设计的重要内容。发动机是最主要的噪声源，为了降低发动机噪声，应采用低噪声发动机，精心设计进气道型面。机体噪声主要来自于操纵面、暴露在气流中的凸出物（如起落架、减速装置）等，研究表明，襟翼设计对于降低机体噪声非常重要，应对这些部位精心设计。

6.2.4.3 经济性设计

民航客机的总成本包括直接使用成本（DOC）和间接使用成本（IOC），两者都与飞机设计密切相关。为了提高飞机的经济性，一要降低飞机油耗，二要降低飞机价格，三要降低飞机维护费用。在降低油耗方面，可选用低阻力的气动布局和大涵道比发动机，并减轻飞机结构和设备重量；在降低飞机价格方面，应尽量采用成熟技术和货架产品，提高零部件和子系统的通用性；在降低维护费用方面，应提高飞机结构和设备的寿命与可靠性，改善飞机的维修性。

6.2.4.4 舒适性设计

旅客的舒适性感受主要来自于情感、健康和乘坐空间等方面。舒适性设计涉及以下方面：机身内部形状、尺寸及舱内布置，降噪、隔声设计，机翼载荷（简称翼载）、展弦比、后掠角等参数选择，环境控制系统设计，卫生、生活、娱乐设施的布局和设计等。

提高舒适性会增加飞机的重量和成本，但是舒适性却是乘客十分看重的乘坐品质。因此，应根据目标客户的定位，综合考虑舒适性和经济性因素，提高飞机的市场竞争力。

6.3 航空制造

任何航空器都是"制造"出来的，航空制造是航空事业发展的基础。航空器由低空、低速向高空、高速发展，航空制造也由低级向高级、由简单向复杂、由一般机械制造向高、精、尖制造的方向发展。航空制造几乎囊括人类迄今发明的所有制造技术。

本节介绍航空制造的作用与地位，航空制造过程及特点，重要的航空制造技术，以及现代航空制造工程的相关知识。

6.3.1 概述

航空制造是根据设计要求将原材料加工、组装成航空器的工业活动。航空制造可以指代一个产业，即专门从事航空成套技术装备加工、生产的产业；也可以指代一类技术，即用作航空器加工、装配、生产等的技术；还可以指代一类工程，即航空制造工程。现代航空制造是装备制造业中最复杂、覆盖技术门类最多的一个领域，往往代表了一个国家相应时期制造业的先进水平。

6.3.1.1 航空制造的作用与地位

航空制造在航空工业乃至国民经济中的作用与地位，主要体现在以下几个方面。

（1）航空制造是设计思想的物化手段

航空器设计方案主要是思维活动的结晶，而将思想成果变成物理实体，必须通过一定手段来完成，这个手段便是航空制造。离开了物化手段，再好的设想、再好的设计也只能是"纸上谈兵"。

（2）航空制造是航空事业发展的技术基础

航空器更新换代总是伴随着新材料、新结构、新工艺、新技术的重大突破，航空器的发展不断促进制造技术的发展，制造技术的发展又为航空器发展提供了新的基础和保障。航空制造是航空事业发展的技术基础。

（3）航空制造是提高航空器性能的重要途径

航空器有着近乎苛刻的重量要求、精度要求、质量要求、可靠性及安全性要求，先进制造技术是满足这些要求、提高航空器性能的重要途径（见图 6-12）。历史上，因制造技术"拖后腿"而牺牲航空器性能的例子并不鲜见，因制造技术突破而使航空器性能提升的例子，更是不胜枚举。

图 6-12　C919 的总装车间

（4）航空制造是缩短研制周期、降低成本的重要手段

制造是航空器研发过程中的一个核心环节，其技术运用、工程管理、工艺选择等都将直接影响研发周期和成本，世界各国的发展经验表明，采用先进的制造技术、科学的组织管理、合理的工艺流程，是缩短航空器研制周期、降低成本的重要手段。

（5）航空制造能产生巨大的产业拉动与技术扩散效应

航空制造业历来是一个先进制造技术集中的领域，往往代表一个国家最高制造水平，它在国民经济大系统中能产生巨大的产业拉动效应和技术扩散效应，有时这两种效应所产生的价值，超过了其在航空产业链中的价值。

6.3.1.2　航空制造过程

传统的航空制造过程需要经过毛坯制作、零件加工、装配、试验测试等阶段。复合材料技术和增材制造技术正在改变这一过程。以下，以飞机机体为例，简析传统的航空制造过程。

（1）毛坯制作

毛坯制作是机体制造的首道工序，指采用铸造、锻造、板材落料、焊接等方法，将原料制作成零件毛坯的过程。航空零件的毛坯制作比其他行业要求更高，需要采用先进制坯技术和大型专用加工设备，例如，等温锻造、粉末冶金热等静压成形、精密锻造、精密铸造、精密钣金成形、近净成形和超塑性成形/扩散连接等精密制坯技术。

（2）零件加工

零件加工是将毛坯加工成零件的过程，有机械加工、压制成形和非金属加工等方式。机械加工包括常规加工（如车、铣、刨、磨、镗、钻、铆等）和特种加工（如电解、电脉冲、电火花等电加工，化学铣削，激光束、电子束、离子束和高压水束等高能束加工等）；压制成形又称钣金加工，是将板材、型材和管材经拉、压、弯、扭等方法加工成蒙皮、翼肋和隔框等零件的过程；非金属加工包括橡胶零件塑造，有机玻璃切割，复合材料构件成形、切割等。金属零件加工后还需要进行热处理和表面处理。

（3）装配

装配是将加工好的零件组装成构件、部件直至整机的过程，分为构件装配、部件装配和总装配等工序。构件装配是将一组零件装配成比较简单的构件，如翼梁、翼肋、隔框等；部件装配是将一组零件和构件装配成比较复杂的部件，如机翼、垂尾、平尾、机头、机身前段、机身中段、机身后段等；总装配是将所有部件（包括电子与电气部件）组装成整架飞机的过程，总装配有时也分为初装和总装两道工序。

（4）试验测试

加工好的零件，完成装配的构件、部件、整机，均需要进行相关的试验测试，以评定产品质量和功能特性是否符合设计要求。整架飞机装配完毕后，需进行各种地面和空中试验，试验合格的飞机方可出厂交付。新研飞机还要经过严格的静力破坏试验，以及试飞前全机各系统的地面试验和检查。

发动机制造过程与飞机机体制造相近，由于发动机的工作环境特殊、性能要求高，其制造难度甚至超过了飞机机体，其中，能长时间在高温、高速旋转条件下工作的盘件制造尤为关键，涉及大量热加工与特种加工技术。

航空制造中还涉及大量电子与电气制造、装配与试验工作。一般过程为：选配元器件，组装电路板，组装设备单元，进行封装或加固处理，组装成设备或分系统，然后进行系统性能调试或测试。

6.3.1.3　航空制造的特点

与一般机械制造相比，航空制造是高技术密集的特殊领域。其主要特点如下。

（1）技术门类众多，对新技术需求旺盛

由于航空器零组件数量极大（可达数百万之巨），种类多，形状复杂，且精度、质量、可靠性、协调关系要求高，因而需要各种形式的制造技术（见表 6-6）。更重

表 6—6　航空制造技术门类

技术门类	具体技术
数字化设计与制造	飞机制造数字测量
	数字化预装配技术
	柔性集成制造与并行工程
	资源管理技术
	飞机构型定义控制与制造
	飞机结构件与工艺装备数字化
	产品数据管理
	数字化设计工艺与检测
飞机装配	准直校准技术
	工装与夹具技术
	装配测量技术
	装配连接技术
	装配定位技术
	尺寸传递技术
	工艺分离面划分技术
机械加工	增材制造技术
	传统机械加工
	高速数控加工
	修配技术
复合材料构件制造	纤维增强技术
	纤维束铺放、编织与缝合
	树脂膜渗透与浸渍成形
	树脂转移成形
	蜂窝结构成形技术
	过程控制技术
	热压成形
功能结构件	透波结构制造
	雷达隐身结构制造
非金属材料成形	模塑成形
	热模灌注成形
	塑压成形
特种加工	高压水射流加工
	磨粒流加工
	电加工
	高能束加工
电气互连制造	高密度组装
	二维与三维集成
	表面贴装
	厚膜技术
	薄膜技术
表面工程	镀膜技术
	涂层技术
	表面改性技术
检测技术	无损检测技术
	表面质量检测技术
	形位检测技术
超精密加工	光刻精密制造技术
	三微制造技术
	超精密加工技术
样机制造	三级样机制造技术
	二级样机制造技术
	一级样机制造技术
热加工及精密成形	金属处理技术
	模压成形技术
	锻造技术
	铸造技术
	精密钣金成形技术
连接	焊接技术
	胶结技术
	螺栓连接技术
	铆接技术
工艺装备	

要的是，航空制造对先进制造技术有着旺盛和持续的内在需求，往往是各种新型制造技术的策源地和"试验田"。

（2）装配流程长、规模大、耗时多，装配一致性要求高

航空制造中装配连接和安装的工作量极大。例如，制造一架高性能战斗机，其中铆接装配的工作量占总工时的 35%、焊接装配约占 7%，仪表和机载设备安装约占 12%，总计装配和安装约占总工时的 54%，而一般工业产品装配和安装工作量仅占总工时的 20% 左右。由于飞机上很多零件和部件尺寸大，装配对接时必须依靠装配型架，或者基于数字化测量定位的自动化对接系统，以保证装配位置正确和装配质量一致（见图 6—13）。

图 6—13　波音 787 机翼与机身装配对接

（3）生产准备特殊而重要，工艺装备大而精，工艺流程要求严格

航空器制造需要大量模线、样板、模具、型架等工艺装备，工装制造是生产准备的主要任务，直接影响到航空器生产质量、成本和周期，工装制造工作量一般占产品制造总工作量的 25%。航空制造必须制定和执行极为严格的工艺规程，工艺纪律和管理明显严于一般机械制造业。

（4）航空制造需要高度柔性和应变能力，生产过程对自动化需求强烈

航空制造既不同于航天产品的科研化、单数量模式，又不同于规模化流程性生产模式，是典型的多品种、小批量、个性化、变批量生产模式，具有改进改型多、更新换代快的特点，这就要求生产制造具有高度的柔性和应变能力，且具有强烈的自动化需求。

（5）航空构件制造要求特殊，需采用特殊技术手段

由于航空器的构件外表曲面尺寸大，精度要求高，需要用成套的模线样板系统来保证其准确度、一致性和互换性。一架飞机在批生产中使用的样板数量多达几万件。现代航空制造中，使用数学模型和数字量传递的设计制造一体化技术，已可替代传统的模拟量传递方式，取代所用的模线样板。

6.3.2 航空制造关键技术

航空制造技术，按照制造对象不同，可分为机体制造、发动机制造、机载设备制造三大类，以及支持产品制造的工艺装备制造。

6.3.2.1 机体制造技术

随着航空技术发展，航空器的结构和功能越来越复杂，相应地，航空器机体制造技术也越来越复杂。现代航空器机体制造的关键技术主要包括以下内容。

（1）先进复合材料结构制造技术

复合材料构件已经广泛用于军民用飞机上，以结构重量计，F-35 的复合材料用量为 36%，波音 787 和空客 A350 的用量超过 50%。其中，碳纤维增强树脂基复合材料构件，已经从非承力构件扩展到主承力构件。

20 世纪 60 年代，复合材料结构件加工主要靠手工剪裁、铺叠。80 年代出现了数控下料机、数控铺叠机、数控缠绕机和在线自动检测设备。目前，自动铺带和自动丝束铺放已用于大型机翼蒙皮、翼梁、机身壁板、框等主承力构件的整体成形，成为复合材料构件的标准制造技术。树脂转移成形（RTM）技术，因可节省纤维预浸、运输、保管费用，成为广为使用的复合材料低成本制造技术。RTM 将干的碳纤维带预先铺在模具内，然后，在一定温度和压力下向模具内注入树脂，最后将模具放在热压罐内使零件固化。在此基础上施以真空工艺条件的辅助树脂转移成形（VARTM）可获得更高的可重复性和精度。俄罗斯 MS-21 客机机翼主承力结构制造采用 VARTM 技术，成为复合材料制造的一个里程碑（见图 6-14）。

图 6-14 MS-21 机翼验证件

（2）大型金属整体结构件制造技术

现代飞机主承力构件如机翼、机身壁板和大梁、油箱、加强框等，广泛采用整体金属结构。与传统铝合金铆接结构相比，其结构效率提高 3 倍，抗疲劳能力提高 4～6 倍。金属整体结构件制造技术是现代航空制造中的关键技术之一。

金属整体构件制造技术包括制坯、超塑性成形/扩散连接、精密铸造、高速高效数控加工，以及化学铣削和焊接等技术。其中，精密铸造技术可使大型钛合金和铝合金结构铸件达到近无余量成形，是轻量化、精确化、长寿命、低成本产品发展的重要技术基础；采用更多的整体构件，以铸代焊、代锻、代组装，可提高最终产品的结构完整性和性能；高速高效数控加工广泛用于起落架、框、梁以及大型蒙皮内表面的铣削；化学铣削加工费用低，加工精度高，无需数控机床和切削工具，特别适用于钣金件减重以及双曲度蒙皮壁板的制造。

（3）钣金件制造技术

在航空零件中钣金件极多，据统计，战斗机超过 1 万件，轰炸机超过 4 万件，大型运输机则在 6 万件以上，占整机零件数的 40%，加工工时占全机总工时的 10%。精密钣金件制造是机体制造的关键技术之一，它包括镜面蒙皮成形、壁板喷丸成形、钛合金钣金精密成形、橡皮囊液压成形、落压成形及数控柔性制造技术等。

喷丸成形是目前最适合机翼和机身整体壁板成形的方法，它利用高速运行的球形弹丸撞击板坯表面使其形状发生改变。其优点是：不受零件长度限制，可以成形其他方法无法加工的复杂曲面，可以提高工件的抗疲劳强度和抗应力腐蚀性能。喷丸成形过程已实现计算机控制，并成为现代航空制造中的一项标志性技术。

（4）连接与装配技术

航空制造中装配连接和装配的工作量极大，连接与装配技术分为机械连接、胶结、铆接、机器人钻铆和自动钻铆装配等。随着胶结、焊接、整体结构及复合材料结构的发展，机械连接呈减少趋势。

目前，装配生产中大量采用先进数字化工艺规划、虚拟装配、在线测量、定位及监控技术，以及移动装配流水线等技术。大型客机机身壁板钻孔突破了传统工作站模式，运用精益制造理念和机器人钻孔技术构建起柔性脉动装配线，消除了因壁板尺寸不同而造成的等待时间，提高了装配效率。图 6-15 为空客 A350 机身壁板脉动装配线。

利用自动化装配技术，可实现总装过程中大部件的钻孔、定位、连接、测量和对接装配自动化。通过使用激光跟踪仪，以及面向跟踪仪设计制造的柔性、自动对接平台，可大大减少所需工装数量，显著缩短装配时间。

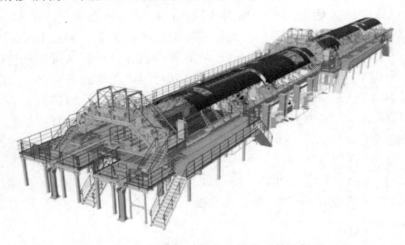

图 6-15　空客 A350 机身壁板脉动装配线

6.3.2.2 发动机制造技术

航空发动机在高温、高压、高速旋转的工作环境下工作，对结构的强度、耐高温、抗腐蚀、抗疲劳和可靠性等性能要求更加苛刻。因此，发动机的制造难度要比飞机机体更大，对精度和质量的要求更高。高性能发动机采用大量新材料和新结构，如宽弦空心叶片、整体叶盘、整体叶环等，这些新材料和新结构零部件用传统制造技术难以制造，必须采用先进制造技术和独特的解决方案（见图 6-16）。

图 6-16 "遄达"XWB 发动机风扇叶片

（1）精密制坯技术

精密制坯（又称近净成形）技术广泛用于发动机零件毛坯制备，与普通制坯技术相比，不但材料利用率高、加工量小、加工时间短，而且力学性能得到显著提高。精密制坯技术主要有：叶片定向凝固和单晶精密铸造、精密锻造、粉末冶金热等静压制坯、精密辊轧技术等。

（2）特种加工技术

主要指以高能束为代表的特种加工技术，包括：①激光加工，用于在耐热合金、复合材料、陶瓷结构上加工精密小孔、切割和焊接等；②电子束和离子束加工，通过电子束透镜产生的电子束或利用高能离子束流进行制孔、切割、焊接和喷涂；③电加工，包含电解切割、电解磨削等电化学加工，以及电火花切割等电热加工技术；④磨粒流加工，利用高分子硅树脂聚合物磨粒在高压下对工件进行研磨抛光，用于整体叶轮叶型、轮盘榫槽、齿轮型面、模具型腔、交叉孔道的内表面抛光、去毛刺等。

（3）先进焊接技术

焊接技术是航空发动机制造中的主要连接技术，运用先进焊接技术制成的先进焊接结构，可以显著提高发动机性能、寿命和可靠性，并减轻发动机的重量。目前用于发动机制造的先进焊接技术包括电子束焊接、真空钎焊、扩散连接、惯性摩擦焊接、线性摩擦焊接等。

（4）表面工程

是指利用等离子喷涂、离子注入、喷丸强化、激光表面合金化、挤压强化、物理气相沉积、渗金属，以及常规热表面处理等技术，来改善零件表面抗高温、抗腐蚀、抗磨损、抗疲劳断裂等性能的工艺方法。

（5）复合材料制造技术

碳纤维增强树脂基复合材料、金属基复合材料、陶瓷基复合材料（CMC）越来越多地用于航空发动机。GE 公司多款发动机的风扇叶片、外涵机匣等部件采用了自动丝束铺放、三维 RTM、纤维缠绕和树脂浸渍成形等技术。

6.3.2.3 机载设备制造技术

随着航空器性能的提升和电子信息技术的飞速发展，促使航电、机电、飞控等机载设备日新月异。为满足快速发展的机载设备制备要求，越来越多的先进技术被用于机载设备的制造当中。

（1）微电子制造

主要包括化学气相沉积、光刻、刻蚀等工艺技术，以适应超大规模集成电路、专用集成电路等制备需要，它是实现机载电子设备集成化、小型化的基础技术。

（2）超精密加工与微细加工

主要包括超精密切削、磨削和镜面磨削、超精密抛光、复合超精密加工和超微细光刻等，其加工精度正从亚微米向毫微米级迈进，是新型传感器和惯性导航等系统小型化的基础技术。

（3）高密度组装

高密度组装是指采用低温共烧陶瓷（LTCC）基板技术、多芯片组件技术、系统级封装技术（如穿透硅通孔工艺、凸点工艺、倒装键合工艺等）及高功率器件散热技术（如热凸点、热散平面、纳米通道等）等，实现器件级集成与封装，以形成各类多芯片组件和微系统（如雷达收发组件等）。

6.3.2.4 航空工艺装备

航空工艺装备是各类航空制造工艺中所必需的辅助性装备的总称，它是航空制造，特别是机体制造的基础与关键。

航空工艺装备主要包括：①成形设备，如复合材料构件自动铺放机床、数控喷丸成形设备、热隔膜成形设备、单晶铸造设备、热压罐等；②加工与焊接设备，如水射流切割机床、激光冲击强化设备、电子束增材制造机床、搅拌摩擦焊设备、线性摩擦焊设备等；③装配设备，如自动钻铆设备、大型电磁铆接机床、基于数字化测量的自动对接系统、无人导向车等；④其他各类工装，如复合材料制造工装、多点柔性定位工装、模块化装配工装、大型装配型架与模具等。

6.3.2.5 基于模型定义的三维数字化制造技术

航空器的数字化研制生产已经进入基于模型的定义（model based definition，MBD）时代。MBD 的三维数字化制造技术，使用一个集成化的三维数字化实体模型表达完整的产品定义信息，成为制造过程中的唯一依据。

采用 MBD 技术，构建起一个完整的三维数字化制造技术应用体系（见图 6-17）。MBD 的数字化制造技术，实现了全机 100% 的三维数字化产品定义、数字化预装配、数字化工装设计，同时使三维工艺设计及三维数据可视化应用成为现实。

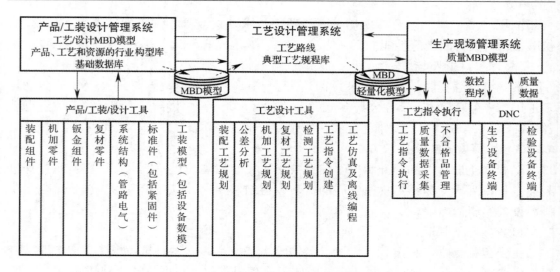

图 6-17　MBD 的三维数字化制造技术应用体系

MBD 的三维数字化制造技术包含了一系列应用技术，主要有：MBD 的数字化协调产品定义，MBD 的工艺设计、装配工艺规划、数字化检验与质量控制、工艺装备设计，三维数据组织管理，三维数字化工艺集成应用，MBD 的数字化制造流程等。

6.3.3　现代航空制造工程

自 20 世纪中叶以来，工业领域出现了多种新的制造工程模式，从根本上改变了传统制造工程的面貌，并催生出现代制造工程体系（见图 6-18）。在众多现代制造工程与管理模式中，与航空工业关系最密切的有：计算机集成制造（CIM）、精益制造（LM）、敏捷制造（AM）、快速响应制造（RRM）、虚拟制造（VM）、智能制造（IM）以及制造成熟度（MRL）管理等。

6.3.3.1　计算机集成制造系统

计算机集成制造系统（computer integrated manufacturing system，CIMS），又称现代集成制造系统，是在计算机信息技术、柔性自动化技术和先进制造技术的基础上，通过计算机把企业生产运营全过程中所有环节有机集成起来，而形成的计算机集成控制的柔性自动化制造系统。高度信息化与集成化是 CIMS 的显著特征。

信息化——企业从设计、制造、管理等产品全寿命周期的各个阶段实现数字化、虚拟化和网络化。通过信息集成、过程及资源优化，实现物流、信息流、价值流的优化运行，从而提高企业的市场应变能力和竞争能力。

集成化——包括信息集成、过程集成和企业集成，它反映了自动化的广度，即把制造工程系统自动化控制的空间扩展到市场、产品开发、产品设计、加工制造、质量检验、市场销售、售后服务等制造企业运营的全过程。

6.3.3.2　精益制造

精益制造（lean manufacturing，LM）源于日本丰田公司的一种管理哲学和生产模式。20 世纪末，波音、洛克希德－马丁、空客等公司将其引进到飞机的总装或部装生产线中，将传统的批量装配生产方式变革为单件流生产方式，采用移动式生产线，大大缩短了飞机总装时间，降低了制造成本，提高了装配质量（见图6-19）。

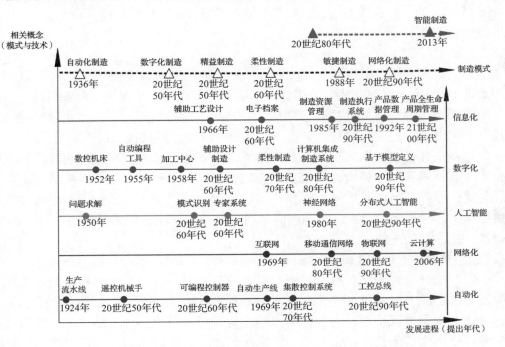

图6-18 制造技术相关概念与实践的发展沿革

图6-19 波音737移动生产线

LM的主要特征是：面向用户，以人为中心，以精简生产过程为手段，以产品零缺陷、低成本为最终目标。LM追求的是尽善尽美地生产出用户满意的产品，实现零库存，最大限度地减少在制品和不产生附加值的环节，使制造资源得到合理配置和有效利用，以获取最大经济效益。

具体做法是：将流水作业和分散工序生产方式改为建立独立完成生产任务的综合工作组，并赋予它充分的权力和自由度，最大限度地发挥每个人的创造性和积极性。管理层只要求工作组按质、按量、按期和按成本要求交出合格的产品，一切工作由工作组自主管理。

6.3.3.3　敏捷制造

敏捷制造（agile manufacturing，AM）源自美国国防部支持的一项研究计划。该计划始于1991年，有100多家公司参加，历时3年研究，提出了一种新的生产方式。

敏捷制造是通过建立共同基础结构，对迅速改变的市场需求做出快速响应的一种模式。其突出优势是，比起其他制造方式具有更灵敏、更快捷的反应能力。

敏捷制造体系包含三大要素：高度柔性的生产技术、以"虚拟公司"为代表的管理技术、有技术有知识的人力资源。敏捷制造具有如下特点：最大限度地调动、发挥人的作用；建立新型的标准基础结构，实现技术、管理和人才的集成；采用多变的动态组织结构，在产品的全寿命周期内满足用户要求，获取长期收益。

6.3.3.4　快速响应制造

快速响应制造（rapid response manufacturing，RRM）是针对市场需求，以最快的速度实现产品开发，并在获取制造资源信息的基础上，迅速产生相应的制造工艺和实施敏捷化生产，力求以最少的时间和成本提供高质量的产品所涉及的技术和方法。

快速响应制造以快速、可变和动态响应为目标，以数字化、集成化、模块化、柔性化和敏捷化为基本技术特征。其中，快速指缩短研制周期和减少返工的新产品的快速开发技术、快速工艺准备技术、快速低成本制造技术、快速检测技术等。可变和动态响应指增强新产品研发的柔性，柔性包含两个内容：一是系统适应外部需求变化的能力，即可变性；二是系统适应内、外环境变化和各种干扰的能力，即动态响应能力。

6.3.3.5　虚拟制造

虚拟制造（virtual manufacturing，VM）是以虚拟现实和仿真技术为基础，对产品的设计、生产过程统一建模，在计算机上实现产品从设计、加工到装配、检验、使用等整个生命周期的模拟和仿真过程。

虚拟制造综合运用仿真、建模、虚拟现实等技术，提供三维可视交互环境，对从产品概念产生、设计到制造全过程模拟现实，以期在真实制造之前，预估产品的功能和可制造性，获取产品的实现方法，从而大大缩短产品上市时间，降低产品设计和制造成本。目前，美欧和我国的先进航空制造企业均已广泛实施虚拟制造技术，并将其应用范围逐步扩展至整个企业各运行环节。

6.3.3.6　制造成熟度（MRL）管理

对于航空制造中的技术和制造风险，过去没有科学的、统一的衡量和管理方式，20世纪80年代，美国航空航天局提出了度量技术风险的工具——技术成熟度（TRL），后来，美国国防部又在TRL基础上提出了度量制造风险的工具——制造成熟度（MRL）。2007年，美国国防部颁布了《制造成熟度等级指南》，制造成熟度被正式用于美军项目采办管理。

制造成熟度着眼于制造系统实现最终目标的能力，在多个维度上对制造风险进行综合衡量，统一了描述制造风险的语言，成为监控并降低制造风险的管理工具。MRL 的划分与 TRL 大致相同，可参阅本书第 6.1.2.3 节及表 6-2。

6.3.4 航空制造的发展热点

进入 21 世纪以来，航空制造模式不断出新，先进技术大量涌现，其中，以非热压罐技术为代表的复合材料结构制造、以 3D 打印为代表的增材制造、以微机电系统（MEMS）为代表的极端制造和方兴未艾的智能制造为核心支撑，衍生出一系列航空制造的发展热点。

6.3.4.1 复合材料结构制造将获得更大的发展

超材料技术的出现，将使复合材料高性能结构、热结构、超轻结构及自适应结构等获得新的发展。传统的复合材料热压罐固化方法，因成本高、周期长、能耗大正逐步被非热压罐固化方法所取代。随着纤维缠绕、纤维编织、干纤维液体成形等技术日臻成熟，预浸料模压成形、微波固化、激光固化、复合材料增材制造等新技术的诞生，加之常温固化树脂体系、自加热工装等不断取得新的突破，将使低成本、高效率的复合材料结构件制造成为可能，进而使复合材料结构制造获得更大的发展。

6.3.4.2 增材制造展现出诱人的应用前景

增材制造（AM）技术是采用材料逐渐累加的方法制造实体零件的技术，相对于传统的材料去除——切削加工技术，是一种"自下而上"的制造方法。增材制造具有革命性潜质，能够满足未来航空器对结构件整体化、轻量化的要求，以及特殊零部件快速、精致加工的要求，且工件结构越复杂其加工优势越显著。近年来，国内外已在飞机、发动机的研制生产中应用了该项技术。增材制造技术目前尚有一些问题需要解决，但已展现出十分诱人的发展前景。

6.3.4.3 机器人装备与技术将得到广泛应用

在未来的航空制造中，将更多地应用机器人装备与技术。机器人有着一些自然人无法企及的优势，特别是在装配和喷涂作业中，可以成为高效、安全的标配技术。在进一步更新观念，解决系统设计与系统集成的复杂空间与负载能力限制，以及专用工装与周边设备的配套等问题之后，将迎来航空制造的"机器人时代"。

6.3.4.4 装配技术将跃升到新的水平

未来飞机装配技术将实现自动化钻孔与铆接、数字化测量与控制、模块化装夹与定位、无人化搬运与输送、序列化装配与集成、虚拟化现实仿真等目标。随着未来装配技术的全面推行，将改变现行飞机装配流程，大大提升生产效率，同时也将呈现一条面貌全新的飞机装配生产线。

6.3.4.5 持续攻克极端制造的难关

所谓极端制造，是指在极端条件下制造极端尺寸（极大或极小）或极高功能的器件。其内涵十分丰富，包括极高能量密度、极小时空、极高洁净度、极多参变量的器件制造，以及微细制造、超精密制造、复杂系统制造等。极端制造技术正在快速发展当中，其技术难关正被逐一攻克。极端制造技术将为航空器不断突破飞行边界、性能边界、应用边界，提供有力的技术支撑。

6.3.4.6　智能制造将引领航空制造的未来

智能制造在制造业中的核心作用日益凸显，是制造业转型升级、突破发展的制高点。智能制造以"动态感知、实时分析、自主决策、精准执行"为特征，构成一个不断循环的过程。它包括了网络化、数字化、智能化三个核心要素。其中，网络化是基础，支持价值链集成、跨地域协同和全球化服务；数字化是手段，支持产品模型化、资源可视化、过程透明化；智能化是方向，支持自我判断、自主决策、自行组织和自我维护。

智能制造需要航空工业，航空工业也需要智能制造。当前，美欧先进航空制造企业初步实现了复杂大系统的制造过程智能化。我国航空工业也从自身需求出发，积极开展智能制造单元、智能生产线／装配线、智能工厂的建设。可以期待，智能制造将为航空制造业带来新的发展活力。

6.4　航空材料

任何航空产品都是材料的固化形式。历史经验证明，航空材料是影响航空事业发展的决定性因素之一。航空材料也是材料科学体系中最富有开拓性、发展最快的分支领域。航空器研制不断地向材料科学提出新的课题，各种新材料的出现也给航空器研制提供了新的可能。本节概要介绍航空材料的相关知识。

6.4.1　概述

航空材料是一个不断发展、品种和牌号众多的体系，世界上出现过的航空材料牌号有几千种之多。由于航空器的特殊要求，使得航空材料与一般工程材料相比具有显著的特殊性。航空材料与航空产品一直是在相互推动下不断发展的，"一代材料，一代飞机"正是航空发展史的真实写照。

6.4.1.1　航空材料的概念及分类

航空材料是指用于制造航空产品（包括航空器、航空动力装置、机载系统及设备等）的物质。航空材料是物质，但航空器上的物质并不都是航空材料，例如，燃油就不算作航空材料，只有能固化成航空产品的物质才是航空材料。

航空材料的分类方法见表 6-7。

表 6-7　航空材料的分类方法

分类方式	名称	说明
按组成成分	金属材料	铝合金、钢、镁合金、钛合金、铝锂合金、高温合金等
	非金属材料	玻璃、陶瓷等
	有机材料	有机玻璃、橡胶、工程塑料、涂料、黏结剂、密封剂等
	复合材料	通常指纤维增强复合材料，纤维有玻璃／碳／芳纶／硼纤维等，基体有聚合物（环氧／酚醛等树脂与橡胶弹性基体）基体、金属基体和无机非金属（陶瓷、碳／碳等）基体等

表 6-7（续）

分类方式	名称	说明
按使用性能	结构材料	用于各种受力构件和支撑构件的材料
	功能材料	通过光 / 电 / 磁 / 化学 / 生化等作用后具有特定功能的材料，一般不用于结构件
按使用对象	飞机材料	指构造机体的材料，尤指机身结构件所需材料，主要有金属材料和复合材料
	发动机材料	指构造发动机物理实体的材料，尤指高温高速旋转件所需材料，如各类高温合金
	机载设备材料	指构造机载设备物理实体的材料，尤指电子设备所需功能材料
	机载武器材料	指构造机载武器物理实体的材料，尤指特需的功能材料
按发展形态	传统材料	指按照传统分类方法、具有一定使用性能和使用对象的材料
	新型材料	指突破原有分类，或采用不同制备方法，或具有新特征、新功能的材料。如隐身材料（既是功能材料，也可成为结构材料）、纳米材料、超材料、生物材料、智能材料等

6.4.1.2　航空材料的一般特点

不同用途的航空材料存在着一定差异，但这些差异是共性之下的个性差异，航空材料的共性特点如下：

（1）具有较高的比强度、比刚度和抗疲劳性能

航空工业界有句口号，叫做"为减轻每一克重量而奋斗"，足见重量之于航空器的重要性。材质轻（密度小）是对航空材料的基本要求，由于航空器受力非常复杂，仅材质轻是不够的，还需要材料具有相当高的强度和刚度。

一般用比强度和比刚度来综合衡量航空材料在静载荷条件下的力学性能。

$$比强度 = \sigma / \rho$$
$$比刚度 = E / \rho$$

式中，σ 为材料的强度，E 为材料的弹性模量，ρ 为材料的密度。

航空器不仅受静载荷的作用，许多部件还受交变载荷的反复作用，因此，疲劳性能也成为航空材料重要的力学指标。

（2）耐高温、耐腐蚀、耐老化

发动机部件要在高温环境下工作，温度之高甚至达到了人造机器的极限。许多航空部件都面临着严重的化学腐蚀、应力腐蚀问题。紫外线、风雨侵蚀等将加快非金属材料的老化。因此，为适应严酷的工作环境，耐高温、耐腐蚀、耐老化成为许多航空材料应该具备的特性。

（3）寿命长、安全性好

安全是航空活动的头等大事，因此，寿命长、安全性好就成为航空器重要的选材标准。对于金属材料而言，不但要具有较高的比强度、比刚度，还要有较高的断裂韧

性；对于有机材料而言，要进行一系列自然老化和人工加速老化试验，以确定其寿命保险期；对于复合材料而言，要深入研究其破损模式、寿命和安全性。

（4）具有更高的质量要求

航空产品是技术密集的复杂产品，只有采用质地优良的材料才能制造出安全可靠、性能稳定的航空产品。航空产品又是典型的多样性、小批量产品，这就导致了航空材料多品种、多规格、小批量等特点。因此，相比其他工业材料，对于航空材料的质量要求，如各批次的组分、性能等的一致性，要求更高。

6.4.1.3　航空材料的演变

航空材料大致经历了 5 个发展阶段：

第一阶段，1903—1919 年，飞机结构材料多为木材，飞机蒙皮则采用帆布。

第二阶段，1920—1949 年，出现了以铝合金及钢为主的全金属单翼飞机。

第三阶段，1950—1969 年，钛合金被用作航空材料，使飞机突破声障及热障。

第四阶段，1970 年—21 世纪初，军用飞机上铝、钛、复合材料获得广泛应用；民航飞机仍以铝合金为主，钛合金及复合材料获得应用。

第五阶段，从 21 世纪初起，复合材料的地位日趋重要，在一些先进飞机上其结构重量百分比超过 50%，有"复合材料时代"之说。表 6-8 为 20 世纪 70 年代以来部分飞机材料结构重量百分比的变化情况。

表 6-8　部分战斗机与干线飞机材料结构重量百分比

类别	型号	设计年代	铝合金 /%	钛合金 /%	钢 /%	复合材料 /%	其他 /%
战斗机	F—14	1969	39	24	17	1	19
	F—15	1972	36	27	6	2	29
	F—16	1976	64	3	8	2	23
	F—18E	1978	29	15	14	22	20
	F—22A	1989	16	39	6	25	14
	F—35	2001	19	20	7	31	23
干线飞机	波音 747	1965	81	4	13	1	1
	波音 757	1972	78	6	12	3	1
	波音 767	1972	80	2	14	3	1
	波音 777	1989	70	7	10	10	3
	A320	1990	67	4.5	13.5	15	0
	A380	2000	60	10	4	25	1
	波音 787	2003	20	15	10	50	5
	A350XWB		20	14	7	52	7

在航空材料演变的同时，选材指导思想、选材方法和选材程序也在发生变化。选材指导思想从以力学性能为依据，逐步发展到以综合性能为依据；选材方法从依赖经验和试验的试凑法，过渡到借助计算机模拟的科学、快速选材法；选材程序从无序化选材改进为依靠技术成熟度的有序化选材。

6.4.2　主要结构材料

飞机结构是飞机受力构件和支撑构件的总称，用作飞机结构的材料即为结构材料。飞机结构形式的演进与结构材料的发展相辅相成。一方面，新的结构形式要求新的结构材料与之相适应；另一方面，不断涌现的新材料为结构形式的创新提供了可能。

6.4.2.1　结构材料的选择

结构材料的基本功能是承受结构载荷和保持结构的形状不变。由于飞机不同部位承受的载荷不同，对结构材料的力学性能要求也不一样（见表 6-9）。

表 6-9　飞机主要部位受力情况

结构部位	重要性能要求
上翼面	压缩强度、刚度、损伤容限
下翼面	疲劳、损伤容限、拉伸强度
机身上蒙皮	扭转、疲劳、损伤容限
机身下蒙皮	疲劳、损伤容限、腐蚀
机身桁条	疲劳、压缩强度
机身框架	刚度、疲劳、压缩强度
机翼梁、肋	压缩强度、刚度、损伤容限
平尾上翼面	拉伸强度
平尾下翼面	压缩强度
垂尾	拉伸及压缩强度

概括起来说，结构材料的选材标准主要包括：轻质、高强度、高刚度、高韧性、抗疲劳、低裂纹扩展速率和抗腐蚀等。对复合材料还要求具有优良的湿热性能。

随着先进结构形式的出现，结构材料已从单纯承力向多功能方向发展，许多先进结构需要采用多功能结构材料才能实现（见图 6-20）。

现代飞机的结构材料还要求全寿命期的维修成本低，材料来源广，便于加工制造，"绿色"环保，以及退役后便于无害化处理等。

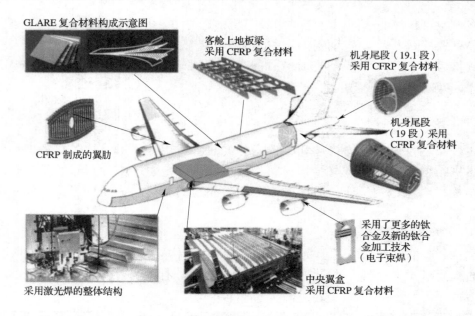

图 6—20　A380 结构选材示意图

6.4.2.2　常用结构材料及其特点

（1）铝合金

铝合金除了保持纯铝的优点（密度小、塑性高、抗腐蚀、导热及导电性好）外，还具有较高的比强度、比刚度和良好的力学性能、工艺性能。大多数铝合金都易进行切削、压力加工成形。铸造铝合金则可用砂型、金属型、压力铸造等方法成形。由于铝合金所具备的这些优点，所以一直是飞机的主要结构材料。

（2）钛合金

钛的密度小，但其强度却接近于钢。钛合金因具有比强度高、耐蚀性好、耐热性高等特点，被广泛用作飞机及发动机的结构材料。钛合金的主要缺点是加工成形困难，成本较高。

（3）合金钢

各种类型的合金钢在结构材料中占有重要地位。结构钢具有较高的比强度，性能稳定、工艺简单、成本低廉，适合制造承受大载荷的接头、起落架和主梁等构件。发动机中的很多零件用高强度钢或渗碳钢制造。不锈钢具有良好的抗腐蚀性能和综合力学性能，适合制造多种航空零件。

（4）镁合金

在现有工程用金属中，镁合金的密度最小，虽然镁合金的强度、弹性模量比铝合金、合金钢低，但其比强度、比弹性模量却大致相同。故用镁合金制造刚性好的零件十分适宜。镁合金具有良好的机械加工性，多用于非主要受力构件。另外，镁合金对石油和碱类物质有抗腐蚀性，可用作油管、油箱等。

（5）复合材料

复合材料是由两种或多种材料复合而成的多相材料。复合材料的密度低，强度和刚度高，抗疲劳性能和减振性能较好，而且可以对其进行力学性能设计，因而在航空器上采用得越来越多（见表 6-10）。复合材料中起增强作用的材料称为增强体，起黏结作用的材料称为基体。增强体材料主要有碳纤维、石墨纤维、玻璃纤维、芳纶纤维、硼纤维等高强度纤维；基体材料分为聚合物基体、金属基体和无机非金属基体。聚合物基体碳纤维增强复合材料在航空器制造中应用扩展最快，金属基、陶瓷基复合材料在热部件中使用潜力巨大。

表 6-10　几种飞机的复合材料应用

飞机型号	复合材料用量 /%	应用部位
"阵风"	40	机翼、尾翼、机身
JAS.39	30	前机身、机翼、尾翼、口盖
"台风"	50	机翼、机身、垂尾、平尾
B-2	50	机身、外翼段、机翼前缘
F-22	25	机身蒙皮、机翼蒙皮、尾翼
F-35	31	机身、机翼、尾翼、进气道
A380	25	中央翼盒
波音 787	50	机翼、机身、尾翼

6.4.2.3　发展中的结构材料

（1）金属材料

尽管不同航空器在结构选材上差异较大，但总的来看，经过长期考验和不断改进的金属材料仍占重要地位。在现代飞机上，铝占 20% ~ 60%，钛占 10% ~ 40%；无论什么样的航空器，钢总是不可缺少的，而高温合金仍是动力装置材料的主流。

在铝合金方面，近年开发出 7055、7150、7085、2524 等一批高强、高韧、耐蚀合金。F-35 采用 7085 隔框大锻件，F-22 采用 7050 起落架舱门。在钛合金方面，近年开发出 Ti-1023、β21S、Ti-6222、Ti-55531 等高强、高韧合金。在合金钢方面，出现了 AerMet100 超高强度钢。在高温合金方面，出现了第五代单晶合金及第三代粉末盘合金。

（2）聚合物基复合材料

根据美国国防部关于结构材料性能的预测，金属材料性能已接近极限，上升空间有限；聚合物基复合材料在强度、韧度、刚度、密度、环境抗力和耐高温增量六个方面，均有很大的提升空间，是最具发展潜力的结构材料。

（3）纤维金属层合板

纤维金属层合板也是一种发展中的复合材料，它是一种层间混杂复合材料纤维的金属板。第一代是用芳纶纤维增强的铝合金层板（ARALL），第二代是用玻璃纤维增强的铝合金层板（Glare），第三代是用碳纤维增强的铝合金层板（CRALL），第四代是用石墨纤维增强的钛合金层板（TiGr）。层板的应用可取得显著的减重效果，同时其对疲劳不敏感，易维护，强度也在不断提高，具有良好的应用前景。

（4）铝锂合金

铝锂合金由于比强度、比刚度高，自 20 世纪 70 年代起一直被寄予厚望，虽经起落，仍在发展和持续改进中。第一、二代铝锂合金已先后停用。针对其厚度方向上断裂韧性差、在应力作用下易剥落及分层，以及制造成本较高等弱点，所开发的第三代铝锂合金，仍被视为未来项目的优选结构材料之一。

6.4.3　主要功能材料

随着航空技术的发展，一些作用巧妙、功能特殊的材料被应用到航空器上，这些材料主要不是用来制造结构件，而是基于它们的特殊功能来提高航空器某项性能的。现代航空器的许多重要性能，非功能材料而力所不逮。

6.4.3.1　航空功能材料的概念与类别

（1）航空功能材料的概念

在航空材料中，具有特殊物理性能、化学性能和生物性能，并且用于非结构件的一类材料称为航空功能材料。这类材料能将光、声、磁、压力、位移、角度、加速度、化学过程、生化过程转化为电信号，或将某一性质的能量转化为另一种性质的能量，或按预定目的和要求将多种能量转化集成在一个整体材料上，从而实现对能量和信号的传感、转换、传送、储存、控制、处理、集成和显示等。

（2）航空功能材料的类别

用于航空器的功能材料品种繁多，按照其化学组成可分为金属功能材料、无机非金属功能材料、晶体功能材料、高分子功能材料和复合功能材料等；按照其应用方向，有电子材料、信息材料、敏感材料、隐身材料和结构材料等。

6.4.3.2　发展中的功能材料

（1）航空功能材料的特点

航空功能材料是现代科学技术、多学科交叉的知识密集型产物；其功能的达成，是基于材料的微观结构或微观物体的运动。不同于结构材料的产品形式即为材料本身，相当比例的功能材料是以元件形式为最终产品，即材料元件一体化。因而，功能材料的制备不同于结构材料制备传统技术，需要采用诸如超纯、超净、超微、急冷、薄膜化、微型化、集成化、密积化等特殊技术和特殊工艺。

（2）主要功能材料的发展

与航空密切相关的功能材料主要有电子 / 信息材料、红外材料、激光材料等。

电子 / 信息材料包括电子材料、光电子材料和光子材料等。更大尺寸单晶硅晶片的制取，极具应用前景的宽禁带半导体材料，以及有机及混杂功能材料等的发展，有可能催生出全新器件，为航空光电设备、全色显示器等提供更多选择。

红外材料主要有红外探测材料和红外透射光学材料两种。碲镉汞、碲锰汞和碲锌汞等以及新型高温超导材料的发展，将为新的长波红外探测器的研制带来希望。而硫 / 硒复杂三元化合物、稀土化合物、金刚石和以重元素为负离子的化合物等的研究，有望带来性能更好的红外透射光学材料。

激光雷达、激光制导和激光陀螺的应用，推动了激光材料的开发。正在开发的钇钪钾石榴石（GSGG）、钇锂氟化物以及铍酸铝等新型激光晶体，以及有机材料的非线性光学特性研究与应用，将为航空激光技术发展提供新的材料基础。

6.4.4　新型航空材料

这里的新型航空材料，特指那些正在发展中的、性能更为优异的一类航空材料，包括按照人的意志，通过物理分析、材料设计、材料加工、试验评价等一系列研究过程，所创造出的新型材料。新材料技术之于科技创新和产业发展十分重要，堪称"发明之母"。

以下简要介绍几种具有重大应用潜力的新型航空材料。

6.4.4.1　高温结构材料

提高涡轮进口温度是提升航空燃气涡轮发动机性能的主要途径，但目前涡轮进口温度已接近传统发动机结构材料的极限，必须开发出耐受温度更高的结构材料。未来用于新型发动机的高温结构材料，主要有金属间化合物、金属基复合材料、陶瓷基复合材料、碳/碳复合材料以及高熔点合金等。

（1）铌硅（Nb-Si）系合金

Nb-Si 的密度小，熔点高，抗氧化性好，抗中温粉化，断裂韧性适中，疲劳强度优异，且铸造性能好。航空界普遍看好这一材料，可望用作低压涡轮叶片和高压涡轮叶片，甚至成为继镍基合金之后的新涡轮材料。

（2）钛基复合材料

钛基复合材料的工作温度高于钛合金，密度远低于钢或镍基复合材料，承载能力却是钢的 2 倍，是一种比较理想的高温结构材料。许多在研和改型的发动机都计划采用这种材料，有些高温结构件已装机，并进入发动机试车阶段。

（3）陶瓷基复合材料

陶瓷基复合材料是以陶瓷为基体，以 C、SiC、Al_2O_3 等纤维增强的复合材料，耐高温性能极佳。陶瓷基复合材料已在一些发动机型号中得到应用，未来将开发出更多牌号的陶瓷基复合材料，广泛用作发动机结构件，有望成为空天飞机热结构的主要材料。

6.4.4.2　低成本复合材料

复合材料是理想的航空材料，但高昂的制作成本严重制约了它的广泛应用。降低复合材料成本，需要从材料设计、固化成形、工艺技术、配套保障等多个方面入手。目前采取的措施主要有：自动铺带、丝束技术，复合材料纺织/液态成形技术，非热压罐固化技术，计算模拟技术等。

6.4.4.3　纳米材料

纳米材料是指基本单颗粒或晶粒尺寸至少在一维上小于 100nm 的材料。它具有与常规材料迥异的光、电、热、化学及力学特性，在航空领域具有十分广阔的应用前景。

纳米材料既可用作结构材料，也可用作功能材料。前者包括纳米金属、纳米金属基和纳米聚合物基复合材料等；后者包括纳米导电、导磁、导热、隔热、隐身、润滑和密封材料等。

（1）纳米结构材料

纳米合金的研制已经取得成功，它与传统结构材料相比，强度、耐久性与可靠性均有显著提高，可用作金属壁板的桁条及加强框，或用作涡轮转子叶片。

石墨烯、碳炔等碳纳米材料的应用前景也十分诱人（见图 6-21）。碳纳米管已经用于增强复合材料，它的弹性模量可达 500GPa，应变率大于 20%，拉伸强度高于传统碳纤维一个数量级，是有机复合材料的理想增强体。碳纳米管增强复合材料，将用于制造高性能飞机蒙皮、壁板、雷达罩等。

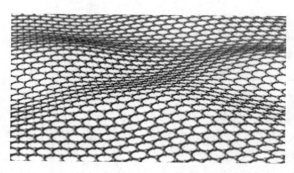

图 6-21　石墨烯材料的微观结构

（2）纳米功能材料

纳米功能材料可广泛用于纳米涂料、润滑剂、热障涂层、阻燃、防水、防雷击等。近年来研制出的纳米吸波材料具有良好的雷达吸波能力，兼具与红外兼容、耐磨损等优良特性，将成为提高航空器隐身性能的新选择。

超颖材料是一种新型纳米功能材料，是按照小尺度物理学原理，用人工合成的办法制成的具有低维结构的、性能优异新颖的复合体。超颖材料作为高性能磁性材料，将用于多电飞机、可调无线电频率吸收器、雷达罩涂层、相控阵天线的宽角阻抗匹配、无发散无线电频率束的生成等方面，具有高潜在应用价值。

6.4.4.4　智能材料

智能材料是一种能感知外部刺激，能够判断并适当处理且本身可执行的新型功能材料。一般包括压电材料、电致伸缩材料、磁致伸缩材料、形状记忆合金、仿生与导电聚合物等。

（1）形状记忆材料

形状记忆聚合物（SMP）是一种多相的热固性网络聚合物，加热时可产生 200% 伸长率，冷却时保持伸长状态，当其再加热到一特定的"触发温度"时，材料又回到原状。若在 SMP 中加入 1% ~ 5% 的碳纳米管，可储存并释放更大的应变能，目前已能制出伸长率大于 500% 的 SMP。用 SMP 制作飞机蒙皮，将大大推动变形飞机的研制。

另一种形状记忆聚合物是光敏偶氮苯液晶聚合物，当光照射到聚合物上时，偶氮苯分子定向变化而产生尺寸上的变化。这种液晶聚合物比压电陶瓷及电激活聚合物效率更高、重量更轻，可用来制造变形机翼。

欧美等国已将形状记忆材料进行装机试验，在改进飞行性能、减振降噪等方面表现出显著优势，但仍有许多工程化问题有待研究。

（2）智能聚合物表皮材料

智能聚合物表皮材料是指以聚合物、枝晶聚合物、碳纳米管以及其他基于可剪裁分子组分为基的新型材料，它可随环境（温度、压力）而产生颜色变化，或对控制、驱动信号做出响应。这种材料与微电子、光电子、电光学以及微机电器件集成，可以制成功能强大的智能蒙皮，用于传感飞机流场特性、改变飞机光学性能、诊断飞机故障等方面。

6.5　航空试验

"实践是检验真理的唯一标准"，航空试验是航空工程中的检验环节，用以验证结果、性能和运行状况。随着航空产品越来越复杂，航空工程的风险性越来越高，航空试验的作用和地位也越来越重要。航空试验的门类众多、科目庞杂，本节在介绍航空试验基本概念的基础上，按照地面试验和飞行试验两大范畴，着重阐述与航空器研制关系重大的若干试验的内容、作用及特点。

6.5.1　概述

6.5.1.1　航空试验的概念

航空试验是指航空器在研制、生产、使用和维护保障过程中所进行的一系列试用、验证、测试、检验以及相应的分析活动。

"试验"和"实验"具有相同语素"验"，但具有不同的语义。"试验"是为察看某种事物的结果或性能而进行的活动，是对已知事物的检验性操作，用来验证事物的结果、性能、运行状况等。而"实验"是为检验某种科学理论或假设而进行的操作，是对抽象知识理论的现实操作，用来证明理论的正确性或推导出新的结论。

在航空工程中，绝大多数"检验"活动属于"试验"而非"实验"，所以，一般用"航空试验"来指代所有"检验"性活动。但也有一些为验证新的理论、新的工程假设而进行的"检验"活动，这类活动既是"实验"也是"试验"，习惯上称之为"研究性试验"。

6.5.1.2　航空试验的作用和意义

航空工程的规模庞大，不确定因素众多，各类"检验"性工作异常重要。通过试验，可以发现设计缺陷，帮助研制人员及时改正，并确定系统的性能水平。

航空试验是航空工程决策的一个环节，为权衡分析、降低风险和细化要求，提供信息；为研制过程中的转阶段决策和设计定型，提供依据。

航空产品最终要达到"安全、有效、好飞"的效果，只有通过全面的试验，才能确定产品的使用边界、性能特点、运行状况、使用规律等，为用户提供使用和保障指南。

航空工程是充满创新的科学技术活动，不断探索新理论、新技术、新方法，是航空工程的重要内容，因此，许多航空试验兼具"试验"与"实验"的双重使命。

6.5.1.3　航空试验的分类

航空试验有多种不同的分类方法。

按照试验地点和环境，航空试验可以分为地面试验和飞行试验。

按照航空器研制的时间顺序，航空试验分为研制试验与评价、使用试验与评价。

按照专业领域，航空试验主要包括：空气动力学试验，结构强度试验，环境试验，寿命及可靠性、维修性与保障性（RMS）试验等。

按照系统体系，航空试验可分为：电子系统试验、飞行控制系统试验、机电系统试验、武器系统试验和动力系统试验等。

6.5.2　地面航空试验

地面航空试验是指在实验室、试验场或停在地面的航空器上所进行的航空试验。与飞行试验相比，地面试验更容易控制试验条件，便于安装试验设备，试验效率高，试验成本低，且操作、使用方便。但地面环境毕竟有别于空中飞行环境，其试验结果往往需要通过飞行试验的最终验证。

6.5.2.1　空气动力学试验

空气动力学试验是研究空气与物体相对运动时，空气的流动规律及其与物体的相互作用所进行的试验，其目的是设计和评价航空器的气动布局和性能。在地面进行的空气动力学试验主要是航空器的模型试验，即风洞试验。

风洞试验是指将试验物体的缩尺模型（或实物）安置在风洞中，在一定的风洞运行状态下，观察、测量气体流动及其与模型之间的相互作用而进行的试验（见图 6-22）。风洞试验的主要目的是验证气动布局、确定气动性能、优化方案设计、验证分析方法及模型、降低设计风险等。

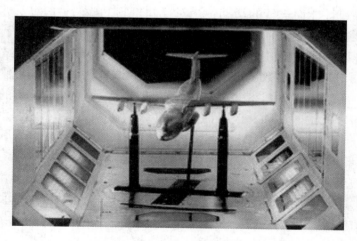

图 6-22　飞机风洞试验

6.5.2.2　结构强度试验

结构强度试验是在实际或模拟载荷和环境下，在地面对整机或部件进行的机械强度试验，目的是验证飞机或部件的承载能力、变形状态、可靠性和寿命等关键性指标。结构强度试验主要包括结构静力试验（见图 6—23）、振动试验、疲劳试验、热强度试验，以及耐久性、损伤容限试验和地面模拟热颤振试验等。

图 6—23 飞机结构静力试验

（1）结构静力试验

结构静力试验又称静力测试，是按照试验要求对飞机结构施加静载荷并测定其承载能力和变形状态的地面试验。它是鉴定飞机结构强度、刚度，评价飞机结构安全性的重要手段，分为静强度试验和刚度试验。结构静力试验按照飞机静力试验大纲、静力试验任务书、刚度试验任务书以及飞机强度和刚度规范进行。一般经静力试验鉴定合格后，方允许飞机进行飞行试验。对于批生产飞机，结构静力试验的目的是检验飞机制造的工艺质量。

（2）振动试验

振动试验是在新机研制、飞机改型过程中，评定产品在预期使用环境中的抗振能力而进行的试验。振动试验利用共振原理测定飞机机体及其组件的固有频率、固有振型和结构阻尼等特性参数，以验证结构固有振动特性分析是否正确，为飞机动强度设计提供依据，确保飞机在使用过程中不发生共振、颤振等不稳定现象。

（3）结构疲劳试验

结构疲劳试验是为鉴定飞机结构在模拟载荷谱和环境谱联合作用下的疲劳强度或寿命所进行的试验。由于疲劳强度问题非常复杂，受材料、工艺、载荷、环境条件、结构细节等诸多因素的影响，而疲劳强度的计算方法还远未成熟，所以，疲劳试验是评价疲劳强度的最可靠方法。

（4）热强度试验

热强度试验是研究飞机结构热强度的一种地面模拟试验，用于确定飞机结构的热应力和总应变的大小，热应力和载荷应力的耦合关系，以及温度、热应力对结构承载能力等强度特性的影响，验证有关的设计计算方法等。这种试验比静强度试验增加了温度和时间两个参数，在试验中除了要求模拟飞机结构的实际载荷分布情况外，还要模拟实际的温度分布情况以及它们随时间变化的情况。

（5）耐久性试验

耐久性试验是验证飞机结构能否满足飞机结构耐久性设计要求所进行的试验。通过试验，可以识别飞机结构的耐久性薄弱环节，预测和验证试验件或结构的耐久性，获得必需的耐久性数据，以及验证耐久性分析方法。

（6）损伤容限试验

损伤容限试验是验证按损伤容限设计的结构能否满足设计要求而进行的相关试验，包括材料试验、质量控制试验、分析验证试验、结构的构件试验等四类。材料试验主要有断裂韧度试验、疲劳裂纹扩展率试验、应力腐蚀开裂和应力腐蚀疲劳试验等，为结构寿命分析和剩余强度计算提供基本数据；质量控制试验为初始质量设计评估、无损检测和材料质量控制提供基本数据；分析验证试验用以验证损伤容限分析方法的准确性；结构的构件试验目的是确定构件的裂纹扩展寿命和剩余强度。

6.5.2.3 环境试验

环境试验是将产品暴露于自然或人为环境中，确定环境因素对产品影响的一系列试验，目的在于考核产品在恶劣环境中的适应性、可靠性以及技术性能的变化等。

环境试验分现场环境试验和模拟环境试验两类。在航空器研制的各个阶段都要进行环境试验，通过环境试验暴露产品在设计和制造上的缺陷，尽早排除故障。为了确保产品的可靠性，试验必须从材料、元器件、零部件、组件、分系统到系统逐级进行。一般说来，产品的装配级别愈低，试验条件就愈严格，尽量不让低级别产品缺陷到高级别试验时才被发现。

航空产品的环境试验项目众多。表 6-11 列出先进战斗机所要进行的环境试验项目。

表 6-11　先进战斗机所要完成的环境试验项目

序号	试验项目	序号	试验项目
1	振动试验	12	腐蚀试验
2	随机振动试验	13	霉菌试验
3	高温试验	14	防火试验
4	低温试验	15	噪声试验
5	温度循环试验	16	冲击试验
6	温度冲击试验	17	声振试验
7	低气压试验	18	大气暴露试验
8	日晒试验	19	爆炸大气试验
9	淋雨试验	20	雷电模拟试验
10	湿热试验	21	结冰试验
11	沙尘试验	22	电磁兼容性试验

6.5.2.4 寿命及可靠性、维修性与保障性试验

（1）寿命试验

寿命试验是为证实受试产品在某种规定条件下的寿命而进行的试验，分为短时寿命试验和长时寿命试验两类。

短时寿命试验的目的是在短时间内揭示产品的薄弱环节，所使用的环境应力类型较少，但其量值比正常使用量值大得多，施加的环境应力逐步增加到产品破坏或不能工作为止，故被称为短时死亡试验或加速寿命试验。长时寿命试验的目的是评估产品的使用寿命和可靠性，一般采用产品在使用中遇到的典型的环境条件连续重复循环进行试验，往往要经过数百小时、数千小时甚至更长的时间，又称疲劳试验或耐久性试验。

（2）可靠性、维修性与保障性试验

可靠性、维修性与保障性（RMS）试验指的是为了解、分析、提高和评价产品的可靠性、维修性与保障性而进行的试验之总称。其目的是发现产品在设计、材料和工艺或其维修与保障方面的各种缺陷，确认产品是否满足规定的 RMS 要求。

RMS 试验与评价主要有实验室试验与评价、外场使用试验与评价两种形式。

6.5.2.5 航空电子试验

航空电子试验是针对飞机航电系统，验证其性能、可靠性等所进行的试验，包括地面试验和飞行试验两大类。在地面进行的航电试验主要有部件试验、分系统试验、系统试验、全系统综合试验、仿真试验等。

其中，全系统综合试验是开发新一代航空电子系统所必需的基础试验。由于航电系统的工作性能与其他机载系统密切相关，为此，需要用软件模型取代部分未有的硬件，组合成的"混合原型机"，在一个接近真实的环境中完成试验。

现代飞机航电试验的"试验矩阵"非常庞大，在开发过程中越来越依赖建模与仿真技术，在航电系统动态模拟综合试验设施上，完成数字仿真、半物理仿真、全物理仿真等过程，以全面校验航电系统设计的正确性，并以此降低试验成本、提高试验效率。

6.5.2.6 飞行控制系统试验

飞行控制系统试验是针对飞机飞行控制系统，验证其性能、可靠性等所进行的试验，包括地面试验和飞行试验两大类。飞控系统地面模拟试验有静、动态性能试验，飞行品质验证与分析，"人在回路中"的飞行品质检查，故障模式及安全性检查，故障瞬态，模态转换瞬态等项目。飞行控制系统的地面试验一般在"铁鸟"台上进行。

6.5.2.7 机电系统试验

机电系统试验包括电气系统、液压系统、燃油系统、机轮刹车系统、防冰系统、生命保障系统、环境控制系统等系统级试验，以及对组成系统的主要零部件和设备所进行的试验。有性能试验、环境试验、耐久试验、可靠性和寿命试验等门类。

（1）电气系统模拟试验

又称全机电网路模拟试验或电气系统全尺寸台架模拟试验，主要用于确定电气系

统在各种工作条件下的性能，以及是否能向所有用电设备提供满足设计要求的电能。

（2）液压系统试验

为验证液压系统的工作性能和可靠性而进行的试验。液压系统试验在模拟试验台上进行，试验台安装的液压元件、附件以及其他设备与飞机上的完全相同。由于飞机的操纵系统与液压系统关系密切，常把液压系统模拟试验台与操纵系统模拟试验台合为一体，并称"铁鸟"台（见图6-24）。因此，全机液压系统模拟试验又被称为"铁鸟"试验。

图6-24　干线客机"铁鸟"试验台

（3）燃油系统试验

燃油系统和附件的地面试验大致分为两类：成品附件装机前的性能试验、装机后的验收试验和鉴定试验。试验内容包括：各种飞行姿态下的供油／输油试验、油箱通气和增压试验、油耗顺序和重心位置变化试验、加油和放油试验、剩余油量测定和信号指示系统试验等。

（4）机轮刹车系统试验

模拟飞机在着陆滑跑状态下刹车系统动态特性，以测定系统和附件性能参数的试验。主要有全数字模拟、半物理模拟和全物理模拟试验三种。

（5）防冰系统试验

为验证防冰系统是否达到设计要求，以及结冰时对飞机飞行性能影响而进行的试验。防冰系统地面试验主要在冰风洞中进行，冰风洞是研究飞机部件迎风表面和某些机外传感器在飞行时结冰问题及其防（除）冰方法的特种风洞。冰风洞稳定段前装有可控制的喷雾装置，以便模拟飞行时遇到的结冰云雾条件。

（6）生命保障系统试验

生命保障系统试验主要包括弹射救生设备试验和个体防护设备试验。

弹射救生设备试验包括地面抛盖（穿盖）试验、火箭滑轨试验、地面静止弹射试验、地面有速度弹射试验和空中弹射试验（飞行试验）。其中，火箭滑轨试验是以火箭滑车为载具，在专用的滑轨上运行，模拟飞行条件的试验，特点是：试验速度和加速度范围大，试件可用真实飞机部件，能实时观察试验情况，可完整回收试件并重复试验，但不能完全模拟空中环境、受地面效应影响大、试验成本较高（见图 6-25）。

图 6-25　火箭滑轨弹射试验

个体防护设备试验主要包括供氧系统试验、头盔试验和抗荷设备试验等。

（7）环境控制系统试验

环境控制系统试验项目主要包括：空气调节系统地面模拟试验、座舱压力调节系统试验、座舱气密性试验、座舱热载荷试验和座舱空调系统试验等。为模拟高空飞行时设备舱里的工作环境和物理参数（温度、压力、振动、冲击等），需要建设高空模拟试验舱。

6.5.2.8　机载武器系统试验

机载武器系统试验是指为鉴定机载武器系统的战术性能指标和可靠性所做的相关试验。主要包括以下几个方面。

（1）机载武器地面静态试验

机载武器的部件、设备或系统在实验室模拟环境或试验场对其性能、可靠性和安全性进行的试验。试验项目包括：环境试验、强度试验、弹道性能试验、弹药安全性试验、弹药地面静止试验、弹药威力／效能试验、可靠性试验与寿命试验等。不同类型的武器有特定的试验项目，例如，导弹风洞试验、导弹发动机试验、枪炮后坐力试验等。

（2）机载武器地面发射试验

机载导弹和火箭弹在进行空中发射试验之前，先在地面试验靶场所进行的发射试验。目的是确保飞行员和飞机安全，减少空中飞行试验的次数，初步检查导弹和火箭弹各部件、全弹以及发射系统的安全性和可靠性，根据试验结果确定是否进行空中发射试验。

（3）火控系统地面试验

主要包括火控系统联合地面试验、火控系统装机试验两类。前者按照火控系统的接口关系，在实验室条件下进行；后者按照火控系统的接口关系，在真实装机条件下进行。

6.5.2.9　航空发动机试验

为验证发动机及其部件的性能、适用性和耐久性而进行的试验统称为航空发动机试验。一般将整台发动机的试验称为试车。

在航空发动机试验中，按不同的技术指标可分为性能试验、适用性试验、耐久性试验和环境试验等。

（1）发动机性能试验

旨在测量发动机的推力和耗油率等性能指标，以及空气流量、压力、温度以及各组成部件的性能。

（2）发动机适用性试验

用以测定发动机工作特性对油门杆和进气流场条件变化的响应，重点是进气道－发动机－喷管之间的匹配。

（3）发动机耐久性试验

用以测定和评价发动机耐久性的试验，试验项目包括：低循环疲劳寿命试验、应力断裂或蠕变寿命试验、抗外来物破坏和包容能力试验。

（4）发动机环境试验

是检验发动机及其附件在不同环境下的工作适应性以及环境对发动机影响的试验。主要包括：恶劣大气条件试验，吞咽试验，噪声试验，排气发散试验，特征信号（红外信号和雷达截面积）试验等。图 6-26 为发动机高空试车台。

图 6-26　航空发动机高空试车台

6.5.3　飞行试验

飞行试验，是航空科技发展和应用研究中的重要环节，它不仅是航空器鉴定的重要手段，也是探索未知航空领域的重要方式。飞行试验贯穿于航空基础研究、型号研制以及使用的全过程，对航空工业全局有着举足轻重的影响。

6.5.3.1　飞行试验的概念及分类

（1）概念

飞行试验简称试飞，是指航空器、航空动力装置、机载系统及设备等在真实飞行条件下所进行的试验。

通过试飞并借助各种测试手段，可获得飞行试验数据，验证航空新技术、新方案和新原理；鉴定航空产品是否满足规定的性能要求、技术要求、战术要求、适航标准等。

需要指出的是，飞行试验不仅是"试验"，还具有"实验"的内涵，因为它要探索未知领域、验证科学理论或假设。从这个意义上，将飞行试验描述成"在真实飞行条件下所进行的科学技术研究或检验航空产品的过程"更为全面。

（2）飞行试验分类

飞行试验有不同的分类方式。

按任务性质，可分为研究性飞行试验和型号飞行试验。其中，研究性飞行试验是利用航空器探索未知领域、研究新技术、检验新理论和为研制新型号提供依据的飞行试验；型号飞行试验是以型号产品（飞机、发动机、机载系统与设备）为试验对象，侧重于检验其性能与可靠性的试验。

按照航空器属性，分为军机飞行试验和民机飞行试验。

按试验对象或试验内容，可分为：空气动力与性能试飞、动力系统试飞、飞控系统试飞、航电系统试飞、机载武器试飞、机械系统试飞、电气系统试飞、生命保障和环控系统试飞、起飞着陆试飞、目标特性测试、外部参数测试等诸多科目。

（3）型号飞行试验按任务、时机分类

型号飞行试验按其任务、时机不同，可分成以下几种：

①首飞：新研制型号的原型机首次飞行称为首飞。

②调整试飞：又称发展试飞，在首飞之后、鉴定试飞之前，为调整飞机、发动机及机载设备使其符合鉴定试飞移交状态而进行的飞行试验，目的是暴露设计和制造中的缺陷，排除故障，使新机达到设计要求或达到预定性能，为鉴定试飞做准备。

③鉴定试飞：又称验证试飞、定型试飞。对经调整试飞后处于定型状态的航空产品，为获取性能数据，并全面鉴定其是否达到设计标准和使用要求而进行的试飞，目的是为型号定型投产提供依据。鉴定试飞在国家飞行试验研究基地，按一定的法规和程序实施，一般同时投入若干架试验机参试以加快试飞步伐。飞机进入鉴定试飞后，还可能暴露调整试飞中未发现的缺陷，需作进一步的调整试飞。

④使用试飞：在鉴定试飞后，由用户对飞机在各种拟定的使用条件下，考核其是否满足使用要求而进行的试飞。主要内容有：全面考核飞机使用性能，研究使用方法和训练方案；为编写飞行手册、操作规程等技术文件获取必需的补充数据；确定外场保障条件；进一步暴露设计缺陷，为改进改型提供依据。

⑤出厂试飞：已批准定型投产的批生产飞机，按照订货方和制造商签订的合同，为检验飞机生产质量而进行的试飞，分为交付试飞和抽查试飞两种。前者考核每架飞机的工艺质量与可靠性，后者主要检查一批飞机的质量稳定性，通常从同一批次中抽取一定比例的飞机，检查若干特定项目。

⑥验收试飞：根据订货合同规定的验收项目，订货方对飞机及其系统的基本性能和质量进行验收考核而实施的试飞。通常由订货方派人到制造厂实施。

6.5.3.2 飞行试验技术和试飞体系

（1）飞行试验技术

现代飞行试验需要强大的技术手段作支撑。飞行试验技术是保证飞行试验得以顺利完成的一切相关技术。测试与数据处理技术是飞行试验技术的核心部分。

飞行试验系统主要由机载测试系统和地面测控处理系统两大部分组成，机载测试系统安装在被试飞机上，采集各种数据和视频图像；地面测控处理系统综合分析、处理机载测试系统采集到的各种信息。在试飞过程中，机上的测量装置将飞行数据测量、记录下来，发送给（或带回）地面站，再经过分析处理，得出试飞结论。对于现代高性能飞机而言，测试与数据处理是一项异常繁复的工作。

（2）试飞体系

中国的试飞体系由中国飞行试验研究院（又称航空工业试飞中心，简称试飞院）、各飞机（直升机）总装厂的试飞站以及军队的相关基地组成。中国试飞院是国家授权的军机鉴定和民机适航审定试飞机构。

美国试飞体系的特点是：军机、民机试飞分开，研究性试飞和型号试飞分开。军机试飞由空军试飞中心（AFFTC）、海军航空试验中心（NATC）和陆军航空技术试验中心（ATTC）组织实施。民机试飞由美国联邦航空局（FAA）民机试飞中心和各大公司组织实施。研究性试飞由国家航空航天局（NASA）德莱顿飞行研究中心（DFRC）组织实施。

俄罗斯的主要试飞机构有两个：空军红旗研究院和格罗莫夫飞行试验研究院。除此之外，各航空总装厂也承担部分飞行试验任务，但都在格罗莫夫飞行试验研究院的控制和指导下进行工作。

6.5.3.3 飞行试验的特点

飞行试验相比于地面航空试验，具有如下特点。

（1）综合性强

飞行试验特别是型号飞行试验，是对飞机的全面考核，其内容包含了飞机研制所涉及的所有专业，还要对飞行试验方法，试飞数据的采集、记录、监控、处理和分析进行专门设计。因此，飞行试验的综合程度要求高，且试飞的组织、实施十分复杂。

（2）风险性高

试飞是一项风险性极高的工作，其一，新研飞机难免存在着各种各样的缺陷，任何缺陷或故障均可能招致严重后果；其二，许多试飞科目都超越了飞行包线的边界，进行边界或超边界飞行无疑具有巨大风险；其三，新技术、新领域潜伏着诸多未知因素，未知因素导致风险增加。

（3）耗资巨大

用真实飞机在空中完成试飞任务，成本很高。据统计，现代作战飞机的飞行试验费用占整机研制经费的 1/4 ~ 1/3。美国 B-1B 每小时的试飞费用高达 10 万美元（当时币值）。从某种意义上说，飞行试验是用钱"烧"出来的，钱"烧"不到位，隐患和危机就解除不了。

（4）周期漫长

在螺旋桨时代飞机相对简单，试飞周期不长。但当代高性能飞机的技术与系统愈益复杂，试飞周期也变得漫长。一般来说，三代机的试飞周期占整个研制周期的 2/3 左右。据统计，一架现代作战飞机从立项到小批量生产，要完成 2500 ～ 5000 架次的飞行试验（见表 6-12）。若按 2500 架次的试飞要求计算，仅使用 1 架试验机，完成试飞过程需要 250 个月（20 多年）；使用 5 架试验机，试飞周期需要 50 个月（4 年多）。

表 6-12 几种战斗机的试飞周期、试验机数量和试飞架次

机型	研制周期 / 年	试飞周期 / 年	试验机 / 架	试飞架次
F-16	6	4	9	1725
F/A-18	6	4	11	3400
JAS.39	14	8	5	2300
"阵风"	16	12	5	5000
F-22	15	8	9	3600

6.5.3.4 型号飞行试验

（1）军用飞机的飞行试验

现代军用飞机特别是战斗机的飞行试验内容十分丰富，主要包括：空气动力和性能、推进系统、飞行控制和飞行品质、结构、着陆系统、机械系统、燃油系统、航空电子系统、武器系统、电气系统及生命保障和环控系统等。现代战斗机的飞行试验科目如图 6-27 所示。

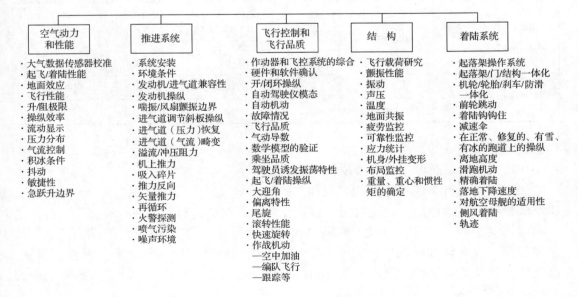

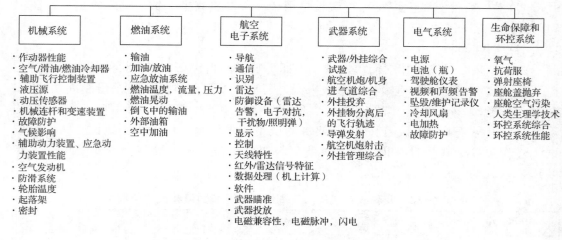

图 6-27　现代战斗机的飞行试验科目

现代高性能军用飞机的研制过程漫长而复杂，其飞行试验过程同样漫长而复杂。表 6-13 为美国 F-22 研制过程中的飞行试验科目安排，从中我们可以看出高性能军用飞机的飞行试验之繁复。

表 6-13　F-22 项目的飞行试验安排

试验机	试飞内容	计划首飞时间	实际首飞时间	交付试飞日期
4001	飞行品质、颤振、载荷	1997.5.29	1997.9.7	1998.2.6
4002	大迎角、武器分离、推进系统、性能	1998.7.9	1998.6.29	1998.8.26
4003	飞行品质、颤振、载荷、M61A2 机炮	1999.6.16	2000.3.6	2000.3.15
4004	综合航电、通信 / 导航 / 识别（CNI）、可探测性	1999.8.17	2000.11.15	2001.1.30
4005	综合航电，雷达、CNI、武器	2000.1.11	2001.1.5	2001.3
4006	综合航电、可探测性	2000.5.18	2001.2.5	2001.5
4007	综合航电、飞行器性能、可探测性	2000.9.25	2001.10.15	2002.1.5
4008	综合航电、可探测性	2001.2.2	2002.2.8	2002.5
4009	综合航电、可探测性、后勤保障	2001.6.1	2002.3.21	2002.5.5

（2）民用飞机的适航审定试飞

民用飞机的适航审定试飞需按照有关适航标准进行。

民用飞机飞行试验包括性能试飞和飞行品质试飞两大部分。性能试飞包括总 / 静压系统校准、失速性能、起飞性能、爬升性能、巡航性能和着陆性能等试飞内容。飞行品质试飞是验证飞机稳定性、操纵性和机动性与有关适航标准相符合的有效手段，主要包括：操纵性和机动性、配平、稳定性、失速特性、地面和水面操纵性、抖振、高速特性以及失配平特性等八大飞行品质指标。对飞机飞行品质的评定，大多数取决于试飞员的体验核定性判断，而试飞过程中所记录的数据实质上仅起到证实的作用。

表 6-14 为空客 A380 项目的飞行试验安排，它可以帮助我们理解现代民用飞机特别是大型客机的适航审定试飞特点。

表 6-14　A380 项目的飞行试验安排

飞机	飞行小时 （总计 2500）	试飞内容	首飞时间
MSN001 （罗罗发动机，安装大量 测试设备）	600	基本操纵性能检验，结构和系统研制 与鉴定	2005.5.27
MSN004 （罗罗发动机，安装大量 测试设备）	600	爬升和巡航性能测量，推进系统研制 与鉴定，冷热环境试验	2005.10.18
MSN002 （罗罗发动机，安装一般 测试设备）	500	安装全部客舱系统，客舱及噪声试验， 早期远程飞行，机场兼容性验证	2005.11.3
MSN007 （罗罗发动机，安装少量 测试设备）	400	安装全部客舱系统，客舱及噪声试验， 后期航线验证试飞	2006.2.19
MSN009 （发动机联盟的发动机）	400	基本性能，低温高海拔飞行，推进系 统研制与鉴定	2006.8.25

6.5.3.5　研究性飞行试验

（1）研究性飞行试验的作用和意义

研究性飞行试验又称研究性试飞，一般不以某一具体型号为研究对象，而侧重于基础理论和应用技术的探索、验证；有时也针对某一新型号要求进行特定的专门技术的研究。

研究性试飞是新机研制的"尖兵"。100 多年前，李林达尔、莱特兄弟的飞行探索就是一种研究性试飞；正是由于航空先驱们的研究性试飞，才开启了"航空时代"的大门。通过试飞来验证新技术、新方案、新理论，进而带动新型号的研制，早已成为航空界的惯常做法，既可降低新技术的应用风险，又能加速新技术的转化步伐。三角翼、变后掠翼、电传操纵、主动控制、隐身等先进技术与概念，都是通过飞行验证才应用到实际型号当中的。

研究性试飞是航空科技发展的"探路者"。据 NASA 统计，1925—1950 年的 25 年间，美国共有 28 项航空技术重大突破，其中依靠试飞获得的突破高达 19 项。研究性试飞的重大成果，往往对航空科学与事业的发展产生历史性影响。NASA 与几十所大学有长期科研合作关系，通过开展一系列研究性试飞项目，将这些大学的创新资源整合起来，并在航空航天及与之相关的诸多学科领域，取得重要的创新性突破。

（2）研究机

研究机是针对某一方面的重大课题，用于探索航空科技新问题，或验证新理论、新技术，或评价新结构而专门研制或改装的航空器。

在航空史上，出现过各种各样的研究机，所取得的成果对航空事业发展产生了深远影响。其中，最负盛名的是美国X系列研究机（见表6-15）。如X-1用于研究超声速飞行问题；X-15用于研究高速高空飞行及气动加热、稳定性、操纵性问题；X-14、X-18和X-22等用于研究垂直/短距起降和推力转向问题；近年来的X-38、X-45、X-47、X-50A等为先进技术验证机。

表 6-15　美国 X 系列研究机一览表

型号	责任者	首飞时间	任务内容
X-1	贝尔、美国空军（USAF）、NACA	1946 年 1 月 19 日	高速和高海拔测试，首架突破声障的飞机
X-2	贝尔、USAF	1952 年 6 月 27 日	高速和高海拔测试，首架突破 $Ma3.0$ 的飞机
X-3	道格拉斯、USAF、NACA	1952 年 10 月 15 日	钛合金机身，小展弦比机翼，用以测试长时间高速飞行
X-4	诺斯罗普、USAF、NACA	1948 年 12 月 15 日	无水平尾翼
X-5	贝尔、USAF、NACA	1951 年 6 月 20 日	首架可变后掠翼飞机
X-6	Convair、USAF、美国原子能委员会	未飞行	经 NEPA 批准，NB-36H 测试空载核反应炉
X-7	洛克希德、DOD	1951 年 4 月 26 日	高速冲压发动机测试
X-8	喷气飞机公司、NACA、USAF、美国海军（USN）	1949 年 12 月 2 日	高空研究及探空火箭
X-9	贝尔、USAF	1949 年 4 月	测试 GAM-63 Rascal 导弹，指导和推进技术验证
X-10	北美航空、USAF	1953 年 10 月 14 日	测试 SM-64 Navajo 导弹
X-11	Convair、USAF	1957 年 6 月 11 日	测试 SM-65 "擎天神" 飞弹
X-12	Convair、USAF	1958 年 7 月 19 日	测试 SM-65 "擎天神" 飞弹
X-13	瑞恩公司、USAF、USN	1955 年 12 月 10 日	尾座式垂直起降测试
X-14	贝尔公司、USAF、NASA	1957 年 2 月 19 日	推力矢量垂直起降测试
X-15	北美航空、USAF、NASA	1959 年 6 月 8 日	飞行高度与速度测试，首架载人高超声速飞机，屡创纪录
X-16	贝尔、USAF	未飞行	高海拔侦察机
X-17	洛克希德、USAF、USN	1956 年 4 月	高马赫数返回式飞机
X-18	席勒飞机公司、USAF、USN	1959 年 11 月 24 日	倾转机翼短距/垂直起降测试
X-19	柯蒂斯－莱特公司、DOD	1963 年 11 月	倾转旋翼机垂直起降测试
X-20	波音、USAF	未生产	可重复使用的太空飞机

表 6−15（续）

型号	责任者	首飞时间	任务内容
X−21	诺斯罗普、USAF	1963 年 4 月 18 日	边界层控制测试
X−22	贝尔、DOD	1966 年 3 月 17 日	串联涵道风扇可倾转旋翼机短距 / 垂直起降测试
X−23	马丁 − 玛丽埃塔公司、USAF	1966 年 12 月 21 日	大气层返回式影响测试
X−24	马丁 − 玛丽埃塔公司、USAF、NASA	1969 年 4 月 17 日（X−24A）1973 年 8 月 1 日（X−24B）	低速升力体空气动力测试
X−25	Benson、USAF	1955 年 12 月 6 日	轻型自转旋翼机用于飞行员被击落时
X−26	Schweizer、DARPA、陆军、海军	1967 年	滑翔机训练，安静侦察机测试
X−27	洛克希德	未飞行	高性能战斗机原型
X−28	鱼鹰航空公司、USN	1970 年 8 月 12 日	低成本空中警务飞机测试
X−29	格鲁门、DARPA、USAF、NASA	1984 年 12 月 14 日	前掠翼测试
X−30	罗克韦尔、NASA、DARPA、USAF	未生产	单段式太空飞机原型
X−31	罗克韦尔、DARPA、USAF、BdV	1990 年 10 月 11 日	推力矢量超机动性、极短距起降（ESTOL）测试
X−32	波音、USAF、USN、RAF	2000 年 9 月 18 日	JSF 计划原型机
X−33	洛克希德 − 马丁、NASA	未完成	半可重复使用运载系统原型
X−34	轨道科学公司、NASA	未飞行	可重复使用的无人驾驶太空飞机测试
X−35	洛克希德 − 马丁、USAF、USN、RAF	2000 年 10 月 24 日	F−35 原型
X−36	道格拉斯、波音、NASA	1997 年 5 月 17 日	无尾翼机测试
X−37	波音、USAF、NASA	2006 年 4 月 7 日	可重复使用太空飞机
X−38	缩尺复合体公司、NASA	1999 年	升力体返回式测试
X−39	未知、USAF	未知	未来飞机技术改进（FATE）方案
X−40	波音、USAF、NASA	1998 年 8 月 11 日	80% 尺寸太空飞机测试，X−37 原型
X−41	未知、USAF	未知	机动再入式飞行器
X−42	未知、USAF	未知	消耗型液态上面级火箭

表 6-15（续）

型号	责任者	首飞时间	任务内容
X-43A	Microcraft、NASA	2001 年 6 月 2 日	超燃冲压发动机超高声速测试
X-44	洛克希德－马丁、USAF、NASA	取消	多轴无尾飞机推力矢量测试
X-45	波音、DARPA、USAF	2002 年 5 月 22 日	无人战斗机
X-46	波音、DARPA、USN	取消	海军无人战斗机
X-47	诺斯罗普－格鲁门、DARPA、USN	2003 年 2 月 23 日	海军无人战斗机
X-48	波音、NASA	2007 年 7 月 20 日	翼身融合布局测试
X-49	Piasecki Aircraft、US Army	2007 年 6 月 29 日	复合直升机、矢量推力涵道螺旋桨测试
X-50	波音、DARPA	2003 年 11 月 24 日	旋转机翼测试
X-51	普惠、波音	2010 年 5 月 26 日	超燃冲压发动机超高声速测试
X-52	跳过编号以避免与波音 B-52 混淆		
X-53	波音、NASA、USAF	2002 年 11 月 15 日	主动气动弹性机翼测试
X-54	湾流喷气机、NASA	未定	超声速客机测试
X-55	洛克希德－马丁、USAF	2009 年 6 月 2 日	先进复合材料货机（ACCA），机身和尾翼材料模压符合测试
X-56	洛克希德－马丁、NASA、USAF	2013 年 7 月 26 日	主动颤振抑制和阵风减缓等主动气动弹性控制技术测试

专门研制的研究机结构复杂，价格昂贵，为降低费用，缩短周期，有时也用现有飞机改装为研究机，如用 B-66 轰炸机改成边界层研究机 X-21，用 YF-16 改装成主动控制技术研究机等。研究机的另一发展趋势是采用缩比的遥控航空器；在 F-15 飞机研制过程中，曾用 3/8 缩比的遥控模型机研究该机的尾旋特性和改出方案。

（3）试验机

试验机是指为验证新系统、新装备的原理方案和样机的可行性，而专门改装或研制的供作被试对象载体的航空器。它装有通用或专用的试飞测试系统，是将预研成果转化为应用技术的中间试验手段。利用试验机可以大大减少新机研制风险，缩短研制周期，节约投资。

试验机有各种类别，用途各异，常见的有：变稳飞机、发动机飞行试验台、电子试验机、结冰试验机、弹射救生试验机等。其中，变稳飞机是指能在较大范围内改变飞机气动力导数、模拟特定飞机的稳定性和操纵性的试验机，用来模拟不同飞机的飞行特性和飞行品质（见图 6-28）。

图 6-28　中国的五自由度变稳飞机

6.6　航空维修

马克思说：“机器必须经常擦洗，这是一种追加劳动，没有这种追加劳动，机器就会变得不能使用。”航空维修就是航空器使用中的“追加劳动”，目的在于保持和恢复航空器固有的安全性与可靠性。航空维修是保证军民用航空器正常运行的基本手段之一，也是航空工程的重要分支领域。本节概要介绍航空维修的相关知识。

6.6.1　概述

航空维修的历史与飞机的历史一样漫长，最早的航空维修只是航空制造业里的一种具体操作，后来发展成为一门专项技术，再后来形成了一个相对独立的工程领域，现在已经成为一个综合性的工程技术学科。航空维修从属于技术服务业，被归类到第三产业范畴，在这一点上与其他航空工程领域有所不同。

6.6.1.1　航空维修的概念

航空维修（aircraft maintenance，AM）是航空维护与修理的简称，指为使航空装备（包括航空器、航空动力装置、机载系统及设备等）保持和恢复到规定状态所进行的维护、修理和管理工作的统称。

保持航空装备处于规定状态的活动称为维护（servicing），有时也称为保养，如润滑、检查、清洁、添加油料等。使处于故障、损坏或失调状态的航空装备恢复到规定状态，所采取的措施称为修理或修复（repair），如调整、更换、原件修复等。在大部分情况下，维护和修理不能截然分开，维护过程往往伴随着必要的修理，修理过程必然伴随着维护，所以统称为维修。

国内外大部分航空公司和军事航空部门把航空维修定义为：“为修复或保持一个项目处于可使用状态所要求的那些措施，包括养护、修理、改装、大修、检查以及状态确定等。”

　　航空维修的目的是：经常保持和迅速恢复航空器的良好状态，保证其最短反应时间、最大出动强度和最高的完好率。基本任务是：对航空器及其维修进程进行监督、控制和管理，经常保持、迅速恢复和持续改善航空器的可靠性，使最大数量的航空器处于良好状态，发挥其最大效能，保证飞行安全和各项任务的完成。

6.6.1.2　航空维修分类

　　航空维修的内容十分庞杂，且形式多种多样，因而有不同的分类方法。

　　按照维修程度，可分为基层级维修、中继级维修、基地级维修三类。基层级维修也称"小修"，是指在航空器使用过程中，为排除故障和轻微损伤所进行的维修，由基层级维修机构完成。中继级维修也称"中修"，是指每隔一定时间（飞行小时或日历时间）所进行的预防性维修或针对中度损伤的修理，由中继级维修机构完成。基地级维修也称"大修"，是指航空器达到大修时限，或发生外场无法排除的故障，或发生严重损伤时所进行的维修，由基地级维修机构完成（个别维修由航空器制造厂完成）。

　　按照维修项目，可分为预防性维修、修复性维修、改进性维修和应急抢修等类型。

　　按照维修方式，可分为定时维修、视情维修、监控维修等类型。定时维修是指依据规定时间、不问技术状况如何而进行的维修；视情维修是当出现故障征兆时所实施的维修；监控维修是根据积累的故障信息，分析故障原因和趋势，从总体上对装备可靠性实施连续监控和改进的维修。

　　按照维修组织形式，可分为机动维修和固定维修两类。机动维修是指根据飞机所在地和维修力量分布情况，机动灵活地实施的维修；固定维修是指依托维修基地、工厂、修理所，在固定地点所进行的维修。

　　按照维修工作内容，可分为原件维修、换件维修和拆拼维修等三类。原件维修是对损坏的或不符合要求的零部件所进行的维修；换件维修是将已损坏的零部件更换为新品的过程；拆拼维修是从损坏的航空器上拆取可用零部件、拼装成完好航空器的过程。

　　按照维修对象，分为航空器结构维修、发动机维修、机电设备维修、航电设备维修等不同类型。针对不同的维修对象，由不同的专业人员组成专门工作团队实施维修工作。

6.6.1.3　航空维修活动

　　航空维修中的各种活动，可概括为管理活动、技术活动和保障活动三类。技术活动是航空维修的主体，也是一切管理活动的基础；管理活动统筹维修资源，为实现维修目的、提高质量效益提供保证；保障活动为技术活动的顺利开展，提供必要的条件与服务。图 6-29 为客机的大修场景。

　　管理活动包括组织管理、计划管理、质量管理、技术管理、器材管理等内容。

　　技术活动贯穿于航空维修的全部操作过程，主要内容包括：检测、保养、拆卸、故障定位、零部件（元器件）更换、修复、装配、调校、检验等。

　　保障活动一般包括技术保障、资源保障和后勤保障等内容。

图 6-29　民航飞机的大修场面

6.6.2　航空维修思想的演变

航空维修模式取决于航空维修思想,有什么样的维修思想就有什么样的维修模式。在 100 多年的发展中,"单一定时维修"和"以可靠性为中心"的维修思想依次占据主流地位,并衍生出与之相适应的维修模式。进入 21 世纪后,正在形成具有信息时代特征的航空维修新思想。

6.6.2.1　传统航空维修思想

在 20 世纪 30 年代之前,由于飞机构造简单、故障模式少,航空维修以事后维修为主,"不坏不修,坏了才修",没有形成系统的航空维修理论。

1930 年,美国人提出"预防为主,安全第一"的观念,进而发展成一种维修理论。这种思想或理论统治航空维修领域长达半个世纪之久,因此,被称作传统航空维修思想。

传统维修思想所依据的逻辑是:"机件要工作——工作必磨损——磨损导致故障——故障危及安全"。认为:任何航空产品都要经历早期故障期、偶然故障期和耗损故障期三个阶段,故障是时间的函数,遵从"浴盆曲线"(见图 6-30),可靠性与使用时间直接相关,因此对每一个部件都要确定一个安全寿命,必须在规定时间内对这些部件进行维护、翻修或

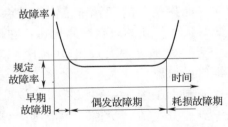

图 6-30　"浴盆曲线"

报废。这是一种以定时翻修为主的维修思想,国外称为翻修期控制,国内许多文献称其为"以预防为主"的维修思想。本书使用"单一定时维修"的概念来概括传统航空维修思想。

"单一定时维修"总体上是与航空器发展水平、航空维修条件相适应的,对于保证飞行安全、完成飞行任务,发挥了不可替代的作用。

"单一定时维修"也存在着明显不足,主要有:①经常性地拆装设备,造成过度维修;②绝大部分部件的单独寿命并没有得到充分利用;③某些设备维修后故障率反

而增高，可靠性下降；④不能完全避免偶然故障的发生，而且还要储备大量备件。

6.6.2.2 "以可靠性为中心"的维修思想

鉴于传统维修思想的种种不足，加之航空技术的迅猛发展，1960 年，美国联邦航空局（FAA）和联合航空公司经过大量研究，提出了一种制定航空维修大纲的方法，初步形成了"以可靠性为中心"的维修思想（RCM），1968 年，首部体现该思想的维修大纲 MSG–1 正式颁布，获得了巨大成功。1984 年，美国国防部发布指令性文件，决定采用"以可靠性为中心"的维修理论，进而成为军机维修的指导思想。

RCM 是一种以可靠性为中心的维修思想，它是建立在综合分析航空器固有可靠性基础上，根据零部件的不同故障模式与后果，而采取不同维修策略的、预防性维修思想。RCM 的实质是通过最经济、有效的维修，对航空器的可靠性实施最优控制。它是传统航空维修思想的发展，也是对维修经验和理论的提炼总结。

实施 RCM 维修模式，要正确认识航空器设计与维修之间的关系。航空器设计、制造决定了航空器的固有可靠性，维修只能保持航空器固有可靠性，不可能提高其固有可靠性。

实施 RCM 维修模式，要树立正确的维修方针。要区分重要零部件和一般零部件、简单零部件和复杂零部件，关键是要搞清楚会不会发生支配性故障；要认识到过度维修和维修不足都会降低航空器的可靠性水平。视情检查可以通过发现故障隐患而达到预防故障的目的，因而是最有效的预防维修手段。

实施 RCM 维修模式，应制订切实可行的维修方案。制订方案是一项综合分析航空器可靠性水平和维修优化的工作，需要逻辑分析技术的支持。

6.6.2.3 正在形成的航空维修新思想

进入 21 世纪后，人类社会步入信息时代，航空维修也必然烙上时代的印记。由物质和能量构成的二元维修，必然会被由物质、能量、信息构成的三元维修所取代。在此背景下，新的航空维修思想正在形成与完善当中。

新的维修思想大致特征如下：以风险维修、状态维修、精益维修、数字化维修和维修经济学为支柱，以维修方式与方法的优化为主要内容，以维修质量的产生和过程控制为主线，在知识管理的信息技术平台上，将维修系统内的物质流、信息流、知识流、资金流、价值流集成为一体，将现行的航空维修目标（保持或恢复航空装备固有可靠性和安全水平），提升为实现航空装备全系统、全寿命的可靠性最优控制。

由于新的维修思想着眼于发挥信息技术和信息系统的作用，充分利用数字化手段，有人将其称为数字化维修思想。必须指出，新的维修思想尚在不断发展和完善中，新一代维修理论体系建设是一个长期过程。

6.6.3 军事航空维修

军事航空维修专指针对军用航空装备的维修活动，其根本目的是保障军队作战、训练以及其他军事任务的完成。维修对于军队来说属于保障性工作范畴，因此，在使用上维修与维修保障并无严格区别。航空维修是保持、恢复乃至提高航空兵部队战斗力的重要因素之一。

6.6.3.1　军事航空维修体系

军事航空维修体系萌生于第一次世界大战期间。二战期间，各参战国为了保证战机出勤率，采取多种强力措施，使军机维修体系更加完善，进而成为航空兵部队的一个独立保障部门。之后，各主要军事大国根据发展需要，形成了各具特色的军事航空维修体系。

我军采用三级航空维修体系，即基层级、中继级、基地级维修单位相结合的体系，各级单位根据维修范围和维修程度来区分任务。基层级单位一般指航空兵团属机务大队。中继级单位主要指航空兵师属修理厂及其派出的维修分队，它比基层级单位有较高的维修能力，承担基层级单位无法完成的任务。基地级单位拥有最强的维修能力，能胜任所有维修任务，一般指总部、战区、军兵种直属的维修机构或隶属工业部门的制造厂家，主要完成装备翻修、事故修理、大型复杂项目改装、重要零备件制作等工作。

美军采用二级航空维修体系，即取消了中继级维修单位，由基层级（见图 6-31）和基地级单位完成所有维修工作。二级维修体系减少了维修工作量和维修设备，提高了维修效率。随着军用航空装备可靠性、维修性、保障性的提高，二级维修体系已成为发展趋势。

图 6-31　美军基层级航空维修

6.6.3.2　现代军事航空维修的特点

现代战争是高技术战争，在高技术条件下，军事航空维修呈现出以下特点：

①满足高强度出动的需要。现代空中作战的节奏快、强度高，再次出动准备时间短，因此，航空维修的首要任务是满足航空装备高强度出动（使用）的需要。

②保障模式转变迅速，实现多机种维修保障。现代空中作战通常是多机种协同作战，因此，同一个机场要能够迅速转变保障模式，满足不同机型、不同机种的维修保障需要。

③实现高技术支持的实时保障。先进作战飞机普遍采用单元体设计、机内自检测技术（BIT）、自保障技术、综合航电系统、交互式电子技术手册等先进保障手段，变被动维修为主动维修，实现了实时保障，大大提高了航空装备的维修效率。

④推行军地协同的维修保障方式。随着航空装备日趋复杂，许多维修保障任务仅靠军队维修力量难以完成，航空器设计单位、制造厂商将越来越多地参与到维修保障工作当中，军地协同的维修保障方式将成为一种必然趋势。

6.6.3.3　需要关注的几个问题

目前，军事航空维修面临着新的挑战，有一些问题亟待解决，主要有以下三点。

（1）首翻期问题

翻修是"单一定时维修"思想的产物，指航空装备在达到一定使用时限而进行的大拆大卸式的深度修理。翻修时所有的系统、设备都要从飞机上拆下，完成分解—清洗—换件—重装—试验—装机程序。翻修工作虽然有一定的合理性，但弊端很多，直接影响到维修工时、停机时间和战备完好率。许多民机和先进战机已取消了首翻期。应及早摒弃首翻期的概念，按照 RCM 思想确定维修频次、间隔和维修方式。

（2）战场抢修问题

飞机战场抢修是指在战时前线条件下，通过调动一切维修资源，在短时间内对战伤飞机进行评估，并施以标准或非标准的修理。战场抢修对于迅速恢复战斗力意义特别重大。战场抢修不仅环境特殊，而且不可知因素众多，平时又无法演练，因此，应作为重大课题进行深入研究，形成适应现代战争特点的战场抢修模式。

（3）军民融合问题

军民融合是一个世界性难题，航空维修也不例外。经验证明，充分利用民用产品的技术优势和科研成果，不仅能节省大量经费，而且可为战时保障提供重要依托。目前，民用航空维修已经建立起一套严密的管理体系，其维修技术水平不在军机之下。推行"民技军用"，吸纳民机维修管理经验，促进军民融合，是提高军事航空维修能力的一条重要途径。

6.6.4　民用航空维修

民用航空维修专指针对各种民用航空装备的维修活动，它是保障民用航空器安全性、可靠性的重要手段，是持续适航的基本内容，也是航空公司市场竞争力的决定性因素之一。民用航空维修脱胎于军事航空维修，但经过几十年的发展，已显著有别于军事航空维修。民用航空维修分为通用航空器维修和运输航空器维修两大类，由于两者性质接近，所以在管理上、具体操作上差别不大。

6.6.4.1　民用航空维修作业

民用航空维修作业分为航线维修、机库维修、车间维修三种基本形式。

航线维修是指在运营的飞机上完成的维修工作，包括航行前维修、航行后维修和过站维修等，具有时间性强、故障随机性大、排故要求与维修资源之间的矛盾突出等特点（见图 6-32）。

图 6-32　民航客机的航线维修

机库维修是指在停止运营的飞机上完成的维修工作，包括对临时从航班上撤下来的飞机实施的大修和改装等。

车间维修是指将需要维修的设备（或零部件）从飞机上拆下来，送抵维修工厂或飞机制造厂，在专门的车间进行的维修。

6.6.4.2　民用航空维修的特点

民用航空维修不同于军事航空维修，前者是市场主导型活动，后者是任务主导型活动，由于两者的性质不同，因而呈现出自己的特点。民用航空维修特点如下。

（1）民用航空维修是持续适航的基本内容

保障飞行安全是民用航空的永恒主题。对航空器的不安全状态进行监控，并采取相应措施予以纠正，是持续适航的核心内容，这恰恰也是航空维修的主要职责，因此，航空维修是持续适航的基本内容。

（2）民用航空维修具有显著的法治化特点

法治化是确保民用航空运营的基本条件，民用航空维修必须严格遵守相关法律、法规和民航规章，严格按照适航局方批准的维修大纲实施操作，坚持严格的持证上岗制度。

（3）民用航空维修把经济性指标放在突出地位

民用航空维修是一种市场行为，追求经济效益最大化，力争以最低的维修成本获得最高的维修质量，无可厚非。因而，民用航空维修始终把经济性指标放在突出地位。

（4）航空维修是航空公司竞争力的决定性因素之一

航空维修成本在航空公司运营中占有很大比重，维修质量的好坏更关乎飞行安全，因此，航空维修能力就成为衡量航空公司竞争力的主要指标之一。不仅如此，航空器的维修性好坏，也是决定该型航空器市场竞争力的重要因素之一。

（5）对航空器进行全系统、全寿命管理是航空维修的重要使命

今天的航空维修不再是一个独立、封闭的工程环节，而是一个复杂的系统工程，必须从新飞机的选装、监造、各个级别的维修以及维修差错的调查，直到飞机退役，对航空器实施全系统、全寿命管理，方能使航空器的可靠性保持其固有的设计水平。

6.6.4.3　民用航空维修大纲

航空公司必须严格依据维修大纲完成各种维修保障工作。维修大纲以维修思想

为指导，由适航局方代表、飞机制造商、航空承运人共同编制完成，最终经适航局方批准，颁布实施。维修大纲是重要的持续适航文件。由三方组成的维修指导组称为MSG，MSG 又称为维修思想，经历了 MSG−1、MSG−2 和 MSG−3 三个阶段的发展。目前，民用航空维修大纲基本上分为程序主导型大纲和任务主导型大纲两类。

程序主导型维修大纲采用美国航空运输协会（ATA）制定的判断逻辑程序，是一种基于 MSG−2 的维修方法。程序主导型大纲通过定时维修、视情维修和状态监控的维修程序，来指导实施计划性维修。

任务主导型维修大纲采用 ATA 制定的决断逻辑程序，是一种基于 MSG−3 的维修方法，现使用的是第二修订版本 MSG−3R2。根据此方法确立了飞机系统任务、结构项目任务和区域任务三种类型的维修任务，每种类型的任务又被细化分解成若干项维修内容。实施任何维修作业前都要进行两级逻辑判断，第一级是确定故障的基本类型——是安全性故障还是经济性故障；第二级是确定维修方法——针对明显故障和隐形故障，要采用不同的维修方法。基于 MSG−3 的结构维修决断逻辑见图 6−33。

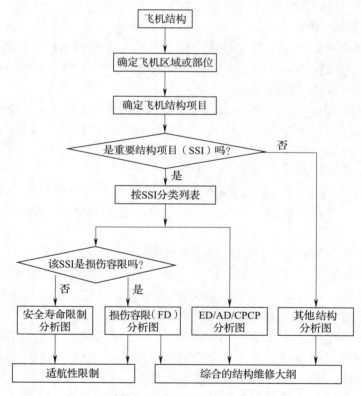

图 6−33　基于 MSG−3 的结构维修决断图

6.6.5　维修性的设计问题

设计是一种最基础的规划活动，飞机维修性的"基因"也来自于飞机设计。维修技术、维修手段、维修体系固然重要，但这一切均基于飞机维修性的好坏，而维修性的好坏是"设计出来的"。

6.6.5.1 维修性及维修性设计

航空器的维修性是指产品在规定条件下和规定时间内，按规定的程序和方法进行维修，以保持和恢复到规定功能的能力。维修性是一个产品的固有设计特性，它关系到进行维修工作时的简便程度、准确性、安全性和经济性。所有航空器的维修性，都是通过维修性设计和使用过程中的维修性管理实现的。

维修性设计是指在航空器设计阶段，充分考虑以最少时间、最低费用和最小的资源消耗对航空器进行有效维修的分析、规划过程。其主要内容包括：收集、分析、评定维修信息，制定维修性设计大纲，进行维修性分析，确定维修方式和具体计划，制定维修设计规范，进行设计权衡，完成必要的试验、验证等。

6.6.5.2 维修性与可靠性、测试性的关系

维修性与可靠性、测试性有着密切关系，在确定维修性参数指标时，应充分考虑可靠性、测试性因素，明晰三者之间的关系，进而达到合理平衡。

按照"以可靠性为中心"的维修思想，飞机的可靠性既是航空维修的肇始，又是航空维修的归宿，一切维修活动都是围绕着保持飞机固有可靠性而进行的。飞机固有可靠性是在设计、制造阶段决定的，任何维修活动都不可能提高飞机的固有可靠性，只能保持或使固有可靠性不至降低过多。也就是说，可靠性越高，对维修性的要求就越低，因此，提高固有可靠性是改善维修性的根本。

在"以可靠性为中心"的维修体系中，视情维修和监控维修是两个基本手段，视情维修的前提是及时发现故障征兆，监控维修的关键在于实时掌握各系统、各部件的运行信息，而这一切均有赖于测试性的好坏。故测试性是实现视情维修和监控维修的条件，也是达成"以可靠性为中心"维修目的之前提。

6.6.5.3 现代飞机维修性设计

随着航空技术发展，航空器的系统越来越复杂，构型越来越多样，对维修性的设计要求越来越高，出现了一些新的设计理念和优化设计方案，比较典型的有以下几种。

（1）单元体或模块化设计

采用单元体或模块化设计，使故障件的拆卸更方便、故障隔离更容易，进而扩展了离位修理的范围。发生部件故障后，基层级维修单位即可直接更换良好备件，将故障件送抵后方维修机构修理，大大提高了维修效率。

（2）故障机内诊断技术

故障机内诊断技术利用传感器、分析检测设备对飞机上各系统、各部件进行实时测试和监控，探查运行状态，发现故障征兆，预测发展趋势，尽可能将故障控制在萌芽状态，进而避免了大量重复性维修工作。

（3）飞机健康管理系统

飞机健康管理系统是一个综合性的故障诊断、预防系统，是故障机内诊断技术的进一步发展。它的主要作用是：对功能系统实施故障检测、隔离与系统重构，对飞机结构进行智能载荷监控，为推进系统、任务系统等提供健康保障。飞机健康管理系统是以可靠性理论为基础、基于状态管理的预防性维修支持系统，未来将成为先进飞机

或大型飞机的标配系统。

（4）远程支援系统

远程支援系统是一个综合维修信息系统，它通过计算机网络，将外场（起飞线）维修人员与后方专家紧密联系起来，及时向前方提供技术咨询、技术指导和决策支持。

（5）交互式电子技术手册

交互式电子技术手册是一种随机配备的数字化维修技术手册，它将该机型的故障类型、故障原因、故障查找方法以及维修程序、维修方法等全部技术信息集合到一个数据库中，以电子手册的形式为维修人员提供信息服务。

6.7　航空技术基础

航空技术基础是一个内涵十分宽泛的概念，本意应为支持航空产品研发、制造和航空产业发展所需的全部基础性、支撑性技术工作。本节所说的航空技术基础是我国科技管理工作约定俗成的称谓，指那些具有基础性、广泛性、通用性特征的技术工作，包括航空计量、航空测试、航空标准化、质量管理与可靠性等。本节依次介绍这些技术工作的作用、特点、内容及发展趋势。

6.7.1　航空计量

计量（metrology）具有双重含义，其一是指利用技术和法制手段实现单位统一和量值准确可靠的活动；其二是指测量（measurement）及其应用的科学，即计量学。计量的主要内容包括计量单位的定义和转换，以及确保量值传递与统一的措施、规程和法制等。在计量过程中，利用被确认的标准量具和仪器，去校准、检定受检量具和仪器设备，以衡量和保证使用受检量具、仪器进行测量时所获得结果的可靠性。

计量与测量有着直接的关系，但两者并不等同。任何事物都是由"量"组成的，测量是通过实验，合理地给非量化实物赋予一个或多个量值的过程，其目的是用数据描述事物。一个不确定度（或准确度）未知的测量值是没有意义的。门捷列夫说过，"没有测量，便没有科学"。测量是计量的基础，计量源于测量，计量是在测量之上，实现单位统一、保障量值准确可靠的活动。确保测量数据的准确性、一致性和溯源性，是计量工作的基本任务。

6.7.1.1　航空计量的概念、作用和特点

（1）航空计量的概念

航空计量是航空领域里的计量；是以计量和计量学为基础与指导，围绕航空产品的研发、生产、使用、维护等过程中的测量需求，以保证测量量值准确统一为目标而开展的科学技术研究与应用活动。航空计量涵盖了先进测量技术研究、测量标准装置创建、计量技术规范制定、标准量值传递、测试设备（仪器）的量值溯源与评估，以及围绕产品质量管控而实施的计量监督管理等。航空计量是一项十分重要的基础性航空技术。

（2）航空计量的作用

航空计量在航空工程中的重要作用主要体现在以下三个方面：

其一，计量是航空器研制的关键技术。现代航空器是由多个子系统构成的复杂系统，零件、部件、子系统、整机组成了庞大的参数指标体系；航空计量通过保证参数指标量值的准确与统一，来保障航空器研制的顺利进行。

其二，计量是保证航空产品质量的基础性手段。航空计量通过建立贯穿于航空产品全寿命周期过程的量值溯源体系，使结果可检验、过程可复现、数值可溯源，以切实保证产品质量，增强用户对产品与过程的信赖。

其三，计量对航空科技发展具有重要支撑与推动作用。数据是探索未知世界的要素，航空科技需要海量数据支撑。航空计量基于先进的测量标准装置和测量手段，不断提高数据的完备性与准确度，为认识航空科技规律提供可信的数据，促进航空科技事业发展。

（3）航空计量的特点

航空计量具有如下特点：

①准确性。同一切计量工作一样，准确性是航空计量的基本特点；同时由于航空产品的复杂性，以及使用环境的严苛，也是航空计量的主要难点之一。计量结果的准确性直接影响到航空产品的开发，航空计量不仅应明确给出被测对象的量值，而且还应给出该量值的不确定度（或误差范围）。所谓量值的统一，是在一定准确程度之内的统一。

②一致性。计量单位的统一是量值一致的重要前提。无论在任何时间、地点，采用任何方法、使用任何器具或由任何人进行，计量结果都应该在给定范围内保持一致。

③溯源性。任何一个计量结果，都要能通过连续的比较链溯源到计量基准。"溯源性"是"准确性"和"一致性"的技术归宗。若量值出于多源，则无准确一致可言，势必造成技术和应用的混乱，以致酿成严重后果。

④法制性。保证量值的准确一致，不仅要依靠技术手段，而且还要依靠法律、法规和行政管理手段，并在实践中强制执行。

6.7.1.2 航空计量的内容及分类

航空计量的专业内容，既有一般计量专业的共性内容，也有航空工程需求所带来的一些特色内容。

国际单位制（SI）规定了7个具有严格定义的基本单位，分别是时间单位"秒"、长度单位"米"、质量单位"千克"、电流单位"安［培］"、热力学温度单位"开［尔文］"、物质的量单位"摩［尔］"和发光强度单位"坎［德拉］"，构成国际单位制的基石。国际单位制规定的其他单位，如力的单位"牛［顿］"、电压的单位"伏［特］"、能量的单位"焦［耳］"等，皆可由7个基本单位组合导出。

我国将计量技术分为几何量、热学、力学、电磁学、无线电电子学、时间频率、光学、声学、化学、电离辐射10大专业。除了上述专业计量技术外，还有6项支撑这些专业的技术基础，它们是：通用计量术语，物理量和计量单位，数据处理与统计分析，测量不确定度评定，测量质量保证和保证计量质量。

航空计量面向航空科技创新和航空产业发展，涵盖上述专业的计量技术，且需要跨专业、跨学科的综合计量，如航空数字化制造与装配计量，风洞、飞机地面试验台、航空发动机试车台等大型航空试验系统计量，航空专用测试设备计量，飞机导航与定位系统、大气数据测试系统、隐身测试系统等特殊专业计量等，内容繁复，技术要求极高。

为保障重大航空型号研制的顺利进行，须在型号技术指挥系统内设立计量师系统，其职责为：制定型号计量保证大纲，确保在研制过程中有效开展计量工作；审批型号计量保证工作的有关文件或制度；参加与型号相关的技术方案论证，进行型号计量性设计；组织开展型号计量技术攻关；开展型号设计、试验和生产定型前所用测试设备和测试方法的计量审查确认工作；对型号承制单位及相关配套供应商的计量工作实施监督。

6.7.1.3 航空计量的发展趋势

为了满足未来航空发展的需要，航空计量正向以下方向发展。

（1）复杂系统综合校准。航空大型试验设备、专用测试设备往往是多输入多输出的复杂系统，且工作环境恶劣。如航空发动机试车台，其获取航空发动机推力和燃油消耗率两项重要指标参数，但影响因素涉及压力、温度、湿度、流量、力值、转速等物理量，测量点数以百计，需要在单参数计量的基础上，建立复杂系统数学模型，辅以原位及在线校准，以实现复杂系统的综合校准。

（2）极值量计量。随着航空科技工业的发展，需要进一步扩展多项计量的量限，例如：空气流速（从 1m/s 到 3000m/s）、长度（从 0.1nm 到 100m）、动态压力频率（从 0.1Hz 到 200kHz）、温度（航空发动机需要的 2500K 高温）等。

（3）动态校准。航空器需要测量的大部分物理量随时间而变化，如飞行姿态、空间位置、加速度，机翼表面气流的压力、温度、流速，航空发动机涡轮叶片的应力、应变、温度等。为准确测量这些物理量，必须实施动态校准。动态校准需要产生相关物理量的动态量值（如正弦、阶跃、冲击等动态激励信号），并溯源到国际单位制，从而获取测量系统的动态响应特性，如动态灵敏度、时域响应、频率响应、带宽、传递函数等。

（4）量子计量。在量子技术获得新发展、大量潜在应用不断展现之时，量子计量已经率先成为实用的技术概念与实践。2019 年 5 月 20 日，基于量子效应和物理常数的新国际单位制正式生效，经典的 7 个基本单位中的 4 个——千克、安［培］、开［尔文］和摩［尔］分别改由普朗克常数、基本电荷、玻耳兹曼常数和阿伏加德罗常数来定义（另外 3 个——秒、米和坎［德拉］的定义保持不变）；同时，国际单位制的最后一个实物基准"国际千克原器"正式退役。新国际单位制和随之而起的量子精密测量技术的发展，将使得高准确度测量标准能够随时随地复现，大幅缩短量值传递链，提高测量准确度，满足新一轮科技革命的需要。未来芯片级量子测量标准可嵌入航空器，以实现自校准；也可植入生产设施，保障制造过程的量子化测量。航空工业应高度重视量子计量，实施"量子度量衡"计划，加快应用量子计量基准，开展量子传感和量子芯片等的研究与研制，推动和保障航空科技与产业发展。

6.7.2 航空测试

航空测试贯穿于航空产品的全寿命周期，获取产品和产品研制、使用过程的定量或定性信息，直接关系到航空产品的性能和质量，对提高航空产品质量、保证航空装备的完好性、降低寿命周期费用，具有基础性保障作用。

6.7.2.1 航空测试的概念

（1）航空测试的概念

航空测试是指在航空科学研究或航空产品的研制、生产和使用中，对测试对象进行测试、分析和状态评估的相关活动。

测量（measurement）和测试（test）是一对近义词，在很多场合具有相同含义，但又有所区别。测量是单纯为获取被测对象的某个或某些参数为目的的过程或动作。而测试则具有试验的性质，通常是指试验过程中获取信息的过程或动作，如飞机结构强度试验中的应力、位移测试，飞行试验中各种参数测试等。从含义上，测试包含测量。

（2）航空测试技术

航空测试技术是在航空测试活动中所采用的相关技术、设备之总称，是达成航空测试目的的主要手段。

航空测试技术主要包含测试原理、测试方法和测试设备（硬件和软件）等。

航空测试技术是测量技术、微电子技术、计算机技术、网络技术、通信技术、控制技术、机械技术等与航空工程技术相互渗透、相互结合、综合发展起来的一门工程技术。

6.7.2.2 航空测试的作用、特点和分类

（1）航空测试的作用

航空测试贯穿于航空产品预研、研制生产和使用维护等全寿命周期，其主要作用如下：

①获取实验或试验、产品生产或使用维护中的定性、定量数据或信息，并进行分析和评定，用来验证新理论、新方法、新方案的正确性或可行性；

②确定或验证被测对象的性能或当前状态；

③发现或预测产品的故障，提出合理的修正或维修建议。

（2）航空测试的特点

航空产品一般都属于高新技术产品，加之航空产品系统复杂、技术要求高、使用环境恶劣等因素，使得航空测试与普通民用测试相比，具有如下显著特点：

①航空测试设备具有更高的精度、速度、分辨率、带宽、稳定性和可靠性；

②外场测试设备具有适应各种恶劣气候和环境条件的能力，便于携带和运输，容易组装和拆卸，便于作战部署；

③能满足飞机、武器等的飞行动态测试需要，甚至要具有测试飞行器隐身、导航与制导等性能的特种测试能力；

④满足航空发动机、武器系统在高空、高压、高温、高转速条件下的特种测试要求；

⑤机载、弹载测试设备具有体积小、重量轻、测量参数多、存储容量大、远距无线传输、空地测试一体化等特点；

⑥由于一些航空产品价格昂贵，在检测其内部缺陷或损伤时，往往要求进行无损检测。

⑦新一代飞机故障预测与健康管理（PHM）系统，对先进传感技术、大数据处理技术、健康状态评估技术和故障预测技术等提出了更高的要求。

（3）航空测试分类

航空测试按其所采用的技术原理，可以分成声测技术、光测技术、电测技术、磁测技术、机械测试技术、理化测试技术、材料成分的化学分析测试等不同类别。

航空测试按其测试工作流程，可以分成信号拾取、数据采集、信息传输、信息存储、信息处理、信息显示、数据分析等不同技术门类。

6.7.2.3 航空测试的发展趋势

近年来，随着电子技术、计算机技术的迅猛发展，航空测试也得到了很大的发展。航空测试技术与设备正向数字化、智能化、模块化、总线化、网络化、智能化、虚拟化、综合化、无线化、动态化、并行化、测－控－管一体化、通用化、标准化、小型化和自动化方向发展。量子技术、太赫兹技术、飞秒激光技术和光纤传感器技术等在航空测试领域有广阔的应用前景。

同时，测试软件技术在测试技术中的地位越来越重要。测试软件技术包括测试策略、方法、算法和仿真建模；多传感器数据融合、数据挖掘、数字滤波、数据压缩与解压、数据分析与处理；操作系统、数据库、语言、测试执行程序、测试向量生成、测试性评估、故障诊断与预测等。今后，构建测试系统的工作量和费用，软件比硬件占有更大比重。测试软件技术正处于迅速发展的阶段。

6.7.3 航空标准化

标准化是指在经济、技术、科学和管理等社会实践中，对重复性的事物和概念，通过制定、发布和实施统一的标准，以获得最佳秩序和社会效益的相关活动。现代标准化源自于工业革命，是工业文明的派生产物。

航空标准化是国家标准化工作的重要组成部分，是营造和保障航空科研、生产秩序的重要手段。

6.7.3.1 标准化体系

标准化体系是指一定范围内的标准按其内在联系形成的科学的有机整体。

中国现行的标准体系架构由国家标准（GB）、国家军用标准（GJB）、行业标准、地方标准、企业标准等不同层级的标准构成。国家标准、国家军用标准、行业标准、地方标准、企业标准分别有不同的标准代号。中国标准代号一览表见表6-16。

国家标准和行业标准又分为强制性标准和推荐标准两类。推荐性标准代号在强制性标准代号后面加"/T"。

按照标准化对象，通常把标准分为技术标准、管理标准和工作标准三大类。

标准编号通常由标准代号＋标准顺序号＋年代号＋标准名称组成。例如，HB 6648—1992《飞机拦阻钩装置通用规范》，HB 是航空工业的标准代号，6648 为标准的顺序号，1992 为该标准的制定年代，《飞机拦阻钩装置通用规范》为标准名称。

表 6-16 中国标准代号一览表

代号	标准名称	代号	标准名称
CB	中国船舶行业标准	LY	中国林业行业标准
CH	中国测绘行业标准	MH	中国民用航空行业标准
CJ	中国城镇建设行业标准	MT	中国煤炭行业标准
CY	中国新闻出版行业标准	MZ	中国民政工作行业标准
DA	中国档案工作行业标准	NY	中国农业行业标准
DB	中国农机工业标准	QB	中国轻工行业标准
DJ	中国电力工业标准	QC	中国汽车行业标准
DL	中国电力建设行业标准	QJ	中国航天工业行业标准
DZ	中国地质矿产行业标准	SB	中国商业行业标准
EJ	中国核工业行业标准	SC	中国水产行业标准
FZ	中国纺织行业标准	SH	中国石油化工行业标准
GB	中国国家强制性标准	SJ	中国电子行业标准
GB/T	中国推荐性国家标准	SL	中国水利行业标准
GJB	中国国家军用标准	SN	中国进出口商品检验行业标准
GY	中国广播电影电视行业标准	SY	中国石油天然气行业标准
GA	中国公共安全行业标准	TB	中国铁路运输行业标准
HB	中国航空工业行业标准	TD	中国土地管理行业标准
HG	中国化工行业标准	TY	中国体育行业标准
HJ	中国环境保护行业标准	WB	中国卫生标准
HY	中国海洋工业行业标准	WH	中国文化行业标准
JB	中国机械行业（含机械、电工、仪器仪表等）强制性行业标准	WJ	中国兵器工业标准
		XB	中国稀土行业标准
JC	中国建筑材料行业标准	YB	中国黑色冶金行业标准
JB/T	中国机械行业（含机械、电工、仪器仪表等）推荐性行业标准	YC	中国烟草行业标准
		YD	中国邮电通信行业标准
JG	中国建筑工业行业标准	YS	中国有色金属行业标准
JR	中国金融系统行业标准	YY	中国医药行业标准
JT	中国公路、水路运输行业标准	ZB	中国专业标准
JY	中国教育行业标准	ZBY	中国仪器行业专用标准
JZ	中国建筑工程标准	ZY	中国中医行业标准
LD	中国劳动和劳动安全行业标准		

另外，各种国际标准正日益广泛地被应用到经济社会生活当中。国际标准是国际标准化组织（ISO）、国际电工委员会（IEC）、国际电信联盟（ITU）等约 40 个国际组织制定的标准，由国际标准化组织确认并公布，在世界范围内统一使用。

6.7.3.2　航空标准化的概念和作用

（1）航空标准化的概念

航空标准化是指为了获得航空科研、生产、使用的最佳秩序，而制定航空工业行业标准，或推行与航空工业相关的其他标准，并监督标准实施的过程，以及推行航空产品通用化、系列化、组合化等一系列活动。

航空工业行业标准（HB）是指以航空产品及其过程、服务为对象所制定的，航空工业全行业共同使用和重复使用的技术文件。由国务院有关行政主管部门制定，并报国务院标准化行政主管部门备案。当同一内容的国家标准公布后，则该行业标准即行废止。

（2）航空标准化的作用

①为航空产品科研、生产、使用提供技术依据。航空标准化为航空产品全寿命周期中的各种技术和管理事项提供依据，并在航空产品社会化协作中起到桥梁和协调作用。

②有利于保证产品质量，提高产品效能。航空标准规定了产品的性能指标、试验方法、验收规则等要求，按航空标准进行设计、制造、试验和验收航空产品，能降低研制风险，保证产品质量，提高产品效能。

③避免重复劳动，节省资源，提高工作效率。由于标准是科学技术经验的总结，是一种可共同使用和重复使用的成果，因此推行标准化可避免重复劳动，节省人力、财力和时间，并提高工作效率。

④简化产品品种，减少研制经费，提高保障能力。推行标准化可重复利用已有成熟产品，避免重复设计和研制，简化产品品种，有利于节约资源，也有利于提高保障能力。

⑤便于引进和固化并推广先进技术。标准是引进和固化国内外先进技术的载体，利用其载体作用，便于将先进技术推广到科研、生产、使用中去，为技术创新提供有力支持。

6.7.3.3　航空标准化工作的主要任务

航空标准化肩负着制定标准、宣传贯彻标准和监督实施标准三大主要任务。

（1）制定标准

航空标准在需求牵引下，按规定的程序，经过有关各方协商，经主管机关批准，而形成计划，开展编制。航空标准按规定格式编写，内容和形式统一规范，便于阅读、理解和贯彻实施。

航空标准的制定，以科学、技术和经验的综合成果为基础，既强调继承已有成果，又重视借鉴和引进外来先进成熟技术。引进国际标准和国外先进标准，已成为中国航空工业的一项基本技术政策。

（2）宣传贯彻标准

有目的地选用标准，并在产品设计、制造、试验、验收、使用、维修及服务中执行标准，是航空标准化工作的核心任务。标准只有得到贯彻应用才能产生效益，发挥作用。

（3）监督实施标准

监督实施标准，主要包括检查实施过程、纠正实施偏差、处理实施中的错误行为等三方面内容。按监督主体不同，有企业内部监督、订购方监督、主管机关监督三种监督形式。其中，企业内部监督是基础，订购方监督是关键。

6.7.3.4　航空标准的分类

航空标准分类的方法很多。按标准的基本特性，可分为技术标准、管理标准和工作标准。其中，技术标准又可分为基础标准、产品标准和方法标准。按标准发布机关和适用范围，可分为国家标准（国家军用标准）、行业标准、企业标准等。

最能反映航空标准内容和分类的是航空标准体系表，它由航空标准和与航空有关的国家军用标准组成（见图 6-34）。

航空标准体系表是航空标准的发展蓝图和制定相关标准的依据，它不但全面、系统地反映了航空标准覆盖的内容和分类，而且还体现各类、各个标准的层次及其相互关系。

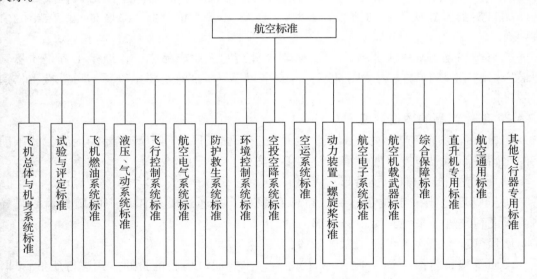

图 6-34　航空标准体系结构框图

我国现有航空标准 8000 多项，与航空有关的国家军用标准 1000 多项。此外，还有大量与航空有关的国家标准和相关各行业（如电子、机械、冶金、石油、化工等）标准。这些标准是航空及其有关行业广大工程技术人员在长期的科研、生产、使用实践中经验的结晶，是一个巨大的知识宝库。因此，航空从业者都应利用这一宝库，积极和主动地学习和应用标准。

6.7.3.5　航空标准化的发展趋势

（1）高新技术航空装备的标准化愈加受到重视

新型航空装备和高新技术的快速发展，对航空标准化提出更多、更高的要求；民用航空器的全球合作与贸易迫切要求航空标准化与国际接轨，上述两个原因成为推动航空标准化发展的新动力。同时，新技术的发展也改变了标准生成模式，经验总结形成的标准和体现新技术成果的超前性研究型标准，将成为未来标准编制与推动标准化的两种互相支撑的形式。

（2）信息技术标准将成为航空标准化的重要领域

信息化的大趋势，正深刻影响航空工业和航空装备的发展。制定和实施一系列设计、制造、装配和试验方面的数字化标准，成为今后航空标准化的重要领域和迫切任务。

（3）航空标准化工作管理将走向现代化和网络化

随着计算机和信息技术在标准化工作中的应用，今后标准的立项论证、编写、讨论、审批和信息反馈等，将更加方便、快捷和透明，工作效率将进一步提高。

6.7.4 质量管理与可靠性

在工程领域里，质量（quality）是衡量产品优劣程度的指标，质量管理则是一个"保优拒劣"的过程。可靠性在广义上指的是使用者对产品的满意或信赖程度。优质的产品自然会得到使用者的信赖。因此，"质量"与"可靠性"都是对产品做出的价值判断。

航空产品是可靠性要求最高、质量要求最高的工业产品之一，航空工程是质量管理最严格的工程领域之一。"质量第一，安全可靠"，是航空质量管理与可靠性工作追求的目标。

6.7.4.1 航空产品的质量管理

质量管理是航空产品的生命线，也是航空工程项目管理中最重要的内容。我国航空工业始终不渝地坚持"质量第一"的工作方针。

（1）质量管理的概念及沿革

质量管理是指确定质量方针、目标和职责，并通过质量体系中的质量策划、控制、保证和改进，来使其实现的全部活动。

质量管理大致经历了三个发展阶段：

①质量检验阶段。20 世纪 40 年代之前，主要通过事后检验的方式进行质量管理，被称为工长的质量管理或检验员的质量管理。

②质量控制阶段。二战时期，由于事后检验无法有效控制武器弹药的质量，美国率先推行以数理统计理论为基础的统计质量控制，被称为质量控制。

③全面质量管理阶段。20 世纪 60 年代，人们开始用系统工程的观点研究质量问题，从注重产品的一般性能，发展到注重产品的耐用性、可靠性、安全性、维修性和经济性等综合性能，质量管理进入全面质量管理阶段。

中国航空工业从 1978 年开始推行全面质量管理，是我国最早推行全面质量管理的行业。

（2）航空产品质量管理的任务及特点

航空产品质量管理的基本任务是：执行国家和军队关于质量的方针和政策，提出产品质量要求，对产品质量特性的形成、保持、恢复和改善等过程实施控制，确保产品质量满足要求。

航空产品的质量管理具有以下特点：

①具有显著的全寿命特征。航空产品设计、制造、试验、生产、使用、维修和保障等各阶段的活动，都对产品质量产生影响。

②具有全面的质量特征。航空产品质量强调包括性能、可靠性、维修性、测试性、保障性、安全性等在内的全面质量特性，这是由航空产品的特殊使命以及全寿命周期的质量要求所决定的。

③具有不同内涵的固有特性。"固有"的概念在产品全寿命周期的各阶段有不同的内涵，例如，在设计阶段，其固有特性强调设计的适用性、可行性、完备性、时间性、经济性等，其中价格就是构成设计质量的一种固有特性。

（3）航空产品质量管理的基本内容

为获得优质的航空产品，在产品研制过程中，必须开展严格的质量管理活动，包括产品质量控制和为确保质量而进行的组织协调与指挥等，具体有：

①质量策划——致力于制定产品质量目标并规定必要的运行过程和相关资源以实现质量目标；

②质量控制——致力于满足产品质量要求；

③质量保证——致力于提供产品质量要求能够得到满足的信任；

④质量改进——致力于增强满足产品质量要求的能力；

⑤质量监督——致力于对产品质量以及相关的过程和管理体系的状况进行连续的监视和验证。

（4）以过程为基础的质量管理体系模式

图6-35表示以过程为基础的质量管理体系模式，从该图可以看出：

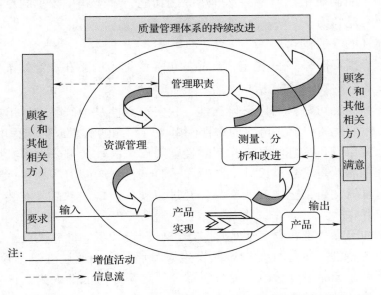

图6-35 以过程为基础的航空质量管理体系模式

①质量管理体系由管理活动、资源保障、产品实现、测量分析和改进等四大过程构成；

②质量管理体系的建立和运行，以过程为基础，以顾客要求为输入，转化为产品输出，通过增值活动和信息交流，不断满足顾客要求，使顾客满意；

③产品实现过程是质量管理体系过程的主体，该过程又由一系列子过程构成（其他过程也可能包含子过程）；

④过程相互关联、相互作用，实现质量管理体系的持续改进。

（5）型号研制中的质量管理工作

在型号的研制过程中，质量管理的目的是实现所规定的可靠性、维修性、测试性、保障性和安全性（"五性"，RMTSS）要求。

主承制方通过制定 RMTSS 设计准则，进行 RMTSS 设计和分析；制定 RMTSS 计划，对己方、转承制方和供应方进行全面的监督与控制，进行 RMTSS 工作评审；建立 RMTSS 数据收集、分析和跟踪系统，开展 RMTSS 试验与验证及进行 RMTSS 评估等一系列工作，确保"五性"的实现。

对于军用航空产品而言，应根据 GJB 450《装备可靠性工作通用要求》、GJB 368《装备维修性工作通用要求》、GJB 2547《装备测试性工作通用要求》、GJB 3872《装备综合保障工作通用要求》和 GJB 900《装备安全性工作通用要求》等的规定，通过剪裁制订计划，系统地开展 RMTSS 工作。

对民用航空产品而言，一般应按照国家的适航规章和条例、航空工业标准和企业标准的要求，全面开展 RMTSS 工作。

6.7.4.2 航空产品的可靠性

航空产品的可靠性反映了产品经久耐用和持续工作的能力，航空产品只有具有较高的可靠性，才能满足用户需要、发挥产品的功能，才能获得较高的经济效益，才能具有一定的市场竞争力。

（1）可靠性的一般概念

根据国家标准 GB 6583 的规定，产品的可靠性是指产品在规定的条件下、在规定的时间内完成规定的功能的能力。

可靠性分为狭义可靠性与广义可靠性。狭义可靠性是指产品在使用期间不发生故障、能正常工作的性质；广义可靠性是指使用者对产品的满意或信赖程度。

产品实际使用的可靠性叫做工作可靠性，工作可靠性又可分为固有可靠性和使用可靠性。固有可靠性是指经过设计、制造、试验，直到产品出产的各个阶段所确立的可靠性；使用可靠性是指已生产的产品，经过包装、运输、贮存、安装、使用、维修等因素影响的可靠性。

任何产品的可靠性都包含了耐久性、维修性、设计可靠性三大要素。耐久性是指产品经久耐用的特性；维修性是指产品发生故障后，容易通过维修排除故障的特性；设计可靠性是指在产品设计阶段，充分考虑使用环境和可能的人为操作差错，从而减少故障或失效发生概率的特性。

（2）航空产品的可靠性特点

与其他工业产品相比，航空产品的可靠性具有如下特点：

①航空产品具有极高的可靠性要求，这是由产品的复杂性以及特殊使用环境决定的。

②航空产品的可靠性与维修性、测试性、保障性、安全性密切相关、彼此影响。

③航空产品的可靠性管理十分重要、异常复杂，且贯穿于航空产品的全寿命周期。

④航空产品的固有可靠性尤其重要，它主要是由设计方案决定的，它奠定了航空产品工作可靠性的基础。

⑤可靠性试验，以及仿真和虚拟试验在航空产品可靠性管理中占据重要地位。

（3）航空可靠性工程

航空可靠性工程是为了保证航空产品在设计、生产及使用过程中达到预定的可靠性指标，所采取的技术及组织管理措施。主要工程环节如下：

①可靠性管理：完善可靠性组织结构，规划可靠性组织工作目标，制定相应流程，规范可靠性工作，监督可靠性工作的实施，培训可靠性知识，增强质量意识，规避设计风险。

②可靠性设计：通过设计奠定产品的可靠性基础，研究在设计阶段如何预测和预防各种可能发生的故障和隐患。

③可靠性试验及可靠性分析：通过试验测定和验证产品的可靠性，研究在有限的样本、时间和使用费用下，如何获得合理的评定结果，找出薄弱环节，并研究导致薄弱环节的内因和外因，研究导致薄弱环节的机理，找出规律，提出改进措施以提高产品的可靠性。

④制造阶段的可靠性：研究制造偏差的控制、缺陷的处理和早期故障的排除，保证设计目标的实现。

（4）提高航空产品可靠性的措施

自 20 世纪 90 年代以来，我国航空产品可靠性研究、可靠性管理取得了长足进步，发挥了不可替代的重要作用，但依然面临一些问题和挑战。结合我国实际以及国外军、民机研制的经验，今后可在以下几个方面努力，以提高我国航空产品的可靠性：

①重视研制过程中可靠性的评价与验证；

②加强可靠性仿真与虚拟试验；

③进一步推动设备的可靠性强化试验和可靠性加速试验；

④进一步强化系统级综合可靠性试验及分析。

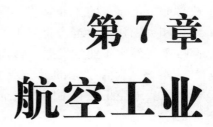

第 7 章
航空工业

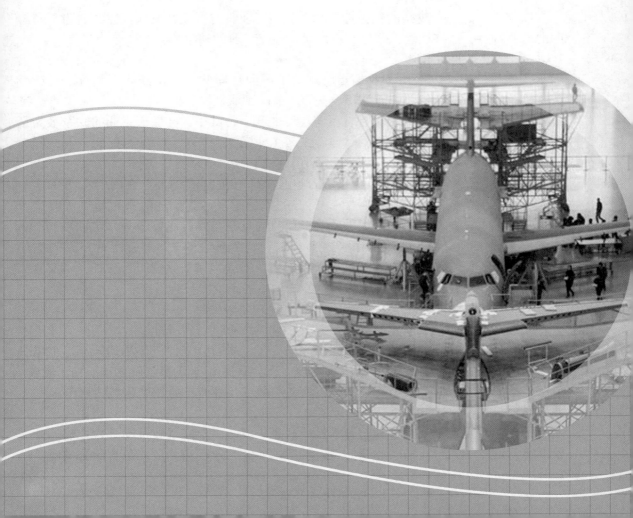

航空工业（aviation industry）是以研制、生产和修理航空器为核心业务的工业领域，具有技术密集、军民结合等特点；在多数强国大国，它是国防科技工业的重要组成部分。由于航空工业在巩固国防、发展经济、增强综合国力方面，具有不可替代的地位和突出作用，当今世界上的政治大国、军事大国、经济大国抑或地区性强国，都高度重视航空工业的发展，将其视为战略性产业门类。

本章从航空工业的概念入手，依次介绍航空工业的社会价值、航空工业的演进、当代世界航空工业和中国的航空工业等内容。

7.1 航空工业综述

航空工业是一切航空活动的基础，它是工业文明发展到一定阶段的产物，集众多科技成果之大成，被誉为"现代工业之花"。本节概括介绍航空工业的概念、体系结构、属性与特点，简要分析航空工业所具有的社会价值。

7.1.1 航空工业的基本概念

航空工业是一个复杂的社会性概念，航空工业具有多重社会属性，同时也具有鲜明的行业特点，这些概念、属性与特点是对航空工业的抽象刻画。

7.1.1.1 航空工业的定义

按照传统定义，航空工业是指研制、生产和修理航空器及其动力装置、机载设备、机载武器，以及相关地面支持设备等产品的工业领域。

航空工业与其他工业领域有着不同程度的联系，其中，与航天工业的联系最为紧密、渊源最深，以至于在美国、欧盟等主要工业国家，将航空工业与航天工业统称为航空航天工业。

从 20 世纪 90 年代开始，各主要工业国家推行包含航空工业在内的军事工业转型，航空工业企业开发的非航空产品所占的比例越来越高，产值甚至超过了航空产品；航空工业企业不仅向社会提供产品，而且向社会提供相应的服务。这样，以产品为标准来界定航空工业的做法已显得不合时宜。在新形势下，航空工业可以被描述为：以航空科研生产能力要素（人员、设施和技术等）和企业资产为基础、以发展航空产品为核心业务，提供相关产品和服务的军民用高技术产业。

7.1.1.2 航空工业的外延界定

航空工业作为一个概念，有两种方法界定其外延。

一种是依据管理体制和行政组织联系来界定。实行计划经济体制的国家，常常将航空工业归属到一个独立政府部门来管理，比如我国和苏联都曾设立过航空工业部，航空企事业单位隶属于航空工业部，因而，将航空工业部的管辖范围作为区分航空工业的界限。

另外一种是根据工业活动的技术经济联系来界定。航空工业活动必须依靠一条完整的产业链才能运行。从产业链的角度理解，航空工业范畴，应该包含除去供电、供水、交通等社会公共服务之外的，处在航空产业链上的一切工业活动内容。用这种方法界定航空工业，更加科学、更趋于概念的本质，而且避开了企业所有制形式、行政隶属关系等因素的影响。

7.1.1.3 航空工业的属性

属性是事物所固有的性质，一个事物可以有多重属性。航空工业具有什么样的属性与所在国的国家战略、工业能力、产业政策等因素有关，不同国家、不同历史时期，航空工业的属性有所差异。

航空工业在大多数国家具有以下四种属性。

（1）航空工业属于机械制造业

这是航空工业的本质属性。所有航空器本质上都是机械或机器，因此，航空工业自然从属于机械制造业。但由于航空器制造与普通机械制造相比，更加复杂、更加精密、集成度更高，为了强调这些差异，有时会在"机械制造业"的前面加上"现代""先进""精密"等定语。不少国内文献将航空工业归列为装备制造业，装备制造业的概念是我国独有的（最早见诸于1998年），这种归类同样具有合理性。

（2）航空工业属于国防工业

航空器的军事价值不言而喻，航空工业是在强烈的军事需求下诞生的，而且在发展过程中军事牵引的作用尤其巨大，因此，绝大多数国家都将航空工业归列为军事工业范畴。许多国家从道义上考虑，将军事工业称为"国防工业"，或为强调科学技术的重要性而称为"国防科技工业"，军事工业、国防工业、国防科技工业，三个概念的内涵与外延完全相同。军民结合是现代国防工业的重要特性，而航空工业的这种特性尤为突出，航空工业是典型的军民结合型产业。

（3）航空工业属于高技术产业

不少国家都将航空工业列为高技术产业。高技术（high technology）一词首用于20世纪80年代，高技术产业是指那些以高技术为基础，从事相关技术或产品的研究、开发、生产和技术服务的企业集合。高技术产业往往能够取得高于一般技术产业的经济效益和社会效益。在我国，航空技术被列为高新科学技术，中国航空工业也被认定为高技术产业，航空工业具备了"战略性、风险性、增值性、渗透性、带动性"等高技术产业的一切特征。

（4）航空工业是国家战略性产业

世界政治大国、军事大国、地区性强国，往往都将航空工业列为战略性产业。我国在很长一段时间里只将航空工业定位于国防工业，并没有赋予其战略产业的属性。国务院于2006年4月审议通过的《国防科技工业"十一五"规划纲要》首次明确指出"航空工业是国家战略性产业"。这个定位赋予了中国航空工业以新属性，同时也决定了中国航空工业新的发展战略。

7.1.1.4 航空工业的特点

航空工业与其他工业领域相比，特点十分鲜明。这些特点是从其属性中延伸出来的，也是在百年发展中不断被强化出来的。

（1）知识、技术、高端人才密集

航空工业是人类社会工业化发展到高级阶段的产物，集诸多最新科技成果之大成，航空器是最精密、最复杂的一类"机器"，航空工业活动不仅过程复杂，而且标准极高，人们常把航空工业誉为"现代工业之花"。正因如此，航空工业就成为知识、技术、高端人才高度密集的行业，其密集程度为其他工业领域所罕见。

（2）高投入与高风险并存

高投入表现在两个方面：一是航空科研基础建设投资巨大，没有雄厚经济实力的国家，难以建立起独立自主的航空工业；二是航空产品研制投资大、周期长，例如，美国B-2A轰炸机研制费竟高达246亿美元，历时12年。高风险，除了飞行活动的天然风险、高投入带来的经济风险外，还有日新月异的技术带来的技术风险、不断变化的国际环境带来的政治风险。由于这种高投入与高风险并存的特点，使许多航空产品的开发必须是国家行为。

（3）高产品附加值

产品附加值通常指因智力创造而获得的增加值。航空科研与制造是一种高智力劳动，因而能产生高的产品附加值。美国F-16战斗机1kg重量的价格，相当于1kg白银的20倍。美国B-2A的单机成本为21亿美元，空机重量70000kg，折算成单位重量价格是当时黄金的2倍，远远高于同时期船舶、汽车、计算机的单位质量价格。正是由于航空产品的高附加值，美国航空制造业自20世纪60年代以来，取代汽车、船舶、钢铁、家电等，成为美国对外出口、维持经常项目贸易平衡的主要工具，成为保持其制造业国际竞争力、维持大国地位的支柱产业。

（4）高产业关联度

产业关联度是指产业与产业之间通过产品供需而形成的互相关联、互为存在前提条件的内在联系。航空工业活动高度综合，现代高性能航空器的研制，涉及十数个产业、150余种专业、上千家参研单位或供应商，且各环节之间彼此制约、彼此关联，若其中一两个要素达不到标准，即会产生"木桶效应"，因此，需要运用系统工程理论和方法，来谋划、管理航空工业的发展。有比喻道：高性能航空器的研制，是对整个国家科技能力、工业能力的综合考试。

7.1.2　航空工业的体系结构

航空工业是一个复杂而完整的产业体系，由若干紧密关联的企业、科研机构及其他相关单位组成，其产品不仅包括军事和民用航空器，还有大量其他用途的产品，产权及经营方式有国有国营、国有私营、私有私营等多种形式。因此，航空工业呈现出复杂的体系结构。关于航空工业的体系结构，一般从产品、职能、层次、专业、产权五个方面来考察。

7.1.2.1　产品结构

航空工业的产品，一方面可按其用途分为军品和民品两大类型；另一方面，可按照产品的特性、功能，分为基本产品、配套产品和辅助产品三类。

基本产品是代表行业特征的核心产品，主要包括飞机、直升机、无人机、飞艇、气球等各类航空器。配套产品是根据基本产品的任务而设计并安装在基本产品上的设备、装置或以基本产品为系统的分系统产品，包括动力装置、机载设备、机载武器等，配套产品必须安装在基本产品上才能发挥作用。辅助产品是指那些根据基本产品的使用需求而研制，但不安装在基本产品上的保障设施或设备，如地面导航设备、机场管理设施、飞行模拟器、无人机发射/回收装置等。

7.1.2.2　职能结构

航空工业由科研、生产、保障与服务三个职能系统组成。

科研系统承担航空产品和航空技术的基础研究、应用研究、先期技术与系统发展、方案设计、重要技术验证、产品试验与鉴定等工作。科研单位主要包括航空工业企业的设计所、研究所、试验中心，政府和军队所属的科研机构，以及高等院校的科研机构等。

生产系统由众多从事航空产品研制、生产的企业构成，是航空工业中最庞大、也是实现最终产品的职能系统。这些企业，可按规模大小分为特大型企业、大型企业、中型企业、小型和微型企业等；可按照其作用，分为主机集成企业、制成品企业、零部件/元器件加工企业等。

保障与服务系统承担航空产品在服役（使用）期间的保障与服务，主要职能是为航空产品的正常使用提供后勤保障、维修保养等。这类部门既包括航空工业企业中的相应机构，也包括军队、民航等系统中的相应单位。

7.1.2.3　层次结构

西方国家习惯上将航空工业企业分成系统主承包商、分系统/部件转包商、零部件/原材料供应商三个层次。这三个层次构成了一个金字塔样的结构模型。

系统主承包商又称系统集成承包商，负责航空产品系统的总体设计、综合协调和最后组装，占据金字塔的顶端。它们实力强大，一般掌握着项目总经费的40%～60%，美国洛克希德－马丁、波音等公司常扮演这样的角色。

分系统/部件转包商负责分系统和主要部件，如航空发动机、雷达、飞行控制系统等的研制，这些企业占据了金字塔的中间，规模不等，但都拥有赖以生存的关键技术，如 GE、罗罗、霍尼韦尔、雷神等公司扮演这样的角色。

零部件/原材料供应商位于金字塔的底层，为数众多，它们多是些中小企业，负责向产品系统或分系统提供零部件或原材料。

7.1.2.4　专业结构

航空工业活动高度综合，涉及的专业领域众多，航空工业机构可按照专业类型进行划分。大致可分为如下类型：航空科研、航空器设计、航空器主机制造、发动机主机制造、机电设备研发、电子设备研发、机载武器研发、附件制造、零件（元器件）加工、航空维修、航空工业物流、通用技术研究与推广、航空产品贸易等企业或业务单位。当然，有些大型综合企业包揽了众多的专业产品或业务。

7.1.2.5　产权结构

航空工业机构的产权所有制有国有制、私有制、国/私混合所有制三种类型。其中，国有制机构按经营方式又分为国有国营和国有私营两种类型。在各国航空工业产权结构中，各种所有制的比例各不相同，且差异很大。

美国、英国的私营企业占据主导地位，国有机构所占比例很小；日本、德国基本没有国有航空工业企业；中国、俄罗斯、印度、以色列等国以国有企业为主，多种所有制并存，国有企业或国家控股企业占据绝对优势；法国、意大利的航空工业企业多采用混合所有制形式。

由于航空工业事关国家安全，多数国家都保持一定比例的国有制或国家控股企业，航空基础研究和应用研究多由政府、军队及大学所属的研究机构承担，其国有化程度更高。随着世界经济全球化的发展，产权为多个国家所有的跨国航空工业企业越来越多。

7.1.3　航空工业的社会价值

任何产业都有三大要素构成——规模性、职业化、社会功能性，其中，社会功能性是其社会价值的外在体现。航空工业强大而广泛的社会功能性，源自于它所具有的极其重要的社会价值。

7.1.3.1　军事价值

孙子曰："兵者，国之大事，生死之地，存亡之道。"军事活动与国家命运、人民生活紧密相关。飞机走向战场，引发了战争形态的一场革命，空中力量早已成为现代军事力量的重要支柱。

航空工业为空中力量提供武器装备和技术支撑，在空中战场日益成为现代战场"中心"与"重心"的今天，没有强大的航空工业，便没有强大的空中力量；没有强大的空中力量，则很难赢得一场高技术战争。从这个意义上说，航空工业不仅是空中力量建设的基础，而且成为影响军事战略决策和军事斗争结局的重要制约因素。

在当今的世界格局中，我国面临严峻的挑战与竞争，先进航空装备和关键航空技术是买不到的，必须依靠自己的力量研发，并形成高水平的自主保障能力。在此意义上，强大的、独立的航空工业，是实现国防建设自主性、保持国家战略主动性的重要条件。

在信息化战争中，军事对抗必将由武器平台之间的对抗，转换为体系与体系、能力与能力、产业链与产业链之间的对抗。从这个意义上说，一个强大的航空工业、一条独立而完整的航空产业链，可以大大提高国家军事力量的体系对抗能力。

7.1.3.2　社会经济价值

由于广泛采用先进技术，现代航空器具有其他工业产品难以比拟的高附加值，进而实现可观的工业产值。曾几何时，"八亿条裤子换一架大飞机"是国人发出的感慨。航空工业属于高技术产业，在推动国家产业结构升级、改善经济发展质量等方面，具有显著而独特的优势。

航空工业具有强大产业带动效应。这些带动效应体现在以下四个方面：第一，直接影响，指制造、维修、运营/机场建设、餐饮服务等。第二，间接影响，指上述过程中投入的中间产品与劳务，又包括两个方面，一是对相关产业的带动（材料、设备、燃料、食品加工等），可称产值带动；二是对就业的带动。第三，诱导影响，指航空产业劳动者的消费引发的经济产品。第四，战略影响，指维系安全和带动经济造成的比较性影响。综合我国航空制造与民航运营的这四个方面影响，我国的航空产业产值带动和就业带动这两个主要指标，分别为 1：3 和 1：15，即 1 元航空产业产值可带动 3 元相关行业产值，1 个航空劳动力可带动 15 人相关就业。

航空工业的技术带动效应显著，航空技术与其他科学技术之间互动关系紧密。这种互动关系体现为，一方面将其他技术吸纳到航空领域，另一方面将航空技术扩散、转移到其他领域，进而推动科学技术的进步。回顾航空史，航空科学技术曾经有力地带动了力学、材料科学、自动控制、电子技术、信息技术、制造技术、冶金、医学、气象学等基础科学技术的发展，催生出一大批新工艺和新方法。一项对二战后 500 余项技术扩散案例的分析表明，约有 60% 的技术源自航空工业。

7.1.3.3　国际政治价值

孟子曰："以仁假力者霸，霸必有大国。"孟子这里所讲的"霸"是指有影响力的国家；孟子所讲的"力"，主要指军事实力和经济实力。由于航空工业具有重要的军事价值和社会经济价值，因此常在世界大国之间的政治博弈中担当重要角色，表现出独特的国际政治价值。

冷战时期，美苏之间全力进行军备竞赛，制约反制约、控制反控制，此起彼伏，经常达到白热化的程度。研发先进战斗机、战略轰炸机是他们军备竞赛的重要内容。这种"竞赛"的目的，就是要赢得战略上的主动，在政治、外交上占得先机，进而削弱对手、遏制对手。

在民用大型客机问题上，同样可以看到国际政治的角力。1960 年，苏共总书记赫鲁晓夫为了搭乘国产飞机参加联合国大会，亲自指示苏联航空工业将图-95 战略轰炸机改装成远程民航客机，以展现苏联的国际形象。20 世纪 70 年代创建的欧洲空客公司，从成立之日起，就与美国波音公司形成激烈的摩擦和冲突，屡屡诉诸国际组织长达数十年；其间，当事国领袖和政治家们亲自出马，一轮轮外交谈判，一项项反制措施，俨然一场不见硝烟的战争。

7.1.3.4　社会文化价值

航空工业是航空文化的母体，航空文化促进了人类文明进步。任何一个国家的航空工业都集中彰显富有航空特色的人文精神，其中包含了爱国、科学、探索、勇敢等积极元素，特别是追求自由的价值观，这都是当代文明不可缺少的东西。

航空工业活动，以直观、生动、震撼的方式，向全社会传播航空文化，进而丰富了人们的精神生活，提高了人们的文明素养。每一项重大航空成就，都是一次对自由精神的讴歌，都是一次对科学伟力的礼赞，都是一次对民族精神的振奋。航空工业，承载着不可忽视的社会文化价值。

7.2　航空工业的演进

与许多传统工业领域相比，航空工业的历史不长，仅百余年时间，但发展异常迅猛，一直处于工业发展的潮头；与电子信息等新兴产业相比，航空工业又具有传统制造业的一些特点，然而，它没有表现出丝毫的疲态，依然活力四射。本节简要回顾世界航空工业的演进。

7.2.1　航空工业的萌芽阶段

1903 年 12 月 17 日，美国莱特兄弟实现了人类历史上第一次可控的载人动力飞行，这一事件预示着航空工业的萌生。1908 年，莱特兄弟创建了世界上第一个专门从事飞机研制的莱特飞机公司；莱特飞机公司还将飞机制造的专利转让给一家法国公司，同时获得了美国陆军的第一批飞机订货；这些活动标志着航空制造的初始商业化。

此后，美国、法国、德国、英国、意大利、俄国以及日本陆续出现了一些能够制造飞机的企业，在这些企业中，航空制造大多只是其全部业务中的一个分支，而专门的航空制造企业规模比较小、数量也比较少，且带有手工作坊的属性。尽管如此，在一战爆发前，欧洲已经生产出 2000 多架飞机。从莱特飞机升空到第一次世界大战爆发，是航空工业的萌芽阶段。

7.2.2　航空工业体系的形成

从 1914 年一战开始，到 1939 年二战爆发的 20 多年间，是世界航空工业体系的形成时期。

第一次世界大战成为航空工业大发展的催化剂。在一战中，飞机以其独有的优势，显示出巨大的军事价值，军用飞机从单一的侦察机派生出轰炸机、驱逐机、攻击机等不同机种。在整个大战期间，各交战国共生产了 20 多万架飞机和 23 万多台航空发动机，建立了 200 余家飞机制造厂、80 余家航空发动机厂。

一战结束后，军事航空工业不得不转产和紧缩，这种形势却为民用航空工业的发展带来了机遇。德国受到《凡尔赛公约》限制，率先发展民用航空，其民机设计、制造一度走在世界的前面。美国地域辽阔、航空科技实力雄厚，民航市场需求旺盛，民航业得以快速发展，到了 20 世纪 20 年代末，美国的民用航空工业能力超过了欧洲。1919—1938 年美国生产了 4 万多架飞机，苏联生产了 3 万架飞机。图 7-1 是 20 世纪30 年代的飞机工厂场景。

此时的航空工业还形成了研究、设计、制造、试验等专业领域，出现了专门生产导航、通信、武器及瞄准装置等机载设备的专门企业。技术创新活跃，出现了全金属飞机结构（见图 7-2）、悬臂式机翼、大功率活塞式发动机、变距螺旋桨、密闭式座舱、自动驾驶仪、可收放式起落架等一系列使飞机性能大大提高的新技术新设备。

图 7-1　20 世纪 30 年代的航空工厂

图 7-2　采用波纹铝蒙皮的世界第一架全金属飞机——"容克斯"飞机

航空工业企业逐步脱离了依附其他产业的地位，完整的航空工业体系初见端倪。这个时期的航空企业以民营为主，航空市场呈现出自由竞争的态势。

7.2.3　航空工业的快速发展和持续扩张

二战以及战后 40 多年的冷战时期，是世界航空工业快速发展和持续扩张的时期，也是世界航空工业走向成熟的时期。

这个时期的航空工业有如下特点：航空工业得到各国的空前重视，战略地位日益提高；国有企业在许多国家占据主导地位；在军事航空工业一路高歌猛进的同时，民用航空工业快速壮大；市场化趋势受到一定程度的限制；苏联航空工业异军突起；航天工业从航空工业中孕育出来。

第二次世界大战强力带动了军事航空工业的发展，参战国家相当一部分机械制造企业加入到飞机制造的行列。德国战时航空工业从业者达到 110 万人；1944 年，美国、英国的航空工业从业人数分别是 210 万人和 182 万人；世界航空产品的产值从 1937 年的 15 亿美元猛增到 1945 年的 300 亿美元。战争期间，各参战国飞机生产数量见表 7-1。

表 7-1　二战期间主要国家飞机生产数量

国别	1940 年	1941 年	1942 年	1943 年	1944 年	1945 年	合计
美国	6028	19445	47836	85895	96318	47714	303236
英国	15000	20100	23671	26263	29220	11000	125254
苏联			8000	18000	30000	25000	81000
德国	10800	11800	15600	25500	39800	8000	111500
日本	4768	5088	8861	16693	28180	11066	74656
意大利	3257	3503	2818	1930			11508

　　二战使美国一举成为世界头号航空工业强国，仅 1944 年 3 月的飞机月产量就达到 9000 多架，相当于每天有 300 架飞机出厂；到 1944 年春天，美国共有航空工厂 81 家，另有建在加拿大的 5 家，显示出强大的战时工业动员能力（当时在航空工厂有不少女工，如图 7-3 所示）。这期间，美国研制出一大批先进作战飞机，如 B-29"超级堡垒"、A-26"入侵者"、F-6F"野猫"、P-47"雷电"、P-51"野马"、P-61"黑寡妇"等。

　　在战争初期，苏联空军蒙受巨大损失，几近毁灭。从 1943 年夏天开始，苏联利用其强大的举国全民体制，航空工业取得了惊人的恢复性发展，陆续为部队提供了拉-5、雅克-9 和雅克-3 等高性能战斗机。德国航空工业能力也十分突出，在战争期间先后研制出涡轮喷气发动机、第一种实用喷气式战斗机 Me-262 以及 V-1、V-2 导弹等。

图 7-3　二战时期，著名影星玛丽莲·梦露曾是一名靶机装配工

　　二战结束后，以美国、苏联为首的两大阵营开始了长达 40 多年的冷战，激烈的军备竞赛、科学技术的不断进步、社会经济发展的需要等，为航空工业的发展与扩张提供了环境与条件。

　　军备竞赛对航空工业的刺激作用不亚于战争。美国航空工业在战后异常活跃，能力和水平一直处在世界领先地位。苏联为了与西方抗衡，全力发展军事工业，不断完善其航空工业的科研、设计、试验、生产体系，掌握了大量关键航空技术，能自行研制各类军用航空器，到 20 世纪 80 年代，成为世界上唯一能与美国竞争的航空工业强国。与此同时，出于集团对抗的需要，美国帮助北约成员国恢复、发展航空工业，苏联则帮助东欧和亚洲的社会主义国家建立、发展航空工业。

冷战时期是民用航空工业快速发展的时期。在 20 世纪 50 年代，英国民用航空工业具有一定竞争优势，但由于其第一种涡轮喷气式客机"彗星"号连续发生事故，遭到市场的冷遇。美国波音、道格拉斯等几家大型航空企业则占据了民航市场的主导地位。从 60 年代开始，为竞争民用航空市场，欧洲的几家航空企业组成空中客车公司与美国大企业竞争，并很快缩小了与美国的差距，为当今世界民用航空工业格局奠定了基础。在同一个时期，苏联也开发出不少性能优越的民用航空器，但由于缺乏市场这只"看不见的手"的推动，没能取得应有的成就。

二战之前，世界上只有七八个国家能够独立制造飞机，世界航空工业的年产值不足 20 亿美元。到了 20 世纪 80 年代末，世界上有 40 多个国家建立了自己的航空工业，从业总人数超过 500 万人，年产值达到 2500 亿美元。

7.2.4　世界航空工业的转型

1991 年 12 月，苏联解体，冷战时期宣告结束。为适应新形势变化，包括航空工业在内的世界军事工业，进入了一个以大调整为特征的转型发展时期。

促成这次转型的动因比较复杂，客观因素主要有：信息时代的来临、国际政治新格局、世界新军事变革、经济全球化等。主观因素有：科学技术的推动、各国军事战略和经济体制的调整、航空工业的自身完善等。

转型的具体目标，不同的国家不尽相同，但有很大的相似性。可以宏观地概括为：通过航空工业转型，建立起具有信息时代特征的，与所在国地位相称的，能满足新军事变革需要、促进国民经济发展、适应经济全球化形势的新型航空工业体系。

20 世纪 90 年代初，处在社会转型期的中国和俄罗斯，率先开始了航空工业体制的改革、转型。随后，美国、英国、日本、德国、法国、以色列等国先后加入转型潮流，航空工业转型呈现出世界化的趋势。

转型的主要举措包括：优化管理体制，由政府主导向政府主导与市场驱动相结合的方向转变；大力推动并购与重组，不断向集团化、专业化方向发展；积极推行寓军于民和军民结合战略；引导航空工业由提供产品向提供能力和服务转变；普遍重视市场经济，尤其是资本市场对航空工业发展的保障作用；顺应经济全球化趋势，开展更加广泛的国际合作。

经过 20 年的持续转型，世界航空工业呈现出以下特点：

其一，生产的集中化程度不断提高，美国洛克希德与马丁公司合并、波音兼并麦道、诺斯罗普与格鲁门公司合并，俄罗斯组建联合飞机制造公司等，这一系列举措造就了几家超大型航空企业，世界军民用航空市场上的绝大多数订单，被几家顶尖企业瓜分。

其二，"高端化"趋势持续强化，高技术部门在航空工业中所占的比例越来越高，高端人才所占比重越来越大，高端产品成为大国航空工业的主打产品。

其三，国际化趋势不断加强，地区及跨国间的合作深入发展，跨国公司不断涌现，新的战略性国际分工替代了传统国际分工。

其四，军民结合程度不断提高，为谋求军事效益和经济效益最大化，"军转民""民技军用"和有计划地开发军民两用技术，成为一种世界趋势。

其五，生产的不稳定性和整体发展的不平衡性，没有得到改观甚至还有所加剧，由于核心技术被少数国家的少数企业垄断，强者"内核化"、弱者"边缘化"的趋势，仍在不断蔓延。

7.3　当代世界航空工业

本节先概括介绍当代世界航空工业的分布、规模和技术水平，然后分别介绍各主要国家的航空工业状况。

7.3.1　当代世界航空工业概览

7.3.1.1　规模与产业分布

全世界目前有 200 多个国家，只有 50 来个国家或地区拥有规模不等的航空工业。其中，欧洲有 25 个、亚洲有 15 个、美洲有 8 个、非洲有 2 个、大洋洲有 2 个国家或地区。

全球从事航空工业的企业众多，而且世界航空工业正处在转型过程中，并购、重组大行其道，所以，难以准确统计全世界航空企业的数量及从业人数。据《世界国防科技工业概览》（航空工业出版社 2012 年版）描述，全球规模不等的航空工业企业总数超过 2500 家，直接从业人员总数超过 200 万人。

近年来，全球每年交付的主要航空产品数量（不含中国），大体如下：大型民用干线运输机约 900 架，支线运输机约 350 架，公务机约 700 架，民用直升机约 1400 架，各种通用航空飞机 2500 架，大型军用运输机 30 多架，军用直升机约 450 架，战斗机 350 架左右，涡扇发动机 5000 多台，涡轴发动机 2000 台，涡桨发动机 1000 台。全球每年航空产品的营业额总数（不包括中国）超过 3000 亿美元。当然，如果把航空企业的非航空收入统计在内，全球航空工业企业的总产值要远大于这个数字。

7.3.1.2　技术格局

当代世界航空工业的技术格局，可用一马当先、三足鼎立、异军突起、独门绝技四个成语来形容。

美国是当今航空工业最发达的国家，在技术上全面领先于世界，大多数一流航空产品都是美国领先研制的，同时它也是航空产品与技术的最大出口国。美国的航空技术地位可用"一马当先"来形容。

英国、法国、德国、意大利等欧洲国家，在 20 世纪中叶之前曾是航空工业最发达的地区，目前虽然地位有所下降，但其技术水平依然位居世界前列；俄罗斯在军事航空产品研发方面，是唯一能与美国抗衡的国家。就综合技术水平而言，美国、欧盟、俄罗斯组成了世界第一方阵，呈现出"三足鼎立"的局面。

自改革开放特别是进入 21 世纪以来，中国航空工业发展迅猛，在诸多技术领域实现了群体突破，并达到或接近世界先进水平，但在高性能发动机、民用大飞机等方面与上述三者尚有一定差距。中国航空工业的发展可用"异军突起"来形容。在完成了从"望尘莫及"到"望其项背"的跨越之后，中国航空工业与世界航空强国"并驾齐驱"的日子，已经为期不远。

世界上还有几个国家的航空工业，在综合技术方面虽然不能排在世界前列，但都掌握着一些"独门绝技"，各有各的特色。例如，加拿大和巴西的支线飞机／公务机、日本的精密制造、以色列的无人机、瑞典的战斗机等，他们都有各自安身立命的本钱。

7.3.2 美国的航空工业

7.3.2.1 能力与水平

美国是航空工业的发源地，也是当今航空工业最发达的国家，具有超强的科研能力和工业能力。美国航空工业的动向往往成为反映业界走势的晴雨表。

美国拥有完备的航空科研和工业体系，能独立开发最为完整和最为先进的航空产品，既包括先进战斗机、大型民航客机、军用特种飞机、各种直升机等平台产品，又包括高性能发动机、航空电子、机载武器等各类与平台产品配套的分系统，还有更多的集成于平台和分系统中的高科技零部件产品。

美国是军用和民用航空产品与技术输出最多的国家，其销售额占世界航空市场销售总额的 50% 左右。

7.3.2.2 规模及地理分布

在美国，航空与航天工业同属于一个领域，多数大型企业都同时承担航空和航天项目。目前美国拥有航空航天工业企业约 1700 家。企业主要分布于加利福尼亚州、康涅狄格州、佛罗里达州、得克萨斯州和华盛顿州等地。

产业集中度高是美国航空工业的一个显著特点。尽管有 1000 多家企业，但 90% 以上的航空市场份额被几家大公司瓜分。在美国，最有影响的 9 家企业有：波音公司、洛克希德－马丁公司、通用动力公司、诺斯罗普－格鲁门公司、雷神技术公司、通用电气公司、达信公司和霍尼韦尔公司。它们都是世界航空航天 10 强企业。

美国航空航天工业规模受国际政治环境、产业政策的影响很大，二战时曾达到 210 万人，冷战结束前为 70 万人，冷战之后从业人数一直呈下降趋势。2012 年为 63 万人，2014 年底的统计数据表明，美国 15 家大型航空航天企业雇员达 130 万之多，销售收入 4800 亿美元（包括非航空航天业务）。

7.3.2.3 管理体制

美国三权分立的政治体制，决定了对航空工业的管理来自立法、行政、司法三个不同方面。美国政府对航空工业实施宏观调控和间接管理，不设立专门的管理部门，不干涉企业的具体经营行为。

美国的管理机制与模式大致如下：

①通过制订计划、规划、预算等法律文件，指导主要航空科研项目与能力的发展。

②依据国防预算，空军装备司令部、海军航空系统司令部、陆军航空与导弹司令部等作为购买方，通过采办合同明确企业的研发活动。

③国家航空航天局（NASA），通过制订航空研究计划及转包科研项目，对航空工业实施政府影响。

④政府通过制定相关行政法规，营造航空工业企业参与经济活动的政策环境。

7.3.2.4　产业发展动向

自 20 世纪 90 年代开始，美国大力推进包含航空工业在内的军事工业转型，目前已经完成了企业重组，建立了军民融合模式，下一步将向更深层次的融合方向发展。

美国国会给军民融合的定义是：军民融合是将国防工业基础同更大的民用工业基础结合起来，组成一个统一的国家工业基础的过程。现正通过两方面举措开展深度的航空军民融合，一是将航空技术用于推动社会经济发展和科技创新，二是将异常活跃的民用技术及时吸纳到航空领域，促进新型航空装备的研制。

7.3.3　俄罗斯的航空工业

7.3.3.1　能力与水平

俄罗斯航空工业基本上继承了苏联航空工业，而苏联航空工业曾经具备了与美国全面抗衡的实力。

俄罗斯航空工业规模庞大、门类齐全、结构完整，是世界上少数能研制和生产各类航空产品的国家之一，其中不乏世界领先水平的产品。尤其是在军事航空领域，是唯一可以与美国展开竞争的国家。

俄罗斯航空工业特色十分鲜明：军机制造世界领先，民机制造相对滞后。苏联 / 俄罗斯始终保持着战斗机产能大、运输机型号多、直升机特点强，以及设计局多、大型制造厂多、配套产品齐全等特点。目前世界上最大的飞机、最大的直升机、最大的水上飞机、最快的战斗机等，均出自苏联 / 俄罗斯之手。

俄罗斯的军用航空产品，以其优良的性能和较低的价格，在亚洲、非洲、拉美等地区受到追捧。

7.3.3.2　规模及地理分布

苏联 / 俄罗斯传统上将航空工业列为一个独立领域，近年来也开始促进航空工业与航天工业的融合。

俄罗斯航空工业正处在改革和重组时期，企业数量变化较大。2009 年有 236 家相对独立的企事业单位，直接从业人员约 36 万人。所属企业及单位从远东到东欧地区均有分布。

俄罗斯有 5 家国家级科研机构：茹科夫斯基中央空气流体动力学研究院、巴拉诺夫中央航空发动机研究院、国家航空系统科学研究院、全俄航空材料研究院和格罗莫夫飞行试验研究院。俄罗斯原有 11 家飞机设计局和 2 家直升机设计局，7 家飞机、直升机总装厂，3 家发动机主机厂，还有几个规模庞大的机载设备生产厂。

1994 年，俄罗斯开始对航空工业进行改革与重组。

2001 年，着手组建米格飞机制造集团和苏霍伊航空军工综合体。

2006 年，普京总统下令，以苏霍伊航空军工综合体为基础，组建"巨无霸"企业——联合飞机制造集团公司，以期获得与欧美大企业竞争的能力。该集团集研制、生产、市场开发为一体，下辖 20 家大型公司。据 2014 年统计，联合飞机制造集团员工 10 万，年销售额 56.76 亿美元。

7.3.3.3 管理体制

俄罗斯航空工业管理体制改革仍在进行当中，改革的方向：一是加强国家的"垂直化"领导，二是加强国防订货的"统一"管理；三是加强军贸和对外军事技术合作的国家"垄断"。最高决策层包括总统、俄联邦委员会和国家杜马。

政府管理部门有：工业与贸易部、军事工业委员会、俄联邦航天局、俄联邦武备及后勤物资供货局等。

国防部是航空装备的主要采办部门，并负责制定军用装备发展规划和政策。

7.3.4 欧洲的航空工业

7.3.4.1 概述

目前，欧洲拥有航空航天企业 700 多家，直接从业人数在 40 万～ 50 万之间浮动。2009 年为 45.8 万人，销售额 1004 亿欧元；2012 年为 49.8 万人，其中大学学历占 38%，研发人员占 16%，是高技术人才集中的行业，销售额 1275 亿欧元（航空 1170 亿欧元）；航空航天产品供应商多达 7 万家，航空航天产业的间接从业者有几百万之众。

欧洲的航空历史悠久、航空文化深厚、航空技术先进，有能力研制和生产各类先进航空产品。目前，欧洲航空产品的销售额占世界航空市场的 1/3 强。

7.3.4.2 欧洲各国的航空工业能力

法国的航空工业能力在欧洲首屈一指。在战斗机和攻击机领域，法国产品的性能接近美国和俄罗斯。在大型客机领域，由法国领衔研制的空客飞机与波音飞机旗鼓相当。在中小型直升机方面，法国与美国、俄罗斯不相上下。在机载系统方面，法国的导弹、航电装备、数字传输技术都达到了世界先进水平。

英国的航空工业能力略逊于法国。在 20 世纪中叶之前，英国在许多航空领域处于世界领先地位。目前，英国在涡扇发动机、超声速运输机、飞机机翼设计、自动着陆、垂直起降、军用直升机、电传操纵、平显、飞行模拟器和弹射座椅等领域，拥有世界一流的水平。

德国也是航空强国之一，几乎参与了所有欧洲重要军民用飞机、直升机的研制计划，具有先进战斗机、军民用直升机、大型运输机、支线飞机的总装能力，能够独立研制多种航空发动机，具有比较强的基础研究和技术开发能力。

意大利是创建航空工业比较早的国家之一，几乎参与了所有欧洲联合研制的航空项目。意大利在教练机和直升机研制领域达到了世界先进水平；在航空发动机、机载设备领域也达到了一定水平；在先进复合材料设计、制造和试验方面具有独到之处。

瑞典拥有相当规模的、比较完整的航空工业体系。瑞典在战斗机和支线客机研制领域具有一定的实力，大约 2 万人的从业规模。萨伯公司先后研制了 Saab-

32/35/37/39 等战斗机和攻击机，在世界上占一席之地。他们还成功自行研制出小型空中预警机及其相控阵雷达系统。瑞典航空工业的特点是创新能力强，许多新技术、新观念是由瑞典率先提出的。

另外，在欧洲各国中，荷兰、挪威、西班牙、比利时、波兰、捷克等国家的航空工业各具特色，也达到了一定规模和相当高的水平。

从地理位置看，乌克兰属于欧洲，但其航空工业继承了苏联航空工业大约 15% 的"遗产"；与欧洲航空工业体系关联度不大。乌克兰航空工业在苏联解体时还拥有很强实力，但现在每况愈下，在困境中求生存。现有 50 多家航空工业企事业单位，员工 7 万多人。在飞机领域，主要有安东诺夫设计局及试制 / 试飞机构以及拥有 2 万员工、设在基辅和哈尔科夫的批生产厂，先后研制生产了 22000 多架飞机，包括世界最大的运输机安 −225（起飞总重 640t），但 2014 年以来没有任何量产飞机。在发动机领域，有伊夫琴科进步设计局（1930 年建立）及创建于 1907 年的斯奇发动机股份公司（马达西奇，Motor SICH），雇员 3 万人，拥有很强的燃气涡轮发动机研制和生产能力。此外，尚有若干与飞机、发动机生产配套的机载设备制造企业及维修企业。

7.3.4.3　欧洲航空工业的深度重组

尽管欧洲各国政府和工业领袖不遗余力地推动航空工业发展，并且制定了许多宏大发展计划与目标，但欧洲航空工业仍面临严峻挑战。最大的挑战是如何将分散于各成员国的航空工业企业整合为若干大型跨国公司，进而形成相互合作、相互依存的一体化局面。

美国基本完成企业合并与重组，形成洛克希德 − 马丁、波音、诺斯罗普 − 格鲁门及雷神等四大集团，俄罗斯加紧打造"巨无霸"企业——联合飞机制造集团公司，中国航空工业的异军突起等，都促使欧洲产生了前所未有的危机感和紧迫感。

欧洲航空工业深度重组的基本思路是，首先完成各成员国国内的行业大集中，然后寻求跨国合并。企业规模扩大后，一是将有限资源集中投资于重大项目，二是更易于自筹资金用于有潜力的开发项目，进而提高欧洲航空工业的战略竞争力。欧洲航空防务与航天公司（EADS）可谓欧洲航空工业深度重组的成功案例，EADS 成立后，大大增强了欧洲航空航天工业的竞争力和活力，目前，EADS 是世界第二大航空航天企业，在商用飞机和直升机领域均位居世界第一，在军用运输机和卫星领域位居世界第三，在战斗机领域位居世界第四。

7.3.5　其他国家的航空工业

7.3.5.1　加拿大和巴西的航空工业

加拿大和巴西，一个在北美洲，一个在南美洲，都有相当雄厚的航空工业基础、比较完整的航空工业体系和比较强的航空工业能力，在民用支线飞机的发展方面都取得了举世瞩目的成就。

加拿大拥有 400 多家航空航天工业企业，总从业人数 17 万人，2012 年销售额为 310 亿欧元。著名企业有庞巴迪宇航集团、德·哈维兰公司和普惠加拿大公司等。加拿大航空工业的主要产品有：涡扇 / 涡桨支线客机、喷气公务机、水陆两用灭火飞机、民用直升机、涡轮发动机、飞机环境系统、航空电子产品和飞行训练模拟器等。

巴西的航空工业在巴西国民经济体系中占有重要地位。巴西有 200 多家航空工业企业，直接从业人数 3 万多人，2012 年销售额 56 亿欧元，巴西航空工业公司是巴西航空工业的核心企业，占全国航空工业 70% ～ 80% 的份额。巴西在支线客机的机翼设计、翼身融合、复合材料制造等方面具有世界先进水平，在机载导弹的研制方面具有一定实力。巴西是目前世界上生产支线客机、教练机和通用飞机的主要国家之一，它与加拿大分享了全球支线客机市场相当大的份额。

7.3.5.2 日本和印度的航空工业

日本和印度是中国的近邻，近年来航空工业发展很快，正在改变亚洲航空工业的格局。日本的航空工业起步很早，二战之前就成为世界航空工业强国，但在二战中几乎被摧毁。经过战后 70 年的发展，日本重新建立起航空工业体系，而且具有很强的"寓军于民"特色。日本航空产品开发主要集中在三菱重工、川崎重工等 8 家企业，航空航天工业总从业人数约 32000 人。日本航空工业企业数量不多，但技术实力雄厚，特别重视新技术、新工艺、新材料的开发与应用。2012 年销售额为 120 亿欧元。日本航空工业发展过度依赖于美国，产业链并不完整，自主研发能力明显欠缺。

印度航空工业发端于二战之后，目前已经建立起比较完整的航空工业体系。印度的航空制造集中于印度斯坦航空有限公司一家企业，该企业有十余家分公司，总雇员达到 3.4 万人。印度可根据许可证生产战斗机、运输机、直升机、发动机及其他航空产品，从 20 世纪 80 年代开始，印度自行研制轻型战斗机和轻型直升机。近年来，印度高度重视空中力量建设，持续加大对航空工业的投入，且国际合作环境相对良好。

7.3.5.3 以色列等国的航空工业

随着世界多极化的进程，有更多的国家加强航空工业的建设和发展。目前具有一定航空工业基础以及相当能力和水平的国家还有以色列、南非、伊朗、韩国和澳大利亚等。以色列在无人机、光电传感器、空空导弹、头盔瞄准系统等方面都具有世界先进水平。南非的直升机和机载武器在国际上享有一定的知名度。伊朗具有研制轻型飞机、战斗机以及批量生产教练机、直升机的能力。韩国具备在国外帮助下研制高级教练机、轻型攻击机和直升机的能力，掌握了机载武器系统集成、关键电子部件研发等关键技术。澳大利亚在航空系统集成、通用飞机制造、航空电子与飞机部件生产、机场设施建设、飞机维护等方面具有专长。

7.4 中国的航空工业

中国的航空工业发端于清末民（国）初——那是一个积贫积弱的时代，从一开始就被赋予"救国""强国"的使命。100 多年来，历经曲折与磨难，中国航空工业为国家发展与强盛做出了应有的贡献，取得了举世瞩目的成就，而今，正在为实现民族复兴"中国梦"做出更大贡献。

本节全面介绍中国的航空工业，简要回顾历史，重点介绍当代中国航空工业的产业结构、规模及分布、主要航空产品、科研与生产能力等，最后聚焦中国航空工业的奋斗目标。

7.4.1 历史沿革

7.4.1.1 旧中国的航空工业

中国航空工业发端于清末民（国）初时期。1909 年，旅美华侨冯如在美国设计制造出"冯如 1 号"飞机，"冯如 1 号"是中国人设计制造的第一架载人动力飞机。1910 年 7 月，清政府委派李宝焌、刘佐成，在北京南苑建立飞机制造厂棚，次年 4 月试制出一架飞机，但在试飞中坠毁。1910 年，旅美华侨谭根在美国成功研制出一架船身式水上飞机。

辛亥革命前后，孙中山意识到飞机的巨大潜力，提出"航空救国"主张。受此感召，冯如于 1911 年携带自制的两架飞机回国，受任广东革命军政府飞机队队长，次年因飞机失事牺牲。1913 年 6 月，北洋政府在北京南苑、清河设立飞机修理厂；同年 9 月创建我国第一所南苑航空学校，秦国镛为首任校长。1914 年，南苑修理厂厂长潘世忠研制出一种将机枪装在机首、发动机装在机尾的战斗机，取名"枪车"（见图 7-4）。

图 7-4　潘世忠主持研制的战斗机——"枪车"

1918 年，在美国开办图强飞机公司的同盟会会员杨仙逸受孙中山电召回国，组建我国第一支空军队伍。同年，中国历史上第一个正规飞机制造厂——福建马尾海军飞机工程处成立，由从美国留学归来的巴玉藻、王助等领导，先后设计、制造出几种水上飞机（见图 7-5）。1920 年在广州大沙头建立广州飞机制造厂 / 韶关飞机制造厂 / 空军第一飞机制造厂；1923 年 6 月，广东航空局局长兼飞机制造厂厂长杨仙逸主持研制中国第一架双翼侦察 / 教练机试飞成功，孙中山以夫人宋庆龄的英文名将此机命名为"乐士文"号。

20 世纪 20—30 年代，在广州、杭州、上海、南京、武昌等地，兴建了几个飞机修理厂和与国外合资的飞机制造厂，以及后来自办的飞机制造厂与发动机制造厂，承担维修从外国买来的飞机和利用国外技术制造飞机，以及自行设计制造飞机任务，生产了一批国产飞机；仅广州大沙头修理厂从 1928 年起，就陆续制造了 60 多架"羊城"号教练机、驱逐机、轰炸机，还自行设计制造了"复兴"式教练机等。中国第一家中外合资飞机制造厂——中央杭州飞机制造厂仿制与组装军用飞机，于 1939 年迁至云南垒允，约生产 300 架各类飞机。

图 7-5　福建马尾海军飞机工程处的木工厂

1939 年，由国民政府与意大利 4 家航空公司合办中央南昌飞机制造厂，后改组为空军第二飞机制造厂。该厂先后仿制生产多种运输机、滑翔机，自行设计了中国第一架双发 11 座运输机。1942 年 4 月在成都成立空军第三飞机制造厂，作为航空研究院的试制厂，仿制了多种教练机、滑翔机与"研轰 3"轰炸机。1941 年在贵州大定建立大定航空发动机制造厂，是中国第一个航空发动机制造厂，从 1943 年到 1946 年组装、生产 32 台运输机用发动机。

从 1910 年至 1949 年间，中国航空工业在动荡中发展，总计制造飞机 700 余架，约 90% 为仿制外国飞机；并未建立起自己的工业体系。1949 年，仅存的航空工业家底，一部分迁往台湾，一部分被人民政府接收。

7.4.1.2　新中国的航空工业

1951 年 4 月 17 日，中央军委、政务院颁布《关于航空工业建设的决定》，标志着新中国航空工业正式创建。70 年来，新中国航空工业走过了波澜壮阔的发展历程。

（1）领导体制与组织形式的变迁

在新中国航空工业中，国有企业占有绝对优势，依靠国家投资和强有力的中央集中统一管理。在改革开放之前，航空工业实施严格的计划经济管理，企业既是政治组织也是经济组织，企业承担部分政府职能。改革开放之后，社会主义市场经济逐渐占据主导地位，以中国航空工业总公司成立（1993 年）为标志，在经济运行中开始实行国有资产所有权与经营权相分离（政企分开），企业成为自主经营、自负盈亏、自我

343

发展、自我约束的法人实体和市场竞争主体。

航空工业的领导体制先后经历了重工业部航空工业管理局（1951 年 4 月）、第二机械工业部（1952 年 8 月）、第一机械工业部（1958 年）、第三机械工业部（1960 年）、航空工业部（1982 年）、航空航天工业部（1988 年）等发展阶段。1998 年，国家成立国防科学技术工业委员会（国防科工委，COSTIND），负责管理包括航空工业在内的国防科技工业。2008 年，国家撤销国防科工委，组建工业和信息化部（工信部），工信部国防科技工业局负责组织协调航空科研生产的重大事项、保障核心能力建设。

改革开放以来，中国航空工业逐步形成了国有独资企业、国家控股的股份制企业以及私有制民营企业共存的格局，国有企业依然占据着绝对主导地位。中国航空工业的组织形式经历了几次重大变化：1993 年，成立中国航空工业总公司；1998 年，中国航空工业总公司一分为二，改组为中国航空工业第一集团公司和中国航空工业第二集团公司；2008 年，成立国家控股的中国商用飞机有限责任公司，将中国航空工业第一和第二集团公司重组为中国航空工业集团公司；2016 年，成立国家控股的中国航空发动机集团有限公司。

（2）发展阶段

新中国航空工业大致经历了四个发展时期：1951—1960 年——创立和初步发展；1961—1978 年——完善和全面发展；1979—1999 年——改革开放；2000 年至今——全面振兴与飞速发展。

从 1951 年到 1960 年，航空工业开展大规模的基础建设，大力加强队伍建设，完成了从修飞机到造飞机的转变，在积极引进苏联先进技术的基础上，开始自行设计飞机的尝试。1953 年起，建设了南昌飞机厂、株洲发动机厂、沈阳飞机厂和沈阳发动机厂等一批航空主机厂，并陆续建设了一批辅机厂。1954 年 7 月，参照苏联雅克 –18 研制的初教 5 首飞；1956 年 7 月，参照苏联米格 –17 研制的歼 5 首飞；1958 年 7 月和 8 月，自行设计的歼教 1 和初教 6 成功首飞；后又研制成功运 5、歼 6、直 5、轰 6 等飞机／直升机，并具备了导弹生产能力（见图 7–6）。在此期间，中国航空工业共生产各型飞机 1300 多架。

从 1961 年到 1978 年，中国航空工业完全依靠自己的力量，克服了中苏关系恶化、"文化大革命"等带来的影响，独立自主、全面系统地推进各方面建设，建立起完整的航空工业体系，包括完整的航空产业链和完整的航空科研体系。在航空产品研制方面，直 5 和歼 6 定型并装备部队；全天候战斗机歼 5 甲、两倍声速战斗机歼 7、轻型轰炸机轰 5 等陆续装备部队；自行研制的强 5 飞机设计定型转入批量生产；自行研制的高空、高速战斗机歼 8 完成总装；"霹雳" 1 空空导弹、"红旗" 1 地空导弹、"上游" 1 反舰导弹相继研制成功。

从 1979 年到 1999 年，随着全党工作重心转移到社会主义经济建设上来，航空工业也跨入了一个新的发展时期。其间，航空工业进行了几次重大的体制改革，以适应国民经济发展的需要；"科学技术是第一生产力"的观念得到强化，坚持科研先行，

图 7—6　1958 年毛泽东主席视察沈阳飞机制造厂

加快航空产品的更新；适应国防战略调整，从以军为主转变为军民结合，大力发展民品，促进"军转民"和"民技军用"；实行对外开放，实现多渠道、多样化的技术引进和技术合作，积极组织航空产品出口等。

从 2000 年开始，中国航空工业进入全面振兴和飞速发展时期。国际政治多极化、世界经济全球化、国内社会经济持续高速增长、新军事变革的牵引、新技术革命的推动，以及急迫的军事斗争准备需要等，为中国航空工业发展提供了恢宏的时代背景。中国航空工业不辱使命、不负众望，坚持深化改革，坚持自主创新，实现了诸多关键技术领域里的突破，研制出歼 10（见图 7—7）、直 10、歼 15、歼 20、空警 2000、运 20、直 20 等一大批具有世界先进水平的航空产品，取得了举世瞩目的成就，完成了对世界航空强国从"望尘莫及"到"望其项背"的跨越，正努力实现着继续追赶、争取与世界航空强国"并驾齐驱"的目标。

7.4.1.3　中国台湾地区的航空工业

中国台湾地区的航空工业其渊源可以追溯到民国初期，但到了 20 世纪 80 年代才形成相对完整的体系。1969 年 3 月，台湾航空工业发展中心（简称航发中心）成立，标志着台湾航空工业体系开始形成。20 世纪 60 年代末 70 年代初，台湾先后引进美国的 PL—1B 教练机和 F—5E/F 战斗机，进行组装生产。1975 年，航发中心又在美国诺斯罗普公司援助下，自行研制了 AT—3 高级教练机。中美关系正常化之后，台湾决定自行研制战斗机。1982 年，航发中心开始研制"经国"号 IDF 战斗机。IDF 项目启动，使台湾涉足航空工业企业迅速增加，形成了相对完整的航空工业体系。

进入 20 世纪 90 年代后，台湾当局为了促进航空工业发展，颁布了《航太工业发展方案》，目的是利用航空航天工业发展促进台湾的产业升级。随着台湾从美国和法

图 7-7　歼 10 战斗机

国采购 F-16 和"幻影"2000 战斗机，以及 90 年代末 IDF 战斗机生产结束，台湾的军事航空工业严重受挫，遂将发展重点确定为支线飞机、公务机、飞机维修和零部件制造四个方面。自 2000 年以来，台湾经济萎靡不振，航空工业人才大量流失，发展状况大不如前。

目前涉足航空工业的台湾企业约有 250 家，分为综合制造、飞机直升机制造、机载设备制造、零部件制造、维修与改装等五类。台湾航空工业的从业人员约为 12000 人，其中汉翔航空工业公司是台湾最大的航空企业，雇员约 4000 人。

台湾航空工业经过多年发展，具备了研制轻型战斗机、教练机和小型运输机的能力，曾主导研制过 IDF 战斗机、AT-3 教练机、XC-2 运输机等型号。具有比较完备的生产体系，通过购买许可证可生产战斗机、教练机、直升机、各类发动机和部分电子设备。

7.4.2　当代中国航空工业

当代中国航空工业，坚持深化改革，自主创新，顽强拼搏，砥砺前行，实现了诸多关键技术领域里的突破，研制出一大批具有世界先进水平的航空产品，为国家的国防建设、社会经济发展做出了巨大贡献。

7.4.2.1　中国航空工业产业体系

中国航空工业是以中国航空工业集团公司、中国商用飞机有限责任公司和中国航空发动机集团有限公司为基础，由多种所有制和经营模式的工业企业、科研机构及相关经营、开发、服务、外贸等机构组成的一个完整的工业体系。

中国航空工业集团有限公司（航空工业，AVIC），由原中国航空工业第一集团公司、第二集团公司于 2008 年 1 月合并重组而成，是一家由国家出资设立，受中央管理的国有特大型企业。AVIC 在中国航空工业发展中起主导作用，其业务渗透到航空工业活动的各个领域。

中国商用飞机有限责任公司（中国商飞，COMAC），成立于 2008 年 5 月，是一家股权多元化的国有大型企业，主要从事民用飞机及相关产品的科研、生产、试验试飞，以及民用飞机销售与服务等业务。

中国航空发动机集团有限公司（中国航发，AECC），成立于2016年8月，是一家股权多元化的国有大型企业，经营范围包括：军民用航空器动力装置、第二动力装置、燃气轮机、航空发动机技术衍生产品等的设计、研制、生产、销售；飞机、发动机、直升机及其他国防科技工业和民用领域先进材料的研制等（见图7-8）。

图7-8 "太行"发动机

隶属中国民航局和军队的航空工业企业数量不多，主要从事航空维修、飞机改装、技术服务等业务。

近年来，大量民营企业进入航空工业领域，它们主要从事航空零部件、基础元器件生产，以及通用航空器、消费级无人机等的开发与生产。

7.4.2.2 能力及分布

AVIC规模巨大、分布广泛。旗下200余个成员单位，员工人数40万。以飞机、直升机主机厂和重要的科研院所为中心，形成了几个大的企业集群，主要分布在沈阳、哈尔滨、西安、成都、南昌、北京、上海、景德镇、汉中、贵阳、洛阳等地。自2009年进入世界500强以来，排名不断上升，2020年排名世界第140位，在世界航空航天企业中位居前列。

COMAC按照现代企业制度运营，实行"主制造商－供应商"发展模式，下辖设计研发中心、总装制造中心、客户服务中心、基础能力中心、试飞中心、驻外办事处等十余个企事业单位，核心机构设在上海。

AECC所属单位以发动机主机厂和重要的科研院所为中心，形成了几大企业集群，主要分布在沈阳、哈尔滨、西安、成都、贵阳、株洲、上海、北京等地。

中国民航局和军队的航空企业约有20家，从业总人数2万左右，分布广泛。

民营及地方航空工业企业数量众多、规模不等。具有一定规模的民营及地方航空工业飞机、直升机制造企业十余家（不包括无人机企业），航空设备制造企业近30家，工艺、材料和专业化制造企业约40家，维修企业十余家，总人员规模数万人。近年来，民办通用航空企业和各种无人机研制企业蓬勃发展，并迅速成为这两个领域的主力军。

综合全国资源与力量，中国航空工业已形成基本完备、配套的科研与生产能力。

在科研能力方面，我国已经建立起了完备的航空科研体系，取得一批世界先进水平的研究成果。目前，我国能够独立研制高性能的战斗机、大型运输机、武装直升机、舰载战斗机、教练机、无人机等先进航空装备。我国是世界上第五个能够自行研制高推重比涡轮风扇发动机的国家。我国自行研制的机载设备和机载武器等已接近世界先进水平。我国航空科研能力总体上位于美国、俄罗斯、欧盟之下，排在世界"第二方阵"领头羊的位置。

在生产能力方面，我国已经步入世界航空制造业大国的行列。中国航空工业体量巨大，具有雄厚的航空工业基础，拥有许多先进加工设备，掌握了钛合金、先进复合材料加工和特种加工等关键技术，广泛推广智能制造、柔性制造、快速响应制造、增材制造等先进制造技术，大力推行信息化、数字化设计制造技术，建立起完善的工程管理体系和质量管理保证体系。中国航空工业主要航空产品的生产能力已经达到世界"第一方阵"的水平。

7.4.2.3　主要航空产品

中国航空工业产品门类齐全，谱系完整，性能优越，中国特色鲜明。主要航空产品如下。

（1）军用飞机

以歼10、歼11、歼20为代表的先进战斗机；以歼轰7为代表的战斗轰炸机；以强5系列为代表的强击机；以轰6系列为代表的战略轰炸机；以运8、运20为代表的军用运输机；以歼15为代表的舰载战斗机；以"猎鹰""山鹰"为代表的教练机；以空警2000、空警500、轰油6为代表的特种飞机，以及侦察机、无人机等。

（2）民用飞机

以新舟60、新舟600、ARJ21为代表的支线飞机（见图7-9）；以C919为代表的大型干线飞机（见图7-10）；以AG600为代表的大型水上飞机；以运12、西锐SF50为代表的通用飞机等。

（3）直升机

以直10、直19、直20为代表的武装直升机；以AC313A为代表的大型民用直升机；以直9为代表的中型直升机，以AC311代表的轻型多用途直升机，以及中外合资生产的直15、CA109、EC120等直升机。

（4）航空发动机

包括"太行"涡扇发动机、"秦岭"涡扇发动机、"昆仑"涡喷发动机、"玉龙"涡轮轴发动机，以及多种型号的活塞式、涡轮螺旋桨和冲压发动机。

图 7-9　ARJ21 客机

图 7-10　C919 客机

（5）机载设备和机载武器

包括机载相控阵雷达、自动驾驶仪、座舱显示设备、火控系统、空空导弹、空面导弹、精确制导炸弹等。

7.4.2.4　中国航空工业的奋斗目标

中共十八大提出：在中国共产党建党一百年时，要全面建成小康社会；在新中国成立一百年时，要建成富强民主文明和谐的社会主义现代化国家。"两个百年"的奋斗目标，既是对全国人民的庄严承诺，也是对全世界的郑重昭告，更是全国各族人民齐心协力前行的方向。航空工业作为国家的战略产业、高科技产业，其行业发展必须服从于国家发展的大目标，必须为国家大目标的实现尽其能、尽其责、尽其力。

中国航空工业的奋斗目标是：到 2049 年新中国创建 100 周年之际，在航空科技和产业发展上领先于世界。全体航空人正以航空报国的热情为实现航空强国的伟大目标而努力奋斗。

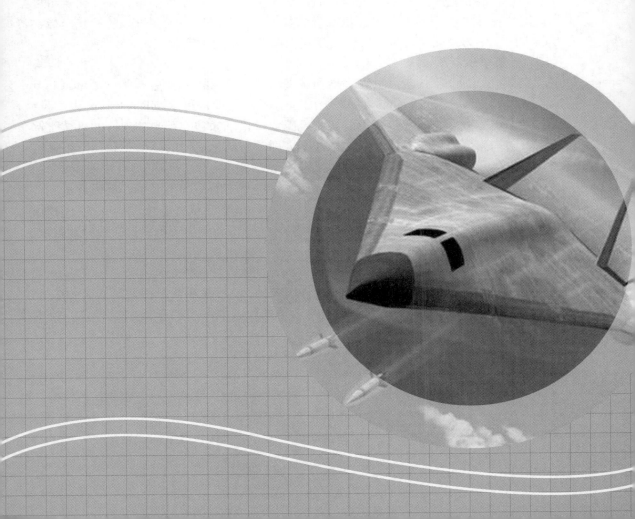

第8章
航空发展展望

未来孕育着希望，未来孕育着成功，机遇总是垂青于那些有准备的人，而"准备"源自对未来大势的判断。航空事业经天纬地，航空产业迅猛扩展，航空科学技术日新月异。本章分别从军事航空、民用航空和航空科技三个方面，对未来航空发展趋势进行综合分析与展望。

8.1 军事航空的未来

未来的军事航空将如何发展？这是一个十分复杂的问题，因为军事活动是最难以把握的群体性社会活动。然而，席卷全球的新军事变革，为我们研究军事航空的未来提供了认知背景；传统的和正在孕育的新作战运用样式，为军事航空的未来勾勒出概貌；空中作战系统和航空装备所遵循的军事和技术逻辑，使我们得以认识和描绘军事航空的发展趋势。

8.1.1 空中力量的变革发展

人类社会正处在一个伟大的变革时期，波澜壮阔的新军事变革，让任何军事要素都被裹挟在"转型"的浪潮中。新军事变革，为我们提供了认知未来的时代坐标；各军事大国空中力量的"转型"目标，是我们探究未来的逻辑起点。

8.1.1.1 新军事变革

自20世纪80年代末，世界军事领域兴起了一场新的军事变革（revolution in military affairs，RMA）。1994年1月，美国国防部成立研究和指导RMA的高级委员会，正式推出这一概念。新军事变革的实质是工业时代以来建立起来的现行的机械化军事体系，向未来网络化军事体系的整体转型，即"网络化引发的革命"和"网络化带来的新战争"。此后，新军事变革学说被各国广泛接受。

人类社会曾发生过多次军事变革，而正在进行中的新军事变革，范围最宽广、发展最迅猛、影响也最深刻。军事界人士认为，新军事变革将持续100年左右的时间。因此，在未来的几十年里，各国军事力量都将处在由新军事变革引发的持续转型中。

新军事变革的主要动因如下：

①国际战略格局正在发生深刻变化，大国战略驱动军事变革；

②人类社会正在从工业时代向信息时代发展，军事变革是社会转型的必然结果；

③以信息技术为核心的高新技术的迅猛发展，为军事变革提供了强大的技术支持；

④20世纪末以来高技术局部战争实践的催生作用。

新军事变革的基本内涵可概括为"四个革新"和"一个转变"。即革新军事技术，更新武器装备，推进武器装备的信息化；革新体制编制，重新设计、编组军队结构；革新作战方法，以充分发挥信息化装备的优势；革新军事思想，以新的理念谋划作战与军队建设。通过上述四个方面的革新，推动战争形态从机械化战争向信息化战争转变。

8.1.1.2　转型中的空中力量

空中力量经过 100 多年的发展，已经成为对战争过程与结局发挥重要作用的军事力量。空中力量的机动性、打击能力以及实战与威慑能力的结合，均为现代军事力量之翘楚，空中力量信息化水平的提升，将成为效能与作用的倍增器。空中力量是所有国家推动新军事变革的核心。

美国空军自 1990 年开始，就对军事转型进行顶层设计，之后，每隔一两年就修订一次战略规划与转型设计。"全球警戒，全球到达，全球力量"是美国空军转型的基础。美国空军转型始终以捍卫美国国家利益和超级大国地位为目标，以空间拓展为主要形式，以提高信息化水平为重要内容，实行迭代设计与持续建设。

2008 年，俄罗斯国防部出台《2020 年前俄军转型方案构想》，根据此构想，俄罗斯空军把转型的切入点放在武器装备、军事教育和联勤保障等方面，并特别注重发挥俄军传统的火力优势与航天优势，以期尽早完成由"积极防空作战"向"积极空天防御作战"的新空军转型。

面对历史性挑战和机遇，中国空中力量的转型正在快速推进中。不同于美军与俄军，中国空中力量转型要同时完成机械化与信息化双重任务；要加快建设一支空天一体、攻防兼备的强大人民空军，为实现强国梦、强军梦提供坚强力量支撑。空军是战略性军种，在国家安全和军事战略全局中具有举足轻重的地位和作用（见图 8-1）。"空天一体""攻防兼备""战略性军种"，可视为中国空军转型发展的目标。与此同时，海军的远海防卫和"空基化"发展，陆军的全域机动等一并构成国家空中力量的宏大体系。

图 8-1　新军事变革中的中国空军

8.1.2　空中力量的运用样式

未来战争是信息化战争，联合作战将成为信息化战争的基本作战样式，无战不联，无联不战，任何单一军种都难以主宰联合战场。未来空中力量将在联合作战环境下加以运用。

经过百年军事实践，空中力量早已形成了一些成熟运用样式；在新军事变革的风潮中，又创新出一批新战法、新样式。未来空中力量的运用样式，主要包括但不限于以下几种。

8.1.2.1 空袭作战

空中力量是一种"长于进攻"的力量，其强大的火力突击能力、快速机动能力和跨越复杂地形的远程作战能力，是歼灭敌有生力量的主要作战样式和基本手段。近年来，各军事大国又开始强调空中力量的进攻性，只不过用"空袭"代替了过去的"轰炸"。未来，"战略空袭"和"战术空袭"仍将是空中力量的主要作战样式之一。

在机械化战争时代，"临空突击"与"面积轰炸"是达成空袭目的的主要手段，在信息化战争中，精确打击、防区外打击成为飞机空袭的主要手段。值得注意的是，"外科手术式"精确打击，会起到"点穴"作用，可迅速达成战略性有限目的；在极短时间内对高价值目标实施连续、高密度、饱和攻击的"聚能作战"，将获得"战场窒息"效应；对时间敏感性目标的精准打击，有助于把控战场态势。

8.1.2.2 制空作战

夺取和保持制空权是空中力量的主要使命之一，制空作战仍然是是空中力量的基本作战样式。制空作战主要有空战、突击地面飞机、组织地（海）面火力阻止敌机进入特定空域三种方法。

在空战方面，其一，超视距作战将成为未来的主要方式，在预警机、无人机和各种侦察装备的配合下，战斗机远距离发现并摧毁目标，多数空战将会在尚未进入近距格斗范围的情况下结束。其二，由于未来敌我双方的机场均将靠后布置，由此带来的是，战斗机要具备一定的远战能力，能够在空中受油。其三，太空和赛博空间的争夺将对空战的胜负产生重要影响，掌握太空优势和赛博优势的一方，将更容易获得空战的主动权。

8.1.2.3 空中战略威慑

战略威慑是遏制战争的重要手段，包括核威慑与常规威慑两种。由于核武器杀伤力巨大，附带损伤严重，受人类道义的制约等，其威慑效果有所下降。在未来战争中，常规威慑能力将变得更加重要。

常规威慑需要足够的火力强度和更高的打击精度，无论是陆基还是海基弹道导弹，在承担常规战略威慑任务时都有其无法克服的缺陷，而航空装备具有航程远、速度快、运载能力强、使用更加灵活的特点，可对敌纵深目标实施毁灭性打击。在未来军事斗争中，空中力量既可承担核威慑任务，又可承担常规威慑任务，空中战略威慑的作用将愈加凸显。

8.1.2.4 航空火力支援

航空火力支援是空中力量的传统作战样式，一般包括近距空中火力支援和"空中遮断"两种。近距空中火力支援对距离前沿部队较近的目标进行空中突击，其效果直接被受援部队所利用；"空中遮断"是突破敌方防线，对敌军战役后方目标实施打击，以切断和削弱敌前后方之间的联系。未来对航空火力支援作战的要求是更加灵活、更加快捷、更加协调、空地（海）一体。

8.1.2.5　空中机动

空中机动是空中力量的基本使命之一，目的是迅速改变战场形势和兵力对比，影响和推进作战进程。按照性质，空中机动分为战略机动、战役机动和战术机动。战略机动由统帅部组织实施，以大型战略运输机为主要运载工具；战术机动由战术指挥员组织实施，以直升机为主要运载工具。未来战争中，空中机动的战场作用将愈加重要，成为提高部队反应速度、遏制危机和保障部队后勤补给的关键，空中机动的规模、速度、手段、样式等将有新的变化，空中机动与反机动的斗争将更加复杂和激烈。

8.1.2.6　空天作战

鉴于制天权的作用日益重要，未来制天权的争夺将异常激烈，空中力量将广泛参与制天权的争夺，空天作战在所难免。基于航空装备，加入未来空天作战的方式大致有：使用空中力量突击敌航天发射场、地面站等设施，使其天基系统无法正常工作；使用空基平台发射空天导弹、动能武器、激光武器、微波武器等，直接摧毁敌航天器；用空基平台发射航天器，攻击敌方卫星，或者为己方的卫星补网。

8.1.2.7　夺取信息优势

未来战争中，需要持续、快速、高精度地获取目标信息，以便为任务规划、指挥控制和火力打击提供保障。陆基和海基平台由于视野受限，难以承担对战场的持续监视／侦察任务；天基平台由于距离目标较远，且受运行轨道和运行周期限制，也存在明显不足。空基平台可以携带各种频谱范围的信息侦察装备，承担战场监视、指挥、控制和信息战的任务。

8.1.2.8　非战争军事行动

一般认为，非战争军事行动主要包括：国家援助、安全援助、人道主义援助、抢险救灾、反恐怖、缉毒、武装护送、情报收集与分享、联合演习、显示武力、撤离非战斗人员、强制实现和平、镇压暴乱等。总之，只要不是战争，为达成一定政治目的而展开的军事行动，都可归入非战争军事行动之列。非战争军事行动是未来军队必须承担的重要政治使命，空中力量以其特点与优势，将成为非战争军事行动中的主干力量。

8.1.3　空中作战系统的发展趋势

分析系统问题，关键是要把握系统的发展趋势，对未来空中作战系统的判断亦当如此。从大的方面讲，空中作战系统发展始终遵循"需求牵引、技术推动"的规律；具体来看，未来空中作战系统将呈现出以下重要的发展趋势。

8.1.3.1　从注重平台到平台与体系并重

在信息化条件下，装备之间的相互联系日趋紧密，体系作战必将成为信息化战争的主要样式。为此，在装备研发方面，正在从注重平台向平台与体系并重方向转变；设计思想从"平台最优"向"体系最优"转变。但同时，"体系最优"并不排斥进一步提高平台性能。因为体系是由若干平台组成的复杂系统，提高平台性能是提高体系性能的基础。目前，美、俄均已启动新一代轰炸机的研发，同时开展多种新装备的概念研究和招标工作，既考虑在体系中的任务和作用，也考虑平台自身的先进性。由于卫星导航/通信在实战中可能受到压制，不依赖 GPS 的导航技术和激光通信技术得到高度重视，以保证航空装备具备较强的独立作战能力。

8.1.3.2 从前向窄波段隐身到全域宽频隐身

现有先进战斗机（如美国的 F-22、F-35 等）都把隐身重点放在减小前向 RCS 上，并保留了飞机垂尾，这虽然有利于提高飞机机动性，但对飞机的侧向 RCS 带来不利的影响。此外，由于每种吸波材料都有其特定工作频段，以及重点针对机载雷达常用的 X 波段和 Ku 波段进行隐身设计，都造成其他波段雷达波的隐身效果不足。

在未来战场上，部署在地面、海上、空中、太空的不同频段雷达越来越多，隐身飞机面临来自各个方向、各个频段的威胁。特别是空基组网和信息融合技术，可对不同方向、不同频段的雷达信息进行综合分析，从而发现隐身飞机。为适应这种更加激烈的对抗环境，隐身飞机将从注重前向和 X 波段、Ku 波段隐身，向注重全向和宽频隐身方向发展。正在开展的新隐身布局、隐身材料、低截获概率雷达等技术研究，将使未来航空装备的隐身能力不断提高。

8.1.3.3 从高空高速到近太空高超声速

目前战斗机的实用升限通常在 30km 以内、最大速度不超过 $Ma3.0$。为了谋求作战中的高度、速度优势，高超声速和近太空技术的研究成为新的热点，美、俄和我国通过各种研制计划，在该领域不断取得突破性进展。在新技术支持下，未来航空装备的飞行包线将不断拓展，飞行高度将达到 $50 \sim 100km$，飞行速度达到 $Ma5.0$ 以上，能够遂行现有航空装备难以完成的多种任务。

8.1.3.4 从动能杀伤到能束杀伤

当前大部分机载武器是以发动机为动力，借助各种导航与制导设备，将战斗部引导到目标并通过引信引爆战斗部，最终以动能方式杀伤目标。由于激光武器、微波武器等能束武器具有作战效费比高、快速响应、不易受干扰等优势，各军事强国竞相开展相关技术研究，并且在激光抗干扰技术、高功率激光器技术、高功率微波技术、能源储存供应及管理技术、热管理技术、精密跟踪瞄准技术、大气传输补偿技术等方面取得进展。不久的将来，激光武器（见图 8-2）和微波武器将达到实战水平，导致空中对抗样式的改观。

图 8-2　美国 ABL 机载激光武器系统

8.1.3.5 从有人到无人

无人机因机内无人，可突破因飞行员生理局限受到的限制，而展现出独有的优势。随着通信、导航、任务规划、人工智能等技术的进步，无人机的任务能力正越来越强。美国前国防部长盖茨认为，如果将大量能力更强的无人机与第五代战斗机进行集成，就能使美国拥有利用大规模集群战术打败敌人的能力，其意义就像航母出现一样重要。目前，无人机在侦察、监视、防空系统压制、目标指示和打击时敏目标等方面，已经得到实战应用；在无人机运输、远程对地攻击、有人／无人协同作战等方面，也不断取得突破。美国 X-47B 成功验证了自主起飞、自主着舰和自主空中加油技术（见图 8-3）。未来，无人机将从作战支援装备上升为主战航空装备。

图 8-3　美国 X-47B 无人机自主着舰

8.1.4　未来的军用航空装备

军用飞机具有成本高、发展周期长的特点，为了满足未来战争的需要，通常需要提前十年甚至更长时间开展下一代飞机的技术研究和方案论证。基于技术发展预测和作战样式的变化，未来主要军用航空装备将呈现以下发展趋势。

8.1.4.1　战斗机

未来战斗机的主要任务仍将以制空作战为主，兼顾对地（海）攻击、空中侦察和电子战。预计其最大速度在 $Ma3.0$ 以内，以有人驾驶为主，具有更高的隐身性能、更大的作战半径和更强的网络化作战能力，并配装能束武器。采用的新技术包括：全向宽频隐身、自适应变循环发动机、能量综合优化和有人／无人可选驾驶技术等。

2016 年 5 月发布的美国空军《空中优势 2030》研究报告称：只有一个高度网络化的武器组合系统才能够应对未来威胁，而不仅仅是一两个开发时间漫长的新型作战平台。高度网络化并依靠空间的"系统之系统"（system of systems，或称"体系"）将成为其保持空中优势的方式。2020 年 9 月，美国空军宣布，"下一代空中主宰"项目的全尺寸演示验证机搭载多个任务系统开始试飞试验；用于战斗机的自适应变循环发动机进展加快。

　　欧洲有两款新一代战斗机在同时开展研发。法国、德国、西班牙联合研发的"未来格斗航空系统"（FCAS）项目启动研制，拟于 2026 年试飞原型机。下一代战斗机（NGF）是 FCAS 的核心装备，要求具备与无人机协同行动的能力，能通过人工智能驱动的"空战云"相互链接。英国联合意大利等开始研制名为"暴风"的新一代战斗机，2020 年 7 月公布了"暴风"战斗机三维模型，计划于 2030 年服役。俄罗斯也已开始研发第六代战斗机。

　　新一代战斗机发展的主要技术动向为：①高度信息化——实现空天地信息融合和全向宽频隐身，其形态可能是融传感器、武器与平台于一体的，机内／机外两种控制形式的具有智能化特征的系统；②多任务——使之成为作战网络中的一个节点，根据作战需要能遂行更多任务、随时变更任务；③高度适应性——可组合、可剪裁、有人／无人转换，以适应日益复杂的对抗环境；④大包线——扩大飞行包线，甚至将作战范围扩展到近太空，不仅遂行空战任务，还能遂行反卫、反导等新作战任务，为此需加快自适应变循环发动机与适应高超声速要求的组合动力发展。下一代战斗机将如何发展，是一个需要用创新思维来回答的问题（见图 8-4）。

图 8-4　波音公司的两款海军新一代战斗机方案（想象图）——
有人驾驶（上）和无人驾驶（下）

8.1.4.2　轰炸机

　　轻型和中型轰炸机已经基本上被战斗机和攻击机所取代，未来轰炸机的发展重点是远程战略轰炸机（见图 8-5）。未来轰炸机不但要承担远程战略打击任务，还将承担战场遮断、近距空中支援和时敏目标打击等任务。2020 年 8 月，美国空军透露，B-21 "突袭者"新隐身轰炸机将在 2025 年前形成初始作战能力。俄罗斯的"未来远程航空系统"（PAK DA）项目旨在推出新战略轰炸机，已在 2020 年 5 月进入原型机研制阶段。

　　未来轰炸机将配备更多种类的机载武器，为打击各种不同目标，将可携带空空导弹、空地导弹、巡航导弹、制导炸弹等传统样式机载武器，还可携带激光、微波等能束武器，具有携带核弹的战略威慑能力，甚至可携带并释放小型无人机完成诱饵、干扰、侦察、电子战和攻击等任务；为了提高经济可承受能力，未来轰炸机的航程、起飞重量与现有战略轰炸机基本相当或略小；为满足大纵深突防需要，将采用必要的隐身以及电子战、有源 / 无源诱饵等多种技术手段。此外，"武器库"飞机有可能成为未来轰炸机的一种非典型样式；待高超声速技术成熟后，有可能出现高超声速轰炸机。

图 8-5　美国新一代远程轰炸机 B-21

8.1.4.3　运输机

在未来战争中，空中机动和运送 / 投送物资装备的实时保障将变得更加重要。为满足未来作战需要，运输机将向以下几个方向发展：一是进一步提高战场适用性，更快捷地把人员和物资运送到任何需要的地方，大型运输机应能在前线简易机场起降；二是提高战场生存力，降低敌方空中和地面武器对飞机构成的威胁；三是进一步提高飞机的飞行效率，降低使用维护成本。此外，通过适当改装，运输机还将承担空中加油、特种作战、空中发射航天器、发射 / 回收小型无人机等任务。未来运输机将采用的新技术包括：自主保障技术、来袭导弹告警及对抗技术、翼身融合体技术等。

8.1.4.4　空中预警机

随着信息技术和航空技术发展，未来预警机的侦察、预警和指挥控制能力将更强，除了指挥和协调有人机作战，还将为无人机的侦察、攻击和协同作战提供支持，甚至成为无人机集群作战的空中中枢。未来空中预警机将重点提高以下性能：一是进一步提高侦察、探测能力，特别是提高探测隐身目标、导弹、小型无人机和电磁信号的能力；二是进一步提高自身安全性，除了提高电子对抗和干扰诱饵技术水平，还将利用无人机发现远处、危险地区的目标；三是进一步提高飞机的经济性，主要措施包括：选用吨位较小的通用航空平台、提高机载设备和系统的通用性、采用开放式架构和商用货架产品等。

8.1.4.5　军用无人机

未来无人机的军事应用范围将更加广泛，作用愈加突出。近年来，无人作战飞机发展很快，美军"天空博格人"自主无人机、波音"空中力量编组系统"中的"忠诚僚机"无人机和俄罗斯"雷霆""猎人"等无人作战飞机成为关注重点。未来无人机将向以下几个方向发展：一是型谱系列将更加完善，全面覆盖有人飞机的空域、速域，并且在更快、更高、更长航时等方面超越有人机；二是任务能力不断增强，将具备执行侦察、攻击、电子战、运输补给、对空作战等能力；三是促进形成新的作战使用模式，包括：有人无人协同作战（见图 8-4）、子母机、无人机集群作战等。为满足无人机发展需要，将重点开展新气动布局、新概念动力、自主控制、任务载荷、集群组网等方面的技术研究。

8.1.4.6　军用直升机

直升机战场使用灵活，不受地形地貌限制，但是飞行速度较慢，运载能力较低。为了更好地满足未来作战需要，军用直升机将向以下三个方向发展：一是直升机型谱系列将进一步得到完善，除了轻型、中型和重型直升机之外，微型、超重型和单兵直升机都有望得到发展。二是直升机的飞行速度将大幅提高，预计未来直升机的最大速度可以达到 700km/h，巡航速度达到 400km/h；近年来美军"未来攻击侦察机"（FARA）和"未来远程突击机"（FLRAA）项目的进展显示了高速直升机的发展动向。三是直升机的飞行效率将大幅提升，巡航升阻比将由目前的 5 ~ 6 提高到 10 左右，大幅高于现役直升机。

8.1.4.7　空天飞行器

空天飞行器具有极其重要的军事价值。作为火力打击平台，它比弹道导弹更加灵活、更难防范，甚至可挂载核弹进行长时间反复巡航，进而将核威慑提高到新水平；作为战略侦察平台，它比卫星更加灵活，且可随时发射。因此，正在成为军事强国竞相研究的热点。空天飞行器是航空技术与航天技术相结合的产物，技术与工程难度很大，许多关键技术尚待成熟，目前，尚无实用化的军用空天飞行器问世。美国 X-37B 的多次试验验证，"猎鹰"HTV-2 等设计方案的出现，以及伯特·鲁坦的"宇宙飞船 1 号"的首飞，昭示着军用空天飞行器可能比预想的时间更早问世。

未来实用化空天飞行器将具备如下特征：飞行高度 50 ~ 150km、速度 Ma12.0 ~ 25.0；无人驾驶；既可以自由飞行，也可作亚轨道飞行，甚至以"弹跳"方式大范围机动；采用组合动力；能遂行特定的重大作战任务，在特定时机快速投入使用。

8.2　民用航空的未来

民用航空的未来无疑是乐观的。只是，未来真的会"的士"满天飞吗？基于航空运输的一小时生活圈将被定义为 500km 还是 800km？谁来打破波音与空客在大飞机领域的垄断？似曾相识的民航飞机布局会有所改变吗？这些有趣的问题都将在新社会背景和技术背景下破解。

世界经济与社会的发展推动着民用航空业的持续繁荣，民用航空市场需求将改变民机制造的传统模式。生产出更多适用的民用航空器，满足日益提高的安全性、环保性、经济性、舒适性和个性化要求，是民机制造业不变的使命与任务。

8.2.1　未来的民用航空市场

世界民航业发展历程表明，经济危机、突发事件与灾害、疫情等，会带来暂时甚至较长时期的影响，但民航业繁荣发展的总态势将会持续。到 21 世纪中叶，世界民航业仍会持续增长，预测民航客运周转量年均增速约 5%，对干线飞机、支线飞机、通用飞机、民用无人机 / 直升机等各类民用航空产品，继续提出全方位的发展需求。

8.2.1.1　商用飞机市场

以波音、空客为代表的干线飞机制造商近年来交付量不断增加。2018 年，波音公司交付 806 架民机，连续 3 年创历史新高；空客公司交付 800 架，连续 13 年实现增长。2019 年空客共交付了 863 架飞机，首次成为全球最大的民机制造商。支线飞机迎来发展的黄金时代，近年来，喷气支线飞机的年交付量在 170 架以上；涡桨支线飞机年交付量为 120 架左右。

国内民航市场需求旺盛，每年引进的大型飞机数量递增。波音和空客每年向中国交付的大型飞机数量占全球交付量的 20% 以上。中国民航运输机队规模从 2010 年的 1593 架增长到 2018 年的 3615 架（见图 8-6）。

图 8-6　中国国际航空公司机队

波音、空客、庞巴迪、巴航工业、中国商飞等主制造商和飞行国际、预测国际等咨询机构，普遍看好未来民机市场，特别是中国市场。综合各方预测结果，未来 20 年，全球将需要干、支线飞机 3 万架以上，其中，中国需求量超过 5000 架，价值超过 7000 亿美元。

8.2.1.2　通用航空市场

目前，全球通用航空器约有 36.2 万架，范围覆盖从两座教练机、多用途直升机到喷气公务机。其中，美国超过 19.9 万架，2015 年作业量超过 2300 万小时，产值 2200 亿美元，对国民经济的贡献率为 0.7%。美、欧等发达国家经过几十年的发展，通用航空体系已相当完善，市场趋于平稳。据美国通用航空制造商协会预测，美国通用航空器年均增长率约为 0.5%，作业量和对经济增长的贡献率基本持平。

我国的通用航空基础十分薄弱，但正孕育着大发展的未来。2016 年 5 月 17 日，国务院办公厅印发《关于促进通用航空业发展的指导意见》，对进一步促进通用航空业发展做出部署，提出到 2020 年的发展目标：建成 500 个以上通用机场，基本实现地级以上城市拥有通用机场或兼顾通用航空服务的运输机场，覆盖农产品主产区、主要林区、50% 以上的 5A 级旅游景区。通用航空器达到 5000 架以上，年飞行量 200 万小时以上，通用航空业的经济规模超过 1 万亿元。因各种原因，目标未能实现，但我国通航业进步明显，通用航空器研发制造水平和自主化率有较大提升，国产通用航空器在通用航空机队中的比例明显提高（图 8-7 为我国研发的 AG600 水上飞机），一批具有市场竞争力的通用航空企业正在加快成长，形成安全、有序、协调的发展格局。

图 8-7　AG600 水上飞机

8.2.1.3　民用无人机市场

随着无人机技术不断成熟、成本不断降低以及相关法规的逐步完善，无人机市场呈现出良好的发展前景，其中消费类无人机（见图 8-8）市场表现火热，工业类无人机市场也在快速拓展应用。目前，在消费类市场，无人机娱乐、航拍等应用广泛；在工业类市场，如电力巡线、农业植保、森林防火、灾害搜救、警用巡视、地图测绘等领域的应用逐步深入与普及。预测全球民用无人机市场规模将超过 100 亿美元，并随新技术、新品种的出现，有可能孕育出更大的市场。

图 8-8　中国的消费类无人机

8.2.2　国外民用航空重大战略规划

欧美历来是民航业最发达的地区，美国和欧盟的各项举措，在某种程度上引领着世界民航业的发展。进入 21 世纪以来，美欧为了保持在民用航空领域的优势地位，出台了若干法律法规和战略规划，大力扶持民航产业发展。从欧美民航产业规划中可以看出，安全至上始终是民航技术发展的首要目标，而绿色、低成本、智能化将成为未来民航技术发展的热点。

8.2.2.1　美国民用航空发展战略规划

美国政府不断出台的相关政策措施和国家规划，充分表明对民用航空的重视，同时也显示出美国确保全球民航业领先地位的决心。

（1）新一代航空运输系统计划

2004 年 12 月，美国提出《新一代航空运输系统计划》，简称 NGATS 计划，2006年正式将其更名为 NextGen 计划。该计划旨在建立一个更加现代化的新型航空运输系统，把用于国家防御与民用航空的能力整合在一起，显著提高航空运输的能力、效率和安全水平，以应对未来航空器大容量、新商业模式的运行需求，促进美国的经济发展，并通过推广全球统一标准的美国产品和服务，保持美国在全球航空业的领导地位。图 8-9 为未来机场系统概念图。

图 8-9　未来的机场系统

NextGen 计划的实施，将产生巨大的综合效益，其 2030 年的预期效益目标为1606 亿美元。其中，因节省燃油、降低成本等为航空公司带来 397 亿美元的收益，为工业界带来 65 亿美元收益，并创造 1144 亿美元可量化的社会效益，包括减少碳排放和旅客时间效用。

（2）国家航空研究与发展规划

2007 年 12 月，美国政府出台了历史上首份《国家航空研究与发展规划》（R&D计划），旨在指导航空研究机构开展航空技术活动，推动实现美国 2001 年初公布的《2020 年展望》中提出的各项目标。R&D 计划提出了五项关键性原则：①航空对国家经济稳定和增长至关重要；②航空对国家安全和国土防御至关重要；③航空安全至高无上；④确保能源可用性和效率是航空业增长的核心；⑤在保持航空运输增长的同时必须保护环境。针对每项原则提出了细化的发展目标，按照近期（小于 5 年）、中期（5 ～ 10 年）和远期（大于 10 年）三个阶段，制定了相应的分阶段目标。

（3）航空技术发展路线图

2015 年 5 月，美国国家航空航天局（NASA）公布《航空技术发展路线图》，用以指导 2020 年前的美国航空研究与开发项目。该路线图围绕六大战略目标（全球航空的安全和高效增长；民用超声速飞机的创新；超高效民用航空器；向低碳推进方式的转变；实时系统及安全保证；使飞行拥有可保障的机器自主），逐项牵引若干研究主题或远期研究工作。在目标、效果和技术挑战等三个层次上进行分解，逐层递进阐述研发内容。

路线图的重点为空中交通系统和航空器研发。针对空中交通系统，将开发一系列先进技术，以促进其拓展容量、提升效率和安全性水平，满足未来全球航空运量显著增长的需要。在航空器研发方面，通过促进民用超声速技术、跨声速技术发展，提高新型飞机平台的高效、低环境影响和低环境噪声水平。路线图还提出了无人机更好融入国家空域系统的设想。

8.2.2.2 欧盟民用航空发展战略规划

欧盟十分重视民用航空的发展。2001 年，欧洲共同体专门成立航空研究委员会，颁布《欧洲航空：2020 前景》；2011 年 3 月，欧盟委员会编制《欧洲航空：2050 展望》，确立到 2050 年的远景发展目标，以此引领欧盟航空的未来发展。

（1）欧盟的战略目标

《欧洲航空：2020 前景》描绘的前景是：到 2020 年，欧洲民用航空将成为世界第一，飞机、发动机和机载设备等占据世界市场 50% 的份额。同时，也明确了欧盟民用航空科技发展的四个方向：增强竞争力，减少污染，改善安全性，提高系统能力。该目标已基本实现。

《欧洲航空：2050 展望》给出的远景目标为：到 2050 年，欧盟航空运输将成为一个完整的整体，作为全球运输网络的一个重要组成部分，各种类型的航空器将在同一空域中飞行，无人驾驶航空器的比例上升，非运输航空任务不断增加；实现快速、安全、经济可承受的定制服务；连续、鲁棒的通信增值服务；在欧洲境内，90% 的旅行者可享受 4h 内"门到门"的航空服务，客货运输均可无缝转运并按预期按时到达；不论何种天气，航班不超过 1min 的误差抵达；系统具有应对破坏性事件的弹性，在发生旅行中断时系统能在网络上自动、动态重新配置，以满足旅行者需要。该规划围绕保持欧盟在全球航空领域的领先地位、满足欧盟以及全球社会及市场需求这两大任务进行规划，涉及范畴包括航空器设计、制造和系统综合、空中交通管理、航空公司、通用航空、维护、维修和大修等领域，为欧盟民用航空未来发展指明了方向和重点。

（2）欧盟的"研发框架计划"

欧盟为加速科技进步、提高企业的国际竞争力、振兴经济、推动欧盟建设发展，制订和实施了许多有效的联合研发计划，其中《研发框架计划（FP）》是投入最大、领域最广、参加研究人员与机构最多的一项大型综合性研发计划。在《研发框架计划

(FP)》中，航空航天一直作为七个战略领域之一，进行全面规划和重点投入，投资强度不断增加。

"欧洲绿色航空运输系统"建设，是《研发框架计划（FP）》的重要内容。其中，自 2008 年开始实施的"洁净天空"联合技术创新（JTI）计划，支持经费达到 16 亿欧元，目的是通过欧洲工业界及其供应链的共同努力，达到 NO_x 排放减少 80%、噪声降低 50%、CO_2 排放减少 50% 的第一阶段环境保护目标。同时，在航空制造业中，大力推行绿色设计、绿色制造、绿色维修和绿色产品寿命周期的"绿色工程"。2014 年，作为 JTI 计划延续的"洁净天空 2"计划开始实施，旨在推进用于下一代的商用飞机、支线飞机、喷气公务飞机和旋翼机的技术达到 6 级成熟度水平（TRL6），进而进入实际应用阶段。

8.2.3　未来的民用航空器

为满足全球运力增长和替换退役飞机的需要，未来全球对民用飞机的需求量和增长速度都将逐年增加，干线飞机、支线飞机、通用飞机、民用直升机等民机产品市场需求旺盛。目前，全球的民机产品体系齐全，主流企业逐渐垄断全球市场，市场集中度不断提高。

8.2.3.1　干线飞机

全球干线飞机市场目前被波音和空客瓜分。无论是波音还是空客，其产品均已实现系列化和通用化，从 100 座级低端单通道干线客机到 500 座以上的超大型客机，全面垄断市场。未来，波音和空客仍将不断开发新产品，拓展产品链，扩大市场需求。与此同时，随着俄罗斯 MC-21 及我国正在研制的 C919 等大型飞机投入运营，全球干线飞机市场主要是单通道干线飞机领域将会产生新的竞争格局。

在双通道干线飞机方面，波音 787 和空客 A350 代表了当前最高水平，通过采用先进气动布局、先进高涵道比涡扇发动机、综合模块化航电系统、多电系统，以及大幅度提高复合材料使用量，上述两型飞机的安全性、经济性、环保性和舒适性均比同类产品有较大提升，将在相当长时间内保持市场竞争力。在单通道干线飞机方面，空客 A320neo 代表了当前最高水平，通过换装高效发动机、新型小翼等措施，实现油耗降低 15% 左右。

未来，世界各航空大国都将加强民用飞机先进技术的研究，朝着更安全、更环保、更经济、更舒适的方向发展，传统布局飞机仍将是未来一段时间内发展的重点。

8.2.3.2　支线飞机

目前，支线飞机的全球市场除了法国－意大利 ATR 公司在涡桨支线飞机占有一席之地以外，基本上被加拿大庞巴迪公司和巴西航空工业公司瓜分。参与支线飞机市场竞争的产品主要有：庞巴迪的 CRJ 系列、Q400 NextGen，巴航的 ERJ 系列，ATR公司的 ATR-72 系列，俄罗斯和乌克兰的安-148/158、SSJ 系列，日本三菱飞机公司的 MRJ，以及我国的"新舟"系列（见图 8-10）、ARJ21 系列等。2018 年，空客公司收购加拿大庞巴迪旗下 C 系列飞机项目，更名为空客系列的 A220，发展势头良好，对该座级客机的世界格局带来深刻影响。

图 8-10 中国航空工业"新舟"系列支线飞机

未来支线飞机向大型化方向发展的趋势明显，喷气支线飞机是未来的发展主流，涡桨支线飞机将占据中小型支线飞机市场。另外，随着民航管理越来越严格的限制，节省燃油效率、减少噪声和污染、延长飞机使用寿命、减少制造和维修成本，成为支线飞机制造商赢得市场竞争的关键，"绿色航空"成为支线飞机发展的主打理念。俄罗斯、日本及中国等不断推出具有竞争力的新产品，将逐步改变世界支线飞机市场的竞争局面。

8.2.3.3 通用飞机

全球通用飞机制造企业众多，但市场被几家主要制造商占有，市场集中度颇高。据不完全统计，全球持有适航许可的通用飞机制造企业超过 150 家。在活塞式飞机市场，赛斯纳、西锐、钻石、派珀和飞行设计五家制造商瓜分了全球 85% 左右的市场份额。在涡桨式飞机市场，赛斯纳、比奇、皮拉图斯、索卡塔和派珀五家制造商瓜分了全球 90% 左右的市场份额；在涡扇式飞机市场，赛斯纳、庞巴迪、巴航、湾流和达索五家制造商瓜分了全球 90% 左右的市场份额。

通用飞机的代表机型，活塞式飞机有：钻石公司 DA40/42、西锐公司 SR20/22等；涡桨式飞机有：赛斯纳公司赛斯纳 208"大篷车"、皮拉图斯公司 PC-12、索卡塔公司 TBM850 等。与大型飞机相比，通用飞机技术复杂性较低，但对成本、可靠性和维修性等方面要求很高。

未来通用飞机的发展趋势是：越来越多地使用复合材料；采用更为友好的人机环境、更为简便的操作系统、更为先进适用和低成本的综合航空电子技术；满足重量、尺寸、油耗、可靠性、维修性方面的更高要求，采用更为先进的活塞/涡桨/涡扇发动机；在中小型飞机上应用电传操纵系统；在轻型活塞式飞机上应用整机降落伞技术；不断提高外观质量水平，降低整机成本。

8.2.3.4 民用直升机

目前，全球有近 20 个国家将直升机作为技术和经济竞争的重要领域，有约 60 家企业能够生产直升机，但在民用直升机领域，真正具有技术实力和市场竞争力的企业屈指可数，形成了由欧洲直升机公司、芬梅卡尼卡直升机公司、西科斯基飞机公司、贝尔直升机公司、波音公司和俄罗斯直升机公司等六家巨头统治全球市场的局面，这六家制造商的市场占有率和销售收入均超过全球总量的 90%，竞争格局相对稳定。

　　未来民用直升机的发展方向是大幅度提高安全性、可靠性和舒适性，H160、贝尔525、AW189 等代表了当今民用直升机的最高水平。这些机型采用第 4 代专用旋翼翼型、先进旋翼桨尖和无轴承桨毂；大量采用复合材料；采用高度综合化航电系统和电传飞控系统；利用振动主动控制技术大幅降低振动水平等。这些技术特点代表了未来民用直升机的发展趋势。目前，以倾转旋翼和复合推力为代表的高速直升机，已经完成或正在开展演示验证，有可能成为未来市场的新宠。

8.2.3.5　超声速客机

　　20 世纪 60 年代，全球出现了研制超声速运输机的热潮，并且诞生了两款超声速客机——英法合作的"协和"号和苏联的图 -144，这是第一代超声速客机，这两型飞机均因多种原因退出了历史舞台。尽管如此，人类对超声速民用飞机的探索并未停止，美国、俄罗斯、欧洲、日本等一直为发展第二代超声速运输机进行技术准备。

　　2010 年，美国洛克希德 - 马丁公司为美国国家航空航天局（NASA）设计了一架名为"绿色超声波"的飞机，最大飞行马赫数 2.04，采用鸭式布局、细长机身、大后掠梯形机翼，配装 4 台倒置 V 形发动机，能够改善流场品质，减轻声爆。该机计划于2035 年投入航空运输。

　　超声速公务机发展较快，ASBJ 和 QSST（见图 8-11）为两个代表性方案。ASBJ方案由 Aerion 公司和洛克希德"臭鼬工厂"合作开发，采用细长机身、薄机翼，正常式尾吊双发布局，最大飞行马赫数 1.8。QSST 方案由超声速航空国际公司（SAI）研发，采用独特的联翼布局，称其噪声比"协和"号大幅降低。此外，湾流公司与俄罗斯苏霍伊设计局合作，共同开发 S-21 超声速公务机。法国达索公司也在研制超声速公务机。日本宇宙航空研究开发机构（JAXA）和日本飞机发展公司（JADC），正在进行超声速公务机技术研究。

图 8-11　QSST 超声速公务机想象图

预计超声速公务机会在 10 年内投入使用，第二代超声速运输机可望在 2030 年前后投入商业运营。超声速民用飞机仍面临着不少挑战，其中包括：高效、经济可行、低噪声、环境可接受的气动布局及低声爆设计技术；同时满足亚声速和超声速推力要求的耐久、维修性强的发动机等。此外，超声速运输机适合的飞行高度在 16000m 以上，要考虑辐射对机组和乘客的潜在危害，以及排放物对大气臭氧层存在的不利影响。

8.2.3.6　新构型民用飞机

随着航空科技的飞速发展，人类会产生更加绮丽的飞行梦想，当传统构型飞机不能满足需求的时候，便会创意出一系列新构型飞机。新构型飞机将体现全新的设计理念和设计思想，大量采用先进技术，彰显出鲜明的创新特点；相比于传统飞机，可极大拓展飞行包线，或显著提升飞行性能。

（1）翼身融合体布局

翼身融合体（BWB）布局又称飞翼布局，与常规布局飞机相比，飞翼的机体、机翼和发动机集成在一个升力面内，具有重量更轻、升阻比更高、燃油消耗量更小等明显优势，但由于飞行控制等方面的原因，一直没有成为主流飞机构型。随着科技进步，曾经制约飞翼发展的技术难点正被攻克，飞翼布局成为下一代民用运输机的重要选择。

研究表明，与传统布局飞机相比，翼身融合体布局的升阻比增加 50%、油耗减少 20%、空机重量减少 10% ~ 15%，直接使用成本（DOC）减少 20%；由于机体内大部分空间用于装载人员、物资，运载能力得到大幅提升；由于 BWB 具有外形更流线、制造更便宜、结构更结实、噪声更低、使用更方便的特点，其外廓尺寸可控制在 80m 内，能使用现有的跑道与滑行道，因此，被认为是最有希望的未来客机。

NASA 和波音公司共同提出了波音 797 大型客机方案（见图 8-12），其巡航速度 900km/h、可载 800 名乘客、航程 13000km、最大起飞重量达到 373t、翼展达到 88m。法宇航公司提出了载客 1000 名、翼展 96m、航程 12000km、起飞重量 597t 的 FW 方案。俄罗斯提出了载客 936 名、翼展 106m、航程 13000km、起飞重量 560t 的 FW-900 方案。研发超大型客机会促进航空技术的进一步提高，但研发此类客机的根本驱动力是市场需求。

图 8-12　采用 BWB 的波音 797 方案

出于对民航市场需求的考虑，各国更热衷于 450 座级以下的 BWB 应用研究，推出了多种方案，且进展很快。典型项目有：NASA 与波音公司研制的 450 座级 BWB-450，波音公司的翼身融合布局 BWB-170，CMI 公司高效静音客机 SAX-40 等。

（2）自适应变体飞机

自适应变体飞机，是参考自然界飞行生物进行设计的，是采用智能材料，先进作动器、激励器和传感器等系统与技术，在飞行中可灵活改变自身气动外形的新构型飞机。这种飞机在执行不同任务或处于不同飞行环境下，可随时保持最佳气动外形，具有飞行阻力低、经济性好等优势。目前，自适应变体飞机主要针对机翼进行变形，出现了折叠机翼、滑动蒙皮机翼、压缩机翼、斜掠翼、柔性变形机翼等多种方案（见图 8-13）。

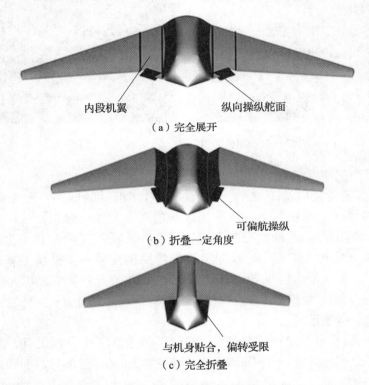

（a）完全展开

（b）折叠一定角度

（c）完全折叠

图 8-13　采用折叠机翼的变体飞机方案

美国 NASA、DARPA、AFRL（空军研究实验室）和欧洲一些国家设立了一系列自适应变体飞机技术研究计划，由于技术难度较大，自适应变体构型的实用化尚待时日。

8.2.4　未来民航新概念

欧盟曾发起"未来航空运输新概念"探讨计划，广泛征集未来民航新概念；世界各国也不断提出创新的民航新概念。以下构想极具潜力，有可能牵引出新的科研计划，进而对未来民用航空产生重大影响。

8.2.4.1　巡航／输送飞机

设想中的巡航飞机具有大尺寸构型，可以经济飞行高度和速度长时间留空，绕着连接主要城市之间的航线作不停顿循环飞行。而连接巡航飞机和城市机场的是一些短程的输送飞机，它们只在机场和巡航飞机之间来回飞行，将乘客从地面送到巡航飞机上，再将巡航飞机上的乘客送回地面。输送飞机可以在巡航飞机上的停机坪"着陆"，以中转乘客和货物；也可以使用一种货盘系统，在巡航飞机上进行整体交换。巡航飞机长期飞行可以采用核动力，也可采用空中加油方式维持，其加油系统应比目前的系统更安全、更易用、自动化程度更高（见图8-14）。

图8-14　巡航飞机（左）/输送飞机（右）

8.2.4.2　地面辅助起降系统

该设想是：飞机利用基于燃油、核能或太阳能设计的电动、蒸汽或电磁装置起飞，或利用磁悬浮倾斜滑道起飞，或利用火箭辅助动力弹射起飞，从而减少甚至取消飞机上的起飞辅助电源和系统，减少飞机的重量和油耗；飞机在着陆时，采用无起落架着陆方式（如在水面上着陆），或利用电磁场定位技术使飞机直接降落在活动平台（如拖车）上，或采用伞翼着陆等。按此设想，飞机无需起落架，也无须装载起飞着陆所需要的燃油，可大大减轻重量。

8.2.4.3　个人空中运输系统

这是一种完全不同于现在的公务机/通勤机的全新空中交通工具，轻捷、易于起降和停放，被称为"空中的士"（air taxi），将仿效地面出租车，招手即来，就近着陆（见图8-15）。这种面向个人的空中运输系统将与城市空中交通系统的变革相结合，对社会生活产生重大影响。目前还面临很多挑战：如垂直起降方式，起飞和着陆点的选择，对环境影响的评估，拥有模式及承担的责任，以及所需要的基础设施等，将涉及运营、适航和交通管理等诸多问题，需要逐一研究和解决。

8.2.4.4　民机新动力系统

民机新动力系统包括超高涵道比智能发动机、基于微型/超微型发动机的分布式矢量推进系统、基于燃料电池的电推进系统等。现在已经开始研究的"分布式嵌入发动机设计"项目，将多台小型或微型发动机嵌入在飞机机翼或机身表面，不仅可以获得更高的推重比，大幅度降低噪声，还可用于对机翼表面流场的控制，例如吸除边界层，降低飞机阻力，或加快机翼表面的流动进行环量控制，以达到提高升力的目的。

图 8-15 未来的"空中的士"

民机新动力系统的一个主要目标是，开发不同于目前使用的自然能源，如太阳能、核能（见图 8-16）、作为能源使用的燃料电池以及生物燃料等，并研究新能源从一种状态转化到另一种状态的方法，最终集成到民用飞机结构上。

图 8-16 未来核动力飞机

8.2.4.5 全球无缝空中交通系统

其目标是发展一种单一的无缝空中交通管理系统，以替代今天的多样式系统。这种系统将是高度自主化的，容许每一架飞机独立选择自己的航线。需要解决的问题依然很多，例如，这种自主化系统是否能容纳今天的一些自主式航空器，能否保证无人飞机在全球空域安全飞行等。此外，还需要研制高度先进的中心网络系统，用以纠正一些危及安全的人为过失，包括要引进神经网络和人工智能，发展以人为中心的先进显示系统等。

8.2.4.6 先进机场系统

这种系统覆盖了乘客从到达机场到登机的整个处理过程，以消除目前机场程序繁琐，乘客需要多次排队等待等弊端。目前的概念研究是将检票、行李输送和登记程序集成在一个系统中，同时确保乘客安全和机场安全，以及有利于移民处理、海关稽查和缉毒等。

8.3 航空科学技术的未来

航空科学技术是现代科学技术体系的重要组成部分，也是人类认识和改造自然进程中最活跃、最具影响力的领域之一。由于航空器苛刻的重量要求、高安全可靠性要求、多类型复杂化任务要求等，使众多高新技术在航空领域率先得到应用，并且不断牵引着相关领域的新技术发展；与此同时，新兴学科不断涌现，主导技术不断突破，又使航空科技赖以生存的土壤日益肥沃，航空科技之树更加繁茂。

展望未来，基础科学的突破，各学科的交叉融合以及跃变式创新等，为航空科技新的跨越发展提供了无限可能。

8.3.1 航空科技的发展背景与地位

纵观人类工业文明进程，呈现出这样的逻辑：科学革命导致技术革命，技术革命导致工业革命。每一次科学革命、技术革命、工业革命都显著影响了人们的思想观念，改变了社会生产和生活方式。以蒸汽机为象征的第一次工业革命，大约从 1760 年延续至 1840 年，引领人类进入机械生产的时代。始于 19 世纪末，延续至 20 世纪初的第二次工业革命，以电力的大规模应用为标志，带来了现代工业的繁荣。也正是在第二次工业革命中，开辟了人类飞行的新世纪。自 20 世纪 60 年代开启的第三次工业革命，被称为数字革命或计算机革命，伴随的核能释放、遗传工程等重大技术进步，一直延续至今，预计将持续到 21 世纪中叶。

8.3.1.1 工业革命背景下的航空科技

探讨未来的航空科学技术发展，离不开工业革命这个恢宏背景。如火如荼、继续深化发展的第三次工业革命，必将给未来航空科技烙下鲜明的时代印记。

以杰里米·里夫金、彼得·马什等为代表的学者，分别从不同角度描述了第三次工业革命。里夫金是从通信与能源相结合的角度阐释工业革命的，他认为新一代互联网技术与可再生能源的结合，是第三次工业革命的核心。马什从技术研发、制造业价值链、工业生产方式演进的角度，认为第三次工业革命的核心推动力是信息技术与制造业的深度融合。

综合多种学术观点，第三次工业革命有五大标志性的新技术群：以物联网、云计算、大数据为核心的新一代信息技术群；以绿色能源为核心的新能源技术群；以数字化制造、3D 打印、工业机器人为核心的智能制造技术群；以新型材料为核心的材料技术群；以基因工程和细胞工程为核心的生物技术群。其中，新一代能源技术与信息技术的纵深发展，体现了第三次工业革命的核心本质。

第三次工业革命的宏观表现为，超越大规模定制的个性化制造范式逐步确立，导致生产方式、制造模式发生重大变革；基于模块化虚拟再整合的社会制造模式逐步形成，引发全球产业组织模式变革；制造业和服务业深度融合，推动新型产业体系加快形成。

在上述背景下，航空科技将加快发展，并聚焦于以下几个方面。

随着绿色能源的发展，更多新的能源形式将用于航空，高效太阳能、氢能、小型核聚变等能源将催生新的航空动力样式与产品。

作为航空制造最重要的物质基础，形形色色的新材料将给新原理新构型航空器带来无限可能，传统样式航空器产品的功能与性能将获得大幅提升。

航空产品的生产模式，将向网络化、智能化、个性化方向发展，借助新一代互联网、分布式新能源网、智能化制造网，更多的设计灵感、新技术将及时融入航空产品研制中，航空产品的技术升级将更加快捷。

8.3.1.2 航空科技的战略地位

航空工业产业链长、辐射面宽、连带效应强，在国民经济发展和科学技术进步中发挥着重要作用。而航空科技集当代高新技术之大成，是现代航空工业的基础。航空科技能够带动新材料、先进动力、现代制造、电子信息、自动控制、计算机等领域关键技术的群体突破，并带动流体力学、固体力学、计算数学、热物理、化学、信息科学、环境科学等诸多基础学科的发展；航空科技将促进我国科学技术水平得到整体提升和快速发展。

20 世纪 90 年代后，微电子、仿真、计算机集成制造、信息网络化等技术率先被航空工业采用；大量其他行业的科技成果，通过在航空工业的渗透和应用，又派生出一些新学科。军、民用飞机的每一次技术跨越，都体现了当代科学技术的最新成就，而航空领域的持续探索和不断创新，又为推动人类科学技术的进步提供了源源不断的动力。

世界各国，特别是现代强国对航空科技的发展十分重视。美国《国家航空研究与开发政策》中强调，美国政府对那些思想、概念、方法、技术和能力上的创新研究，提供长期稳定的政策保障；研究和开发有前途的、提高美国卓越军事能力的先进飞机概念和技术；研究和开发可提高空运系统能力和在国家空域中引入新型航空器的先进概念和技术；维持和加强确认为美国政府关键资产的航空研究、开发、试验与评价基础设施；培育可使美国航空大系统具有全球竞争力的航空研究与发展环境等。

近年来，俄罗斯对航空工业进行了全面整合，加大了对航空技术和新武器的研发力度。欧盟、日本、加拿大也加大了对航空技术研究的投入。我国亦将航空科技列入国家重点支持的高新技术，从 20 世纪 90 年代以来，给予远较其他领域更多的国家资源支持。21 世纪初实施的包括大运和大型干线客机的"大飞机专项"以及正在实施的航空发动机和基于航空发动机技术的燃气轮机的"两机专项"，更将航空科技发展提升到国家意志的层面。对于现代大国而言，航空强，则国强；充满创新活力的、强盛的航空科技是航空强国的力量之源。

8.3.2 影响未来发展的关键技术

航空科技一直处于高速发展和快速更新过程中。航空器将向高能化、智能化、远程化、无人化等方向发展。我国航空界多年来持续进行航空科技战略研究，力求在世界经济和科技发展的大背景下，正确把握和部署未来的中国航空科技发展。综合国内外研究成果，在今后 20 ～ 30 年间，对于未来航空发展可能产生重要而持续影响的关键技术至少有如下诸项。

8.3.2.1　航空器总体设计

未来航空器总体设计技术的发展趋势，主要体现在三个方面：其一，提高学科综合和过程并行程度；其二，综合考虑各种因素，强化航空器使用效能与适用性的建模、仿真与评估；其三，航空器设计和开发过程与企业信息化建设实现更紧密结合。

多学科优化设计技术、虚拟现实（VR）和增强现实（AR）技术、面向产品全寿命周期的并行设计技术等，是未来航空器总体设计中的关键技术。其中，VR/AR 技术可使飞机设计在虚拟现实环境系统中进行，通过交互设备能够穿行于虚拟的"飞机"中，审视"飞机"的各项设计，大幅缩减研制时间和经费，提高设计效率与成功率。

8.3.2.2　高效气动技术

高效气动技术是旨在提高气动性能与升力、降低阻力与噪声的技术，是实现航空器原始创新、发展新概念航空器的基础技术，对于提高飞行效率、扩大飞行包线、提高安全性和降低成本，具有基础性、导向性作用。高效气动技术还将向近太空和高超声速领域不断拓展；以计算流体力学（CFD）技术为主的气动预测能力将进一步提高，成为飞机设计中越来越重要的工具。

作为气动力基础的 CFD 将继续获得发展。复杂干扰计算的实现，将为突破非定常流的 CFD 提供基本方法；计算能力的不断提高，使平均雷诺数 N–S 方程仿真转向 LES 大型涡流仿真；随着计算精度的提高，建立误差在 10% 以内的 CFD 数据库，并以实物试验的结果进行比对修正成为可能；CFD 系统与工具将越来越易于使用，将能够向非 CFD 研究的工程师提供适用于工程设计的 CFD 计算工具。

从趋势上来看，高精度 CFD 模拟（见图 8–17）和多学科优化设计，是未来气动技术发展的重点；降噪成为民机气动设计的关键技术之一，声爆消减技术成为气动研究领域的新热点。主动流动控制技术将愈益得到重视。根据不同飞行状态或飞行条件的需要，采取最恰当的流动控制技术，可以使空气动力效率提高到前所未有的水平。高效气动技术的进展正在对飞机气动力布局带来新的变革，而降低声爆技术的突破，将促使超声速民用客机重新翱翔蓝天。

图 8–17　CFD 技术描绘的飞机流场

8.3.2.3　先进航空动力

军用航空器要求动力装置继续向着减轻重量、降低耗油率、提高推重比／功重比、实现智能化以及改善可靠性、适用性、维修性和经济性的方向发展，民用航空器要求航空动力进一步降低油耗、提高安全性，为实现绿色航空提供最重要的技术支撑。

在未来较长的时间内，燃气涡轮发动机仍将是航空动力装置的主要形式，将继续沿着提高推重比／功重比，降低油耗，改善可靠性、适用性、维修性和经济性的方向发展，并进一步向智能化、变循环和多电／全电化的方向迈进。将通过综合运用气动热力学、材料、结构设计和控制等的最新成果，提高涡轮前温度，简化结构，减轻重量，实现最优性能控制，以达到航空动力的预定发展目标。大型运输类飞机的超高涵道比涡轮风扇发动机和环保型发动机的研发也将加快推进；通过改进燃烧室和高效率的涡轮机，以及主动噪声控制和新型低噪声尾喷管等技术的应用，进一步降低耗油率、加大推力、降低噪声和减少排放污染。

同时，将探索和研发一系列新型发动机。自适应变循环发动机，可实时调节和控制发动机的热力循环参数，极大地提升飞机的综合性能，从而满足多种任务和不同飞行阶段的动力需求，现已进入工程研制阶段。包括涡轮／火箭、涡轮／冲压、涡轮／脉冲爆震等组合样式的涡轮基组合动力，是实现空天飞行器水平起降、重复使用、低成本进入太空的主要动力方案，并可满足远程高超声速航空器的动力需要，是航空动力拓展使用范围的重要发展方向。全电发动机可以为飞机提供更多的电力，以满足机上信息化设备与能束武器等的需要。此外，利用氢燃料与燃料电池技术等替代传统航空煤油和利用电能、核能和太阳能等新能源的航空动力研究将取得突破性进展，有望为航空器提供全新动力。

8.3.2.4　先进民用航空器与绿色航空

人类社会生活要求快速方便地到达世界任何地方，未来的民用航空运输系统将变得更为便捷。全球单一的无缝空中管理系统，使航空运输变得畅通无阻，各类航空器都能通过高度智能化的自动驾驶飞行控制系统，实现安全高效的飞行。人们乘坐环球飞机，可以直飞到世界的任何一个目的地，也可以空中来往于城市之间。不断加快的人类社会生活节奏，呼唤着在 2 ～ 3h 内到达大洋彼岸的新一代超声速客机。为了改善地面交通的拥挤，飞行汽车和个人航空器必将成为新的代步工具。

新布局高效客机、新一代超声速客机等先进民用航空器将展开更加活跃的研发，在智能化自动驾驶飞行控制系统和新一代无缝空中交通管理系统等方面将取得新突破。同时由于对通用航空在更大范围广泛应用的需求，新一代公务机、先进民用直升机和各类个人航空器将会获得更大发展。

作为先进民用航空支撑性技术的绿色航空技术将会受到更大的重视。绿色航空技术是提高飞机的环保性和舒适性，实现民用航空持续发展必须掌握的技术。主要包括减少飞机污染物（主要是氮氧化物和二氧化碳）排放和降低飞机噪声（包括机内噪声和机外噪声）的技术。为了使民用客机的污染物排放和噪声持续降低，关键是研发低油耗、低排放、低噪声的"绿色发动机"，需要研究和掌握低油耗、低氮氧化物燃烧控制、清洁燃料、气动噪声分析、噪声控制等技术。

8.3.2.5 智能结构技术

智能结构又称主动结构，智能结构中集成了具有传感器、驱动器功能的主动材料，能够感受外界激励，作出实时或准实时响应，从而可提供一种控制和改变机体结构几何形状、运动、流场、结构阻尼和振动的新手段。它涉及新材料、传感器与作动机构、自适应结构、气动弹性等领域，将首先通过柔性机翼技术，使机翼形状与后掠角产生变化，进而掌握智能蒙皮与结构技术，推进智能结构应用程度的提高。

智能结构技术旨在将智能结构用于航空器，帮助航空器在起飞、巡航、执行任务、返航、降落等各个阶段保持气动效率最优，改善操纵性和控制品质，提高飞行效率和完成任务能力；可使飞机在不同速度、迎角等状态下，根据指令或自动改变机翼的后掠角、平面形状、弯度、扭转度、弧度、翘曲度等，甚至还能自行构造出翼尖小翼，从而改善飞机的机动性能、起降性能和安全性能；还可用于航空器受损后自动重构其操纵系统，以确保航空器的安全。

8.3.2.6 新型航空材料

新型航空材料主要包括先进复合材料、高温合金、先进功能材料等，发展新型航空材料对于提高航空器的性能和可靠性以及降低全寿命成本具有重要作用。航空材料已经进入复合材料时代，但低成本、高性能复合材料仍面临一系列难题。传统金属材料仍在发挥着难以替代的重要作用，并不断推出新材料和强化其经济性优势。智能材料、功能材料的重要作用日益凸显，工程应用的实现在加快。

展望未来，航空材料技术的发展重点包括：革新新材料研制方法，重视从微观角度来探索实现材料特性与功能，推广可大幅度缩短材料研发时间的计算材料技术；进一步扩大先进复合材料的应用，特别是在发动机上的应用；研发适合复杂承载和热负荷环境的极限环境材料；在高性能结构材料和新型特殊功能材料领域推出新品种，充分挖掘金属与合金材料的潜力，开发具有非传统功能的智能材料；推进多功能一体化材料的研发和应用等。

8.3.2.7 先进航空制造

航空制造是所有工业制造中要求最高、技术门类最多的领域，并正呈现继续快速发展的态势。从整体上，正从经验依赖型向过程模拟、仿真、实时监控、智能化方向发展；零件加工、成形、连接技术等向快速、精密、无变形或小变形、近无余量、长寿命以及低成本和绿色制造方向发展。

在制造工艺方面，建模及仿真技术的应用将进一步扩展，工艺制造的经济可承受性和环境适应性将成为衡量制造技术先进性的重要内容；复合材料结构、大型整体结构制造等关键技术将取得新的突破，主承力结构件非热压罐成形复材制造、低成本高效加工、3D 打印与增材制造等将快速实用化。

智能制造系统及技术值得高度关注。它将引发航空器设计、生产模式的重大变革；将推动实现工业化和信息化的深度融合。通过开发与使用自动化、智能化工艺装备，通过建立智能单元、智能生产线和智能车间，将逐步实现航空器制造过程，特别是整机装配过程的自动化与智能化，从而大大提高航空制造的整体水平。

8.3.2.8 无人机及其系统

无人机（UAV）的飞行性能、作战效能、战场地位等正在快速、大幅度提升，可望成为未来战场的新品种主战装备。在民用领域，更展示出极为广阔的应用前景。无人机日益成为一项系统技术，其中，平台技术将聚焦于实现隐身和在近太空飞行；动力技术主要针对延长航时和支持高速飞行；数据链技术侧重于实现组网、高速和安全保密；任务载荷技术集中于扩展功能、增强能力和提高灵活性。同时，应注重标准化、通用性与互换性以及控制成本，实现无人机与无人机、无人机与有人机之间的互联互通、群体协同。此外，随着微机电、纳米材料及微制造技术的快速发展，微型无人机将陆续问世，并可能发挥独特作用。

控制技术是无人机系统区别于有人机，实现无人操控和执行各种任务的关键；自主控制是无人机系统未来发展的必然方向，是先进无人机技术体系中的关键。无人机自主控制的本质是在无任何人工干预的情况下，凭借机上传感器与设备，实时感知环境与态势，做出适当反应，包括规避、控制、通信等，直至进行航路和任务的主动决策与再规划，以完成各种复杂任务；实现自主控制的无人机将成为真正意义上的智能化装备。

8.3.2.9 新概念机载武器

传统的机载武器如空空导弹、空地导弹等将继续得到发展，将进一步向全天候、全高度和全方位的"三全"攻击能力、扩大攻击包线和延长作用距离，以及增强毁伤效果等方向发展。而作为制导武器核心技术的精确制导技术将在提高精度、增强抗干扰能力、基于机外弹外多源信息融合的制导解算以及网络制导等方面获得新突破。

新原理新概念机载武器也将不断出现。近太空航空器将成为机载武器的打击目标，同时又可能成为新挂载平台。空基反导、空天反卫等武器品种即将出现。包括激光武器、电磁脉冲炸弹（E-bomb）在内的机载能束武器正处在实用化的关键阶段。

来自于特殊作战和战术无人机实施精确打击需求的驱动，适应直升机和无人机需要的小型与新型机载武器，以及基于微米、纳米技术的具有感知、决策、行动和交互功能的微小型武器系统也在加快发展。

近年来，机载能束武器发展迅猛。其中，机载激光武器将成为空对空、空对地、空对天作战的锐利武器。对于既有军事体系而言，机载激光武器是一种颠覆性的新型武器，既可用于战略进攻，也可用于战略防御，并可作为强有力的军事威慑手段。由于机载激光武器具备对洲际弹道导弹的持续拦截能力，将成为导弹防御的重要手段，因而正愈加受到世界大国的高度重视。

机载激光武器将同时引发技术和战术两个领域里的激烈对抗，并强烈刺激相关基础研究和应用研究。激光武器的关键技术包括高功率激光器、大气补偿、光束控制、目标跟踪以及与平台的集成等，其中高功率激光器是激光武器最为关键的技术，尤其是光纤激光器（见图 8-18）和固体激光器等。

图 8-18　30kW 的光纤激光器"阿拉丁"系统

8.3.2.10　高超声速技术

高超声速技术首先将用于高超声速武器，将在有效突防、中远程精确打击和纵深攻击方面发挥举足轻重的作用。为了提高空天一体作战和防空反导能力，缩短防空体系的反应时间，必须发展该项技术。目前国外正在研究多项高超声速航空器和高超声速巡航导弹等。此外，高超声速航空器作为机动、灵活、高效的空间入轨发射装置的第一级而在未来太空技术中占有重要地位。

高超声速技术涉及高超声速空气动力学、气动 / 推进一体化、气动热计算、热结构力学分析与优化、高超声速动力、主 / 被动热管理、热结构健康监测与维修、高超声速航空器试验技术等。应围绕高超声速气动设计、防热结构和高超声速动力三大重点，统筹规划、协调发展，加快建立完整的技术体系，以实现高超声速技术的不断突破和实用化。

8.3.2.11　新隐身技术

为了对抗各种电磁 / 红外侦察手段，实现红外和全电磁波谱的隐身，必须发展新隐身技术。除传统的隐身设计、隐身材料（结构材料与吸波材料等）、重点部位目标特征减缩等技术仍将继续发展外，新兴的等离子体隐身技术值得关注。等离子体隐身技术通过等离子体层对雷达波具有特殊的吸收和折射特性，可使反射回雷达接收机的雷达波下降到原来的 1%，达到武器装备的隐身目的，而几乎无须对武器装备作气动外形和结构上的改变。等离子体隐身技术具有很多独特的优点：吸波频带宽，吸收率高，隐身效果好，使用简便，使用时间长，价格便宜；由于没有吸波材料和吸波涂层，可极大地降低维护费用。

在该技术领域，需要重点发展的技术包括：隐身 / 气动及性能一体化设计、宽频谱多功能隐身材料与结构技术、综合传感器隐身设计、信号特征分析、RCS 计算、红外抑制、实用仿真 / 动态测试 / 隐身效能评估等技术。

8.3.2.12　高度综合航电系统

现代航空器航空电子系统处于高度综合化的发展进程中。未来重点发展的技术主要有：多源信息探测与处理，广域 / 全球持续监视，新一代高精度自主导航，综合电子战，机载宽带通信，新型座舱人机工程技术等。

对于未来新型航空器，必须运用多传感器在各种复杂环境下获取所需信息，并通过跨平台的综合信息处理，来提高综合态势信息感知能力及实时性。任何一个执行任务的航空器，既要具有来自本机多类多种多频段传感器所产生信息的处理能力，又要有接收和处理来自大系统各类信息的能力；多源信息探测与处理将是一项必须具备的基本能力。这项技术涉及先进传感器、传感器综合、网络化探测等领域的大量实用工程技术，又涉及数据融合与处理的建模、算法等一系列科学问题。

必须显著提升机载传感器（射频探测系统、电光探测系统、电子战系统、敌我识别系统等）的性能，实现机载传感器的高度综合化，掌握网络化探测和多源信息融合关键技术，并具备网络化探测与战场实时态势感知能力。

先进导航与控制技术对于提高航空器的任务适应性、作战效能及生存力具有重要作用。不依赖于 GPS 的高精度导航系统需求迫切；基本任务是实现航空器高自主性、高导航精度、高可靠性、快速反应特性及良好的使用维护性。为了实现系统发展目标，需要重点发展高精度光纤陀螺、微机电系统（MEMS）/ 微光机电系统（MOMES）惯性器件、超导磁悬浮陀螺、量子陀螺等关键器件，并围绕高精度导航、自主控制与决策管理和自适应控制等，开展技术研究，实现理论与方法的突破，并逐步实现工程化与实用化。

8.3.2.13　综合能量技术

新型航空器对于能量的需求将越来越大，新型航电设备、先进任务系统、基于油压的矢量推力控制系统、大型多电飞机发动机附件等，都将消耗大量能源。但与此同时，某些新型航空器的散热能力却受到限制，例如，复合材料的大量使用就不利于散热，据推算，某些新型航空器的热载荷可达到传统飞机的 3 ~ 5 倍。于是，综合航空器能量技术应运而生。

综合航空器能量技术旨在从能量角度，用系统综合和优化的方法解决飞机的热管理难题，并为任务载荷提供更多的电能。未来的综合航空器能量技术，主要面向高超声速航空器、远程 UAV、超声速远距打击（LRS）平台、高空飞艇等，可将动力与热管理能力提高 10 倍以上，用以完成定向能武器发射，或满足远程持久的情报、搜索与侦察（ISR）任务需要。

8.3.2.14　多电 / 全电化技术

航空器多电 / 全电化是航空器电气化发展的必然过程。采用内置式起动 / 发电机以及电力作动等手段，用电能取代目前航空器上使用的液压、气压和机械等多种能源形式，以提高航空器能源利用效率。多电 / 全电化技术对提升飞机的性能和完成多种任务的能力有着重要的作用；同时采用全电化的航空器可以获得兆瓦级能量，从而为军用飞机采用高能束武器等新型机载武器提供能源。

多电航空器与全电航空器是供电能力和电力驱动方式应用程度的一种进化表征，它既是航空器的进化，又是航空发动机的重大变革，同时也是机上电源的新形态。全电化是通过采用大功率内置式整体起动 / 发电机、高可靠电力作动、先进配电及全电

综合环境控制 / 热管理等技术，使电能成为航空器上除发动机外的唯一能量形式，同时，以能量的产生、传输和使用为纽带，实现与其他相关专业的融合，为在航空器平台层面的系统综合提供支持（见图 8-19）。为了实现这个目标，需要重点发展的技术包括：大功率的内装式起动 / 发电技术、主动磁悬浮轴承和分布式控制技术、综合环境控制 / 能量管理技术、高可靠电力作动技术、全电刹车技术等。

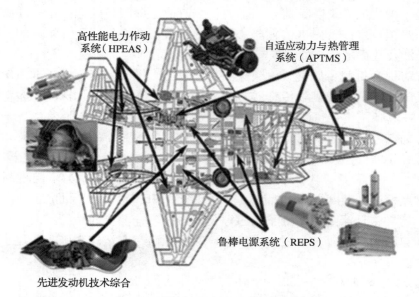

高性能电力作动系统（HPEAS）

自适应动力与热管理系统（APTMS）

鲁棒电源系统（REPS）

先进发动机技术综合

图 8-19　综合航空器能量技术的关键子系统

8.3.2.15　健康管理技术

随着现代航空装备复杂性、综合化、智能化程度的不断提高，故障预测与健康管理（prognostic and health management，PHM）技术在航空装备研制、使用和保障中所起的作用日益显著。通过采用 PHM 技术，未来航空装备将由定期维修过渡到视情维修（condition-based maintenance，CBM），从而提高其任务可靠性和安全性，降低使用与保障费用。PHM 技术的发展，体现在以系统级集成应用为牵引，提高故障诊断与预测精度、扩展健康监控的应用对象范围，支持基于状态的维修与自主式保障（AL）等方面。

航空领域 PHM 技术主要由数据采集、信息处理、状态监测、健康评估、故障预测决策和保障决策 6 个部分构成。PHM 技术主要有基于模型、基于状态信息和基于知识的三类故障诊断与预测模型。

PHM 技术覆盖机体、动力和机载系统。PHM 技术与主动结构和发动机模态控制等密切相关，实现 PHM，必须把先进材料研制、结构制造、传感器研制并嵌入结构以及事先设计信号获取与传递方式等结合进行，而对机载电子系统的 PHM 技术则集中于电子产品寿命周期原位监测中的传感系统与传感技术，以及残余寿命预测的故障诊断模型与算法。

由于 PHM 技术包括传感器、结构与机构、处理器、电子与测试设备、软件等，因此实施 PHM 的主要挑战是技术的集成。必须从系统设计、软件开发、结构设计、测试 / 诊断程序开发、结构与系统制造及系统软硬件集成等多方面开展研究和攻关，方可使 PHM 技术真正用于航空器系统，成为实际的系统能力。

8.3.3　可能产生重大影响的前沿技术

航空科技的发展从来都不是封闭的，相关前沿技术的突破会为航空科技发展带来新的活力。这里的前沿技术，大部分归于基础研究。航空基础研究定位于加强原始性创新，在更深的层面和更广泛的领域解决航空发展中的重大科学问题，以提高自主创新能力和解决重大问题的能力，为未来发展提供科学支撑。航空基础研究必须建立举国体制，面向大学和科学研究机构，工业部门应具有培育、识别和获取新知识新原理新方法，并不断促进其向实用工程技术进步和转化的能力。

进入 21 世纪以来，在与航空发展密切相关的众多前沿技术领域，发生和孕育着一系列重大突破。主要集中在物质类、能量类、信息类以及若干交叉综合领域，这些突破有可能对航空发展产生重大甚至是革命性 / 颠覆性影响，我们应该密切关注和积极推动。以下所列只是其中的一部分。

8.3.3.1　超材料技术

超材料是指通过人为设计微结构特征单元及其排列位置和方式，在宏观上表现出天然材料所不具备的某些超常性能的人工材料。根据国内外现有研究，超材料在军机宽频隐身、带内高透波 / 带外高截止雷达罩、小型超轻宽频天线制作、军用光学超薄高分辨透镜等方面，显示出重大的应用价值，并将率先得到应用（见图 8-20）。

超材料可实现常规天然材料所不具备的超常性能，可显著扩展和提升航空设备的功能与性能，并放宽设计自由度。一旦实用化，将可能引发军、民用航空器设计的变革。超材料已成为未来竞争中，备受各国和企业重视的热点技术。

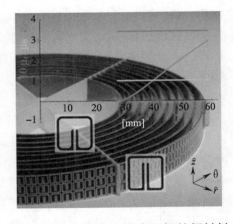

图 8-20　用于未来隐身飞机的超材料

8.3.3.2　碳纳米技术

纳米碳材料是指分散相尺度至少有一维小于 100nm 的碳材料。纳米碳材料主要包括纳米碳球、碳纳米管、石墨烯和碳炔四种类型。纳米碳材料在航空领域具有广阔的潜在应用前景，例如，碳纳米管可用作结构材料，也可用作具有电磁屏蔽、透明、防静电、防雷击、耐雨蚀、除冰等作用的功能材料（见图 8-21）。再例如，用石墨烯制作的石墨烯电池，充电效能和使用持续时间将显著提高，如用于航空电能或航空动力，有可能带来储能技术的革命。据预测，碳纳米材料技术将在 10 ～ 20 年内成熟，这项技术一旦用于航空领域，将产生难以估量的效益，甚至带来颠覆性的影响。

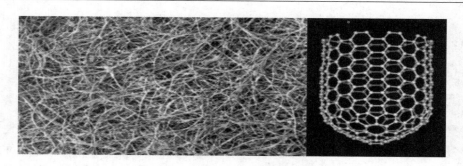

图 8-21　碳纳米管材料和纳米管索

8.3.3.3　生物计算机技术

生物计算机又称仿生计算机，是以生物芯片取代半导体硅片制成的计算机。生物芯片的主要材料是通过生物工程技术产生的蛋白质分子。生物计算机的运算速度比当今最新一代的普通计算机快 10 万倍，能量消耗仅相当于普通计算机的十亿分之一，存储空间却是普通计算机的百亿亿分之一。生物计算机还具有不发热、体积小、功率高、能够自我修复等特点。

生物计算机技术一旦用于航空领域，必将在通信、计算、导航等诸多方面产生革命性影响。生物计算机由于体积小、功率高，在 $1mm^2$ 的面积上，可容纳几亿个电路，因此可以极大减少航空装备的体积并降低重量。生物计算机的自我修复功能，可以保障航空电子装备在受到破坏时仍能正常工作，大大提高航空器的可靠性与安全性。

8.3.3.4　量子信息技术

量子信息技术是量子物理与信息技术相结合而发展起来的新兴技术，其涉及到量子密码、量子通信、量子计算、量子模拟、量子度量学、量子信息物理基础等领域。量子信息技术在未来航空中具有广泛用途，主要集中在量子导航、量子成像、量子加密及量子通信、量子计算机等方面。量子信息技术的突破和实用，将在未来航空发展中产生不可估量的作用。

量子导航以冷原子或其他量子技术为核心，依靠航空平台自身提供精确的导航定位信息，具有抗干扰能力强、环境适应性好、导航定位精度高等优势，特别适合军用飞机在复杂战场环境下的导航、定位。

量子成像分辨率超越经典成像的衍射极限，几乎适用于任何光源，可轻松穿透干扰，且能获取更为清晰的图像。量子成像技术可大大增强航空器在复杂环境下的感知能力，让目标无所遁藏。

量子通信采用量子态编码的通信方式，与传统通信方式相比，量子通信容量大、复杂度低、保密性好，可为实现"云作战"提供强有力的技术支撑。

量子计算机具有天然的量子并行计算能力，在解决复杂问题时远远超过传统计算机，用作机载计算机，可大幅提升多源性复杂信息的处理与决策能力。

8.3.3.5　脑机接口技术

脑机接口（brain computer interface，BCI）技术又称脑机交互，是指不依赖大脑外周神经与关联肌肉动作的正常输出通道，通过采集和分析人脑生物电信号，经解算、调制和解调，实现"直接"控制对象设备或物体。这是一项颇为神秘但极具应用价值的前沿技术，中国古时的"读心术"以及"所思即所得，所想即所动"的追求，有望变成实用技术群和鲜活的物理系统。

近年来，这项技术有了重大突破。经脑机接口采集到的脑电信号，经过专门算法，解读和析出指令与情感参数，生成特征信号，传给具有一定智能功能的设备，已可实现在执行端的人机交互。2013 年，美国明尼苏达大学实现人类首次用脑电波控制四轴遥控飞机（见图 8-22）。2014 年 5 月，德国慕尼黑工业大学在脑飞行计划（brandflight）中实现飞行员用大脑精准操控飞行；9 月，西班牙、法国、美国科学家联合发布人际脑电波远程（8000km）传输首获成功，发出的信号在编码端和解码端正确无误地得到传递和接收，昭示出不远的将来，人脑之间的直接交流将成为可能。我国也有多所大学和科研机构在该领域开展高水平的研究。

图 8-22　美国明尼苏达大学实现人类首次用脑电波控制四轴遥控飞机

这项技术对航空发展将带来意义深远的影响。大脑对航空器的直接控制，减少或完全替代人的肢体操作，会极大地改变传统的人机界面，可能产生新的飞行控制方式；借鉴人脑构造和运行，可以开发出全新的信息处理系统，并可对人的神经活动和思维能力产生干预和控制，从而赋予航空器航电系统新的功能和形态。

8.3.3.6　人工智能技术

人工智能集成了智能控制、语言和图像理解、自动程序设计、庞大信息处理、储存及管理等诸多前沿技术。人工智能技术将给航空装备发展和应用，带来全新的能力。

未来，人工智能技术的航空应用，将主要集中在无人机和智能机器人这两个领域。自主控制技术是无人机核心技术之一，自主控制技术属于人工智能技术范畴。2010 年，美国空军《技术地平线》将自主技术列为未来最主要的技术之一。美国

X—47B、英国"雷神"、欧洲联合研制的"神经元"无人机，均不同程度采用了人工智能技术。智能机器人是第三次工业革命中的特征装备之一，智能机器人具有视觉、触觉甚至学习能力，在未来的航空制造中，智能机器人将取代人工从事危险、肮脏、繁冗的工作。

8.3.3.7 仿生飞行学及仿生技术

全世界现有万余种鸟和百万余种昆虫，它们的共同特征是能做出让人类羡和神往的自由飞，人类研制的各种航空器由飞鸟梦而始，但飞行原理却与扑翼飞全然不同。人类实现扑翼飞的重大难题至少有下列三项，一是高升力（利用非定常气流产生的）机理研究，二是节律运动（时间和空间对称）控制律研究，三是仿生航空器设计与工程实现的科学问题与技术基础研究。迄今为止，人类在这方面的研究还十分单薄和初步。

由于高性能计算机技术、微机电技术、仿真技术、新材料和新结构技术等的进步，燃起了新的希望。应系统开展仿生飞行学的学科研究，通过理论与试验，摸清扑翼飞行原理，进而开展仿生航空器设计探索、轻质柔性结构的新概念与制备新技术等方面的研究，及时把相关领域的最新和适用成果用于本领域。有理由期待，有工程实用价值的仿生航空器将在 21 世纪变为现实。

8.3.3.8 飞行推进新原理与新动力

随着石油、煤矿等资源的濒临枯竭，以及日益提升的环境保护要求，人类必须开发利用新能源，人类也必须研发不使用化学燃烧能源的新航空器；从现在的化学燃烧能源，快速走进利用电化学能源和各种自然能源，如太阳能、核能、生物燃料等的新阶段。

航空动力是航空器发展的基本驱动力之一。100 多年来，航空动力的任何一次重大进步都带来航空器的巨大变革，甚至是跨代的革命性变化。如今，传统航空动力仍在持续进步之中，但几近极致，越来越难，代价也越来越高。因此，我们不得不在两个方面奋力前行，一方面继续推进传统航空动力的持续技术进步，另一方面必须在新形态新概念航空动力方面，寻求突破。谁率先突破，占得"高地"，谁就将赢得新世纪航空发展的先机和优势。而要获胜，至少应在下述方面开展先期研究：

①先进的推进理论和方法，主要包括：超声速燃烧理论与方法、超声速流动与燃烧的相互作用、高效进 / 排气与一体化、燃烧室热防护与热环境下流固耦合问题、超声速燃烧过程的诊断方法、燃烧性能评价理论与方法等。

②新型推进原理以及新概念推进理论与方法，主要包括：等离子推进、场推进、反重力推进等新型航空推进系统概念探索和基础理论研究。此外，着眼于长远，还应关注和参与破译引力本质，掌握反引力技术，突破重力场和大气层的束缚等一系列概念研究和基础研究。

③寻找和探索航空器新能源的应用之道，主要包括：轻质高能量的燃料电池、太阳能电池等新能源航空动力系统的基础理论与试验探索等。其中，随着晶硅制造成本在过去 10 年大幅降低 90%，而效率大幅提升，航空应用前景看好。同时，新的储能

技术有望突破，氧化铝电池、锂氧电池、燃料电池等，以及石墨烯在储能装置中的应用，将大幅提升储能容量，为电动飞机带来新的前景。

应持续关注与开展小型核聚变的研究与应用。核能作为清洁能源，具有能量密度高、无污染等优势。2014 年以来，多家公司宣称在该领域有所进展。洛克希德－马丁公司发布新紧凑型聚变反应堆（CFR）研究取得重大突破的资讯，称反应堆体积已经缩小到可放入一辆卡车，预计在 10 年内实用（见图 8-23）。波音公司也宣布在该领域获得专利，有望成为飞机新动力。

图 8-23　洛克希德－马丁公司正在建造的新型核聚变反应堆

一旦小型航空核动力成为可能，将彻底改变航空器动力形式，将真正开启和平原子时代，航空器飞得无限久远将不是梦。这是令全人类着迷和向往的景象；我们期盼这一天的到来，并将为之奋斗。

参 考 文 献

[1] 《国防科技名词大典》航空卷编委会．国防科技名词大典：航空[M]．北京：航空工业出版社，2002．

[2] 中国大百科全书总编辑委员会．中国大百科全书：航空航天[M]．北京：中国大百科全书出版社，1985．

[3] 谢础，贾玉红．航空航天技术概论[M]．北京：北京航空航天大学出版社，2005．

[4] 史超礼．航空概论[M]．北京：国防工业出版社，1978．

[5] 王细洋．航空概论[M]．北京：航空工业出版社，2006．

[6] 宋笔锋．航空航天技术概论[M]．北京：国防工业出版社，2006．

[7] 波波夫 BA．航空技术基础[M]．苏家琅，译，北京：国防工业出版社，1956．

[8] 顾诵芬．现代武器装备丛书：空军武器装备[M]．北京：原子能出版社，2003．

[9] 顾诵芬．航空航天科学技术：航空卷[M]．济南：山东教育出版社，1998．

[10] 吴伟仁．世界国防科技工业概览[M]．北京：航空工业出版社，2004．

[11] 《当代中国的航空工业》编辑委员会．当代中国的航空工业[M]．北京：中国社会科学出版社，1988．

[12] 胡鞍钢，杨帆．大国战略：中国利益与使命[M]．沈阳：辽宁人民出版社，2000．

[13] 乔良，王湘穗．超限战[M]．北京：中国社会科学出版社，2005．

[14] 孙广运．中国国防科技工业的改革和发展问题[M]．北京：航空工业出版社，2003．

[15] 中国航空工业经济技术研究院．中国航空工业概览（2008）[M]．北京：航空工业出版社，2008．

[16] 闵增富．美国未来空军[M]．北京：中国人民解放军出版社，2007．

[17] 王建成．简明军事科技发展史[M]．北京：国防工业出版社，2005．

[18] 国防科技工业"十一五"规划纲要辅导读本[M]．北京：航空工业出版社，2007．

[19] 中国航空运输业发展蓝皮书（2007）．中国航空运输协会，2008．

[20] 顾诵芬．21世纪学科发展丛书·现代航空科学技术：蓝天雄鹰探秘[M]．济南：山东教育出版社，2001．

[21] 王道荫．迈向21世纪的航空科学技术[M]．北京：航空工业出版社，1994．

[22] 顾诵芬．飞机总体设计[M]．北京：北京航空航天大学出版社，2001．

[23] 王志瑾．姚卫星．飞机结构设计[M]．北京：国防工业出版社，2007．

[24] 刘沛清．流体力学通论[M]．北京：科学出版社，2017．

[25] 吴献东．世界航空航天企业百年发展与演变：莱特兄弟们的公司都哪里去了

［M］. 北京：航空工业出版社，2020.

［26］埃德·里克斯. 飞机为什么能飞起来. 白晨嫒，译.《环球科学》公众号，2020.3.

［27］赵月华. 美国航空工业发展模式研究［M］. 北京：中国民航出版社，2018.

［28］阿瑟·赫尔曼. 拼实业：美国是怎样赢得二战的［M］. 李永学，译. 上海：上海社会科学院出版社，2017.